特高含水期油田采输系统节能技术及应用

林海波　仪垂杰　等著

石 油 工 业 出 版 社

内 容 提 要

本书分析了油田特高含水期生产能耗的情况，详细论述了机采、集输、注水和供电四大地面系统实际生产中的节能技术，以及与节能技术相关的控制理论、计算机技术和仪表技术等，并提供了相应的应用案例。

本书可供从事油田生产节能的工程技术人员参考，也可作为石油工程、油气储运工程及自动化等专业教师和学生的参考用书。

图书在版编目(CIP)数据

特高含水期油田采输系统节能技术及应用/林海波，仪垂杰著.
北京：石油工业出版社，2010.10
ISBN 978-7-5021-7984-7

Ⅰ. 特…
Ⅱ. ①林… ②仪…
Ⅲ. ①油田开发—节能
②油气集输—节能
Ⅳ. ①TE 34 ②TE 86

中国版本图书馆 CIP 数据核字(2010)第 165738 号

特高含水期油田采输系统节能技术及应用
林海波 仪垂杰 等著

出版发行：石油工业出版社
(北京安定门外安华里 2 区 1 号 100011)
网 址：www.petropub.com.cn
发行部：(010)64523620
经 销：全国新华书店
印 刷：石油工业出版社印刷厂

2010 年 10 月第 1 版 2010 年 10 月第 1 次印刷
787×1092 毫米 开本：1/16 印张：18
字数：454 千字 印数：1—2500 册

定价：70.00 元
(如出现印装质量问题，我社发行部负责调换)

序

能源是人类赖以生存和发展的重要物质基础，也是经济发展的原动力。改革开放以来，我国经济飞速发展，人民生活水平显著提高，同时对能源的需求也在高速增长。2009 年我国的能源消费总量在 2000 年的基础上翻了一番还多，超过了 21×10^{8}t 标准油，但能源消费的水平还很低，目前的人均能耗只有 1.6t 标准油，远低于发达国家的水平。而从发达国家走过的道路来看，达到碧水蓝天、生活舒适、交通便利的社会景象，一般人均能耗都在 4t 标准油以上。我国经济虽然经历了三十多年的高速发展，但人口多、底子薄、水平低、发展不平衡仍是我国的基本国情。目前我国仍处在工业化、城镇化的“家园建设”的阶段，能源消费的快速增长仍将持续很长的一段时间。

为保持社会、经济的持续发展，我国政府将节能减排作为基本的国策加以实施和落实。国民经济和社会发展“十一五”规划纲要提出：“十一五”期间单位国内生产总值能耗降低 20%，主要污染物排放总量减少 10%。为应对气候变化，我国政府对外承诺 2010 年单位 GDP 二氧化碳排放强度在 2005 年的基础上降低 40% ~45%。这些约束性指标的提出，是贯彻落实科学发展观、实现全面、可持续发展的重大举措；是建设资源节约型、环境友好型社会的必然选择；是推进经济结构调整，转变增长方式的必由之路；是提高人民生活质量，实现社会经济持续发展的必然要求。

“十一五”即将过去，在此期间我国节能工作取得了巨大的成就，高耗能行业节能成效显著，能源利用效率水平显著提高，但与国际先进水平的差距仍然十分明显，还有着巨大的节能潜力可以挖掘。石油和化工行业是我国能源消耗的大户，2009 年全行业能源消费量在全国能源消费总量中占到 15% 以上。目前全国的石油产量近 2×10^{8}t，石油开采、输送过程中的节能可以说是全社会节能的重点领域之一。

由国内著名的学者、青岛理工大学校长、国家发改委能源研究所客座研究员仪垂杰博士组织在油田一线工作的专家和学者完成了《特高含水期油田采输系统节能技术及应用》和《油田注水管网动态流量平衡节能技术》两本专著的编写。该书的作者多年从事油田节能技术开发及应用推广工作，在油田生产节能技术方面取得了一系列研究成果，成功研究开发了油田抽油机动态平衡控制、集输能耗分析控制、油田注水管网动态流量平衡和输配电无功补偿节能等技术，并在油田得到了推广应用和完善。

该书理论联系实际，突出了节能技术的先进性和实用性，系统地阐述了油田地面生产节能各个方面的相关应用技术和经验体会，是近几年来少有的系统论述油田生产过程中能耗环节及节能技术的专著，对目前油田生产的节能降耗，尤其是特高含水期油田的生产节能具有较高的参考价值，同时也可供相关领域的专业技术人员以及管理人员参考、借鉴，作为高校相关专业的参考书使用。

该书的出版将有助于油田企业加快技术进步，提高系统能源利用效率，实现清洁生产。期望《特高含水期油田采输系统节能技术及应用》和《油田注水管网动态流量平衡节能技术》两本专著的出版在为提高油田生产节能做出贡献的同时，能够带动我国相关节能技术的进一步提高，并期待更多先进技术的面世。

国家发展和改革委员会能源研究所副所长

戴彦德

2010 年 9 月

前　言

原油生产企业既是产能大户，又是能源消耗大户。能源消耗在原油生产企业的成本中占有很大的比重。我国大部分油田是渗透率低、区块复杂的油田，并且开采技术与国外先进技术还存在着较大的差距。因此，开采开发过程中的生产能耗是国外常规油田平均水平的2～3倍。随着油田进入特高含水期开发，油田含水量不断增加，开发工作量也逐渐增大，油田能耗急剧升高。本书结合特高含水期油田生产现状，围绕机采系统、注水系统、集输系统和供电系统四个方面的生产特点，分析各个系统能耗情况，利用自动控制理论、计算机技术和通信技术讨论油田生产系统的节能技术，为特高含水期油田开发的节能降耗提供技术支持和应用参考。

本书共分为八章。第一章讨论了油田生产的特点及进入特高含水期后生产能耗情况；第二章讨论了机采系统能耗情况和节能技术；第三章讨论了集输系统生产能耗情况及节能技术；第四章讨论了注水系统生产能耗情况及节能技术；第五章讨论了供电系统及与供电相关的生产设备能耗情况及节能技术；第六章讨论了油田生产过程中的自动控制技术及系统；第七章讨论了油田生产过程中的仪表技术；第八章介绍了书中所讨论的节能技术在机采、注水、集输和供电系统中的应用。

董树亮、邱燕、王丽娜、李卿和张志强同学参加了本书的资料整理与图表绘制等工作。本书在写作的过程中得到了胜利油田胜利采油厂的大力支持，在此表示感谢。

由于作者水平所限，书中难免存在缺点和不当之处，敬请读者不吝指正。

作者

2010年7月

目　录

第1章　特高含水期油田节能概述

1.1　特高含水期油田生产特点

油田在进行开发时，为了保持油田较长开发周期和原油产量的稳定，基本上都要采用保持地层压力开采的方法。在油田开采过程中，采用人工的办法向油层补充能量，保持地层压力，使之达到多出油、出好油的目的。目前比较成熟的措施有：注水、注气、注蒸汽及火烧油层等。与其他物质相比，注水具有无可比拟的优点，一方面水的来源比较易于解决，同时把水注入油层是比较便宜的；另一方面，在一个油层中用水作为介质来排油十分理想。

从1954年开始在玉门油田首先采用注水以来，国内的各大主要油田先后都进行了油田的注水开发，以使油田长期稳定高产。注水油田的开发过程，按照油田生产含水率的变化可分为四个时期：油田综合含水率2%以下称为无水采油期；含水率2%～20%称为低含水采油期；含水率20%～60%称为中含水采油期；含水率高于60%称为高含水采油期。现在看来，根据油田生产特点的变化，在含水率高于60%的高含水期还应该划分含水率60%～80%的高含水初期，含水率80%～90%的高含水率中期和含水率大于90%的高含水后期或是特高含水期。

我国主要油田原油属石蜡基原油，黏度普遍较高，这就形成了一个重要的特点：高含水期是注水油田开发的一个重要阶段，在高含水、特高含水阶段仍有较多储量可供采出。在不同的生产时期，不仅油田生产的特点不同，而且开发和调整的对象、方法和难度都是不同的。目前我国大部分油田都进入了高含水期或特高含水期开采阶段，其生产特点如下：

(1)剩余油分布复杂，开采难度大。进入特高含水开发阶段后，油层普遍呈现出了典型的“三高”特征，高含水井比例上升，平面上油层高度水淹，纵向上层与层之间以及厚油层层内韵律层之间由于非均质性的影响，剩余油分布差异越来越大，再加上经过长期的强化注水开发和多次的井网调整，油层本身及油水分布发生了较大的变化，地下油水关系更加复杂，剩余油分布异常零散，认识剩余油的难度和开发难度也越来越大。

(2)井网密度加大，适应性不均衡。在特高含水期开发阶段，连通差、注采关系不完善的小油砂体，储量动用效果差，甚至动用不起来。同时，由于受到平面非均质性、沉积微相、微构造、停产停注井等的因素影响，即便在井网控制程度较高的单元，也存在死油区或剩余油相对富集区。因此，常通过适当补钻加密井、更新井、老井转注、停产停注井等手段完善注采井网。另外，由于多年的连续开采以及补孔改层、改层系、下电泵、油转水等上产措施的实施，不可避免地造成井网不完善以及井况的恶化。

(3)产液量提高，设备效率低下。随着油田含水的不断上升，油田总产液量将大幅度增加，含水越高，增加幅度越大，油田产量递减速度将明显加快。因此，在不能大规模生产接替的情况下，为尽可能减缓产量递减，必须不断地提高油井产液量。但是从统计结果来看，抽油机、电泵、螺杆泵三种人工举升方式能耗仍然较高，系统效率偏低，平均在20%左右。

(4)注水生产压差大,用电单耗较高。在细分层系、加密井网后提高采油效果的主要方法是改变地下压力场分布,使滞留状态的原油运动起来,在水驱作用下开采。典型的方法有增加注水井点、增大生产压差、调整注采剖面等。这些均对降低含水、稳定产油量、提高采收率有显著作用。通常地面工程设计时,为了满足开发注聚各阶段要求的最大注水压力,注水泵的压力一般选取最高值,在实际生产运行中,按照聚驱分阶段注聚的特点,空白水驱、注聚初期以及后续水驱油压值都较低。因此,造成注聚系统注水泵压高,井口截流能耗大,整个聚驱系统总的压力损失高,设备单耗大。

(5)产液含砂量提高,降低采油效率。在特高含水期油田开采阶段,会出现油井含砂量、出砂程度上升的趋势,导致开井率低、采油速度慢、免修期短的状况出现。出砂的主要原因有:一是,由于油层压力下降生产压差放大等因素的作用,使油层压力状况发生巨大变化,地层砂骨架结构遭到破坏;二是,由于油层介质环境变化和流体长期冲刷,产生黏土颗粒运移、胶结物溶蚀剥落等一系列物化作用,使地层砂胶结强度大幅度下降。

(6)生产自动化水平日益提高。进入特高含水期开发阶段,给油田进一步“控水挖潜”增加了难度。为了充分挖潜剩余油,提高采收率,油田必须加强动态监测。动态监测资料是对当前生产的依据,也是油田开发后期“控水挖潜”的重要参考资料。第一阶段以零散井、设备为对象,实现压力、流量、温度等参数自动检测,这一阶段主要是实现局部区块自动化系统;第二阶段以油田综合处理厂及油气集输系统为对象,初步实现油田全面自动化,油田的监控系统与油井自动测试系统、油田设备监测及维护系统、油田生产优化系统和油田的自动化管理系统等相结合。通过采集到的油井数据和油井的动态资料,精确地预测油藏特性模型,选择最有效的方法开发油藏,预测生产能力,调整生产设施,最大限度地提高采收率,把油井的监控系统与油田自动化系统的其他部分紧密结合起来,从而更好地完成油田的自动化生产和自动化管理。

随着油田进入特高含水期开发,油田含水量不断增加,开发工作量也逐渐增大。为了继续实现油田稳产,油田能耗急剧升高。因此,充分发挥已建和在建生产能力,进一步控制并降低损耗,减少生产能耗,已成为今后油田生产建设中的重要任务。

1.2 特高含水期油田生产能耗分析

油田企业采油系统生产工序构成较为复杂,设备性能各异,设备之间、工序之间在能源和非能源方面存在十分复杂的联系。在这种对能耗影响因素众多、关系复杂的实际生产中,除个别情况外,多数情况很难发现各生产因素对工序能耗的影响机理,难以建立整体的反映机理的数学模型。因此要实现节能降耗,首先要从系统分析石油生产工艺流程的能耗出发,研究能源消耗的趋势及其各影响因素对综合能耗的影响变化规律,确定影响能耗的薄弱环节和节能潜力比较大的因素,从而为节能方案的制定和评价提供理论依据。这对于加强企业能源管理,促进节能技改工作,提高企业的经济效益,具有重要的现实意义。

1.2.1 机采系统

目前采油技术包括有杆泵、电潜泵、水力泵与气举等。其中,有杆泵抽油工艺是应用最早也是最为广泛的人工举升方法,随着技术的不断发展,有杆泵抽油设备不断完善,在各种人工举升采油方法中,有杆泵仍居于首要地位。我国陆上大约有 14 万口油井,75% 以上的油井使用有杆泵采油方式。全世界油田多达几百万口井,除中东地区多数是自喷井外,多数采用有杆泵采油技术。有杆泵采油系统主要是由主机和辅件两部分组成,主机主要是底座、减速器、曲柄、连杆、横梁、支架、游梁、驴头和刹车等机械装置,辅件主要由电动机、节电装置、电路控制系统等组成。

1. 能耗特点

据统计,在我国的油田生产中,机械采油生产井的用电要占油气生产用电的 40% 左右,有的油田已达 50%,而抽油机井的用电是采油生产井用电的主要部分。因此,抽油机采油系统的节能降耗是油田生产节能的重点,对于石油企业降低生产成本、提高经济效益具有十分重要的意义。

机采系统主要使用游梁式抽油机(有杆)和潜油电泵(无杆)。机采系统主要是通过抽油机将电能转换为机械能从地面传递给井下液体,通过油泵将井下液体举升到井口。整个机械采油系统工作的过程,就是一个能量不断传递和转化的过程,能量的每一次传递和转化都会有一定的损失。在深井泵采油过程中,所消耗的能量包括用于提升所载液体的有效能量和举升过程中所消耗的能量。

2. 影响因素

(1)电动机损失。抽油机电动机的负荷变化十分剧烈而频繁,因此电动机输出功率的变化远远超出了额定功率的范围,特别是当抽油机出现严重不平衡时,其电动机甚至可能在额定功率的 80% ~120% 范围内变化,这时电动机的效率极低,损耗也大量增加。

(2)传动损失。传动损失包括带传动损失和齿轮减速箱损失。一般情况下,带传动损失以弯曲损失和弹性滑动损失为主;减速箱损失包括轴承损失和齿轮损失,如果减速箱润滑不良,功率损失将增加,效率将下降。

(3)四连杆机构。对于游梁式抽油机,其换向部分主要是四连杆机构。四连杆机构的损失主要包括轴承摩擦损失及驴头钢丝绳变形损失。

(4)密封盒损失。主要是光杆与密封填料间的摩擦损失。在正常情况下,密封盒损失不大。如果抽油机安装不对中,光杆与密封盒的摩擦力将成倍增加。

(5)抽油杆损失。在抽油机采油系统工作过程中,抽油杆上下往复运动,抽油杆与油管间产生摩擦和抽油杆与井液间产生摩擦,造成功率损失。摩擦力增加了悬点载荷,而且使功率消耗大大增加。

(6)抽油泵损失。抽油泵功率损失包括机械功率损失、容积功率损失和水力功率损失。机械功率损失主要是指柱塞与泵筒—衬套之间的机械摩擦所产生的功率损失,一般情况下其值较小。容积功率损失主要是指柱塞与泵筒—衬套之间漏失所产生的功率损失以及泵阀关不严和开关不及时造成漏失而产生的功率损失。

(7)抽油管柱损失。抽油管柱功率损失包括两项,即为由于油管漏失引起的功率损失和井液沿油管流动引起的功率损失即水力损失。

抽油机、电动机、传动装置及控制装置作为油井系统设备,单单考虑一个设备的节能问题意义并不大,因此要考虑单个设备在节能的同时是否改善了相邻设备的运行状态,如果没有或是影响了相邻系统运行状态,那么它的效果或是应用空间就会受到限制或制约,所以要以系统节能理论为指导,开展地面地下节能设备优化配置的研究。

1.2.2 集输系统

原油集输可归纳为：将油田油井的产物，在油田上进行汇集、处理成出矿原油、天然气、液化石油气及天然汽油，经储存、计量后输送给用户的油田生产过程。石油天然气行业标准SY/T 5264—2006《油田生产系统能耗测试和计算方法》定义原油集输系统为："在油田内，将油井采出液汇集、处理和输送的整个工艺处理系统"。

油气集输系统工艺流程是根据各油田的地质特点、采油工艺、原油、天然气物性和自然条件、建设条件制定的，没有固定的模式。但是油气集输工艺流程的单元工艺内容基本上是相同的，而且实现这些单元内容的工艺方法是可以选择的。集输系统的主要单元工艺包括：分井计量、集油集气、油气水分离、原油脱水、原油稳定等。

1. 能耗组成

若将油气集输系统分为集油、脱水、稳定和储运四个过程，则其能耗分别为集油能耗、脱水能耗、原油稳定能耗和原油储运能耗。其中集油能耗约占油气集输总能耗的60% ~80%，因而如何降低集油过程能耗是油气集输系统节能的关键。其能耗实物构成包括：

(1)电耗。随着油田产液量以及产液含水率的增加，油田集输的动力耗电大幅度增加。原油生产用电单耗逐年增加，年平均增长率在9%左右。

(2)气耗。目前各油田平均集输耗气在15 ~35m^3/t 油，全国平均16m^3/t 油左右。随着油田含水率的提高，集输原油耗气也在增加，而随着油田进入高含水采油，伴生气产量则可能有所下降，气的矛盾会越来越突出。

2. 影响效率的主要因素

(1)油井回压。适当提高井口回压，不设接转站，是实现流程密闭的重要措施。有文献表明，油、气全面考虑收集利用，提高回压可节省动力功耗1 ~2倍，具有明显节能效果。

(2)脱水站中加压次数。以往脱水站设计中，站内流程为：来油(液)→油罐→泵→加热炉→一段沉降→泵→加热炉→二段电脱水→稳定塔→泵→外输。来油进站到外输共三次加压。改进后的脱水站设计减少加压次数，利用井口回压而不经过任何泵的额外增压，直接解决集输和站内分离、脱水处理问题，即"无泵无罐流程"。流程为：来油(液)→一段沉降→加热炉→二段电脱水→稳定塔→泵→外输。

(3)集油管线的保温及管径。管道的散热量与集油管线总传热系数成正比，采用新型高效保温材料，虽然投资大，但管线总传热系数下降，能有效地减少散热损失。管线散热随管径加大而增加。集油管线的管径差一个等级，散热将相差25% ~30%。但管径偏小会使泵耗增大，应综合考虑热力、水力条件及管线的一次性投资，优化选择管径。

(4)进站(管线末端)温度。进站油温直接影响管线内输送介质的平均温度，其对散热的影响尤其不容忽视。若进站油温比要求温度偏高5℃时，集油管线的平均温度将高出3℃左右，会使热损失高出6% ~8%。由此可见，低温处理产出液是油气集输系统节能的重要发展方向。

1.2.3 注水系统

随着油井开采时间的增长，油层本身能量不断地被消耗，致使油层压力不断地下降，地下原油大量脱气，黏度增加，油井产量大大减少，出现停喷停产，造成地下残留大量采不出来的油。为了弥补原油采出后所造成的地下亏空,保持或提高油层压力,实现油田高产稳产,并获得较高的采收率,需要向油层补充能量。注水是保持地层压力、提高采油速度和采收率方面应用得最广泛的一项技术。

与其他物质相比,注入水的优势在于:(1)水的来源比较易于解决,注入油层也相对便宜。(2)水在油层中具有的扩散能力,使油层保持较高的压力水平,避免因溶解气脱出而导致原油的流动性变差。因此,油田注水是采油生产中最重要的工作之一。

1. 能耗组成

注水系统的能耗大致可以分为四部分:

(1)驱动注水泵电动机损失的能量。这部分能量可以用电动机的效率曲线来描述。油田使用电动机的效率随着轴功率变化,效率约为96%,即每注入1m^3 的水大约有4%的能量由电动机本身损耗。

(2)注水泵消耗的能量。这部分能量用水泵效率曲线来表示。它随水泵输出流量而变化,目前油田注水泵平均运行效率约为77%,即每注入1m^3 的水大约有20%能量被注水泵消耗。

(3)管网摩阻损失,可以用管网的损失率来描述。

(4)水注入油层所需的能量。这部分能量决定于油层所要保持的压力、储油层的性质和油层的动态因素。

因此油田注水系统耗电量很大,平均占油田生产用电量的30%以上,开发油田注水系统节能技术和装备一直是油田节能工作的重点之一。

2. 影响注水能耗主要因素

(1)电动机效率。电动机正常工作(在保证高效的前提下)必须满足两个条件:第一,电动机输入功率必须小于或等于额定功率;第二,电动机必须在额定负荷系数下运行,效率最高。因此,要提高电动机效率,应选择节能型高效电动机;应合理选型,减少无功损失;应与注水泵合理匹配,避免“大马拉小车”。

(2)注水泵效率。在油田注水系统中,因泵效低而损失的能量最多,因此,注水泵节能是降低注水系统能耗的关键。

(3)注水管网损失率。注水管网损失包括摩阻损失、泄漏损失、配水间与井口节流造成的损失等,也是注水系统能量的重要部分。降低注水管网损失率的措施主要为:优选注水流程、合理确定注水半径、划分压力系统以及注意维修及日常管理。

1.2.4 配电系统

油田配电系统包括直接供应油田电力设备(抽油机、注水泵、输油泵等)的配电变压器和配电线路等,主要能源损耗就是一次、二次、三次变电供电网损。供配电系统中变压器和配电线路是否经济运行,包括运行方式和用电负荷是否优化等,直接影响着各级线路的网损和功率因数,是确保供配电系统能源利用的重要因素。

1. 能耗组成

配电系统的能耗可归纳为:阻性损耗与非阻性损耗两大类。阻性损耗就是系统中输电线路、输变电附件和各类负荷的内在电阻在电流通过时的发热损耗(即线损);非阻性损耗则是交流电路中各类非阻性负载产生的功率因数下降,并最终通过线损的增加表现出来,所以最终都可归结到阻性损耗上来。显然,负载的性质决定了供电系统的运行效率高低。

油田用电负载基本上都是高度分散的、负载率很低(特别是在低压电网中)的感性负载,运行过程中产生感性功率因数。并且,除了油气集输处理系统和注水系统外,大量的设备都是分散在每口抽油井上低负载率的人工举升设备的拖动装置。

2. 影响配电系统能耗的因素

1)网损率较高

油田10kV线路电网网损率相对较高,其原因为:(1)作为配电网主要用电负荷的电动机负荷普遍存在着"大马拉小车"现象,因而造成配网功率因数过低、网损过大。(2)配电变压器多处于非经济运行区。(3)由于油田处于滚动开发阶段,用电负荷不断增大,线损也随之增加。(4)一些配网供电半径过长,远远超出合理输送距离,也是造成网损过大的原因。

2)机械设备与电动机配套不合理

形式选用不合理、容量选用不合理、转矩和转速选用不合理等现象比较普遍,设备选用与运行方式不合理,造成大量的电动机处于低效率运行状态,导致这一情况的原因主要有两点:(1)抽油机的驱动电机一直采用通用系列异步电机,这种电机额定点的效率和功率因数呈现最大值,而当负载降低时效率和功率因数都随之下降,能耗随之增大。(2)通用系列异步电机起动转矩倍数只有1.8倍,最大为2.0倍,因此在选用时为了考虑起动和特殊作业时的需要,不得不提高装机功率,造成"大马拉小车"现象,这一现象使电机的电能利用率降低,对提高抽油机系统效率极为不利。当电动机负载率较低时,电动机的效率和功率因数下降较多,相应多消耗较多有功功率和多占有较多无功功率。因此,抽油机专用节能电机应具有效率和功率因数高、曲线平坦、负载越轻时效率和功率因数越高、起动力矩大、过载能力强等特性。

3)功率因数过低

由于油田电网负荷中存在着电动机和配电变压器的"大马拉小车"现象,而且配网的线路长度过长,这都是造成无功功率比重较大的原因,直接表现则是电网的自然功率因数过低。为了提高功率因数,使其达到国家标准(不低于0.9),则必须对电网进行无功补偿。目前只有变电所集中补偿和计转站就地补偿,而抽油机单井及其他用电设备没有采取无功就地补偿。

在采油系统中,每一个子系统都是相辅相成、紧密连接的,任何一个子系统都会或多或少的影响其他子系统,都对整个采油系统效率有着重要影响。从主要消耗能源看,应当尤其重视电力和原油的消耗,注重燃料结构的调整。从用能设备分析看,用能设备的新度系数和负载效率是影响系统效率的重要因素,设备越新,越先进,特别是节能型设备,其耗能就越小;设备实际负荷与额定负荷越接近,其负载效率越高,能源利用率就越高。此外,设备之间,如电动机与抽油机以及电动机与注水注聚泵的配套程度,也影响着系统的高效运转,是必须考虑的重要因素。

第 2 章　机采系统能耗及节能

在油田的采油生产中，抽油机是应用最广泛的机采方式。根据资料统计，大庆油田采油五厂机采井年耗电约 2.63×10^{8}kW · h。占总耗电量的 47.25%，而抽油机年耗电量为 2.38×10^{8}kW · h，占机采井耗电量的 91.1%，占总耗电量的 42.76%，是主要的耗电设备，也是降低生产运行成本主要控制对象。国外最近研究结果表明，抽油机井的效率已高于潜油电泵井的系统效率，游梁式抽油机井的系统效率可超过 40%。长冲程节能抽油机的效率可高达 50%。当前，国内抽油机井的系统效率还很低，仅为 22%。显然，抽油机系统效率的整体水平还不理想，尚具有很大节能潜力。

2.1　有杆泵采油工艺技术

有杆泵一般是指利用抽油杆上下往复运动所驱动的柱塞式抽油泵。有杆泵采油方法具有结构简单、适应性强和寿命长的特点，是目前国内外应用最广泛的机械采油方法。本节将以游梁式抽油机为例系统地介绍有杆采油的基本原理。

典型的有杆抽油装置主要由三部分组成，如图 2－1 所示。一是地面驱动设备即抽油机；二是安装在油管柱下部的抽油泵；三是抽油杆柱，它把地面设备的运动和动力传递给下井抽油泵柱塞使其上下往复运动，使油管柱中的液体增压，将油层产液抽汲至地面。就整个有杆抽油生产系统而言，还包括供给流体的油层、用于悬挂抽油泵并作为举升流体通道的油管柱、井下器具（油管锚、气锚、砂锚等）油套管环形空及井口装置等。

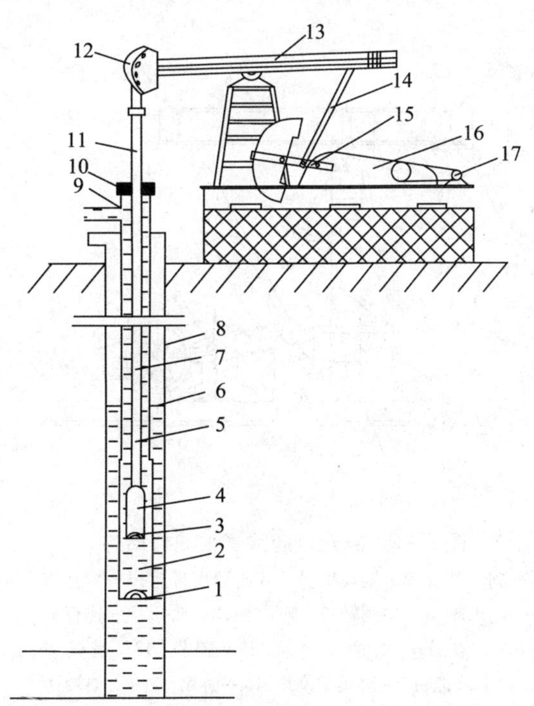

图 2－1　典型的有杆抽油生产系统

1—吸入阀；2—泵筒；3—柞塞；4—排出阀；5—抽油杆；6—动液面；7—油管；8—套管；9—三通；10—密封盒；11—光杆；12—驴头；13—游梁；14—连杆；15—曲柄；16—减速器；17—动力机（电动机）

2.1.1　抽油机

抽油机（pumping unit）是有杆抽油的地面驱动设备。按其基本结构，抽油机可分为游梁式和无游梁式两大类，目前国内外应用最为广泛的是游梁式抽油机（俗称磕头机）。游梁式抽油机主要由游梁—连杆—曲柄（四连杆)机构、减速机构(减速器)、动力设备(电动机)和辅助装置等四部分组成,如图 2－2 所示。游梁式抽油机工作时,电动机(或其他动力机)通过传动皮带将高速旋转运动传递给减速器的输入轴,经减速后由低速旋转的曲柄通过四连杆机构带动游梁作上下往复摆动。游梁前端圆弧状的驴头经悬绳器带动抽油杆柱作上下往复直线运动。

根据结构形式不同,游梁式抽油机分为常规型(普通型)、异相型和前置型。常规型和前置型是游梁式抽油机的两种基本型式。

1. 常规型游梁式抽油机

常规型游梁式抽油机如图 2－2 所示。它是目前油田使用最广的一种抽油机。其结构特点是:支架位于游梁的中部,驴头和曲柄连杆分别位于游梁的两端,曲柄轴中心基本位于游梁尾轴承的正下方,上下冲程运行时间相等。

2. 异相型游梁式抽油机

异相型游梁式抽油机如图 2－3 所示。它是 20 世纪 70 年代发展起来的一种性能较好的抽油机。从外形上看,它与常规型游梁式抽油机并无显著差别,故常规型与异相型也称后置型抽油机。异相型游梁式抽油机的结构特点是:曲柄轴中心与游梁尾轴承存在一定的水平距离;曲柄平衡重臂中心线与曲柄中心线存在偏移角(曲柄平衡相位角)。使得上冲程的曲柄转角明显大于下冲程,从而降低了上冲程的运行速度、加速度和动载荷,达到减小抽油机载荷、延长抽油杆寿命和节能的目的。

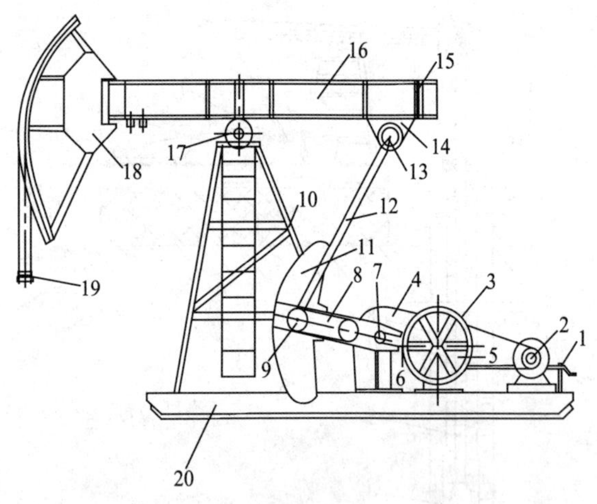

图 2－2　常规型游梁式抽油机结构

1—刹车装置;2—电动机;3—减速器皮带轮;4—加速器;5—输入轴;6—中间轴;7—输出轴;8—曲柄;9—连杆轴;10—支架;11—曲柄平衡块;12—连杆;13—横船轴;14—横船;15—游梁平衡块;16—游梁;17—支架轴;18—驴头;19—悬绳器;20—底座

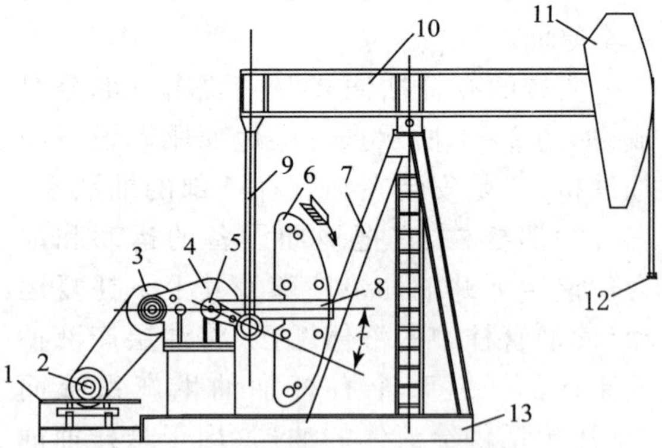

图 2－3　相异型游梁式抽油机结构

1—刹车装置;2—电动机;3—减速机皮带轮;4—减速器;5—输入轴;6—曲柄平衡块;7—支架;8—曲柄;9—连杆;10—游梁;11—驴头;12—悬绳器;13—底座

3. 前置型游梁式抽油机

前置型游梁式抽油机如图 2－4 所示。其结构特点是:支架位于游梁的一端,驴头和曲柄连杆同位于另一端。在相同曲柄半径下,前置型的冲程长度明显大于常规型,而抽油机的规格尺寸较常规型小巧。这种抽油机上冲程运行时间长于下冲程运行对间,从而降低了上冲程的运行速度、加速度和动载荷。前置型多为重型长冲程抽油机，除采用机械平衡外还采用气动平衡。

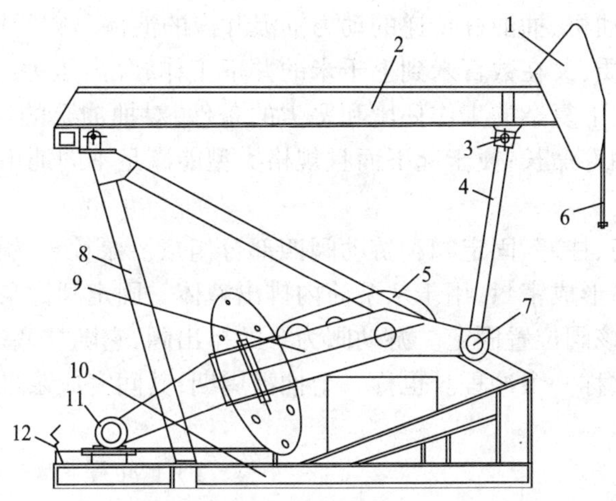

图 2－4　前置型游梁式抽油机结构

1—驴头；2—游梁；3—横梁；4—连杆；5—减速器；6—悬挂器；7—曲柄；8—支架；9—曲柄；10—底座；11—电动机；12—刹车装置

我国游梁式抽油机型号表示法如下：

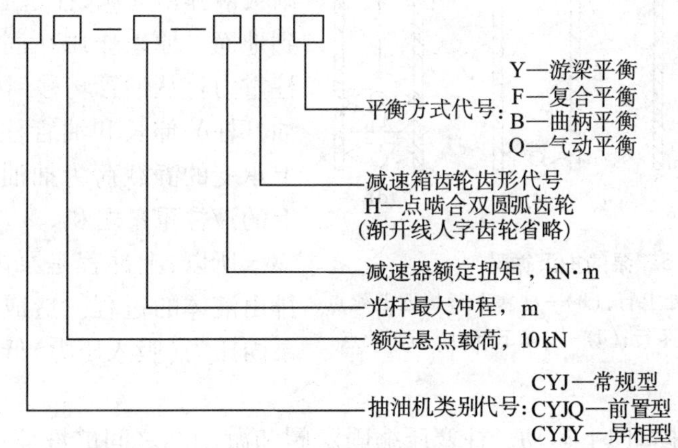

例如：规格代号为 8－3－37 的常规型游梁式抽油机，减速器采用点啮合双圆弧齿轮，平衡方式为曲柄平衡，型号为 CYJ8－3－37HB。表示抽油机的额定悬点载荷为 80kN，光杆悬点最大冲程为 3 m，减速器额定扭矩为 37kN·m。

为了增大冲程、节能及改善抽油机的结构特性和受力状态，国内外还出现了许多变形游梁式抽油机，如双驴头式、旋转驴头式、大轮驴头式、大轮式以及斜直井游梁式抽油机。为了扩大有杆泵抽油的适用范围，改善其技术经济指标，国内外还发展了许多不同类型的无游梁抽油机（特别超长冲程抽油机），如链条式、增距式和宽带式抽油机等，主要特点多为长冲程和慢冲次，以适应深井和稠油的特殊需要。

2.1.2 抽油泵

抽油泵(有杆泵 sucker rod pump)是有杆抽油系统的井下关键设备,安装在油管柱的下部,沉没在井液中,通过抽油机、抽油杆传递的动力抽汲井内的液体。它所抽汲的液体中常会含有蜡、砂、气、水及腐蚀物质,又在数百米到上千米的井下工作,泵内压力有时高达 10 MPa 以上。为了使抽油泵能适应井下复杂的工作环境和恶劣的条件,对抽油泵的基本要求是:结构简单、强度高;工作可靠,使用寿命长;便于起下而且规格类型能满足不同油田的采油工艺需要。

1. 泵的工作原理

抽油泵主要由泵筒、柱塞、固定阀和游动阀四部分组成。泵筒即为缸套,其内装有带游动阀的柱塞。柱塞与泵筒形成密封,用于从泵筒内排出液体。固定阀为泵的吸入阀,一般为球座型单流阀,抽油过程中该阀位置固定。游动阀为泵的排出阀,它随柱塞运动。

柱塞上下运动一次称一个冲程。也称一个抽汲周期,其间完成泵进液和排液的过程,如图 2-5 所示。

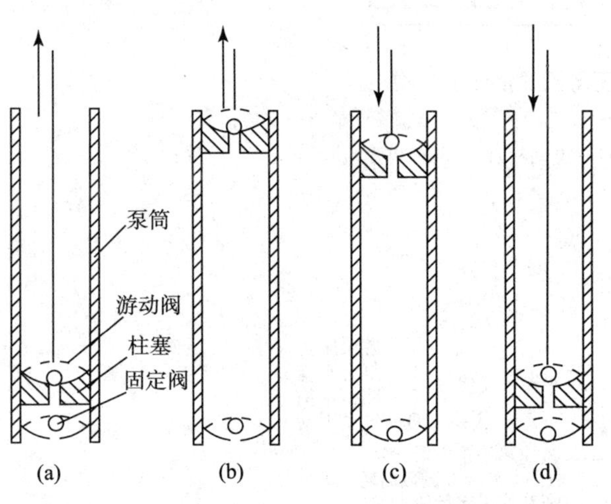

图 2-5 泵的抽汲循环

(a)—柱塞接近下死点处上行;(b)—柱塞上行接近上死点;(c)—柱塞接近上死点处下行;(d)—柱塞下行到接近下死点

1)上冲程

抽油杆柱向上拉动柱塞[图 2-5(a)],柱塞上的游动阀受油管内液柱压力而关闭。此时,柱塞下面的下泵腔容积增大,泵内压力降低,固定阀在其上下压差作用下打开,原油吸入泵内。与此同时,如果油管内已逐渐被液体所充满,柱塞上面的液体沿油管排到地面。原来作用在固定阀上的油管内液柱重力将从油管转移到柱塞上,从而引起抽油杆柱的伸长和油管柱缩短。抽油机驴头上承受的静载荷为抽油杆柱重量与柱塞以上的液柱重量之和。

所以,上冲程是泵内吸入液体,而井口排出液体的过程。造成吸液进泵的条件是泵内压力(吸入压力)低于沉没压力。

2)下冲程

抽油杆柱带动柱塞向下运动。柱塞压缩固定阀和游动阀之间的液体:当泵内压力增加到大于泵沉没压力时,固定阀先关闭,当泵内压力增加到大于柱塞以上液体压力时,游动阀被顶开,柱塞下面的液体通过游动阀进入柱塞上部,使泵排出液体。由于有相当于冲程长度的一段光杆从井外进入油管,将排挤出相当于这段光杆体积的液体。原来作用在柱塞以上的液体重力转移到固定阀上,因此引起抽油杆柱的缩短和油管的伸长。

所以,下冲程是泵向油管内排液的过程,造成泵排出液体的条件是泵内压力高于柱塞以上的液柱压力。

2. 泵的理论排量

泵的工作过程是由三个基本环节所组成,即柱塞在泵内让出容积;原油进泵和从泵内排出原油。在理想情况下,柱塞上下一次吸入和排出的液体体积相等,即等于柱塞在上行时走过的

几何体积 $A_p \cdot S$。所以,泵的理论排量为式(2-1)。

$$Q_t = 1440\ A_p \cdot S \cdot n \tag{2-1}$$

式中 Q_t ——泵的理论体积排量,m^3/d;

A_p ——柱塞截面积($A_p = \pi D^2/4$),m^2;

D ——泵径,m;

S ——光杆冲程,m;

n ——冲次,min^{-1}。

3. 抽油泵类型和结构

按抽油泵在油管中的固定方式分为管式泵和杆式泵两大类型。通常对于符合抽油泵标准设计和制造的抽油泵称为常规泵,而具有专门用途的,如防砂、防气、抽稠油等,或具有与标准结构不同的泵称为特殊泵或专用泵。

抽油泵又分为整筒泵和组合泵(衬套泵)。组合泵的外筒内装有多节衬套组成泵筒,并与金属柱塞配套,而整筒泵没有衬套,与软密封柱塞配套。

4. 抽油泵的型号及基本参数

我国的抽油泵型号表示方法如下:

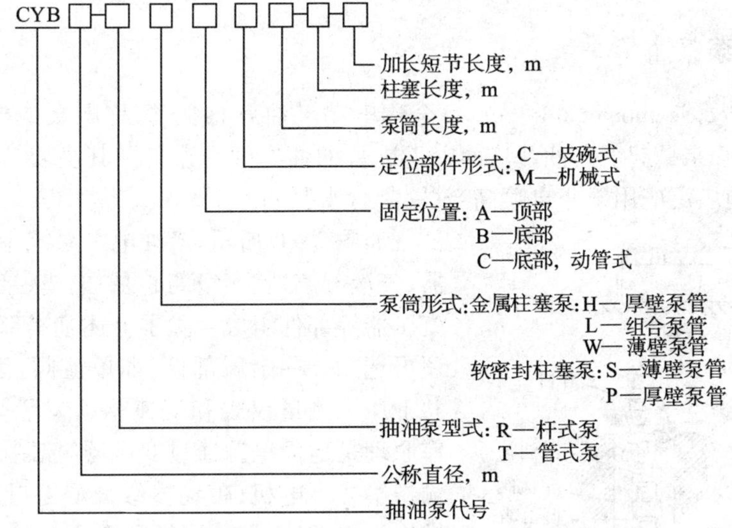

例如:公称直径为38mm,泵筒长度为4.5m的厚壁筒,定筒式顶部固定,金属柱塞长1.2m,加长短节长度为0.6m的杆式泵标记为CYB38-RHAM4.5-1.5-0.6。又如:公称直径为70mm,泵筒长度为4.5m的多节衬套式组合泵,金属柱塞长1.2m的管式泵标记为:CYB70-TL4.5-1.2。

2.1.3 抽油杆柱

普通抽油杆通过接箍连接成抽油杆柱(sucker rod string),上经光杆连接抽油机,下接抽油泵的柱塞,其作用是将地面抽油机悬点的往复运动传递给井下抽油泵。

普通抽油杆其杆体是实心圆形断面的钢杆,其特点是:结构简单、易制造、成本低。主要用于常规有杆抽油方式。

为了满足高含水、稠油、高含蜡、含腐蚀介质以及深井和斜井采油的需要,国内外应用了许多结构、材料、用途与普通抽油杆不同的特种抽油杆,如超高强度抽油杆、玻璃钢抽油杆、空心抽油杆和连续抽油杆等。抽油杆柱中,除了抽油杆柱和接箍外还有一些附属器具,主要有:

(1)光杆(polished rod)。位于抽油杆最上端,其作用是连接驴头钢丝绳与井下抽油杆,并同井口盘根配合密封抽油井口。因此,对其强度和表面光洁度要求较高。

(2)加重杆。用于大泵抽油、稠油井和深井,抽油杆柱的下部采用加重杆,防止抽油杆柱下部发生纵向弯曲,减少抽油杆的断脱事故。

(3)抽油杆扶正器。用于斜井和丛式井,使抽油杆处于油管中心,不直接与油管接触,减少抽油杆的磨损、振动和弯曲。

此外还有用于减少抽油杆振动的减振器、防止抽油杆接箍旋松的防脱器等。

2.2 无杆泵采油技术

无杆泵机械采油方法与有杆泵采油的主要区别是不需用抽油杆传递地面动力,而是用电缆或高压液体将地面能量传输到井下,带动井下机组把原油抽至地面。常用的无杆泵包括潜油电泵、水力活塞泵、水力射流泵和螺杆泵等。

2.2.1 潜油电泵采油

潜油电泵(electric submersible pump)全称电动潜油离心泵,简称电泵或电潜泵。它是将电动机和多级离心泵一起下入油井液面以下进行抽油的举升设备。其主要特点是排量大、自动化程度高,目前广泛应用于非自喷高产井、高含水井和海上油田。

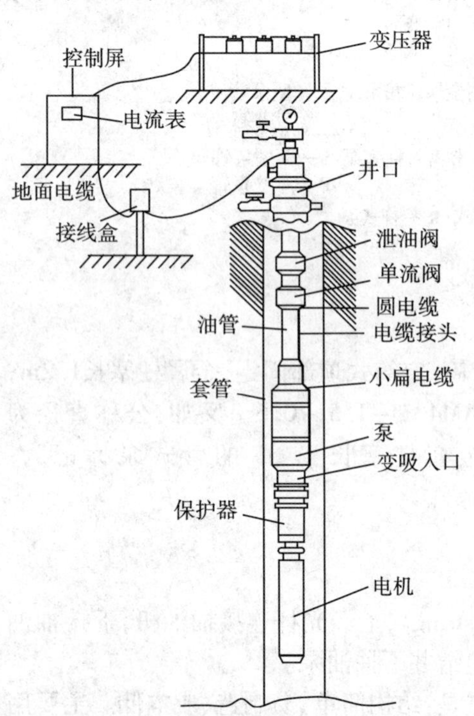

图2-6 典型潜油电泵采油系统

如图2-6所示,潜油电泵系统主要由电机、保护器、气液分离器、多级离心泵、电缆、接线盒、控制屏和变压器等部件组成。除了上述基本部件外,潜油电泵还可选用一些附属部件:如单流阀、泄油阀、扶正器、井下压力测量仪表和变速驱动装置等。该系统的工作原理是地面电源通过变压器、控制屏和电缆将电能输送给井下电机,带动多级离心泵叶轮旋转,将电能转换为机械能,把井液举升到地面。

1. 潜油电泵系统部件

1)电机

电机用于驱动离心泵转动。井下电机一般为两极三相鼠笼感应电机,工作原理与地面电机相同,在60Hz 时的转速为3500r/min,目前电机的功率范围在5.5~735kW 内,根据实际需要电机可以采用几级串联达到特定的功率。电机内充满电机油,用于润滑和导热,运行电机产生的热量由电机油通过电机外壳传给井液,井液将热量带走冷却电机,因此电机必须安装在井液流过的地方。

2）保护器

保护器主要用于将电机油与井液隔开，平衡电机内压力和井筒压力。保护器的作用是连接电机的驱动轴与泵轴，连接电机壳与泵壳；保护器的充油部分与允许压力下的井液连通时，保证电机驱动轴密封，防止井液进入电机；当电机运行时，电机内的润滑油因温度升高而膨胀，保护器内有足够的空间储存因膨胀而溢出的电机油，防止电机内压力上升过高，反之当油温下降收缩时，保护器内的油又补充给电机；保护器中的止推轴承用于承受泵轴重量和各种不平衡力；保护器外壳也作为电机油附加冷却面；可以罩住电机的止推轴承。普遍使用的保护器包括连通式、沉淀和胶囊式，主要区别在于隔离电机油和井液的方式不同。

3）气液分离器

气液分离器的作用是作为井液进入泵的吸入口，把游离气从井液中分离出来，减少气体对泵特性的影响。当泵吸入口气液比超过10%时，泵的特性变差，甚至可能发生气锁，因此采用分离器使进泵的气量在泵能承受的范围之内。分离器的分离能力由分离效率描述，分离效率是套管产气量与泵吸入口条件下游离气量之比。

分离器主要包括沉降式和旋转式。沉降式分离器只能处理泵吸入口气液比在10%以下的井液，而且分离效率最高只能达到37%。旋转式分离器能处理泵吸入口气液比在30%以内的井液，分离效率高达90%以上。

分离器应根据泵吸入口游离气量进行选择。如果分离器能力一定，反过来又可以确定出泵的最小吸入压力和井的产能。

对于气体含量很高的井，还需选用高级气体处理装置。该装置根据压降越低流体混合越均匀的原理工作。气液混合物在进泵前均匀混合使其在泵中几乎像单相流一样，防止气锁，大大提高了泵的气体处理能力。

4）电缆

电缆用于向井下电机供电，它由电缆卡子固定在油管上的动力电缆和带电缆头的电机扁电缆组成。电缆主要包括圆电缆和扁电缆，扁电缆主要用于电机或套管环形空间间隔较小的井。电缆中的导线有铜的或铝的，可以有多股，导线之间和导线外部有绝缘层，绝缘层必须耐温、耐压、耐井液浸蚀，有时在绝缘层外有一个铅护套，在护套外用金属铠皮进行铠装保护。

不同型号电缆的电压降不同，如图2－7所示。电缆的型号用数字表示。铜线电缆型号有$1^{\#}$，$2^{\#}$，$4^{\#}$，$6^{\#}$，$8^{\#}$和$10^{\#}$，铝线电缆有$2/0^{\#}$，$1/0^{\#}$，$2^{\#}$，$4^{\#}$，$6^{\#}$，$8^{\#}$和$10^{\#}$。

5）控制屏

控制屏主要用于控制井下电机的运行，它由电机启动器、过载和欠载保护、手动开关、时间继电器和电流表组成。控制屏的电压范围在600～900 V之间。控制屏的用途是自动控制潜油电泵系统的启动和停机；具有短路、过载、欠载保护功能，以及欠载延时自动启动功能；通过电器仪表随时测量电流和电压，可以跟踪系统运行状况；应用变频控制屏可以灵活调节和控制产量的大小。变频控制屏可以改变传给井下电机的频率。变频控制屏通过变速驱动装置进行工作，变速驱动装置是一个可编程的集成控制系统。变频控制屏的频率可以在30～90Hz内任意变化，改变电机转速，灵活调节泵的排量，这种控制屏不会把电源瞬变传到井下，而且具有软启动功能，减少机组的损坏。

6）变压器

变压器用于将交流电的电源电压转变为井下电机所需要的电压，它是根据电磁感应原理工作的。一般采用三种变压器：三个单相变压器、三相标准变压器和三相自耦变压器。

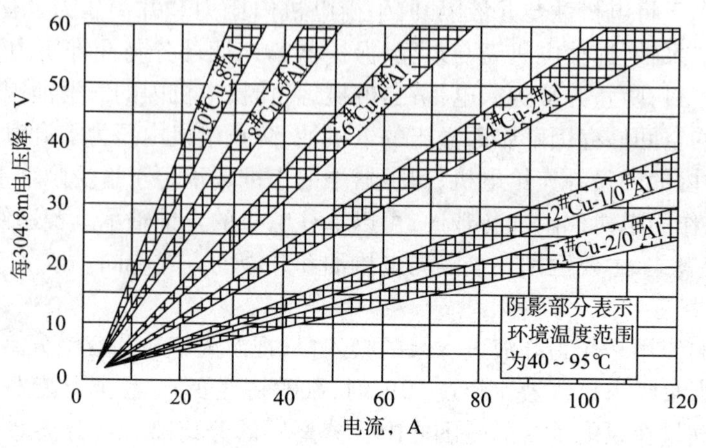

图2－7　电缆电压降

7）接线盒

在井口和控制屏之间必须装一个接线盒。接线盒的作用是连接控制屏到井口之间的电缆；将井下电缆芯线内上升至井口的天然气放空，防止天然气直接进入控制屏，在控制屏产生电火花时引起爆炸。

8）压力传感器

压力传感器用于测量井下压力和温度。它可以确定井的产能，便于自动控制。

9）单流阀和泄油阀

单流阀一般装在泵上方2～3根油管处。当井液的气液比较高时，单流阀的位置还应上移，因为在停泵和防止气锁时，需要给泵内气体上升留出必要的空间。单流阀的作用是在泵内不工作时保持油管柱充满流体，易于启泵，消耗功率最小；操作安全可靠，地面关闸时油管柱内的气体易压缩，形成高压，操作不安全；防止停泵后液体倒流，使机组反转，这时启泵易烧毁电机，损坏轴和轴承，发生脱扣现象。

泄油阀应装在单流阀上方一根油管处，它是一个剪切插销装置。泄油阀的作用是在泵的油管柱上装有单流阀时，必须同时在单流阀上方装一个泄油阀，以防止启泵时油管柱中的井液在卸油管时流到地面上。

10）扶正器

扶正器对泵和电机起扶正作用，使机组处于井筒中间，以便电机很好冷却，防止电缆与套管内壁摩擦损坏。扶正器应固定不动。

2. 潜油电泵系统的安装方式

潜油电泵的主要安装方式分为标准安装方式（图2－6）、底部吸入口安装方式和底部排出口安装方式。潜油电泵的安装方式不同，系统的组成和用途不完全一样。

对标准安装方式，从下往上依次是电机、保护器、气液分离器、多级离心泵及其他附属部件，主要用于油井采油。电机应在射孔段以上，使井液从电机旁流过，冷却电机，如果电机在射孔段以下，应采用电机罩引导流体从电机旁流过，电机罩还起气液分离器的作用。

底部吸入口系统用于油管摩阻损失大或泵径大的井。这种系统是从一根插到井底的尾管吸入流体进泵,通过带封隔器的油套管环形空间排出流体,因此提高了排量和效率。该系统的安装方式与标准安装方式不同,泵和电机的位置刚好是颠倒的,从上到下依次是电机、保护器、排出口、泵、吸入口。

底部排出口系统用于将上部层位的地层水转注到下部层位,适用于油田注水开发或气井排水采气。这种系统是从油套管环形空间吸入流体进泵,通过尾管排出到下部层位。该系统的安装方式与标准安装方式也不同,泵和电机的位置也是颠倒的,从上到下依次是电机、保护器、吸入口、泵、排出口。

2.2.2 水力活塞泵采油

水力活塞泵(hydraulic pump)是一种液压传动的无杆抽油设备,它是由地面动力泵将动力液增压后经油管或专用通道泵入井下,驱动马达做上下往复运动,将高压动力液传至井下驱动油缸和换向阀,来帮助井下柱塞泵抽油。水力活塞泵对高气油比、出砂、高凝油、含蜡、稠油、深井、斜井及水平井具有较强的适应性。

1. 水力活塞泵采油系统组成和类型

水力活塞泵系统主要由地面动力液罐、三缸高压泵、控制管汇、井口控制阀和井下泵组成。井下泵是该系统的核心部件。典型水力泵系统如图2-8所示。

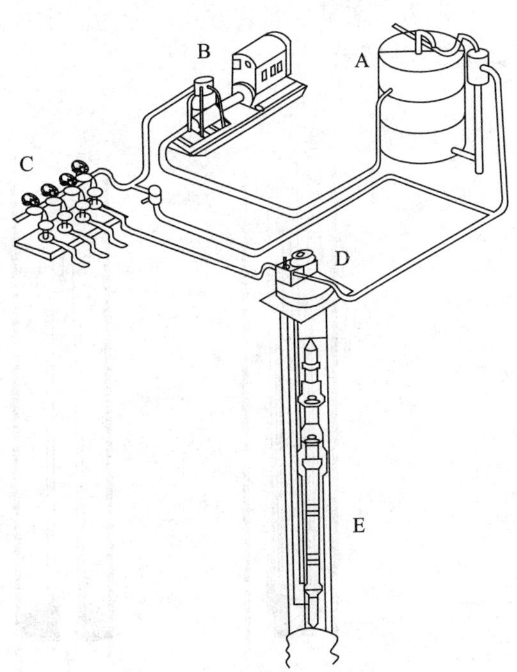

图2-8 典型水力活塞泵采油系统

A—动力液罐;B—三缸高压泵;C—控制管汇;D—井口控制阀;E—井下泵

1)动力液系统

动力液系统有多种类型,不同系统的地面流程和设备及处理能力不同,选择时要考虑现有设备、场地和投资等因素。一般按如下方式进行分类:

(1)按系统管理的井数分,有单井系统和中心站多井系统。

(2)按动力液排出方式分,有开式动力液和闭式动力液循环系统。

开式动力液系统是让动力液和地层流体在离开井下泵后混合在一起,通过同一通道返出地面。井下结构比闭式动力液系统简单,开采稠油时加热动力液可稀释地层流体,但加入的润滑、防腐、除氧等化学剂要与地层流体混合,损耗较大,需要连续加入。

闭式动力液系统是动力液和地层流体在整个水力泵系统中不混合在一起。向动力液中加化学剂的成本不高,地面分离设备小,主要用于海洋和城市,但井下另外需要一根动力液返出管,开采稠油时动力液不能起稀释和降粘作用,目前应用较少。

(3)按动力液流动方向分,有正循环和反循环系统。

正循环系统是将动力液从装泵的油管注入。对开式动力液系统,动力液和地层流体混合物从未装泵的流动通道返出地面，对闭式动力液系统，还需一根动力液返出管，这种方式最常用。

反循环系统是动力液从未装泵的流动通道注入，动力液和地层流体从装泵的油管返出地面，主要用于保护套管和降低摩阻。这种系统需要采用一个插锁或摩擦固定装置保持泵在工作时不向上移动，可以采用钢丝和自由投捞作业，自由作业比正循环系统复杂，在水力活塞泵中应用很少，在射流泵中应用较多。

2）动力液

一般采用油或水作动力液，动力液的质量对水力泵系统的使用寿命和维修成本影响很大。用相对密度为0.825～0.876的原油作动力液，要求杂质含量在0.0015%以下，油的润滑性较好，需要的化学剂较少，成本低，油的压力脉冲比水小得多，地面柱塞油泵的维护较少。用水作动力液，要求杂质粒径小于15μm，含盐的质量分数小于1.2%，水对环境污染小，安全性好，但水在井底条件下一般不具备润滑性，易产生腐蚀，水的粘度低使井下泵更易漏失，另外水还需脱氧处理。选择哪种介质作动力液要根据可利用的介质和投资等方面作出决定。

2. 井下泵装置类型

水力活塞泵的安装方式可分为固定插入式、套管固定式、平行自由式和套管自由式四种，如图2－9所示。

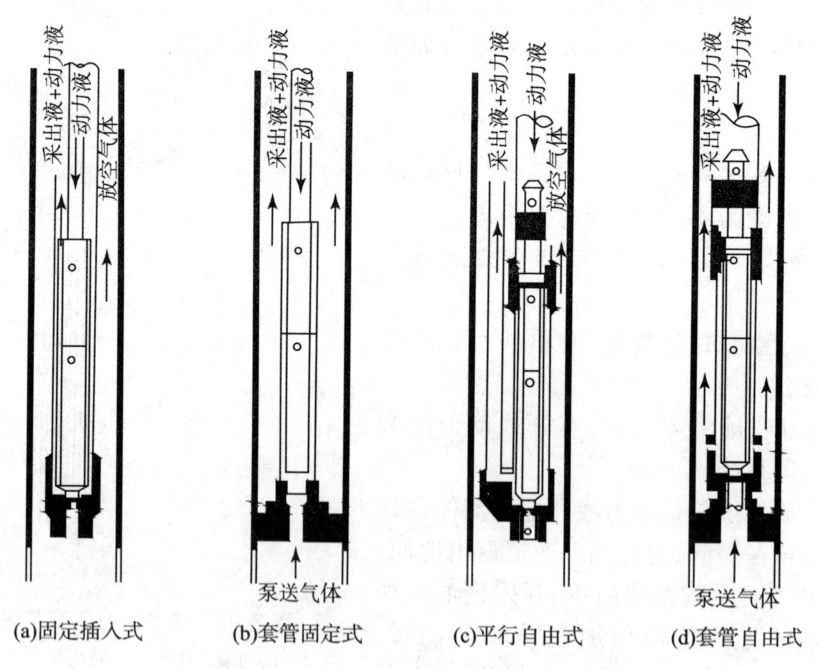

图2－9 常用井下泵装置

1）固定插入式

水力活塞泵井下机组随动力油管下入井底，动力液从直径较小的动力油管中注入井下机组，原油和乏动力液从动力油管和油管之间的环形空间返回地面，所有自由气都从油管和套管的环形空间导出，如图2－9(a)所示。

2）套管固定式

水力活塞泵井下机组随动力油管下入井底,并固定在一个套管封隔器上,动力液从动力油管送入井下机组,原油和乏动力液从动力油、套管的环形空间返回地面,所有的自由气须经水力活塞泵井下机组导出,如图2－9(b)所示。

3)平行自由式

平行自由式安装方式有两个平行管柱。水力活塞泵井下机组从大直径管柱中下入井底,并在一个固定阀座上形成密封,同时上部也进入油管内壁的一个专用环箍处形成密封。原油和乏动力液从小直径管柱中排到地面,自由气不进泵而从套管中直接导出,如图2－9(c)所示。

4)套管自由式

套管自由式只需一根管柱下到一个套管封隔器上,井下机组从管柱中下至井底并在一个固定阀座上坐封,同时上部也进入油管内壁的一个专用环箍处形成密封。动力液从管柱中进入井底,原油及乏动力液从套管中排到地面,自由气必须从水力活塞泵井下机组导出,如图2－9(d)所示。

自由式泵装置是在油管下部装一个泵的井下总成,由一个密封泵座和多个密封腔组成,通过改变动力液的流向,可以自由地把井下泵下入井底采油或起出地面换泵维修。多数自由式泵装置采用动力液正循环系统,安装泵时将泵置于动力液管中,正循环动力液把泵送入井底密封腔,泵就位正常工作。起泵时通过井口四通阀改变动力液流动方向,把正循环改成反循环,动力液从排出管注入,使井底固定阀和泵顶部固定阀关闭,泵和动力液一起从动力液管柱返出地面。这种装置可以减少停产时间和作业成本,将压力计装在泵下部与泵一起下入井底可进行产能测试和中途测试,也便于自动化管理,将泵起出可方便地对地层进行各种措施处理,但泵的外径受油管尺寸的限制。

固定式泵装置是将井下泵固定在油管底部,随油管一起下入井中。泵的外径不受油管内径的限制,主要用于高产井,换泵需要进行起下油管作业。目前,这种装置已不常用,基本被自由式泵装置取代。

2.2.3 螺杆泵采油

螺杆泵(progressing cavity pump)是以液体产生的旋转位移为泵送基础的一种新型机械采油装置。它具有灵活可靠、抗磨蚀及容积效率高等特点。随着合成橡胶和粘结技术的发展,使螺杆泵采油也成为稠油出砂冷采、聚合物驱油的油田主要的人工举升方式。

1. 螺杆泵采油系统

螺杆泵采油系统按驱动方式可划分为地面驱动和井下驱动两大类,而地面驱动按不同驱动形式又可分为皮带传动和直接传动两种形式,如图2－10所示,井下驱动也可分为电驱动和液压驱动两种形式,如图2－11所示。在整个螺杆泵采油系统中,地面驱动发展较早,也较成熟,但是井下驱动避免了地面驱动扭矩的损失,设备也比较少,具有较高的采油效率,国内正处于试验阶段。

1)地面驱动螺杆泵系统

地面驱动螺杆泵装置是利用抽油杆传递地面电动机的扭矩,带动井下螺杆泵转动来举升原油。就其驱动方式而言,它是一种旋转运动的有杆泵。其装置主要由驱动系统、连接器、抽油杆及井下抽油装置组成。但随着丛式井、定向井及斜井的日益增多,地面驱动螺杆泵开始暴露出其缺陷，由于不断地扭转常使抽油杆接箍松脱、螺纹损坏、特别是在下泵较深，负荷较大的井中更为严重；另外，在丛式井、定向井和斜井中，常规的地面驱动系统还要经受抽油杆损坏和抽油杆与油管偏磨产生的漏失问题，增加了油井因抽油杆失效所造成的损失，使油井作业费用增加。

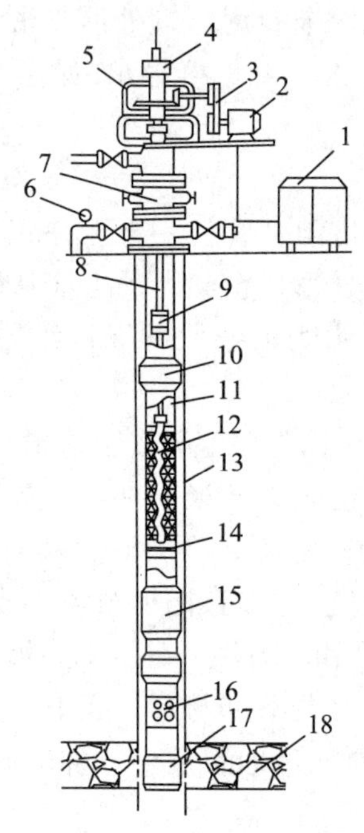

图2－10　地面驱动螺杆泵采油系统

1—电控箱；2—电动机；3—皮带；4—方卡子；5—减速箱；6—压力表；7—专用井口；8—抽油杆；9—抽油扶正器；10—油管扶正器；11—油管；12—螺杆泵；13—套管；14—定位销；15—油管防脱器；16—筛管；17—丝堵；18—油层

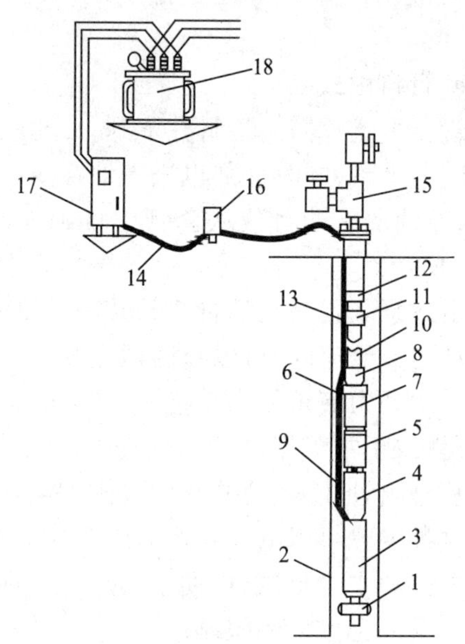

图2－11　井下驱动螺杆泵采油系统

1—扶正器；2—套管；3—潜油电动机；4—保护器；5—潜油减速器；6—电缆护罩；7—螺杆泵；8—螺杆泵排出头；9—引接电缆；10—油管；11—单向阀；12—泄油阀；13—动力电缆；14—地面电缆；15—井口装置；16—接线盒；17—控制柜；18—变压器

（1）电控箱。电控箱由控制系统、监测和保护系统组成。电控箱完成螺杆泵整机的控制，起着监控和保护作用。电控箱装有 JD－5－V 系列保护器，实现对电动机的过载、短路、断相、堵转及三相电流严重不平衡的自动保护功能，动作灵敏可靠。

①控制系统。合上空气开关后，按下启动按钮，交流接触器得电吸合，接通主电路，使电动机运行，螺杆泵便可正常运转。当准备停止工作时，只需按下关闭按钮，交流接触器失电断开主电路，电动机停止运转，螺杆泵便停止工作。

②监测和保护系统。电控箱配有电流表，可监测电动机工作时电流。当电动机启动时或不需要测量电流时，电流表按钮短路，起保护电流表的作用，按下即可读表，得到电流数。

（2）地面驱动装置。地面驱动装置是指油管头下法兰以上与地面出油管线相连接部分设备的总称。它的作用是为井下螺杆泵提供动力和适宜的转速，承受杆柱的轴向载荷，为油井产出液进入地面输油管线提供通道，并密封产出液、防止其渗漏到井场。

根据原动机不同，地面驱动装置可分为电动机机械驱动、内燃机驱动和气动驱动三种方式;按装置调速方式,地面驱动装置可分为无级调速驱动装置和有级调速驱动装置。无级调速方式根据实现方法的不同又可分为机械式无级调速、变频电动机式无级调速。有的产品还将驱动装置和电控箱进行机电一体化技术集成,对驱动装置实行远距离集中监测控制管理。目前国内油田主要应用的是电动机机械驱动、有级调速、井口法兰连接的地面驱动装置。

(3)螺杆泵井口。目前螺杆泵井口主要有$\phi25$,$\phi28$,$\phi36$和$\phi38$四种型号,分别适应$\phi25$,$\phi28$,$\phi36$和$\phi38$四种光杆。其特点是简化了采油树,减小了地面驱动装置的振动,使用、维修和保养方便。

(4)抽油杆柱。抽油杆柱是螺杆泵采油系统中的主要组成部分,是动力传递的重要环节。螺杆泵井同抽油机井用抽油杆柱不同,螺杆泵用抽油杆不仅承受杆柱自身重量、举升液体的载荷,而且要传递扭矩。要求抽油杆柱具备同等级别普通抽油杆相同的机械性能的同时,还具有承受扭矩、防反转卸扣的机械性能。

螺杆泵用抽油杆可以分为以下几种类型:实心抽油杆、实心防脱抽油杆、空心抽油杆和空心防脱抽油杆。

(5)辅助器具。

①油管锚。由于螺杆泵的工作负载表现为扭矩,转子扭矩通过定子作用在油管上,使用油管锚可以防止油管转动,减轻油管磨损。

②抽油杆扶正器。由于螺杆泵转子具有偏心,所以高速转动的抽油杆柱会造成井口振动和杆柱与管柱摩擦,在抽油杆上安装扶正器是解决该问题的主要手段,特别适用于高转速的螺杆泵井。抽油杆扶正器一般采用抗磨的尼龙材料制造。

③油管扶正器。由于螺杆泵转子离心力的作用,定子受到周期性冲击产生振动,为减小或消除定子的振动,需要在定子附近安装油管扶正器。安装时,将油管扶正器直接套在油管上,一般在定子上提拉短节处安装较为适宜,而对采用反扣油管的管柱,则需在定子上、下接头处分别安装扶正器。目前,油管扶正器的材料主要使用橡胶。

2)井下驱动螺杆泵系统

多数井下驱动螺杆泵装置的驱动方式为电动或液压马达,它是另一种形式的潜油电泵(无杆泵)。其井下部分由电动机、保护器和螺杆泵组成,潜油电动螺杆泵井下机组主要由四极潜油电动机、电动机保护器、行星齿轮减速器、减速器保护器和螺杆泵组成。地面电能通过电缆传递给井下电动机,带动螺杆泵旋转,将井液排到地面。采用液压马达的井下驱动螺杆泵装置主要用于油井测试过程中。

潜油电动螺杆泵的工作原理是:动力及引接电缆将电力传送至井下潜油电动机,潜油电动机通过齿轮减速器和双万向节驱动螺杆泵在低速下转动,井液经过泵增压后,通过油管举升到地面。

目前电动潜油螺杆泵有单螺杆、双螺杆和三螺杆三种形式,其采油系统为上下两个左右旋转的转子并联。

2. 螺杆泵的结构及工作原理

1)螺杆泵的结构

螺杆泵由一个能转动的单螺杆(转子)和一个固定的衬套(定子)组成,如图2-12所示。螺杆采用单线螺杆,其任意位置处的横截面积都是相同的圆面积。螺杆横截面的中心位置与它的轴线距离称为螺杆的偏心距。螺杆的螺线有左旋和右旋两种,对于不同的螺旋方向,电动机转动的方向应不同。

衬套是采用弹性橡胶制成，其内表面是双线螺旋面。衬套螺旋面的导程是螺杆螺距的两倍。衬套任意位置的横截面积由两个半圆面积和一个矩形面积组成，两个半圆面积等于螺杆横截面积，矩形的长度是螺杆偏心距的四倍，宽度等于螺杆直径。衬套管内螺旋面是这个面积绕轴线转动和沿轴线平移的结果，衬套内螺旋面的螺旋方向要与螺杆螺旋面相同。

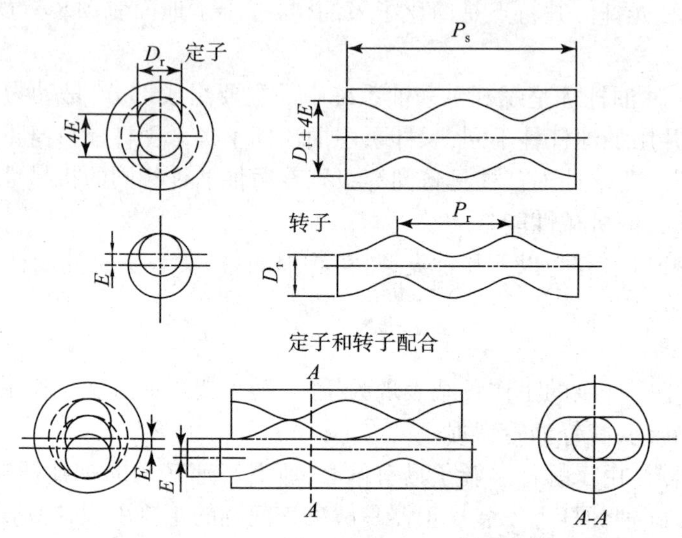

图2－12　螺杆泵结构示意图

2）螺杆泵的工作原理

螺杆在衬套中的运动有两种：一是螺杆本身的自转；另一种是螺杆沿衬套内表面滚动使螺杆轴线绕衬套轴线旋转。因此螺杆与中间传动轴必须采用万向轴或偏心联轴节连接。

当转子在定子衬套中位置不同时，它们的接触点是不同的。液体完全被封闭，液体封闭的两端的线即为密封线，密封线随着转子的旋转而移动，液体即由吸入侧被送往压出侧。转子螺旋的峰部越多，也就是液力封闭数越多，泵的排出压力就越高。转子截面位于衬套长圆形断面两端时，转子与定子的接触为半圆弧线，而在其他位置时，仅有两点接触。由于转子和定子是连续啮合的，这些接触点就构成了空间密封线，在定子衬套的一个导程内形成一个封闭腔室；这样，沿着螺杆泵的全长，在定子衬套内螺旋面和转子表面形成一系列的封闭腔室。当转子转动时，在转子—定子副中靠近吸入端的第一个腔室的容积，在它与吸入端的压力差作用下，举升介质便进入第一个腔室。随着转子的转动，这个腔室开始封闭，并沿轴向排出端移动，封闭腔室在排出端消失，同时在吸入端形成新的封闭腔室。由于封闭腔室的不断形成、运动和消失，使举升介质通过一个一个封闭腔室，从吸入端挤到排出端，压力不断升高，排量保持不变。

螺杆泵就是在转子和定子组成的一个个密闭的独立的腔室基础上工作的。转子运动时（作自转和公转），密闭空腔在轴向沿螺旋线运动，按照旋向，向前或向后输送液体。螺杆泵是一种容积泵，所以它具有自吸能力，甚至在气、液混输时也能保持自吸能力。

以上概述了单头螺杆泵的举升原理，多头螺杆泵的工作原理与单头螺杆泵基本相似，只是多头螺杆泵的头数增加，密封腔室增多，泵的排量也相应地增大。螺杆泵的转子比定子少一个头，它们之间的螺距与头数成正比，如图 2－13 所示。定子齿廓的螺距是转子螺距的 2 倍，它等于半径为 $2E$ 的螺旋线转过去 360°后，沿轴向移动的距离，转子的螺距则是半径为 E 的螺旋线位移的距离。

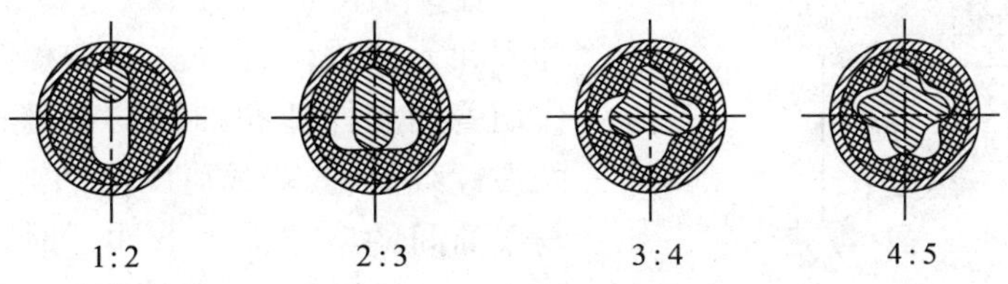

图 2－13　多头螺杆泵转子和定子截面图

2.3　机采系统能效分析

2.3.1　抽油机采油系统工作流程

1. 抽油机采油系统工作流程

系统工作时，电动机通过皮带和减速器带动曲柄作圆周运动，曲柄通过连杆带动四连杆机构的游梁，以支架上的轴承为支点作上下摆动，通过驴头把游梁前端的往复摆动转变为悬点的上下往复运动，悬点带动抽油杆柱、抽油泵柱塞作上下往复直线运动，实现机械采油。常规游梁式抽油机采油系统如图 2－14 所示。

当柱塞上行时，柱塞上的游动阀关闭，泵筒上的固定阀打开，井筒中的油液进入泵筒，同时柱塞之上的一部分液体排入地面输油管线，柱塞下行时，游动阀打开，固定阀关闭，柱塞之下抽油泵泵筒内的液体进入油管内，如此循环工作，井液就源源不断地被采出。

2. 抽油机在机采系统中的作用

在抽油机采油系统的三个组成部分中，不同系统的地下部分和中间部分的结构和工作原理基本相同，系统的主要区别在于抽油机的不同。抽油机的不同决定了抽油机采油系统的能耗状况。

抽油机的作用是将电动机的旋转运动变成悬点的往复运动。根据基本工作原理，可以认为抽油机主要由以下四个系统组成，即传动减速箱系统、换向系统、平衡系统和支撑系统。由于各种抽油机的减速系统和支撑系统工作原理和结构基本相同或类似，所以抽油机的结构形式主要由换向系统和平衡系统决定。含有游梁、通过连杆机构换向的抽油机统称为游梁式抽油机；抽油机采用

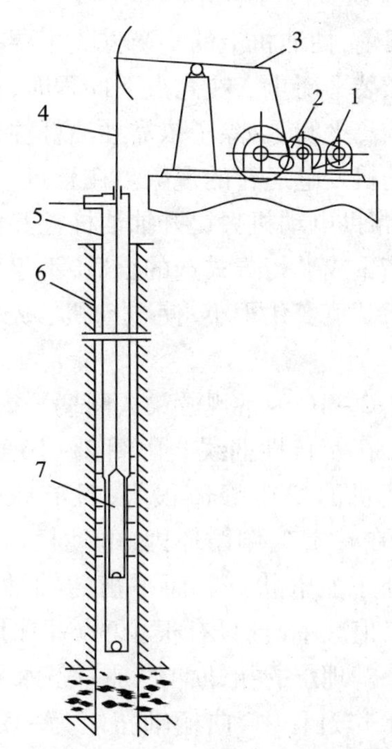

图 2－14　常规游梁式抽油机采油系统

1—电动机；2—减速器；3—四连杆机构；4—抽油杆柱；5—油管；6—套管；7—抽油泵

不同于四连杆的机构换向、游梁变短甚至消失或采用电动机正反转换向的抽油机统称为无游梁抽油机。

3. 抽油机工作的特点

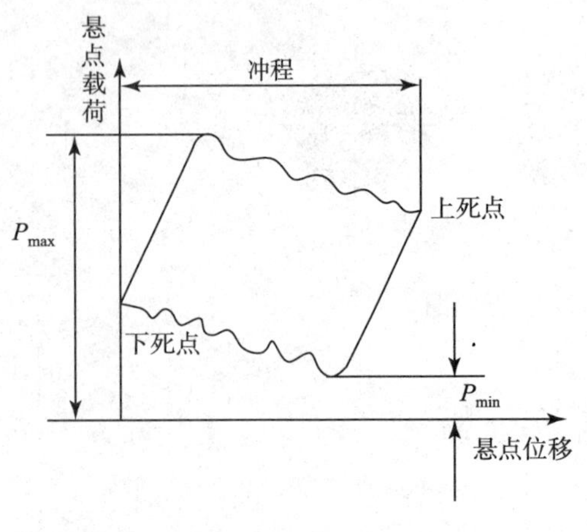

图 2 – 15　动力示功图

任何结构抽油机的一个工作循环，都分为上冲程和下冲程两部分。上冲程时，抽油机悬点上作用着抽油杆柱和油柱的重量、抽油杆柱和油柱的惯性载荷、振动载荷以及抽油杆与油管间、柱塞与泵筒间的摩擦力。下冲程时，悬点承受抽油杆柱在油中的重量，相应的惯性载荷以及振动载荷。抽油机悬点载荷随悬点位移的变化规律用动力示功图来表示，见图 2 – 15。

由图 2 – 15 可知，抽油机的工作特点是上下冲程的载荷很不均匀。上冲程时，驴头需提起抽油杆柱和油柱，电动机要付出很大的能量，而下冲程时，抽油杆柱靠自重就可以下落，不但不需要电动机付出能量，反而对电动机做功，使电动机处于发电运行状态。因此，电动机工作过程中的载荷非常不均匀，这种不均匀性严重影响了换向机构、减速箱和电动机的寿命和效率，恶化了整个系统的工作条件。为克服载荷的不均匀性对系统工作性能的影响，在抽油机采油系统中，必须采用平衡系统。

4. 抽油机的平衡

目前，抽油机上的平衡方式主要有两类：机械平衡和气动平衡。机械平衡是在曲柄或游梁尾部加装平衡重。在悬点下冲程时，使得平衡重从低处抬到高处，从而增加了平衡重的位能。为了抬高平衡重，除了依靠抽油杆柱下落所放出的位能外，还需要电动机做功，以消除下冲程中电动机发电运行的现象。在悬点上冲程时，平衡重由高处下落，把下冲程时储存的位能释放出来，帮助电动机去提升抽油杆柱和油柱，从而减少了电动机在上冲程所需要给出的能量，如果平衡重或平衡方式选的合适，不仅可以使电动机上冲程和下冲程给出的能量相等，并且使曲柄轴扭矩值变化很小，使电动机、减速箱的载荷均匀，改善系统的工作状态，减少能耗，提高效率。

图 2 – 16 为常规游梁式曲柄平衡抽油机的曲柄轴扭矩特性曲线。由图 2 – 16 可知，未平衡抽油机的扭矩峰值很大，且有很大的负极矩，即在一个工作循环内，电动机有近一半时间内处于发电状态。而平衡的抽油机曲柄轴扭矩峰值减小，且只有很少的一段时间处于发电状态。理想的扭矩曲线是一条水平线，即在整个工作过程中，曲柄轴扭矩为一定值，且低于曲线 2 的峰值，如图 2 – 16 中的曲线 3 所示。目前一些节能型抽油机，平衡后的扭矩曲线是一条接近水平线的平缓曲线，且峰值较小，这样的抽油机，减速箱和电动机的载荷均匀，系统效率高，节能效果好。

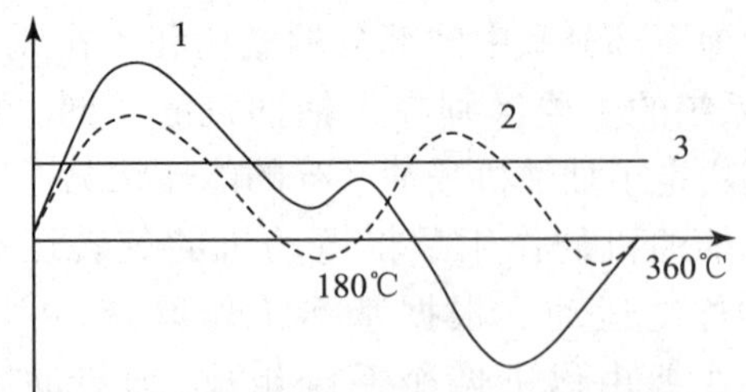

图 2 – 16　常规游梁式抽油机曲柄轴扭矩特性曲线

1—未平衡；2—平衡；3—理想平衡

与机械平衡原理相同,气动平衡是利用气体的可压缩性,下冲程时气体受压缩储存抽油杆下落所放出的位能和电动机所做的功,上冲程时气体膨胀放出能量,帮助电动机做功,从而使上、下冲程电动机做功相等,改善系统的工作状态。

抽油机平衡系统设计的成功与否,直接与抽油机的受力状况、曲柄轴净扭矩变化情况以及电动机耗功大小、抽油机节能状况有关。

2.3.2 机采系统能量损失

抽油机采油系统将电能从地面传递给井下液体,从而把井下液体举升到地面。整个系统工作的过程,就是一个能量不断传递和转化的过程,能量的每一次传递和转化都会有一定的损失。根据抽油机采油系统的组成情况,可以把系统的能量损失分为八部分。

1. 电动机损失

一般的电动机在输出功率为60% ~100%额定功率的条件下工作时,其效率接近于额定效率,达90%左右,即电动机损耗约占10%。

抽油机电动机的负荷变化十分剧烈而频繁。在抽油机的每一冲程中,电动机的输出功率都将出现两次瞬时功率极大值和两次瞬时功率极小值(一般这两次极大值、极小值的数值并不相等)。其瞬时功率极大值可能超过额定功率,而极小值一般为负功率,即电动机不仅不输出功率,反而由抽油机拖动而发电。因此电动机的输出功率的变化远远超出了60% ~100%额定功率的范围,特别是当抽油机平衡不良时,其电动机甚至可能在 -20% ~120%额定功率的范围内变化,这时电动机的效率降低,损耗也必然增大。从现场实测看,电动机的损耗有的高达30% ~40%。

2. 带传动损失

带传动损失可分为两类,一类是与载荷无关的损失,它包括绕皮带轮的弯曲损失,进入与退出轮槽的摩擦损失,风阻损失,多条皮带传动时,由于皮带长度误差及轮槽误差造成的功率损失。另一类是与载荷有关的损失,它包括弹性滑动损失,打滑损失,皮带与轮槽间径向滑动摩擦损失等。一般情况下,带传动的损失以弯曲损失和弹性滑动损失为主。

3. 减速箱损失

减速箱损失包括轴承损失和齿轮损失。

减速箱中有三副轴承,一般为滚动轴承。随着转速和轴径的增大,轴承损失也增大。滚动轴承内油脂填加多少也要影响损耗。一般在润滑良好的情况下,一副轴承的损失约为1%,于是减速箱三副轴承的损失约为3%。减速箱中一般有三对人字齿轮,齿轮在传动时,相啮合的齿面间有相对滑动,因此就要发生摩擦与功率损失。在齿轮啮合面间加注润滑剂可以避免金属直接接触,减少摩擦损失。一对齿轮传动功率损失约为2%,则抽油机减速箱三对齿轮的传动损失为6%。所以减速箱总的功率损失为9% ~10%。这是在润滑情况良好下的数据,如果减速箱润滑不良,功率损失将增加,效率将下降。

4. 换向损失

对于游梁式抽油机,其换向部分主要是四连杆机构。在常规机的四连杆机构中有三副轴承和一根钢丝绳,四连杆机构的损失主要包括轴承摩擦损失及驴头钢丝绳变形损失。三副轴承的功率损失约为3%。

在抽油机驴头上悬挂抽油杆柱的钢丝绳反复与驴头接触发生挤压变形,同时反复被拉伸,因此产生变形损失，钢丝绳的变形损失约为2%。

综合考虑轴承与钢丝绳，游梁式抽油机四连杆机构的能量损失约为5%。

5. 密封盒损失

主要是光杆与密封盒间的摩擦损失。抽油机工作时，由于光杆与密封盒中填料有相对运动产生摩擦，会产生功率损失。该项功率损失与光杆运动速度和摩擦力成正比。密封盒密封属于接触密封，接触密封的接触力使密封件与被密封面接触处产生摩擦力，一般摩擦力随工作压力、压缩量、密封材质和填料的硬度以及接触面积的增大而增大，随温度的提高而减小。正常情况下，密封盒损失不大。

如果抽油机安装不正，光杆与密封盒的摩擦力将成倍增加。

6. 抽油杆损失

在抽油机采油系统工作过程中，抽油杆上下往复运动，上冲程时，抽油杆与油管间产生摩擦，下冲程时，抽油杆与井液间产生摩擦，因此造成功率损失。由于摩擦力的作用与抽油杆的运动方向相反，所以它对上、下冲程中悬点载荷的影响是不同的。上冲程时，抽油杆向上运动，摩擦力的作用方向向下，摩擦力增加了悬点载荷。下冲程时，抽油杆向下运动，摩擦力的方向向上，摩擦力减小了悬点载荷。

上面的分析表明，摩擦力加大了载荷的变化幅度并扩大了示功图面积，这不仅给抽油机的工作带来了不利影响，而且使功率消耗大大增加。对于低黏油井，抽油杆与液体间的摩擦力较小，可以忽略不计。当油井中原油黏度很大时，抽油杆与液体间的摩擦力有时可达10000～15000 N，对悬点载荷的影响很大。

抽油杆与液柱间的摩擦耗功与下泵深度和原油黏度成正比，与抽油杆运动速度的平方成反比，抽油杆或接箍与油管间的摩擦耗功与井筒本身的斜度和弯曲程度有关。井筒斜度或弯曲程度越大，则摩擦耗功越大。

7. 抽油泵损失

抽油泵功率损失包括机械功率损失、容积功率损失和水力功率损失。

抽油泵的机械功率损失主要是指柱塞与泵筒/衬套之间的机械摩擦所产生的功率损失，一般情况下其值较小。

抽油泵容积功率损失主要是指柱塞与泵筒/衬套之间漏失所产生的功率损失以及泵阀关不严和开关不及时造成漏失而产生的功率损失。这项损失与漏失量成正比，因此减少柱塞与泵筒/衬套之间的漏失，可以降低该项损失。

抽油泵水力功率损失主要是指原油流经泵阀时由于水力阻力引起的功率损失。

8. 抽油管柱损失

抽油管柱功率损失包括两项，由于油管漏失引起的功率损失和由于井液沿油管流动引起的功率损失即水力损失。

油管漏失原因主要有两个：油管螺纹密封不好而造成油管漏失和螺纹损坏而产生的漏失。抽油机上冲程时，游动阀关闭，液柱在抽油泵柱塞的提升作用下沿油管向上运动，液柱与油管内壁产生摩擦，产生水力损失功率。

抽油机采油系统中能量的传递与损失情况如图2－17所示。图中箭头为能量或功率的流动方向。

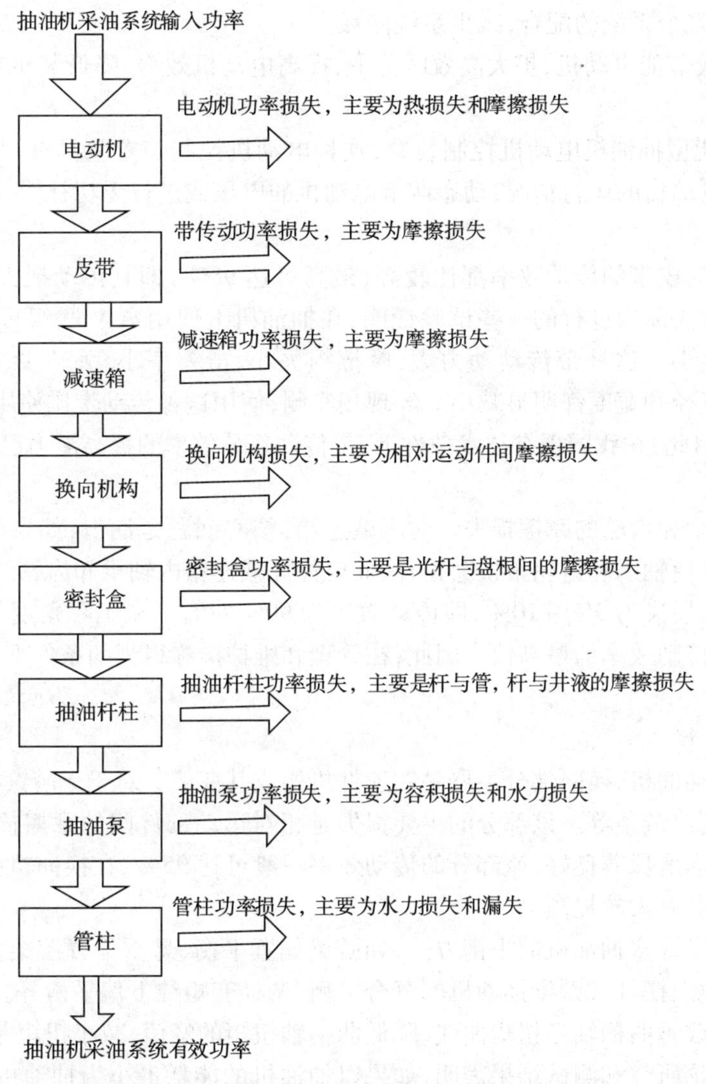

图2－17　抽油机采油系统能量传递与损失示意图

2.3.3　机采系统能耗分析

1. 电动机

如果电动机运行在额定负荷或额定负荷附近，则电动机属于节能经济运行。但多数抽油机（尤其是常规游梁式抽油机）在工作过程中，为满足启动或最大功率点的要求，其电动机的平均输出功率与额定输出功率之比通常为0.3～0.4，有的甚至更低。因此在一个冲程中的大多数时间里电动机处于轻载运行，即所谓“大马拉小车”的情况，其效率和功率因数都很低，这就造成较大的能量损失。从现场实测看，有些电动机平均效率只有60%～70%，与普通异步电动机的额定效率90%～95%相比，提高效率潜力较大。目前油田电动机节能主要分为四个方面：

（1）人为地改变电动机的机械特性，以实现与负荷特性的柔性配合，从而提高系统效率，实现节能。这种方法主要是采用变频调速的方法。

（2）从设计上改变电动机的机械特性（如高转差电动机和超高转差电动机），从而改善电动机与机、杆、泵整个系统的配合，减少系统能耗。

(3)研制高效节能电动机，扩大高效区范围，提高电动机效率，降低装机功率，从而减少电动机损失。

(4)采用节能型抽油机电动机控制装置，这种电动机控制装置除具有一般控制箱的基本功能外，可根据电动机的运行情况，动态调节电动机的电压或进行无功补偿，降低电动机损失。

2. 带传动

工程上常用的皮带的传动效率都比较高，最高可达98%，即其传动损失仅为2%。20世纪80年代末在大庆油田进行的一些试验证明，在抽油机上使用窄V联组带较之使用其他类型的皮带，损失最小。这种带传动动力大，摩擦损失小，滑差率小，丢转少，传动效率最高达98%，并且带轮直径和宽度都明显减小。经现场实测，使用这种传动带比使用普通三角带平均可节电2.5%。因此，在我国现有技术条件下，带传动部分效率的提高潜力已很小。

3. 减速箱

主要包括轴承和齿轮的摩擦损失。对于减速箱，核心问题是润滑，如果润滑效果差，不仅使能耗增加，而且使轴承和齿轮很快磨损，因此要保证减速箱内轴承和齿轮的润滑。如果润滑良好，减速箱的总损失为9%～10%，即传动效率为90%左右。从工程角度上看，这基本是目前大功率减速器传动效率的最高值。因此，在管理和维护措施得当的条件下，减速箱的效率不会有大的提高。

4. 换向及平衡

对于游梁式抽油机，换向部分主要是四连杆机构或其变形。对于无游梁抽油机，换向机构主要是天轮、滚筒或链条等。该部分的主要损失是相对运动部件间的摩擦损失以及钢丝绳的变形损失。如果润滑保养良好，该部分的传动效率一般可达95%，在换向机构一定的情况下，该部分的效率不会有大的提高。

近年来出现了许多抽油机的平衡方式，如游梁偏置平衡、悬重偏置游梁复合平衡、下偏杠铃型游梁复合平衡、摆杆式游梁抽油机的复合平衡、调径变矩纯下偏平衡等。采用这些平衡方式能不同程度地改善曲柄轴净扭矩曲线，降低曲柄轴扭矩的峰值，减小扭矩曲线的波动。

国内外的理论研究和测试结果表明，如果以抽油机的能耗最小为抽油机平衡最佳的判断准则，则上、下冲程的峰值扭矩不一定相等，调平衡时，需要按照能耗最小的原则，通过计算或测试得出最佳平衡重的调整点。实践证明，通过合理的调整平衡，每口油井可节约有功功率0.3～1.5kW，平均节电0.5kW，节电效果显著。每口井都有节电的平衡度最佳点，一般调在90%最为经济。通过调平衡来节约电耗，少投入，多产出。

5. 密封盒

该部分的损失主要是摩擦损失，该项损失与抽油机的安装情况、光杆的表面加工质量、密封填料的松紧和密封材料有密切关系。现场试验表明，使用标准光杆和密封性能好的调心石墨密封盒，能较大幅度地减小摩擦力和功率损耗。管理与维护正常的情况下，密封盒部分能量损失很小，因此提高能效的潜力不大。

6. 抽油杆柱

主要为摩擦损失，与下泵深度、井液黏度、抽油杆运动速度、油井本身的斜度和弯曲程度有关。对于井液黏度大的油井，可采用长冲程、低冲次的工况降低抽油杆的运动速度；可采用降低井液黏度的措施，如注蒸汽、掺稀油、应用电加热抽油杆等，以降低抽油杆柱与液柱之间的摩擦力。对于井斜或井筒弯曲程度较大的油井,可在抽油杆柱上加装扶正器或滚轮接箍,以减少杆管之间的摩擦损耗。

7. 抽油泵

抽油泵的损失中,容积损失和水力损失占主要部分。通过优选柱塞泵筒间的间隙,在不增加柱塞泵筒摩擦力的条件下,减小液体漏失量。采用耐磨耐冲击、开关性能好、水力损失小的阀球及阀座,可减小由于泵阀损坏或由于开关不及时而引起的漏失和减小水力阻力,从而降低抽油泵部分的能耗。

8. 管柱

管柱损失由管柱的容积损失和水力损失两部分组成。

在油管螺纹处加装密封件以保证油管的密封,在取下油管柱时严格按规程操作减少或消除螺纹的损坏,则可降低管柱漏失量,从而降低容积损失值。

管柱的水力损失与管柱内表面的粗糙度成正比,与井液的向上流动速度的平方成正比。对于井液腐蚀性较强或易结垢的油井,应对油管采取防腐或防结垢措施,防止油管内壁变粗糙。在选择抽汲参数时,应尽量使用大泵径、长冲程、低冲次,以降低液体向上流动速度。

由上面的分析可知,在抽油机采油系统中,电动机和平衡部分提高能效的潜力较大,是系统节能研究的主要方向。

2.4　机采系统节能技术

人们普遍认为,抽油机工作效率不高的主要原因之一是其载荷特性与所用普通三相异步电动机的工作特性不匹配。众所周知,供给抽油机举升液体的能量主要消耗在三个方面:一是举升液体所做的有效功,二是克服摩擦阻力所做的功,三是消耗于热损失的功。

通常情况下,如果要举升的井液量、举升高度和井况一定,举升液体所做的有效功基本不变。在整个抽油机采油系统中,变化幅度较大的是消耗于热损失的功,这也是系统节能的着眼点。

普通异步电动机具有硬外特性,适宜拖动均匀载荷。抽油机的净扭矩曲线呈周期性变化的规律,就是抽油机用异步电动机负荷的变化特点;电动机工作时,总的热损失是电流和功率波动量的函数,这种波动量与抽油机扭矩的变化成正比,波动量越大,总的热损失也越大。在其他条件不变时,抽油机扭矩变化越平稳,则电流均方根值就越接近电流平均值,消耗于热损失的功也就越小,抽油机的能量损失就越小,抽油机采油系统的效率也就越高。因此可以从以下几方面来实现抽油机采油的节能。

(1)抽油机本身动力性能及井况所决定的悬点载荷,即动力示功图。通过改变或改进抽油机设计、优选抽汲参数,能够改变悬点的惯性载荷分布,在黏油井中采取降黏措施,降低杆柱与井液的摩擦力,以改变悬点载荷,使悬点最大、最小载荷差值减小,悬点载荷尽量变均匀,使得悬点载荷在曲柄轴上产生的扭矩均匀。

(2)由平衡性能所决定的曲柄轴净扭矩。曲柄轴净扭矩集中表现了抽油机的平衡性能和动力性能。通过改变平衡方式和平衡设计,改变平衡扭矩曲线的形状,改变或调整载荷扭矩曲线和平衡扭矩曲线相位差,消除负极矩,减小净扭矩曲线的波动变化幅度和上下峰值,使扭矩曲线尽量接近水平直线。

(3)抽油机电动机的拖动特性、负荷率等。提高电动机的负荷率及工作效率,扩大电动机高效区范围；使电动机的机械特性变软，改善电动机机械特性与抽油机负载特性的相互配合，以提高抽油机采油系统效率，降低能耗。

(4)功率因数补偿、变频、调压等电控技术。应用变频调速技术、动态调节电动机定子绕组电压或进行无功补偿等，均可实现抽油机采油系统的节能。

2.4.1 节能抽油机及其节能原理

尽管目前抽油机的种类很多，结构形式各异，但在油田上普遍被采用的节能型抽油机的种类并不太多，下面把油田常用和经测试证明有节能潜力的节能型抽油机作简要介绍。

1. 异相曲柄复合平衡抽油机

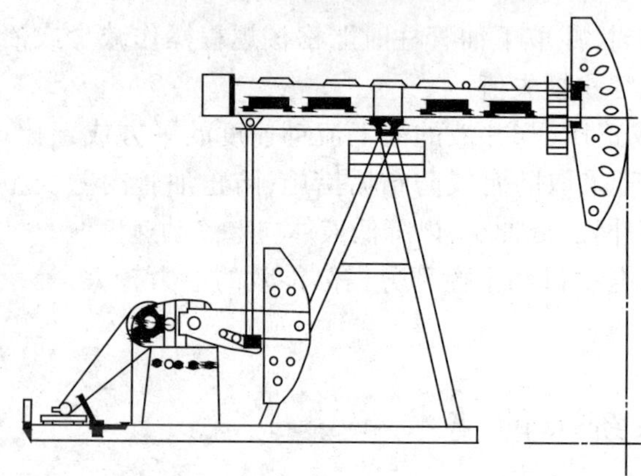

图 2－18　异相曲柄复合平衡抽油机

异相曲柄复合平衡抽油机的结构如图 2－18 所示。基本工作原理与常规复合平衡抽油机相同。这种抽油机通过改变杆系的杆长比例，使得游梁在上下死点时，连杆两个位置之间存在极位夹角，上冲程曲柄转角大于下冲程曲柄转角，因而上冲程悬点运动的加速度较下冲程低，降低了上冲程悬点的惯性载荷，使得能耗降低。另外，曲柄中心线与平衡重中心线间有一夹角，使得曲柄上的平衡扭矩与悬点负荷引起的扭矩曲线相差一相位角，经平衡后产生的曲柄轴净扭矩曲线比较平缓，峰值扭矩降低，并且可在一定程度上消除负扭矩，因而使电动机电流的波动减小，能量损失减小，提高了减速器的寿命，降低了电动机的装机功率。该种抽油机适用于低冲程且冲次比较高的油井。

2. 双驴头抽油机

这种抽油机的结构如图 2－19 所示。该机以常规游梁式抽油机为基础，将常规机上游梁与横梁的铰接，改为变径圆弧形的后驴头、钢丝绳与横梁的软连接，构成摇杆(游梁后臂)长度、连杆长度随曲柄转角的变化而变化的独特的变参数四杆机构来传递运动和扭矩。这样可以克服刚性铰链四杆机构游梁摆角大时，传动角变小，运动、动力性能变坏的缺点，实现较大的游梁摆角，减小抽油机的尺寸和重量。由于游梁后臂长度是变化的，使得该力臂变化产生的变动扭矩和平衡块按正弦规律产生的平衡扭矩之和尽可能地拟合载荷扭矩的变化(变矩节能原理)，从而使净扭矩波动小，减速器功率配置比同型号常规抽油机减小，电动机装机功率

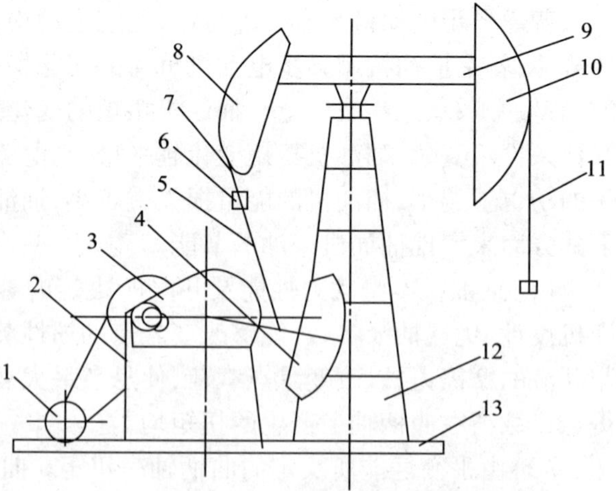

图 2－19　双驴头抽油机结构简图

1—电动机；2—刹车机构；3—减速器；4—曲柄平衡重；5—连杆；6—横梁；7—柔性绳；8—变径后驴头；9—游梁；10—前驴头；11—悬绳；12—支架；13—底座

降低近50%。多年的现场应用表明,该种类型抽油机结构简单,性能可靠,易操作管理,节能效果良好,比较适用于长冲程低冲次的油井,是目前国内油田首选的节能型抽油机。

3. 曲游梁抽油机

曲游梁抽油机是华北石油管理局第一机械厂开发的一种新型游梁式抽油机,已按API规范要求进行系列化设计,其结构如图2-20所示。主要特点是,将常规游梁式抽油机的游梁尾部设计成弯曲形,并且将尾轴承座设计在游梁的上部。在弯曲游梁的尾部和曲柄上分别设计有重量可调的平衡块,形成具有复合平衡的抽油机。游梁尾部的平衡块在上冲程过程中使平衡力矩峰值前移,而在下冲程过程使平衡力矩峰值后移,平衡力矩与悬点载荷合成后作用到减速器曲柄轴上的扭矩变化规律发生变化,致使与曲柄平衡扭矩合成后的净扭矩变化规律趋于理想,即使净扭矩峰值、谷值的绝对值减小,净扭矩的曲线变得平滑,从而产生节能效果。

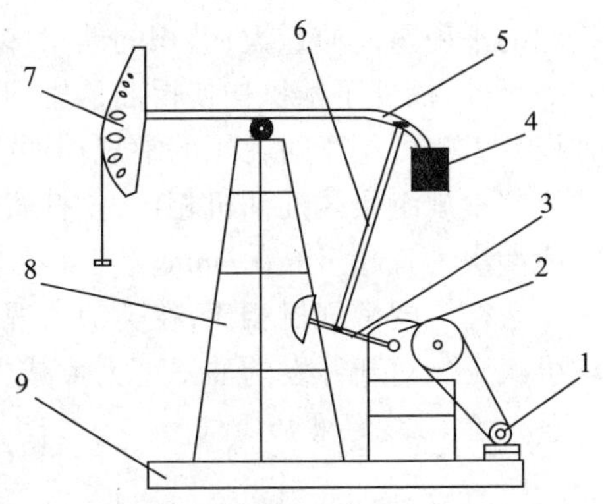

图2-20 曲游梁抽油机机构简图

1—电动机;2—减速器;3—曲柄;4—游梁平衡重;5—游梁;6—连杆;7—驴头;8—支架;9—底座

由于游梁的尾部增加了平衡系统,使曲柄、连杆等构件受力相对减少,可靠性提高,冲程相对加大,而整体设计结构紧凑。在上冲程终了时,游梁尾部的平衡块处于比较低的位置,并且单块重量轻,便于平衡的安装调整。此外,曲柄平衡块与常规抽油机相比重量较轻,因此使现场工况参数调整时更加方便。由于该种抽油机保留了常规抽油机的结构和操作方式,因此操作简单,工作可靠,适用范围广,是一种比较理想的节能型抽油机。

曲游梁抽油机运动特性与常规游梁抽油机相当,而可靠性、动力性能比常规机优越,适于在中等冲程,中、低冲次的工况条件下应用。

4. 摆杆式游梁抽油机

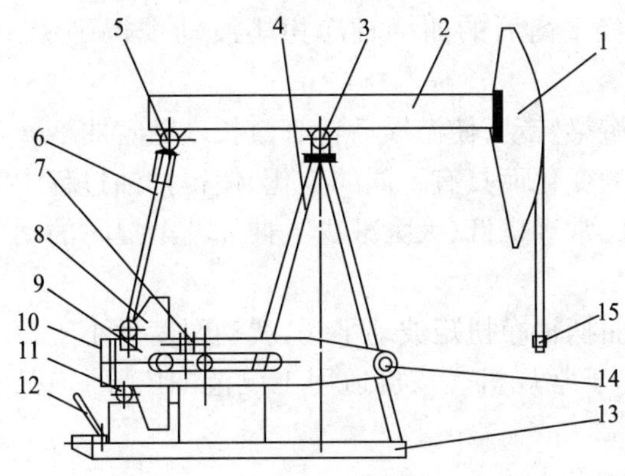

图2-21 摆杆式游梁抽油机结构简图

1—驴头;2—游梁;3—游梁支撑;4—支架;5—横梁;6—连杆;7—减速器;8—平衡重;9—摆杆;10—平衡板;11—电动机装置;12—刹车;13—底座;14—摆杆支撑轴;15—悬绳器

摆杆式游梁抽油机的结构如图2-21所示。该机是在常规游梁式抽油机结构的基础上增加一对摆杆,由曲柄带动连杆改为曲柄通过滚轮在摆杆中间轨道上往复滚动来带动摆杆从而拉动连杆,实现驴头往复直线运动。

其节能原理是:在摆杆上作用着两个力矩,一个是抽油杆柱上的载荷,通过钢丝绳、驴头、游梁、横梁及连杆下接头与摆杆相连的交点作用在摆杆上,对固定在支架上的支承轴的轴心形成的一个力矩,称为载荷力矩;另一个是由电动机通过皮带、减速器的输出轴、曲柄及安装在曲柄销上的滚轮作用在摆杆上,对支承轴轴心形成的一个力矩,称为动力矩。由于动力矩力臂长度是变化的,致使上冲程时力臂长,下冲程时力臂短。因上冲程时动力矩的力臂长,所以省力节能。

下冲程时载荷力臂比动力臂长，下冲程时载荷能够抬起的平衡重的质量大，是节能的另一个主要机理。下冲程时，需要电动机的动力和抽油杆上的载荷下降的重力共同将平衡重抬起。因平衡重的重力对支承轴轴心的力矩的力臂短，而载荷力矩的力臂长，因而下冲程时载荷能够抬起的平衡重的质量大，蓄积的能量多，上冲程时释放的能量就多，电动机的动力也得到了节省。另外，摆杆平衡机构使得曲柄轴扭矩峰值较小，变化平稳，因而电动机效率得以提高。这种设计思想可用于对在用的常规抽油机进行节能改造。

与常规游梁式抽油机相比，摆杆式游梁抽油机适合大负荷、长冲程，但不适合高冲次工况。一般冲次不宜超过 6 次/min。

摆杆机同常规机相比，在类似工况下节电 30% 以上，其匹配的减速器扭矩和电动机功率均可减少。对新开发的油田可大大减少电网投资费用。

5. 偏轮式游梁抽油机

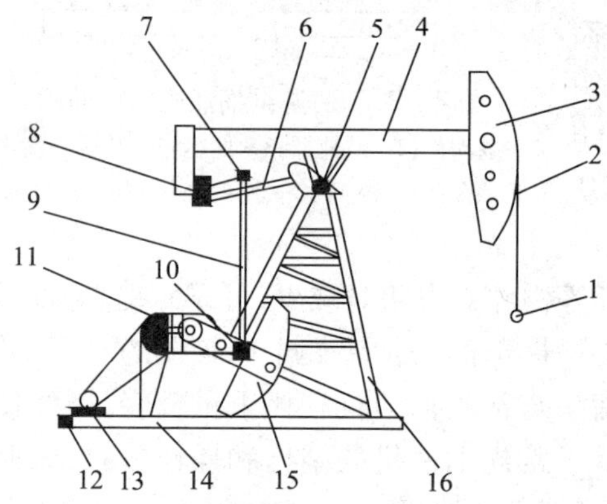

图 2－22　偏轮式游梁抽油机结构示意图

1—悬绳器；2—钢丝绳；3—驴头；4—游梁；5—支架；6—操纵杆；7—横梁；8—偏轮；9—连杆；10—曲柄销；11—减速器；12—刹车；13—电动机；14—底座；15—曲柄；16—支架

偏轮式游梁抽油机结构如图 2－22 所示。该机是在常规机或异相曲柄平衡抽油机游梁尾部装有一个偏轮结构，在偏轮与游梁中心和支架之间增设一操纵杆，游梁尾部、横梁、操纵杆与偏轮之间用轴承连接。当曲柄旋转时，带动连杆、横梁、偏轮和游梁运动。由于偏轮具有急回机构，上冲程加速度明显降低，所以在上冲程时由悬点载荷产生的曲柄轴扭矩比常规机要小。该种结构的抽油机在运动过程中，上冲程时由曲柄平衡重产生的最大平衡扭矩点基本与悬点载荷产生的最大扭矩点重合，而下冲程时由悬点载荷产生的曲柄轴最小组矩点也基本上与曲柄平衡重产生的最小平衡扭矩点重合，这样经平衡后的曲柄轴净扭矩波动变得平缓，其净扭矩曲线波动远小于常规机。

偏轮式游梁抽油机在运动过程中，偏轮相对游梁转动，使游梁后臂有效长度随着曲柄转角的变化而变化，游梁摆动角速度也随着曲柄转角的变化而具有不同的变化，使得抽油过程中的平衡力臂和动力力臂合理变化，实现上提加速度比常规机低，大大减少了抽油杆上提时的动负荷和因动负荷引起的振动负荷。

这种抽油机结构紧凑，动载荷小，运转平稳，曲柄轴净扭矩波动平缓，波动幅度远小于常规机，电动机容量降低。该机的运动、动力性能均优于常规机。该机适用工况范围广，同工况下较常规机节电 30%。

6. 下偏杠铃游梁复合平衡抽油机

这种抽油机是在原常规复合平衡抽油机的游梁尾端，利用变矩原理，增加简单的下偏杠铃装置后诞生的一种新型节能抽油机。它分两种结构形式：

（1）内插式下偏杠铃装置，利用减速器、支架、两连杆之间、横梁之下的有效空间。

（2）后翘式下偏杠铃装置，利用减速器和底座之间的有效空间，其余结构与常规抽油机相同，如图 2－23 与图 2－24 所示。该机尾部采用下偏杠铃游梁复合平衡装置，通过对系统进行优化设计，使平衡扭矩与负载扭矩相吻合，起到对净扭矩曲线削峰填谷的作用，使抽油机的运行性能得到了很大改善，达到了节能的目的。经大港油田试验测试，这种抽油机的节电率达到了30%。

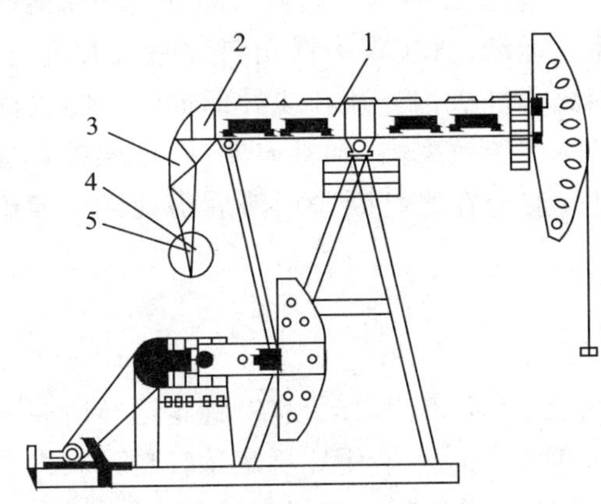

图2－23 （内插式）下偏杠铃游梁复合平衡抽油机

1—常规机；2—原机配重；3—下偏体；4—配重；5—调节孔

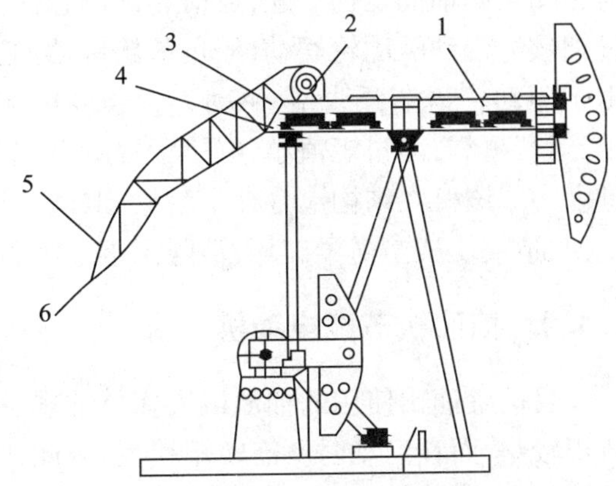

图2－24 （后翘式）下偏杠铃游梁复合平衡抽油机

1—常规机；2—支架；3—下偏体；4—调整块；5—配重；6—调节孔

该机继承和保留了原常规游梁式抽油机的全部优点，结构简单、可靠、耐用、维护费用低。同时还可降低减速箱和电动机功率的选型等级，与常规游梁式抽油机相比，提升能力得到提高。

该技术既可用于新机制造，又可用于对大量现场在用的常规抽油机进行节能改造。改造后提高了整机在生产中的承载能力，能够适应油井在不同生产阶段的产能变化规律，节能改造技术简单易行，效益明显。这种抽油机的应用范围与常规抽油机相同。

7. 调径变矩游梁平衡抽油机

调径变矩游梁平衡抽油机的结构如图2－25所示。

它在常规前置式游梁抽油机的基础上变化而来。不同之处是曲柄无平衡重，在游梁尾部采用可变角度吊臂和配重箱，进行游梁平衡。通过调节配重箱平衡力臂长度，使得平衡扭矩变化曲线最大限度地平衡负载扭矩，从而得到平稳、低峰值的净扭矩曲线，降低了减速器和电动机的额定扭矩，使游梁承受全部负载，其他运动件只承受负载与平衡力之差，有利于延长抽油机使用寿命，提高承载能力。

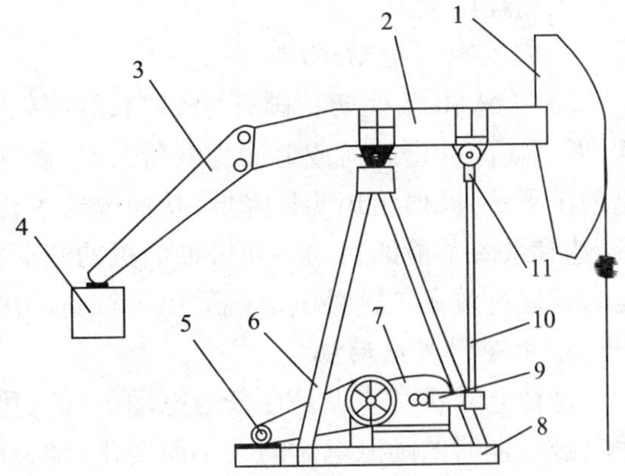

图2－25 调径变矩游梁平衡抽油机

1—驴头；2—游梁；3—吊臂；4—配重箱；5—电动机；6—支架；7—减速器；8—底座；9—曲柄；10—连杆；11—横梁

该机具有结构简单、整机重量轻、运行电流平缓、节能效果显著、制造成本低、调参容易等优点。经大港油田试验测试，平均节电率达17%。该种抽油机与常规抽油机的适用范围相同，但冲次一般不宜超过6次/min。

8. 渐开线异形抽油机

该种抽油机为无游梁式抽油机，它采用双天轮结构，驱动轮为渐开线型，负荷轮为圆形，并与驱动轮同轴固定在一起，负荷轮一侧悬挂抽油杆，另一侧悬挂曲柄平衡重。圆周运动曲柄通过钢丝绳带动驱动轮摆动，经负荷轮带动抽油杆做往复运动，可实现大摆角、长冲程、大负荷。由于驱动轮为渐开线型，驱动力臂长度可变，为变参数四杆机构。渐开线异形抽油机结构简单，运行可靠，净扭矩值小，电机配置减小，节能效果好，系统效率高，调参方便，操作维护管理难度小。该机在结构上舍弃了游梁，取消了横梁、连杆，避免在光杆断脱或滞后出现横梁撞击支架，造成支架与横梁破坏，消除了事故隐患。

2.4.2 抽油机节能电动机

目前各油田使用的抽油机大多是常规游梁抽油机，属于带负荷启动设备，稳定运转所需的转矩较小，而在启动时所需转矩很大，因此在实际生产时必须设计使用比稳定运转功率大得多的电机和大容量变压器。这虽然解决了启动问题，但电机正常运行是在轻载状态，降低了电网的功率因数和电机的效率，增加了无功消耗。大部分常规游梁抽油机的功率利用率不足25%，严重影响了油田的经济效益。多年来油田针对此问题，不断探索多种途径节能降耗。一是对抽油机的传动及平衡机构进行改造，如前节所述的异型游梁抽油机、双驴头抽油机等；二是在抽油机上使用节能电机，例如永磁同步电机、超高转差率电机、变频调速电机与多级电机等。下面就针对各种节能电机分别说明。

1. 变频调速电动机

变频调速电动机是在普通电动机电源上加变频器，可以降低抽油机电动机的装机容量，负荷率得到较大提高，并且改变了上、下冲程的速比，也改善了抽油系统的配合。变频调速电动机无论从电动机本身还是从系统配合上都达到了节能目的。但这种方法一次投入大，现场管理难度大，而且变频器本身也有功率损耗（约3%），变频器的谐波对电网有影响，并会使电动机附加损耗增大。

2. 超高转差电动机

20世纪80年代初我国开始研制超高转差电动机。这种电动机的主要特点是机械特性软，遇到换向冲击载荷或上冲程载荷大时，转速下降，使减速器和电动机的扭矩和输入功率变化趋于平缓，峰值扭矩明显降低，从而改善了机、杆、泵的配合，提高了泵的充满系数，增加产液量，达到系统节能的目的。如果抽油机的载荷波动幅度大，应选择超高或高转差率电动机，以提高其运行效率。这种电动机适用于较高冲次的油井。

3. 电磁滑差电动机

这种电动机实质上是在普通电动机轴与负载轴之间增加一个电磁离合器，其传递扭矩值随电磁离合器的励磁电流的大小而变化，励磁电流是根据电动机电流进行反馈控制的。在冲击载荷时，离合器滑差增大，而电动机本身不会发热，可空载启动。这种电动机可使系统达到较好的配合，降低了抽油杆和抽油泵的故障率，延长了检泵周期，但系统节能量较小。另外电磁离合器和励磁控制系统的成本也比较高。

4. 高效永磁同步电动机

电动机是以磁场为媒介进行机电能量转换的一种机电产品。为了建立机电能量转换所需的气隙磁场，电动机磁路需有一定的磁势源来进行励磁，因此电动机分为两种类型：一种是电励磁式，即靠外接电源供给能量进行励磁，如直流电动机、交流励磁电动机和一般的同步电动机；另一种是永磁式，即利用永磁材料的固有特性，经预先磁化（充磁）后，不再需要外加能量就能建立永久磁场，利用这种磁场工作的电动机是永磁电动机。

与感应式电动机相比，永磁同步电动机无须励磁电流，可以显著提高功率因数，减小定子电流和定子电阻损耗，而且在正常同步运行时没有转子电阻损耗，总损耗降低，因此与同规格的感应式电动机相比，效率可提高2% ~8%。而且永磁电动机在25% ~120%额定负载范围内，均可保持较高的效率和功率因数，使得像抽油机这样平均负载率低的生产机械运行时的节能效果非常理想。抽油机专用永磁同步电动机具有如下特点：

（1）运行效率高，高效区范围宽。能够较大地提高整个冲程内的平均运行效率。节电效果好。

（2）运行功率因数高。额定功率因数设计在0.98左右，且整个冲程内的自然平均运行功率因数在0.9以上。

（3）启动力矩大、启动电流小、过载能力强，装机功率降低。该电动机的最大启动转矩倍数达到3.6倍，既降低了电动机的装机功率，又有效降低了电动机的运行损耗，提高了节电效果。在保证启动力矩不降低的前提下，启动电流得到明显降低。

（4）是电力需求侧管理（DSM）的有力的技术保障。抽油机专用高效永磁同步电动机应用后，平均运行电流下降50%以上，可使6kV配电线路上的损耗降低50%以上（线损与电流的平方成正比），极大地降低了配电网和配电变压器上的运行损耗，为DSM技术提供强有力的技术支持。

（5）节省补偿电容器。抽油机专用高效永磁同步电动机应用后，由于自然功率因数可达0.9以上，完全可以省掉补偿电容器，进而减少补偿设备的投资和维护费用。补偿电容器在户外使用极易衰减老化，维护工作量很大，有时甚至起不到应有的补偿效果。特别由于是静态补偿，补偿后的功率因数在0.7以下，难以满足要求。

（6）挖掘电网潜在容量。抽油机专用高效永磁电动机应用后，电动机的视在功率降低了50%以上。即有一半左右的电网容量被重新开发出来，相当于电网的供电能力提高了1倍。这部分容量可以用来为加密井网或新的产能建设项目供电，减少变电所的建设费用，大大提高电网的利用率，充分挖掘电网的潜在容量。

（7）更换容易、维护方便。抽油机专用高效永磁同步电动机选用时至少可比普通异步电动机降低一个机座号，现场更换方法与原异步电动机相同，操作容易。其维护要求也与普通异步电动机相同。该系列电动机的磁钢温度可达150℃，运行可靠。

5. 双速电动机

双速电动机的结构与普通异步电动机基本相同。区别只在于定子绕组的结构不同。这种不同的绕组结构可实现电动机的非倍级变速，如6级可变为6/8级，8级可变为8/12级。根据油井的工况变化，这种电动机可在两个不同的转速下运转，比较容易地实现抽油机井冲次的调整。使用这种双速电动机，不论在哪种级数下，抽油机不论停在什么位置，都能成功启动。当抽油机的负荷率从20% ~80%变化时，电机都运行在高效区。

这种改变定子绕组的设计方法既适用于旧电动机改造，又适用于新电动机生产。

6. 双功率电动机

双功率电动机与普通Y系列电动机的区别在于定子绕组不同，定子绕组由两个可以并联运行的绕组组成。机座与普通 Y 系列电动机相同。将某一功率的电动机的定子绕组设计成两个绕组，二者额定功率之和为电动机的额定功率。电控箱中有一个电流检测电路，能够实现绕组的自动切换。启动时可令两个绕组分时投入(时差约 0.5 s)，总的启动电流减小。运行时根据负荷率投入不同的绕组运行。如果抽汲工况发生变化，负荷增大到一定值时，两个绕组都投入运行。这样，电动机在各种情况下都有较高的负荷率，解决了"大马拉小车"的问题。电动机运行效率和功率因数都有较大的提高。如果应用这种技术对普通异步电动机进行改造，改造成本较低。

2.4.3 抽油机节能控制器

对于目前油田现场使用最多的游梁式抽油机，国内外研究和推广了许多节能降耗的措施，如前面所述的变"参数"四连杆机构实现变矩节能、改变游梁机的结构形式实现节能、改变平衡方式实现节能以及利用先进的控制技术控制电动机实现节能等。这些节能方法目前在油田得到了较好的应用，也收到了良好的效益，但是这些节能方法大都是单一的、独立的应用，不能有机地、系统地应用到抽油机的节能上。针对这一现实，可以考虑开发一种集监测、控制等多种技术于一体的"抽油机节能控制器"，有效地解决抽油机的综合节能问题，提高抽油机的综合节电效果，同时也代表着油田抽油机节能的发展方向。

1. 节能原理

电气设备在运行中经常会有空载或轻载的情况，人们用"大马拉小车"形象地形容电气设备的轻载。就抽油机而言，造成"大马拉小车"现象的原因主要有两个：一是设计时抽油机(抽油机实耗功率一般小于装机功率 1/3)和电机选型过大，使抽油机处于轻载运行；二是抽油机负载特性造成的。抽油机的载荷是交变的载荷，这就使抽油机在一个冲程里有相当一部分时间处于轻载运行。轻载运行使得电机功率利用率变低，造成电机无谓耗损电能，因此对电机实行节能是十分必要的。对抽油机电机节能，抽油机节能控制器一般采用的是变频技术。

抽油机电动机的工作效率(输出功率/输入功率 ×100%)与抽油机的负载率(输出功率/额定功率 ×100%)有直接关系，抽油机的负载率越低，则电机的工作效率越低，反之亦然。如果根据电动机的负载率大小，通过改变频率，调整抽油机电机的运行电压和电动机的输入功率，保证电动机在最佳负载率下运行，减少电动机的铜损、铁损、杂散损耗和附加损耗(即有功功率和无功功率)，提高功率因素，进而提高电动机的实际运行效率，就可以达到节电增效的目的，使抽油机电机的综合节电率在 10% 以上，功率因数由原来的 0.3 左右提高到 0.9 以上。

2. 常用抽油机节能控制器

自 20 世纪 80 年代以来，国内外相继研制开发了许多种游梁式抽油机的节能控制装置，在抽油机节能控制研究方面先后出现了功率因数补偿器、软启动器、调速电机、变频调速装置、双功率电机、Y－Δ 切换装置与可控硅调压装置等技术。下面就常用的抽油机节能控制器做一个简单的介绍。

1)可控硅调压式节能控制器

电动机的转矩与电压平方成正比，这种设备可通过电力电子器件实时调整电动机定子两端的电压，以适应负载变化，改善系统配合，达到节能目的。这种设备还具有无功补偿功能，能够提高功率因数。这种控制器一般在抽油机轻载时节电效果明显，重载时节电效果降低。

2)星角转换节能控制器

当抽油机所带的负载大于或等于额定负载的1/3时，星角转换节能控制器使电动机处于A形接法，电动机定子两端的电压为380 V，可满足抽油机瞬时大扭矩启动的要求以及功率利用率较大油井的正常工作要求。当抽油机负载小于1/3额定负载时，控制箱使电动机处于Y接状态，定子两端的电压为220 V，由此提高电动机的负载率，提高电动机运行效率，从而减小电动机的内部损耗，达到节能的目的。

3）变频增产节能控制器

该种装置采用闭环控制，具有温度控制、工频、变频互换、过流、超温、缺相、过载等保护功能，同时可以降低电动机的启动电流、降低电动机温升，通过变频调速功能和快速调整定子绕组两端的电压，实现节电功能。

2.4.4 常规抽油机技术改造

对闲置不用或在用的能耗高的旧式常规游梁式抽油机（包括前置式游梁抽油机）进行技术改造，是降低抽油机能耗的一个重要方法。常用的改造方法有以下4种。

1. 将常规机改造成异相曲柄平衡抽油机

这种改造技术包含以下3项内容：

（1）缩短游梁后臂或加长曲柄轴轴心与游梁旋转中心之间的距离，使抽油机四连杆机构变成具有急回作用的曲柄摇杆机构。

（2）改变电动机的旋转方向，即井口在观察者右侧，电动机在观察者左侧时，曲柄为顺时针旋转。

（3）改变曲柄的结构或平衡块的安装方式，使平衡装置的中心线偏离曲柄销中心线一个角度，以提高平衡效应，从而改善抽油机的动力属性。

对常规机进行改造后，在相同工况下可节电10%～15%，系统效率可提高3%左右，抽油机的动力特性有所改善，能延长抽油机的使用寿命，同时改造后的抽油机仍然保持了常规抽油机的耐用可靠、使用维修方便等特点。

2. 将常规机改造成双驴头抽油机

这种改造在常规游梁式抽油机上增加了后驴头及驱动绳。改造后，游梁后臂和连杆的长度可随悬点位量的变化而变化，使载荷扭矩随曲柄转角的变化而变化的规律与正弦规律相接近，达到平衡抽油机的效果，降低曲柄输出扭矩的峰值，减小其谷值，消除负扭矩以降低能耗。另外，这种改造实现了一个抽汲循环的快上慢下，提高了泵的充满系数。

改造后的抽油机，装机功率有所降低，如从37kW降至15kW或22kW。根据已使用的一些改造机的现场实验数据，运行峰值电流由40 A（或50 A）降为28 A（或30 A），平均峰值电流降低16 A，节电率一般可达20%左右，具有明显的节电效果。

3. 将常规机改造成游梁偏置复合平衡抽油机

这种改造与相关文献上的将常规机改造成下偏杠铃抽油机原理基本相同。这种改造基于常规游梁式抽油机结构不变，在游梁尾部增加固定偏置平衡装置，其重心相对游梁支点下偏一个角度。将曲柄平衡机构和游梁偏置平衡变矩机构有机地结合在一起，以改善抽油机的平衡状况，削减峰值扭矩，达到节电之目的。改造时，首先将游梁的尾部进行加长。加长的尺寸对以按照抽油机的结构尺寸进行计算而定，并在游梁加长端内焊上连接板，供安装游梁平衡重。

在运行中，游梁偏置平衡重重心的运行轨迹是一段圆弧，当重心处于游梁回转中心所在的水平线上时,其重力矩最大;当重心处于游梁回转中心的垂直线时,其重力矩最小。利用这一变矩原理与曲柄平衡复合作用,可有效削减悬点载荷峰值扭矩,改善曲柄平衡游梁抽油机的曲柄轴净扭矩曲线的形状和大小,使其波动平缓,从能消除负扭矩,提高电动机的工作效率。把常规机改造成游梁偏置复合平衡抽油机实现节能,结构简单,制造容易,仅增加了一个无运动件的刚性平衡装置,本身无需维护保养,调平衡方便。这种改造完全继承了常规游梁式加油机的全部特点。与此种改造相类似,可以将异相曲柄平衡抽油机改造成异相游梁复合平衡抽油机,以获得更好的节能效果。

实践表明,在满足使用要求的前提下,这种改造不仅可以节省电能,还能改善抽油机的工作状况和受力特性,提高抽油机的稳定性,延长使均寿命,同时改造成本低廉,具有较好的经济效益和社会效益。

4. 常规机改造成偏轮游梁抽油机

这种改造是在常规机尾部装一偏轮,在偏轮与中座之间增加了操纵杆,游梁尾部、横梁、操纵杆与偏轮之间用轴承联接。改造后抽油机的系统效率有较大提高,节电效果明显。通过现场安装调试、运转试验表明,常规机和偏轮抽油机的安装过程及难易程度相当,其调试、运转作业、维护保养与常规抽油机基本一样,管理方便。这种改造改善了抽油机的运动特性和动力特性,使减速箱曲柄轴净扭矩峰值下降,净扭矩曲线更趋平缓,降低了功耗,从测试结果看,这种抽油机还可选配容量小一些的电动机。

另外,还可将常规机或前置式抽油机改造成调径变矩式抽油机,达到节能目的。上述的改造方法都能充分利用原机的构件,优化关键部件,安全系数高,节能效果显著,运转平稳,管理操作方便。但这种改造要增加一部分投资,因此,在改造前要进行技术经济分析。

第3章 集输系统能耗及节能

3.1 集输系统组成及工艺流程

3.1.1 油气集输技术简介

油气集输与处理技术的工艺和设备，往往构成油田地面工程的主体和技术主流，是油田建设中的主要生产设施。油田地面工程所采用的工艺技术、所确定的工程建设规模和总体布局，对油田开发生产的可靠性、建设水平和生产效益是至关重要的，而高效油气集输预处理系统对于确保油田开发建设水平、提高油田的开发效益又起着十分重要的作用。

1. 油气集输技术及其在油田开发建设中的地位

油气集输与处理系统是将油田油井生产的油气产物加以收集、处理直至输送到用户的全过程的主体体现，它主要包括以下六个方面的内容：

(1)油气收集和输送：将各油井产物用管道汇集到计量、分离、处理站进行处理并进而输送到用户。

(2)油气分离或油气水分离：将油井生产的油、气、水在一定条件下分离开，并使其分别进一步处理。

(3)原油脱水：将乳化原油破乳并分离出水，使原油含水符合出矿原油标准。

(4)原油稳定：将原油中的易挥发的轻烃组分脱出，使原油饱和蒸汽压符合出矿原油标准，降低原油在储存条件下的损耗。

(5)轻烃回收：通过一定的加工手段脱除天然气中的液烃，保证天然气的正常管道输送，回收天然气中有用的液烃成分。

(6)油气计量：包括单油井、气和水的计量以及油气在处理过程中、外输至用户前的计量。

通过以上的主要过程，保证了油田的正常生产秩序，使油田得以正常开发。油气集输与处理系统是实施油田开发手段的重要措施和中心环节，它是地面工程的“龙头”，也是地面工艺技术的“核心”。而地面工程技术水平也往往由集输与处理技术代表性地体现出来。油气集输与处理系统的建设工程量和投资一般约占整个地面工程的40% ~50%。因此技术与处理系统的好坏直接影响油田开发建设水平。

油田地面工程要适应油田开发的需要，油气集输与处理系统必须适应油田开发各个阶段的需要，保证油田在各个阶段都能采出足够多的油、气，而生产过程中的各种能耗要尽量少，以集输与处理系统的高效率保证地面工程的高效益，从而保证油田开发的高效益。可见，油气集输与处理技术在油田开发生产中占有不可忽视的重要地位。

2. 油气集输流程及其发展历史

油气集输与处理技术主要包括油气分离、原油脱水、原油稳定、油气计量、天然气处理轻烃回收等单项工艺技术和反映这些技术系统构成的油气集输流程。油气集输流程是反映自井口产出的油气经过集输、分离、计量、脱水、稳定及其他处理,直至生产出合格的油、气产品的全部工艺过程,它是油、气技术处理系统的骨干和代表。

油气集输流程是随着油田开发的进步逐步发展和完善起来的。我国自20世纪初发现并开发油田以来,其油气集输处理流程的发展经过了五个阶段。

1)单井油田集油阶段(20世纪10~30年代初)

从发现延长油田(1907年)、出矿坑油田(1905年)至开发玉门油田初期(20世纪30年代初),油田开发基本上是单井油田、单井拉油方式,工艺过程简单,油、气仅简单分离,要油不要气,原油采用沉降脱水除砂。这个阶段为不成系统的简单工艺。

2)选油站阶段(20世纪30年代末~50年代)

随着玉门油田扩大开发,地面工程开始形成较完整的系统:数口井的油气产物一起收集在一个站(即选油站)进行油气分离,原油在开式罐中沉淀脱水后泵输到集油站装车外运。油田油气收集处理以管线和有关设备构成了一个开式流程——选油站流程。这种流程因俄罗斯巴鲁宁首次采用,又称巴鲁宁流程。20世纪50年代初开发的克拉玛依油田也基本上采用这种流程。

3)密闭收集阶段(20世纪60~70年代初)

随着大庆油田的开发实践,创建了单管密闭、排状井网"串型"流程即萨尔图流程。以后,胜利、大港、辽河等油田相继发现和开发,并结合各自油田的实际情况开发采用了各种类型的"米"字型井网"小站"流程,即单井进计量站集中计量、联合站集中油气分离、脱水处理的集输流程,其特点是油井产物密闭混输到联合站,属于密闭收集,但到联合站的脱水处理是开式的。

这一时期为集输流程大发展时期,集输工艺设备、加热保温方式、处理工艺和设备等都有许多创新,形成了各具特色的集输处理流程。特别值得一提的是试验成功并推广应用了各种不加热集输(常温集输)流程,使高含蜡原油的集输实现了重大突破。

4)"三脱三回收"阶段(20世纪70年代中~80年代)

20世纪70年代中期,石油部门领导提出并积极倡导油田油气集输处理系统要做到"三脱三回收",即原油脱水、脱气、天然气(伴生气)脱轻烃,回收天然气中的轻烃、处理后的采出水和污水中的原油;使油田做到"出四种产品",即符合出矿标准的原油、轻烃、天然气和处理后的采出水。自那时起,已开发的老油田按这些要求进行改造,新油田按这些要求进行建设,经过十几年的努力,通过引进和开发,解决了原油稳定、天然气处理回收轻烃等方面的技术关键问题,在原油脱水、污水处理方面也研制开发了许多新技术、新设备,使各油田在原来只能进行原油脱水、污水处理的基础上扩充了原油脱气、天然气脱轻烃,提高了油气水处理的深度,至20世纪80年代末期全国各主要油田都实现了"出四种合格产品"的要求,使油气集输流程和集输处理技术更加完善。

5)高效集输阶段

进入20世纪90年代以来,我国已开发的主要油田已都进入了高含水采油期,节能降耗成为油田开发生产中至关重要的问题,油气集输流程和集输处理工艺、设备更为突出地强调高效节能。油气集输与处理技术进入高效发展的新时期。

3. 油气集输生产环节

油气集输的主要作用是分别测得各单井的原油、天然气和采出水的产量值后，汇集、处理成出矿原油、天然气、天然气凝液，经储存、计量后输送给用户。油气集输过程的生产环节大致分为：

1）分井计量

将油井产物进行气、液分离，分别测出单井产物中的原油、天然气、采出水的产量值，作为监测油藏开发和生产动态的依据。

2）集油、集气

将分井计量后的油气水混合物汇集送到油气水分离、处理站场；或将含水原油、天然气汇集，分别送到原油脱水及天然气集输、处理站场。

3）油气水分离

在一定压力条件下，将油气水混合物经几次分离，分成液体和不同压力等级、不同组成的天然气，并将液体分离成含水原油与游离水。

4）原油脱水

将乳化原油破乳、沉降、分离，使原油含水率达到出矿原油标准。

5）原油稳定

将原油中的易挥发组分脱出，使原油饱和蒸气压达到出矿原油标准。

6）原油储存

将出矿原油盛装在常压油罐中，保持原油生产与销售的平衡。

7）天然气脱水

脱除天然气中的饱和水，使其在管线输送或冷却处理时不生成水合物。对含 CO_2 及 H_2S 天然气可减缓对管线及容器的腐蚀。

8）天然气轻烃回收

脱除天然气中烃液，使其在管线输送时烃液不被析出；或专门回收天然气中烃液后再进一步分离成乙烷、液化石油气、天然汽油等单一或混合组分作为产品，并使天然气达到商品天然气（干气）产品标准。

9）烃液储存

将天然气凝液、液化石油气、天然汽油分别盛装在相应的压力容器中，保持烃液生产与销售平衡。

10）输油、输气

将出矿原油、天然气、液化石油气、天然汽油经计量后，用管线或槽车送给用户。

4. 油气集输流程分类

油气集输流程有许多分类方法，这里给出最常见的两种分类方法。

1）按集输布局方式对集输流程分类

按集输管网及有关设施布局的不同，集输流程有以下几类：

（1）单井进站、计量站集中计量、联合站集中处理流程（图 3－1）。

该流程特点是由若干组辐射状管网构成，油气混合集输，在大站（联合站或集中处理站）集中生产出油、气等产品。这是当前应用最普遍的流程，统称小站流程。这种流程有按计量站、接转站、联合站（或集中处理站）“三级布站”，以及按计量站（或计量转接站）、联合站“二

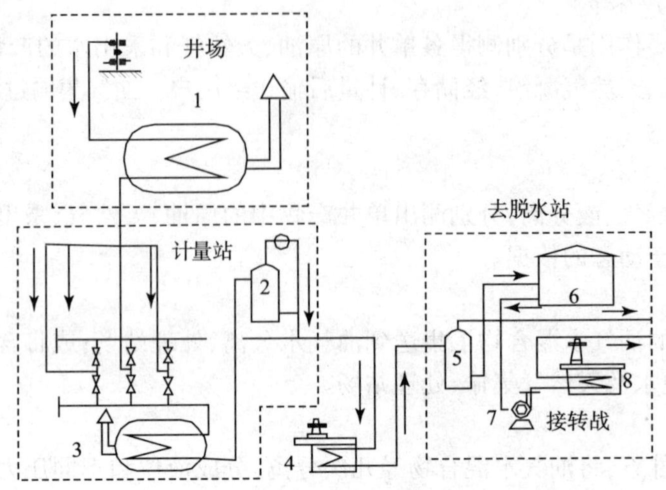

图3-1　单井进站、集中计量、集中处理流程示意图

1—井场水套加热炉；2—计量分离器；3—计量站水套加热炉；4—干线加热炉；
5—油气分离器；6—缓冲油罐；7—外输油泵；8—外输加热炉

级布站”等不同的站场布局形式。

（2）选油站流程，即单井进站、选油进站油气分离、油气分别集中处理流程（图3-2）。

流程特点是形成以选油站为中心的辐射管网，油、气较早地分离成单相而分别集输，基本上为开式的、油气分输流程。

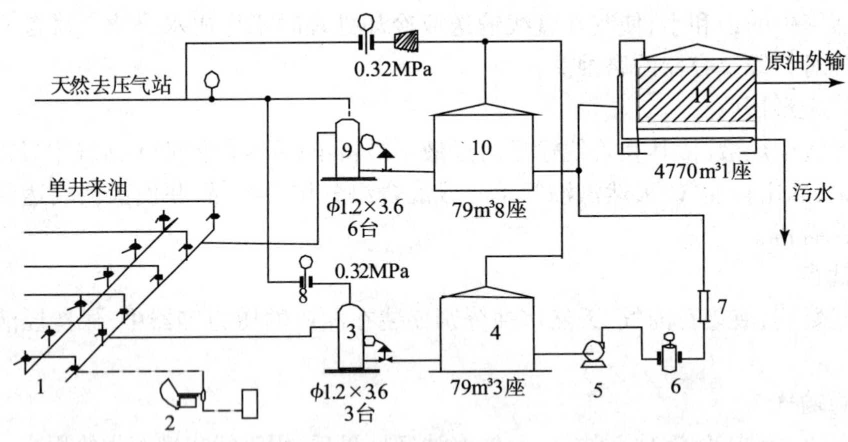

图3-2　选油站流程示意图

1—总机关；2—破乳剂加入泵；3—计量分离器；4—计量罐；5—计量泵；6—刮板流量计；
7—含水分析仪；8—孔板流量计；9—生产分离器；10—储油罐；11—脱水罐

（3）串行流程，即油气单井计量、集中混输至大站进行分离和处理（图3-3），这种流程因首次在萨尔图油田应用，通称萨尔图流程。

该流程特点是各井组成串行、排状管网，油气混输，油气计量分散在各井，在大站集中处理。这种流程由于对各井形成的回压差异较大，难于较长时间适应油田开发生产，现在已很少采用。

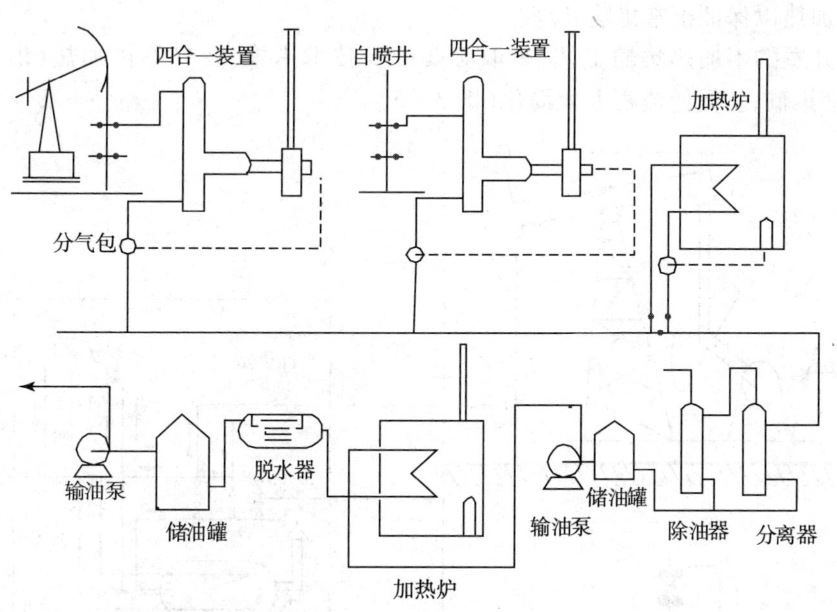

图3-3　萨尔图流程

2)按集输加热保温方式对集输流程分类

由于我国油田绝大部分属高凝、高黏原油,大部分油田集输处理需要加热保温,按加热保温方式的不同,基于小站流程可分为以下三类:

(1)单管流程,即单井加热保温、小站集中计量、大站集中处理流程(图3-4)。

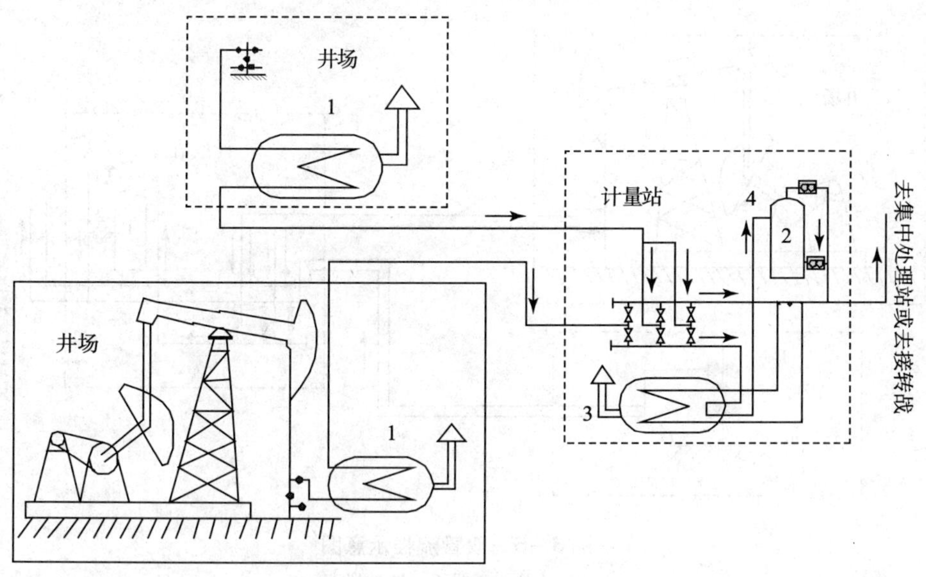

图3-4　单管流程示意图

1—井口水套加热炉;2—计量分离器;3—计量站水套加热炉;4—计量仪表

特点是在各油井口设加热炉(一般是水套炉)对油气加热,必要时还要在计量站、集输干线中间设点加热以保证正常集输处理。

近年来开发的不加热集输工艺，采取必要的新技术措施，井口不再加热（取消井口加热炉）也能正常集输，从而使流程大大简化（图3－5）。

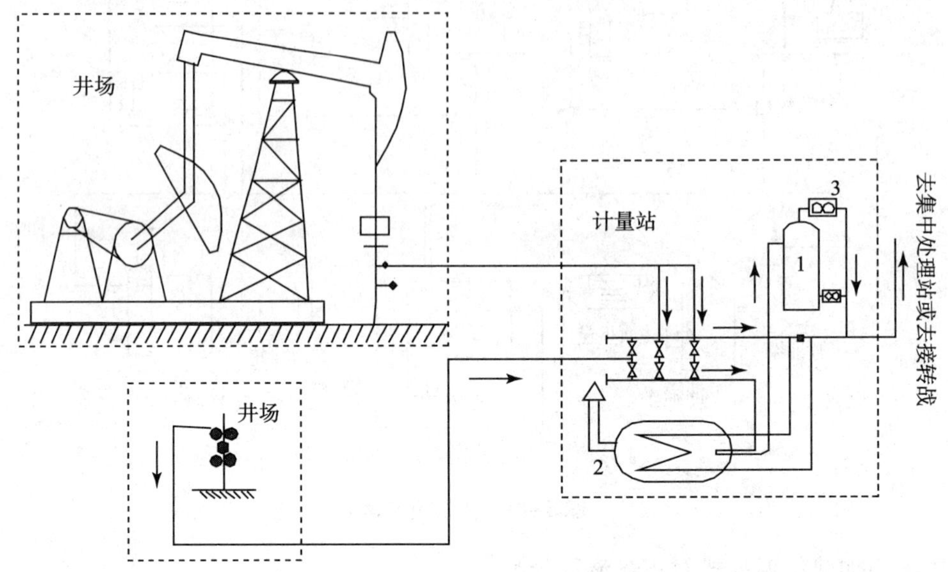

图3－5　井口不加热单管流程示意图

1—计量分离器；2—计量前水套加热炉；3—计量仪表

（2）双管流程，即双管掺液（水或油）加热保温流程（图3－6）。

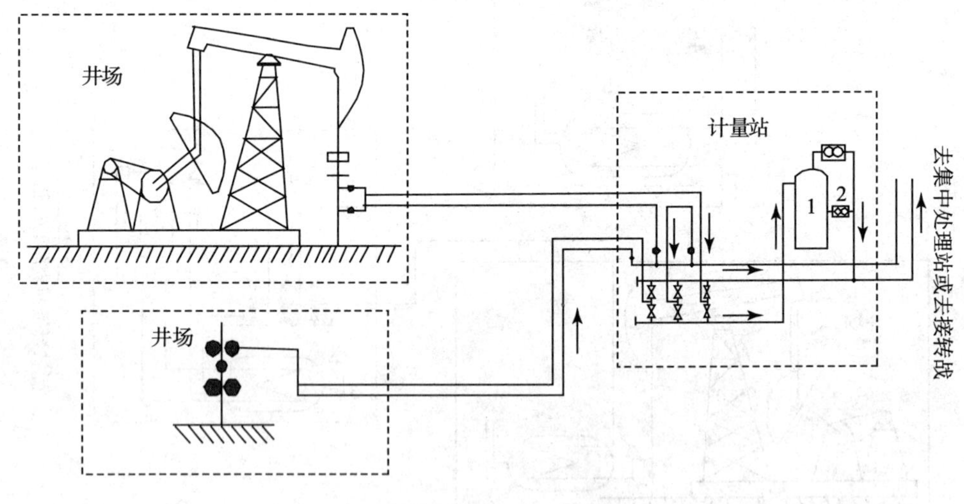

图3－6　双管流程示意图

1—计量分离器；2—计量仪表

特点是井口至计量站两根管线，一根集输油气，一根输送热液（油或水），热油掺入井口保证必要的集输温度。所掺液体可由大站或转接站输向计量站再分配到各井。

（3）三管流程，即三管热力伴随流程（图3－7）。

特点是井口至计量站有三根管,一根集输油气,一根输送热水,另一根即热回水管对油气管线伴热保温。伴随用的热水有大站或转接站供至计量站,再分配至各井。

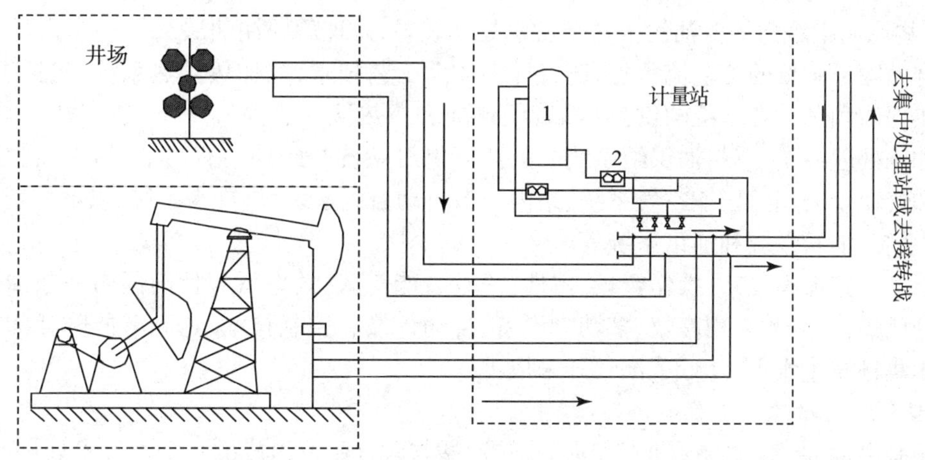

图3-7　三管流程示意图

1—计量分离器;2—计量仪表

3.1.2　联合站功能和工艺流程

1. 联合站的功能

原油集输系统包含的站场,按其基本集输流程的生产功能可划分为采油井场、分井计量站、接转站、集中处理站(联合站)等四种站场。但在油田开发建设的实践中,根据具体情况设计者可以组成多种形式的生产功能不同的联合体。

采油井场、分井计量站和接转站是油气集输系统中集油、集气的生产设施,通过它们将油(液)、气收集起来,输送到集中处理站(联合站)进行处理。由于我国各油田目前普遍采用由采油井场、分井计量站、接转站、集中处理站(联合站)等站场组成的油气集输流程,采油井场、分井计量站、接转站都配套建设。一座分井计量站通常管辖8~16口油井,接转站则根据油井可利用的剩余能量和集油的距离来确定。如果油井剩余的能量不能将产出的油(液)、气混合物通过分井计量站输送到较远的集中处理站,就在分井计量站和集中处理站间特设转接站,给油(液)补充能量后,输送到集中处理站进行油气处理,从而获得合格的油气产品。

油气集中处理站是对原油、油田气和采出水进行集中处理的地方。油气集中处理站将进入本站的含水原油、湿油田气,连续地通过管道和具有一定功能的设备、装置,处理成为符合规定的原油、油田气、净化水。它主要包括有油气分离、计量、原油脱水、原油稳定、天然气增压、污水处理站、注水站等工艺流程及设施。为了管理方便、节约运行费用、有利于完成处理的工艺任务,常将原油分离、计量与控制、原油脱水、原油稳定、天然气净化、污水处理、注水等系统建在站内,故集中处理站又称联合站。

联合站的规模、建站的位置、完成的工艺任务,在油田总体规划设计阶段就已基本确定。从油田目前的情况来看,联合站大致要完成以下功能:

(1)接收油井、分井计量站或接转站输送来的油(液)和气。

(2)对油(液)和气进行分离、净化。

(3)将原油进行稳定,回收油田气体中的凝液等。

(4)将符合标准的原油、油田气、轻烃,经计量后分别输送到矿场油库和用户。

(5)将原油中脱出的含油污水送至污水处理装置,处理后回注油层。

联合站除了主要的工艺流程外,还有许多辅助工艺技术,如加热供热系统,包括供站内各系统加热保温和站外各系统的供热(油管线伴随和掺热液加热等)。一般联合站锅炉房应包括给水和水处理系统、燃料油供给系统或天然气供给系统。此外还有污油、污水回收系统、设备扫线和气动仪表用的压缩空气系统、站内设备自动控制系统、供排水系统、供电系统、润滑系统、冷却系统、消防系统和通讯系统等。

联合站工艺流程复杂、操作繁琐、占地面积大、能耗多、效率低。目前国内一些油田,逐步采用全密闭集输流程,采用高效、多功能设备、自动计量和控制技术,达到节能降耗的目的,提高了油田集输技术水平,降低了油气开采成本。

2. 联合站集输工艺流程

油田是由油井、水井、计量间、配水间、转油站与联合站等组成的一个油气水处理的综合系统,而联合站又是该系统中最重要的组成部分。联合站是对各转油站来原油进行集中处理的场所,它主要包括含水原油处理系统和污水处理系统,其工艺流程图如图3-8所示。各系统之间相互串联,互相影响、互相关联,是一个复杂的生产过程。

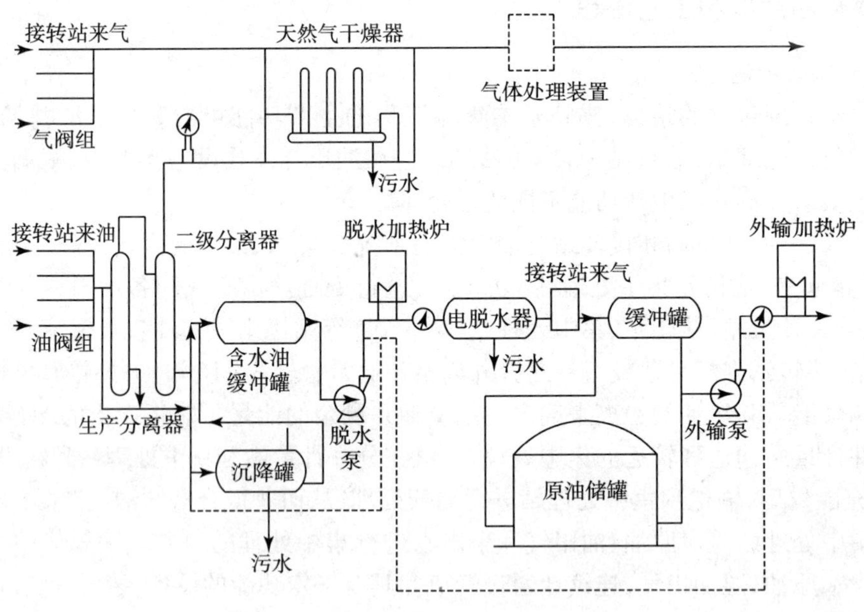

图3-8　联合站工艺流程简图

1)油水分离工艺流程

油水分离系统的主要工艺设备为游离水脱除器和电脱水器。此过程的工艺流程和操作应满足的技术指标为:各中转站来的高含水油(一般含水80%~92%)首先进入游离水脱除器进行沉降脱水,沉降脱水后的原油含水应小于30%(为保证电脱水器正常工作),沉降段游离水脱除器压力小于0.45MPa;然后经汇管进入电脱水器进行油水分离,分离后的原油含水应该在

0.5%以下，电脱水段电脱水器压力应小于0.4MPa；脱水后的净化原油经净化油缓冲罐外输，含油污水进入污水处理罐（要求污水的含油小于0.5%）。油水分离的效果与脱除器和脱水器的操作有直接关系。主要工艺流程如图3-9所示。

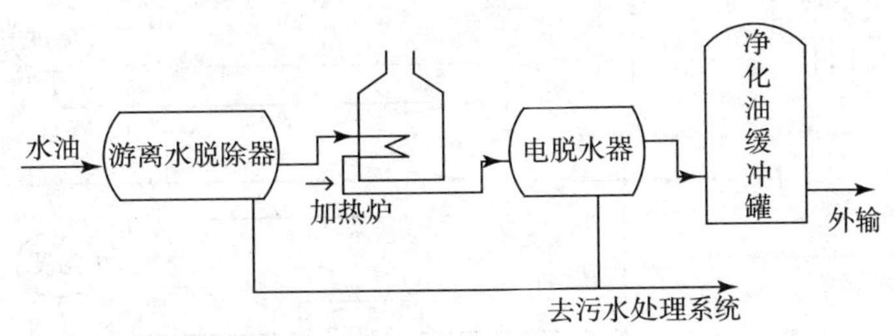

图3-9 联合站油水分离过程工艺流程简图

2）沉降罐工艺简介

一次沉降罐的作用：利用重力分离的原理，依靠油水相对密度差进行油水分离。从油水分的试验结果看，沉淀时间越长，从水中分离浮油的效果越好。外站来的污水首先要经过一次沉降罐进行初步沉降，进行油水分离，通过收油槽除去浮油。

二次沉降罐的作用：将一次沉降罐来的污水进行二次沉降，进一步除去浮油和部分乳化油，降低污水中的含油。

一次沉降罐的罐高一般在13m左右，罐上部大约在11m左右的位置设有一个溢流孔（用于排出经过沉淀后的原油），原油进料口一般从底部伸到罐的中部，大约在7m左右的位置。为完成油、水、气体及泥沙的分离，沉降罐中要投入适量的降粘剂、乳化剂、破乳剂，经过一定时间，就实现了油水分离。由于相对密度不同，使水沉积到底层，纯油浮现上层。当原油从7m左右的位置进入到罐中后，由于破乳剂及重力、浮力等因素的影响，密度较小的原油会向上升，密度较大的水会向下沉降。从理论上讲，经过一定时间的沉降可以得到一个清晰的原油与水的分界面。原油与水形成分界面后，需要检测这个油水界面的位置，在保证油水界面低于溢流孔一定高度的条件下，打开溢流孔排出上层的原油。若油水界面高于溢流孔，打开排水孔开始放水，直到油水界面满足低于溢流孔一定高度的条件时停止排水，再打开溢流孔排出原油。排出原油后，再用进油泵通过油水混合物进口向沉降罐注入油水混合物，如此循环进行油水分离。各种物质在沉降罐中的分层情况如图3-10所示。

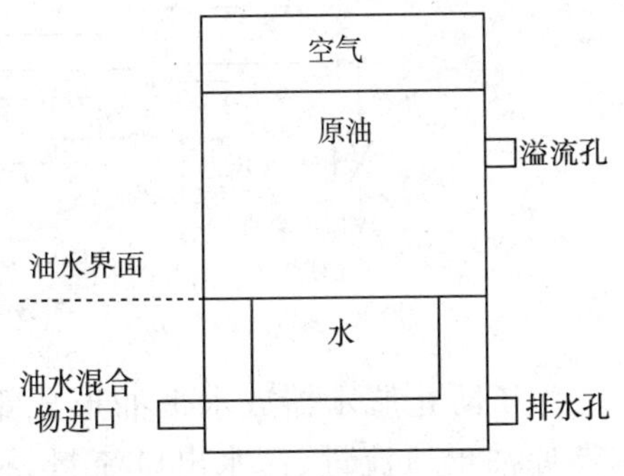

图3-10 油水界面示意图

3）加热炉工艺简介

在管道输送原油的过程中，为了便于原油的输送，通常通过加热炉将管道内原油加热到一定温度进行输送，并在输油管道外加套管，套管内通过热水作为输油管道的伴热。原油由进口进入盘绕在炉膛内的炉管内加热，加热后由出口送出。加热炉燃烧系统如图3-11所示。

4）电脱水器工艺流程

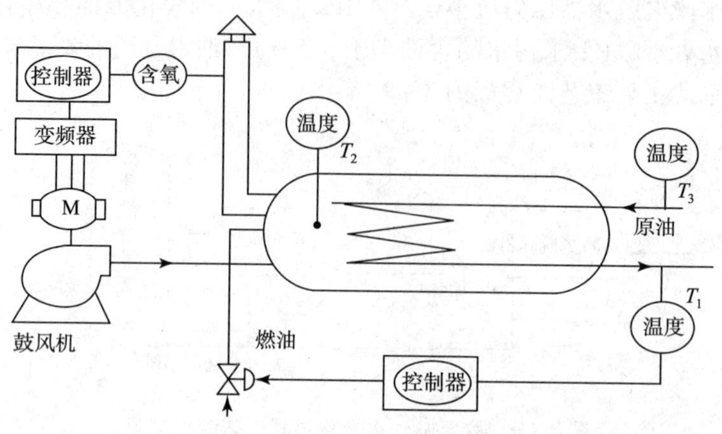

图 3 －11　加热炉燃烧系统

电脱水器工艺流程如图 3 －12 所示。电脱水器采用卧式罐，直径 3m，长 5m。由于来液含水较高，原油粘度大，电场的建立与稳定受原油温度、含水的影响很大，脱水过程受到电脱温度、破乳剂、电场强度的影响反应过程较慢。

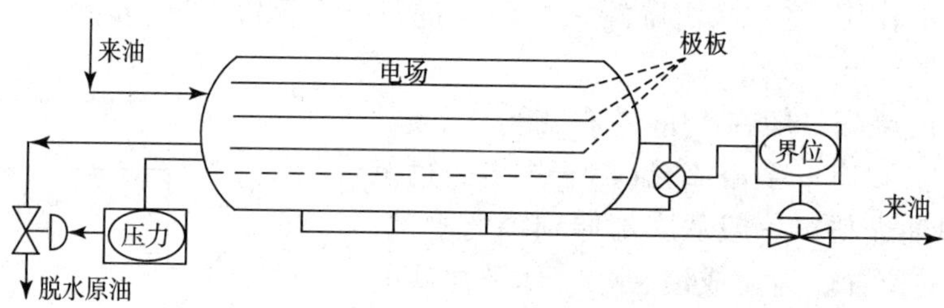

图 3 －12　电脱水器工艺流程

为了防止脱水器放水带油形成重复循环处理，通过测量脱水器油水界面，调节电脱水器原油出口流量、污水出口流量，控制脱水器压力恒定、界面稳定，保证脱水器稳定高效工作。

脱水器原油出口连接大罐，随着大罐液位升高，出口压力升高，流量减小。流量受来液压力影响，过程较复杂，不易建立系统动态方程。采用传统控制时，由于系统存在大滞后，控制参数很难整定，使得调节阀经常处于全开或全关状态，控制效果不佳。

5）污水处理系统工艺流程

油田联合站污水处理多采用的是自然除油—混凝沉降—压力过滤流程。该流程如图 3 －13所示。从脱水转油站送来的污水经自然收油初步沉降后，投加混凝剂进行混凝沉降，再经过缓冲、提升、进行压力过滤，再加杀菌剂，得到合格的净化水，外输用于回注。滤罐反冲洗排水用回收水泵均匀地加入原水中再进行处理，回收的油送回原油集输系统或者用作燃料。

6）人工加药工艺流程

含水原油进入联合站，首先在进站阀组按一定的比例加入化学破乳剂，随着来油总液量的变化，加药量也应随时间的变化在不断改变，靠人工调节找到这个最佳加药比是困难的，为了

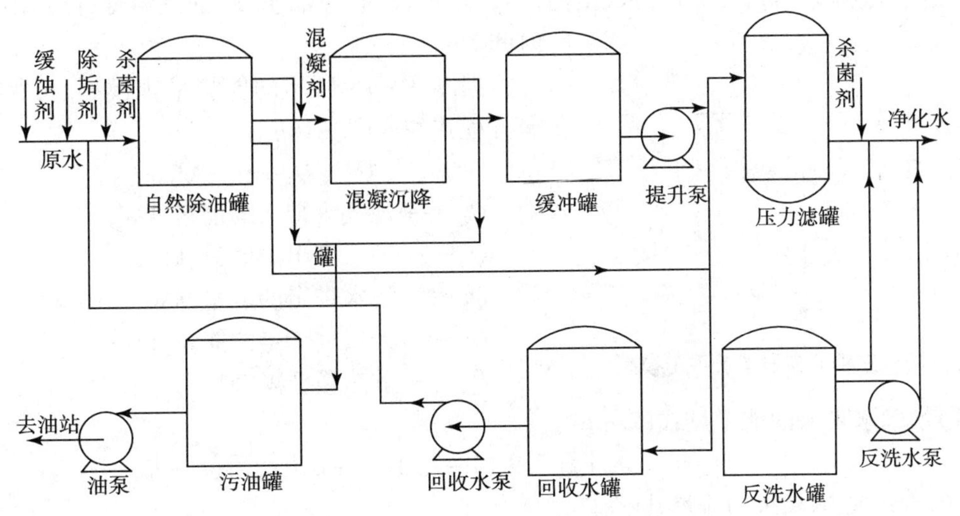

图3－13　污水处理工艺流程图

防止电场破坏，一般都以扩大加药比（保持在1.0×10^{-5}左右）来确保脱水质量。人工加药工艺流程如图3－14所示。

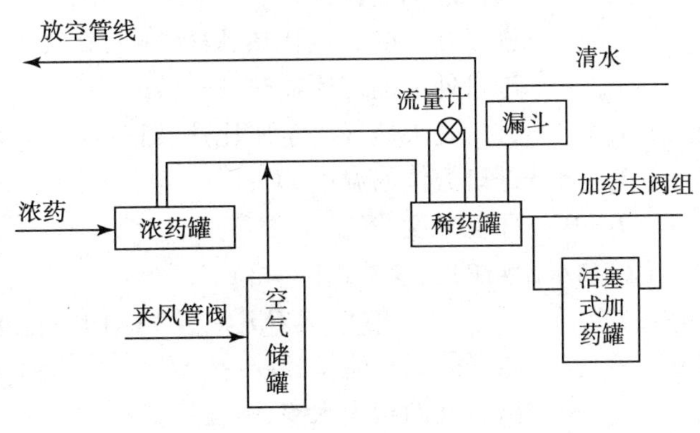

图3－14　人工加药工艺流程

浓药罐内的破乳剂按照2%的浓度用水稀释到稀药罐内，液位一般为稀药罐高度的80%～90%。关闭放空阀门、浓药阀门和清水阀门，打开空气阀门，使稀药罐内压力为0.5MPa。根据油站来液量，凭经验人工调节稀药罐出口的阀门开度，每4 h重复一次上述过程。

3.2　集输系统能耗分析

3.2.1　三相分离器能耗分析

三相分离器主要由分离沉降室和油室组成。油、气、水混合物来液进入三相分离器，经整流器、波纹板组与斜板组等之后大部分液体沉降到分离沉降室的液相区，极少部分液体靠重力继续沉降，剩余的液体经除雾器进一步分离后，气体通过压力调节阀进入天然气系统。沉降下来的油、水混合液停留一段时间后因密度的差别逐渐进行分层，水沉积在集水包和液相区的底部，液相区的上部为油层。当油层的液位高出隔油板顶部时则慢慢流入油室内，然后由油室下部的出油口排出。液相区的水沉降分离到沉降室的底层，并且经过出水阀排出。

三相分离器效能评价的关键在于评价因素指标的选取和参数标准的制定两个方面。选取的评价指标主要包括进口综合含水、出油含水、出水含油、原油密度、处理温度、停留时间和运行时间等。

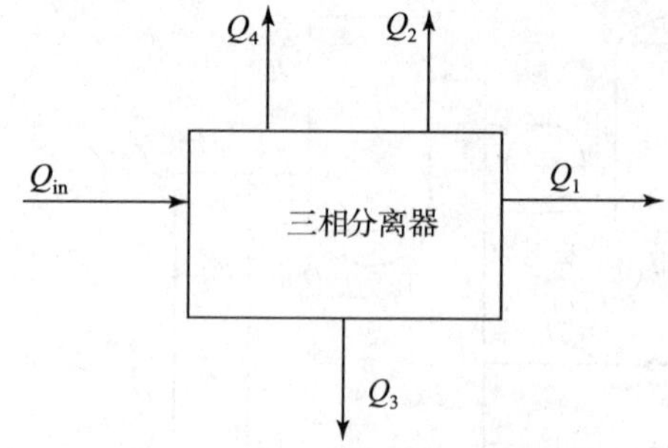

图3－15 三相分离器能量平衡模型

根据图3－15所示的能量平衡模型，可得出能量平衡方程式如式(3－1)：

$$Q_{in}=Q_1+Q_2+Q_3+Q_4 \tag{3-1}$$

式中 Q_{in}——油气水带入的能量，kW；

Q_1——油水带出的能量，kW；

Q_2——污水带走的能量，kW；

Q_3——天然气带走的能量，kW；

Q_4——散热量，kW。

(1)油气水带入的能量见式(3－2)。

$$Q_{in}=[G_1r_{w1}c_{pw1}+G_1(1-r_{w1})c_{po1}+G_1r_gc_{pg1}](t_1-t_0) \tag{3-2}$$

式中 G_1——进入设备的流量，kg/s；

r_{w1}——进入设备液体的含水率，%；

r_g——液体的油气比；

c_{pw1}——进口处水的定压比热，kJ/(kg·℃)；

c_{po1}——进口处油的定压比热，kJ/(kg·℃)；

c_{pg1}——进口处天然气的定压比热，kJ/(kg·℃)；

t_1——进口流体的温度，℃；

t_0——环境温度，℃。

(2)油水出口的能量见式(3－3)。

$$Q_1=[G_2r_{w2}c_{pw2}+G_2(1-r_{w2})c_{po2}](t_2-t_0) \tag{3-3}$$

式中 G_2——离开的油水流量，kg/s；

r_{w2}——出口处油相含水率，%；

c_{pw2}——出口处水的定压比热，kJ/(kg·℃)；

c_{po2}——出口处油的定压比热，kJ/(kg·℃)；

t_2——出口流体温度，℃。

(3)天然气带走的能量见式(3－4)。

$$Q_3=G_g\cdot c_{pg2}(t_{2g}-t_0) \tag{3-4}$$

式中 G_g——天然气流量(标况)，m^3/s；

c_{pg2}——天然气的定压比热(标况)，kJ/(m^3·℃)；

t_{2g}——天然气出口温度，℃。

(4)污水带走的能量见式(3－5)。

$$Q_2=(G_3\cdot r_o\cdot c_{po3}+G_3(1-r_o)c_{pw3}](t_{2w}-t_0) \tag{3-5}$$

式中 G_3——污水流量，kg/s；

r_o——污水含油量，%；

c_{po3}——污水中油的定压比热，kJ/(kg·℃)；

c_{pw3}——污水中水的定压比热，kJ/(kg·℃)；

t_{2w}——污水的温度，℃。

(5)三相分离器的能量传递率见式(3－6)。

$$\eta=\frac{Q_{out}}{Q_{in}}=\frac{Q_1+Q_2+Q_3}{Q_{in}} \tag{3-6}$$

3.2.2 罐能耗分析

罐是联合站原油脱水中沉降分离的主要设备,在油田生产中被广泛应用。在沉降初期分离效率高,原油含水率下降速度很快。也就是说,高含水原油沉降比低含水原油容易。但当达到一定程度后分离效率显著降低,原油含水率要进一步下降则速度很慢,而且越来越慢。在沉降速度由快变慢的过程中有一个转折点,这个转折点应为沉降分离的最终、最佳限度。卧式沉降罐工作的好坏常用下述指标衡量:

(1)沉降时间,即油水混合液在沉降罐的停留时间,它表示沉降罐处理油水混合液的能力。

(2)操作温度,即沉降温度,它与原油性质、加药条件有关,一般为45℃～60℃。

(3)原油中剩余含水率,一般小于1000mg/L。

根据图3－16所示的热平衡模型,可得出热平衡方程式如式(3－7):

$$Q_{in}=Q_{out}+Q_1+Q_2 \tag{3-7}$$

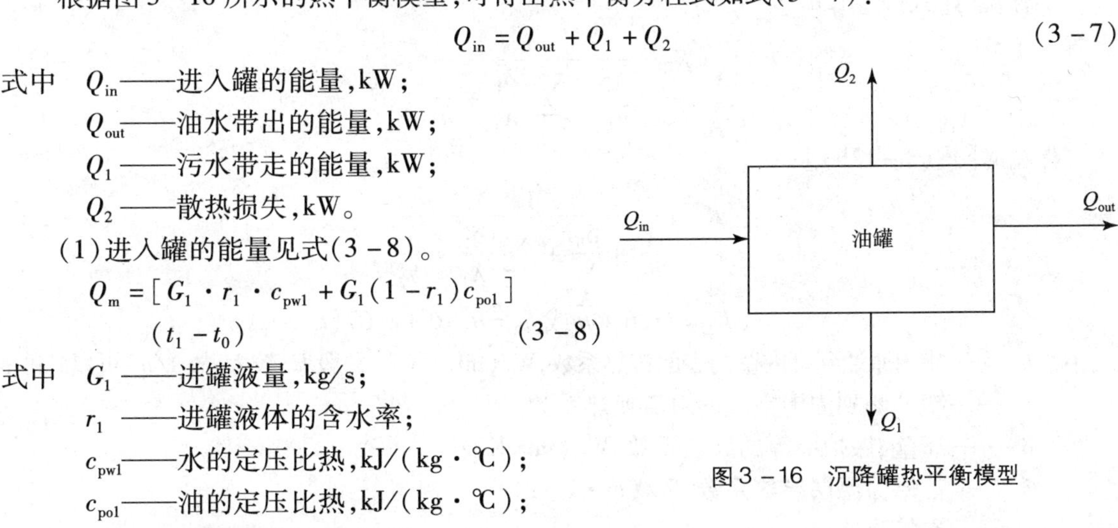

图3－16　沉降罐热平衡模型

式中　Q_{in}——进入罐的能量,kW;

Q_{out}——油水带出的能量,kW;

Q_1——污水带走的能量,kW;

Q_2——散热损失,kW。

(1)进入罐的能量见式(3－8)。

$$Q_m=[G_1\cdot r_1\cdot c_{pw1}+G_1(1-r_1)c_{po1}](t_1-t_0) \tag{3-8}$$

式中　G_1——进罐液量,kg/s;

r_1——进罐液体的含水率;

c_{pw1}——水的定压比热,kJ/(kg·℃);

c_{po1}——油的定压比热,kJ/(kg·℃);

t_1——进罐流体的温度,℃。

(2)油水带出的能量见式(3－9)。

$$Q_{out}=[G_2\cdot r_2\cdot c_{pw2}+G_2(1-r_2)c_{po2}](t_2-t_0) \tag{3-9}$$

式中　G_2——油水流量,kg/s;

r_2——出口处的含水率;

c_{pw2}——出口处水的定压比热,kJ/(kg·℃);

c_{po2}——出口处油的定压比热,kJ/(kg·℃);

t_2——出口流体的温度,℃。

(3)污水带走的能量见式(3－10)。

$$Q_1=[G_3\cdot r_o\cdot c_{po3}+G_3(1-r_o)c_{pw3}](t_3-t_0) \tag{3-10}$$

式中　G_3——污水流量,kg/s;

r_o——污水的含油率;

c_{po3}——油的定压比热,kJ/(kg·℃);

c_{pw3} ——水的定压比热，kJ/(kg·℃)；

t_3 ——污水的温度，℃。

(4)散热损失。

联合站使用的油罐有一次沉降罐、二次沉降罐和好油罐，一次沉降罐不保温，二次沉降罐和好油罐保温，散热损失可用下式计算见式(3-11)：

$$Q_2 = Q_{顶} + Q_{底} + Q_{侧}$$

$$= K_{顶} F_{顶}(t_{油} - t_0) + K_{底} F_{底}(t_{油} - t_0) + K_{侧} F_{侧}(t_{油} - t_{0底}) \quad (3-11)$$

式中 $K_{顶}, K_{底}, K_{侧}$——分别为大罐顶、底、侧总传热系数，可取经验值，W/(m^2·℃)；

$F_{顶}, F_{底}, F_{侧}$——分别为大罐顶、底、四周侧面的面积，m^2；

$t_{油}$ ——大罐子内贮油平均温度，℃；

$t_{0底}$ ——分别为周围空气，罐底土壤温度，℃。

其中传热系数的确定：一般油罐的直径均在十几米以上，壁厚仅几厘米，故可以忽略其内外径之差，看作平板处理。

不保温时[式(3-12a)]：

$$K = \frac{1}{\frac{1}{h_1} + \sum \frac{\delta_1}{\lambda_1} + \frac{1}{h_2}} \quad (3-12a)$$

保温时[式(3-12b)]：

$$K = \frac{1}{\frac{1}{h_1} + \frac{\delta_b}{\lambda_b} + \sum \frac{\delta_1}{\lambda_1} + \frac{1}{h_2}} \quad (3-12b)$$

$$h_2 = 11.6 + \sqrt{v} \text{或} h_2 = 9.76 + 0.07(t_w - t_f)$$

式中 h_1 ——罐内原油到罐内壁的表面传热系数，W/(mL·℃)，一般 h_1 较大，故 $1/h_1$ 可以忽略；

h_2 ——罐外侧到周围空气的对流换热系数；

δ_1 ——罐壁、保护层等的导热系数，W/(m·K)；

δ_b ——油罐保温层导热系数，W/(m·K)；

v ——空气流速，m/s；

λ_1 ——罐壁、保护层等的壁厚，m；

λ_b ——油罐保温层的壁厚，m。

由有关资料查得罐顶和罐底传热系数见表3-1。

表3-1 罐顶和罐底传热系数表

项目	单位	保温	不保温
罐顶 K_f	W/(m^2·℃)	0.343	2.323
罐底 K_b	W/(m^2·℃)	0.116	1.162

(5)油罐的能量传递率见式(3-13)。

$$\eta = \frac{Q_{out}}{Q_{in}} = \frac{Q_1 + Q_{out}}{Q_{in}} \quad (3-13)$$

3.2.3　加热炉能耗分析

加热炉是联合站的主要耗能设备,它的作用是将油水混合物或原油加热到一定温度,达到油水分离、原油稳定或原油外输要求。加热炉作为一种能量转换设备,将燃料燃烧释放出热能的一部分传给炉中流过的原油,将原油加热,同时也有一定的热能损失。在原油集输处理系统中,加热炉运行效率直接影响着燃料消耗量和系统能源利用程度。

根据 GB 2587—2009《用能设备能量平衡通则》、GB 2588—2000《设备热效率计算通则》以及 SY/T 6381—2008《加热炉热工测定》等进行加热炉的效率测试和能量平衡计算。在此只研究加热炉的本体,即烟道、风道和原油进出口管道,而燃料油泵、送风机等辅机不计在内。能量损失有排烟热损失、气体不完全燃烧热损失及散热损失,能量平衡模型见图 3－17。

根据上图能量平衡模型。可得出能量平衡方程式见式(3－15):

$$Q_n + Q_a + Q_f = Q_{总} + Q_2 + Q_3 + Q_4 \tag{3-14}$$

式中　Q_n——燃料的总放热量,kW;

Q_a,Q_f——分别为燃烧空气的显热以及燃料的显热,kW;

$Q_{总}$——加热炉总热负荷,kW;

Q_2——烟气带走的热量,kW;

Q_3——燃料的化学不完全燃烧损失,kW;

Q_4——炉壁散热损失,kW。

在输入的热量中,燃烧空气的显热 Q_a 以及燃料的显热 Q_f 都很小,往往忽略不计,因此上式可写成式(3－15):

$$Q_n = Q_{总} + Q_2 + Q_3 + Q_4 \tag{3-15}$$

(1)加热炉热负荷见式(3－16)和式(3－17):

$$Q_{油} = GC(t_H - t_K) \tag{3-16}$$

$$C = \frac{1}{\sqrt{d_4^{15}}}(0.404 + 0.00081t_{cp}) \tag{3-17}$$

式中　$Q_{油}$——加热炉热负荷,kW;

G——原油流量,kg/s;

t_H——原油在加热炉出口温度,℃;

t_K——原油在加热炉进口温度,℃;

C——原油的定压比热,kJ/(kg·℃);

d_4^{15}——原油在 15℃时的相对密度;

t_{cp}——原油的平均温度,℃。

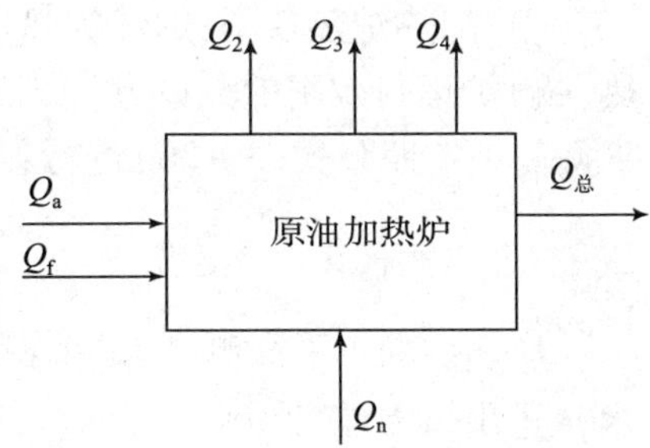

图 3－17　加热炉能量平衡模型

(2)热水炉负荷:

有的加热炉对流部分带有热水炉,此时按式(3－18)计算热水炉的负荷:

$$Q_{水} = G_w c_{wt}(t_{w2} - t_{w1}) \tag{3-18}$$

式中　$Q_{水}$——热水炉负荷,kW;

G_w——水流量,kg/s;

c_{wt}——水的比热,kJ/(kg·℃);

t_{w1}——进水温度,℃;

t_{w2}——出水温度,℃。

(3)加热炉总热负荷见式(3-19):

$$Q_{总} = Q_{油} + Q_{水} \tag{3-19}$$

(4)燃料发热量见式(3-20):

$$Q_n = BQ_{dw}^y \tag{3-20}$$

式中 Q_n——燃料带入的热量,kW;

Q_{dw}^y——燃料低位发热量,kJ/kg;

B——燃料消耗量,kg/s。

(5)排烟处过量空气系数α见式(3-21):

$$\alpha = \frac{100 - CO - O_2 - RO_2}{100 - RO_2 - 4.762O_2 + 0.881CO} \tag{3-21}$$

式中 O_2,RO_2,CO——烟气中O_2,RO_2,CO的体积分数,%。

(6)排烟热损失见式(3-22),式(3-23):

$$q_2 = (3.45\alpha + 0.5) \times \frac{\theta_{py} - t}{100} \tag{3-22}$$

$$Q_2 = q_2 Q_{总} \tag{3-23}$$

式中 θ_{py}——排烟温度,℃;

t——风道温度,℃。

(7)化学不完全燃烧损失见式(3-24),式(3-25):

$$q_3 = 3.2\alpha CO \tag{3-24}$$

$$Q_3 = q_3 Q_{总} \tag{3-25}$$

(8)散热损失:加热炉运行中外壁温度高于周围空气温度,要向外界散热,形成散热损失,但在实际运行中,准确地测定散热损失是比较困难的,计算结果也往往与实际情况有较大的出入,故散热损失q_4通常按经验确定为3%~6%,此时可取3.2%。

(9)加热炉热效率:加热炉热效率即燃料的发热量在加热炉中被有效利用的程度,目前加热(锅)炉运行效率的测试方法主要有两种,一种是正平衡的方法,一种是反平衡的方法。正平衡测试按照公式(3-26)进行:

$$\eta = q_1 = \frac{Q_{总}}{Q_n} \tag{3-26}$$

加热炉的正平衡测试,需要测出燃料量B、燃料应用基发热量、被加热介质的流量(油气水)、进出口温差、比热。

反平衡测试按照公式(3-27)进行,通过测出加热炉的各项热损失,然后按照公式计算出加热炉的热效率:

$$\eta = q_1 = 1 - (q_2 + q_3 + q_4) \tag{3-27}$$

式中 q_1——加热炉有效吸热量,%;

q_2——加热炉排烟热损失,%;

q_3——燃料不完全燃烧热损失,%;

q_4——散热损失,%。

两种计算方法得到的热效率偏差不应大于5%，并以正平衡计算方法为准。

3.2.4 电脱水器能耗分析

电脱水器是依靠电场力的作用对原油乳化液进行破乳脱水的设备。它是至今为止效率最高、处理能力最强的一种油水分离设备。特别在伴有化学破乳剂的情况下，其生产的稳定可靠性为其他脱水法所不及。因此在现有电脱水器的基础上总结经验，设计新的性能更优越的电脱水设备，将大大的提高油气集输系统的脱水效率。

除脱水器的直径、长度、容积、处理量以及脱水变压器输出电压等参数外，脱水器的压力、温度、原油乳状液含水率、净化原油残存含水率、脱出水含油率等均是脱水器运行的重要参数。脱水器的操作压力常受集输系统压力的制约。目前，我国多数油田采用低压集输系统，脱水器的操作压力一般在$(1.5\sim3.0)\times10^5$Pa 范围内。在原油两段脱水中，经沉降脱水后的原油含水率（进入电脱水的原油含水率）是一个比较重要的设计参数，进入电脱水器的原油乳状液的含水率太高时，由于乳状液导电率的上升，不易维持稳定的电场，使脱水质量急剧降低，故一般认为进入电脱水器的较适宜的含水率为15%～30%，另外提高进电脱水器的原油含水率还会增加第二段脱水的负荷和热耗。

电场强度对电脱水器的脱水效果和能耗有很大的影响。运行场强要大于原油的破乳场强，但要小于分裂场强和击穿场强。在上述范围内，运行场强的增加有利于原油的脱水，但是场强增加，消耗的电能也增加，变压器设备也易过载，因此场强应根据脱水要求和能耗进行优化选择。根据热平衡模型，如图3－18所示，可得出热平衡方程式[式(3－28)]：

$$Q_{in}+Q_2=Q_{out}+Q_1 \tag{3-28}$$

式中 Q_{in}——油水带入的能量，kW；

Q_{out}——油水带出的能量，kW；

Q_1——污水带走的能量，kW；

Q_2——电脱水器供入的能量，kW。

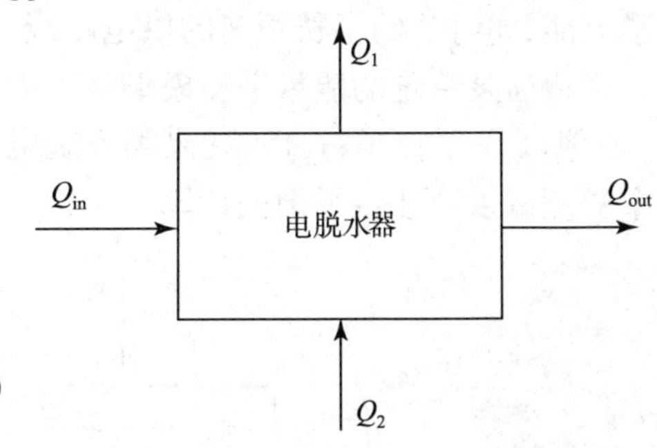

图3－18 电脱水器热平衡模型

（1）油水带入的能量见式(3－29)：

$$Q_{in}=[G_1r_{w1}c_{pw1}+G_1(1-r_{w1})c_{po1}](t_1-t_0) \tag{3-29}$$

式中

G_1——进入设备的流量，kg/s；

r_{w1}——进入设备液体的含水率，%；

c_{pw1}——进口液体中水的定压比热，kJ/(kg·℃)；

c_{po1}——进口液体中油的定压比热，kJ/(kg·℃)；

t_1——进口流体的温度，℃。

（2）油水出口的能量见式(3－30)：

$$Q_{out}=[G_2r_{w2}c_{pw2}+G_2(1-r_{w2})c_{po2}](t_2-t_0) \tag{3-30}$$

式中 G_2——离开的油水流量，kg/s；

r_{w2}——出口处油相含水率，%；

c_{pw2}——出口处水的定压比热，kJ/(kg·℃)；

c_{po2}——出口处油的定压比热，kJ/(kg·℃)；

t_2 ——出口流体的温度,℃。

(3)污水带走的能量见式(3-31):

$$Q_1 = [G_3 r_o c_{po2} + G_3(1 - r_0) c_{pw3}](t_3 - t_0) \tag{3-31}$$

式中 G_3 ——污水流量,kg/s;

r_0 ——污水含油率,%;

c_{po2}——污水中油的定压比热,kJ/(kg·℃);

c_{pw3}——污水中水的定压比热,kJ/(kg·℃);

t_3 ——污水的温度,℃。

(4)电脱水器供入的能量见式(3-32):

$$Q_2 = VI\cos\phi_i \tag{3-32}$$

式中 $V, I, \cos\phi_i$,分别为电脱水器的电源电压、电流和功率因数。

(5)电脱水器的效率见式(3-33):

$$\eta = \frac{Q_{out} + Q_1 - Q_{in}}{Q_2} \times 100\% \tag{3-33}$$

3.2.5 泵能耗分析

输油泵系统的作用是将机械能传递给管道输送的原油,以增加原油的位能、压能和动能,以便把原油输送到工艺要求的位置。对其能量分析时主要研究泵效率,降低油水泵电耗的关键是提高它们的运行效率。国内外油田在降低电能消耗上采用了以下主要措施:一是用高效机泵代替低效机泵;二是在油水机泵上使用变频调速器;三是采用天然气发动机驱动泵,节约了电能,同时节约了长距离的供电路线。

输油泵系统的能量平衡模型如下图3-19所示。

据GB/T 13468—1992《泵类系统电能平衡的测试与计算方法》中的有关规定进行系统效率的测试以及能量平衡的计算。

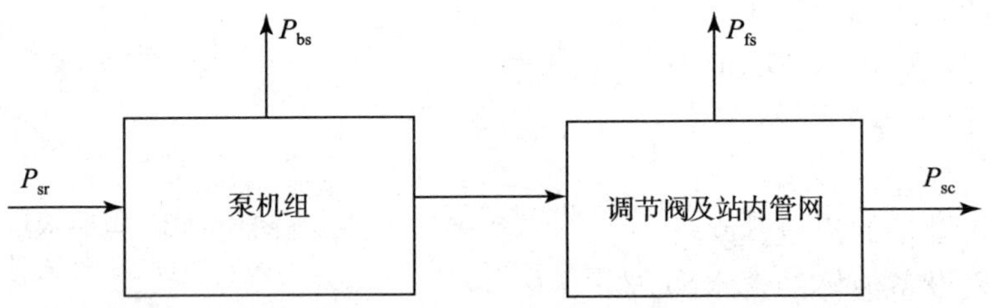

图3-19 输油泵系统能量平衡模型

能量平衡方程[式(3-34)]:

$$P_{st} = P_{bs} + P_{fs} + P_{sc} \tag{3-34}$$

式中 P_{st}——输油泵系统输入的总功率,kW:

P_{sc}——输油泵系统输出的能量,即输出原油所带的能量,kW:

P_{bs}——泵机组所损失的能量,包括电动机、传动机构和泵,kW:

P_{fs}——调节阀和站内管网所损失的能量,kW。

输油泵系统效率的计算

（1）电动机输入功率见式（3－35）：

$$P_{sr}=\sqrt{3}UI\cos\phi\times10^{-3} \tag{3-35}$$

（2）泵输出的有效功率见式（3－36）：

$$P_B=0.278\rho gHQ\times10^{-6} \tag{3-36}$$

式中，$H=H_2-H_1=(\frac{p_2-p_1}{\rho g})\times10^{-6}+(z_2-z_1)+\frac{v_2^2-v_1^2}{2g}$

因泵进出口的位能差和动能差相对压能差来说很小，可以忽略不计，所以可简化为式（3－37）：

$$P_B=0.278Q(p_2-p_1) \tag{3-37}$$

（3）输油泵系统输出能量见式（3－38）：

$$P_{sc}=0.278\rho g(H_3-H_1)Q\times10^{-6}\approx0.278Q(P_3-P_1) \tag{3-38}$$

（4）泵效率见式（3－39）：

$$\eta_B=\frac{P_B}{P_{sr}}\times100\% \tag{3-39}$$

（5）泵机组的效率见式（3－40）：

$$\eta_J=\frac{P_B}{P_{sr}}\times100\% \tag{3-40}$$

（6）管网效率见式（3－41）：

$$\eta_G=\frac{H_3}{H_2}\times100\%\approx\frac{p_3}{p_2}\times100\% \tag{3-41}$$

（7）输油泵系统效率见式（3－42）：

$$\eta=\frac{P_{sc}}{P_{sr}}\times100\% \tag{3-42}$$

式中

$\cos\phi$——电机功率因数；

U——电网输入电压，V；

I——电网输入电流，A；

Q——泵体积流量，m^3/S；

ρ——原油的密度，kg/m^3；

H——泵的扬程，m；

H_1，H_2——分别为泵进出口处的液体压头，m；

p_1，p_2——分别为泵进出口实测压力表读数，MPa；

v_1，v_2——分别为泵进出口处液体平均流速，m/s；

z_1，z_2——分别为泵进出口处相对基准参照面的高度，m；

H_3——输出管网的压头，m；

p_3——实测压力表读数，MPa。

3.2.6 联合站整体能耗分析

对联合站进行能量平衡分析主要是从整个系统的角度进行的，而不是局限于某个具体设备单元。研究其能量利用情况、能量分布情况、热效率，从而确定能量利用薄弱环节。

我国大部分油田是利用注水驱动方式开采的，因而从油井生产出来的油气混合物中经常含有大量的水和泥、砂等杂质。特别是油田开发进入特高含水期后，油井出水量可达其产液量的90%以上，原油中含水、盐、泥沙等杂质会给原油的集输和炼制带来很多麻烦。首先增加了输送过程中的动力消耗。由于输液量增加，油水混合物密度增大，而且水还常以微粒水珠存在于原油中，形成黏度较纯原油显著增大的乳状液，使输油离心泵工作性能变坏，泵效降低，动力消耗急剧增大，而且增加了升温过程中的燃料消耗。原油集输过程中为满足工艺要求常对原油加热升温。由于原油含水后输液量增加，而且水的比热约为原油比热的两倍，在含水原油升温过程中燃料的消耗也将随原油含水量的增加而急剧增大，其中相当一部分热能白白地消耗于水的加热升温，造成燃料的极大浪费。因此应该提高各个分水设备的分水率，尽可能地降低原油含水，设法提高系统的热效率。

联合站整体能量平衡模型如图3－20所示。该系统入口为井排来液入口，出口为外输管网出口、油气分离器的天然气出口和一次沉降罐污水出口。系统是由从进口到外输管线出口之间的油气处理的主要设备组成的（没有考虑污水处理和分离出的天然气的处理等部分）。该系统主要包括原油脱气、脱水、加热、净化和外输等工艺过程。系统外界指外部环境，如对室外设备来说，周围大气为其外界；对室内设备来说，室内空气为其外界。进行能量分析时，假设系统处于正常连续生产状态，进出系统的油气水总质量保持动态平衡。根据能量平衡模型，其能量收支平衡方程为式（3－43）～式（3－49）：

$$Q_1 + Q_r + Q_e = Q_o + Q_w + Q_g + Q_{jrl} + Q_b + Q_{qt} \tag{3-43}$$

$$Q_1 = Gc_p(t_1 - t_0) \tag{3-44}$$

$$Q_o = G_o c_{po}(t_{oil} - t_0) + G_o\left(\frac{p_o}{\rho_o} - \frac{p_1}{\rho_1}\right) \tag{3-45}$$

$$Q_w = G_w c_{pw}(t_w - t_0) \tag{3-46}$$

$$Q_g = G_g c_{pg}(t_g - t_0) \tag{3-47}$$

$$Q_{jrl} = Q_2 + Q_3 + Q_4 = BQ_r(1 - \eta_{jrl}) \tag{3-48}$$

$$Q_b = P_{sr}(1 - \eta_b) \tag{3-49}$$

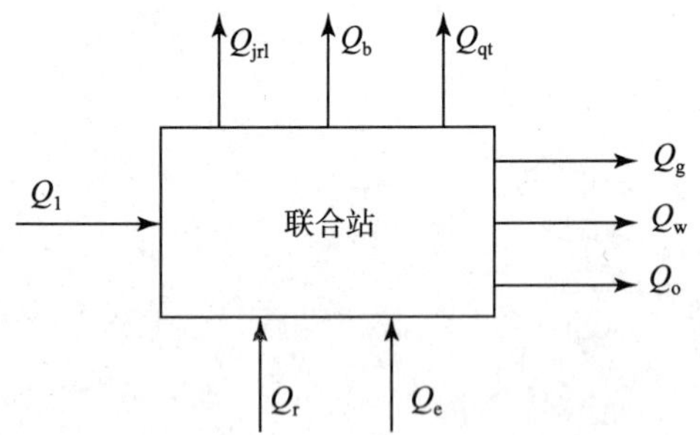

图3－20　联合站整体能量平衡模型

式中　Q_1——油气水进站时带入的总能量，kW；

Q_r——燃料燃烧释放出的总热量，kW；

Q_e——电能带入系统的等价热量，kW；

Q_o, Q_w, Q_g——分别为油、水、气带出系统的能量，kW；

Q_{jrl}——加热炉能量损失，kW；

Q_b——泵损失能量，kW；

Q_{qt}——系统其他的散热损失，kW。

式中　$G, G_o, G_g G_w$——分别为井排来液、外输原油、外输天然气和污水的流量；

c_p, c_{po}, c_{pw}——分别为井排来液、外输原油和污水的平均定压比热；

t_1, t_{oil}, t_w——分别为井排来液、外输原油、污水的温度；

t_0——环境温度；

p_o, p_1——分别为外输原油和井排来液的压力；

ρ_0, ρ_1——分别为外输原油和井排来液的密度；

V_g ——天然气流量；

c_{pg} ——天然气比热；

t_g ——天然气温度；

P_{sr} ——泵电机功率；

η_b ——泵机组效率；

η_{jrl} ——加热炉效率。

各设备的热能损失针对具体的设备按式(3-50)进行计算：

$$Q = KF(T_f - T_o) \tag{3-50}$$

式中 Q ——具体设备的热损失，kW；

K ——具体设备的传热系数，W/(m^2·℃)；

T_f——具体设备内介质的平均温度，℃；

T_0——环境温度，℃；

F ——换热面积，m^2。

以下为联合站能量利用情况的评价：

(1)能量传递效率 η_c 指系统输出有效能量与输入系统全部能量之比，见式(3-51)：

$$\eta_c = \frac{Q_o + Q_w + Q_g}{Q_1 + Q_r + Q_e} \times 100\% \tag{3-51}$$

(2)站效 η_s，指介质进出联合站具有的能量差值与该站供给介质能量的比值见式(3-52)：

$$\eta_s = \frac{Q_o + Q_w + Q_g - Q_1}{Q_r + Q_e} \times 100\% \tag{3-52}$$

(3)热能有效利用率 η_h 指原油和天然气带出系统的能量与外界供给系统全部能量之比，见式(3-53)：

$$\eta_h = \frac{Q_o + Q_g + Q_{lo} - Q_{lg}}{Q_r + Q_e} \times 100\% \tag{3-53}$$

式中 Q_{lo}，Q_{lg}——原油和天然气带入的能量。

(4)联合站的动力利用率 η_e 是指介质进出各泵获得的压能差与各泵供入电能的比值。动力利用率计算公式为式(3-54)：

$$\eta_e = \frac{\sum_i Q_{pi}}{\sum_i Q_{ci}} \times 100\% \tag{3-54}$$

式中 η_e ——联合站的动力利用率，%；

Q_{pi}——各类泵进出口介质获得的压能差；

Q_{ci}——各类泵供入的电能。

(5)单位能耗：

吨油耗热见式(3-55)。

$$M_h = \frac{BQ_{dw}^y}{G_o} \tag{3-55}$$

式中 B ——燃料油消耗量，t；

Q_{dw}^y——低位发热量，kW。

吨油耗气见式(3－56)、式(3－57)。

$$M_e = \frac{W_e}{G_o} \tag{3-56}$$

$$M_g = \frac{M_h + \varphi_e M_e}{Q_{dwg}^y} \tag{3-57}$$

式中，Q_{dwg}^y——天然气低位发热量，kW；

W_e ——外界供给系统的总电量，kW；

φ_e ——电能等价热值的折算系数。

3.3 联合站集输过程自动控制

3.3.1 三相分离器控制系统

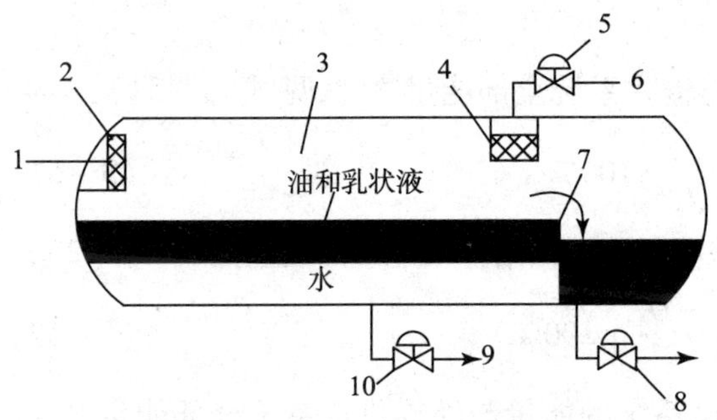

图3－21 三相卧式分离器原理图

1—油气水混合物入口；2—进口分流器；3—重力沉降部分；4—除雾器；5—压力控制阀；6—气出口；7—挡板；8—出油口；9—出水口；10—界面控制阀油

三相分离器用于油气水分离，通常有卧式与立式之分。图3－21是三相卧式分离器的原理图。图3－22是其结构示意图。油气水混合物进入分离器后，进口分流器把混合物大致分成液、气两相。液相由稳流装置引至油水界面以下集液部分，集液部分有足够的体积使液相中的水因密度差沉降至底部形成水层。水上是原油和含有较小水滴的乳状油层。油和乳状油从挡板(溢流板)上面溢出，通过出油阀排出、分离出的水由油水界面控制出水阀排出，分离出的气体经除雾器与压力控制阀排出。

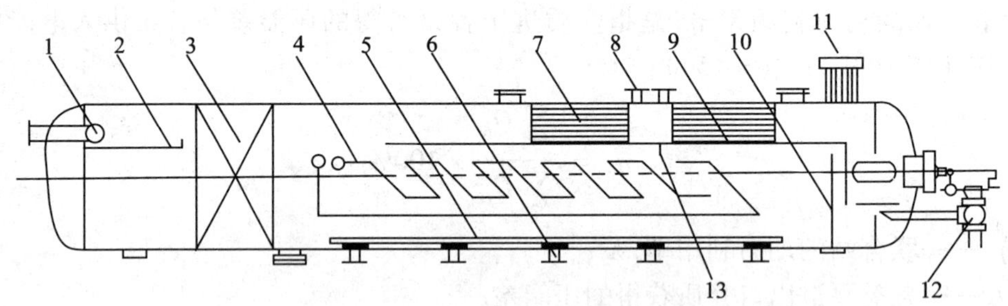

图3－22 卧式三相分离器结构示意图

1—入口分流器；2—水平分离板；3—稳流装置；4—加热器；5—防涡罩；6—污水出口；7—平行捕雾器；8—安全阀接口；9—气液隔板；10—溢流板；11—天然气出口；12—出油阀；13—挡沫板

三相分离器按用途划分，分为生产分离器与测试分离器。为保证正常分离，需包含天然气压力调节系统、油水界面调节系统及油气界面调节系统。有些三相分离器还具有自动冲砂控制，用作把沉积在水下面的砂层自动冲洗掉。测试分离器除具有上述控制功能外，还要分别对油、气、水进行计量。

1. 油气界面控制系统

油气界面控制系统用于维持一定油气界面，它由测量油气界面的差压变送器、液位指示控制环节、电气转换器和气动调节阀构成。采用双调节阀控制。安装 LT－210A，采用隔离罐内充防冻液。需要作负迁移。LT－210A 所测差压 Δp 为：

$$\Delta p = H_o\rho_o - H\rho_w$$

式中 H_o——油气界面高度；

H——油气界面总高；

ρ_o，ρ_w——油水介质密度。

若取 $H=800\text{mm}$，$\rho_w=1.0\text{g/cm}^3$，$\rho_o=0.85\ \text{g/cm}^3$，当时：

当 $H_o=H$ 时

$$\Delta p_h = 800(0.85-1) = -120\text{mmH}_2\text{O}$$

则负迁移量为 $800\text{mmH}_2\text{O}$、量程为 $680\text{mmH}_2\text{O}$❶。

油路计量经涡轮变送器 FT－210A 、射频式含水分析仪 AT－210，，由计算机软件处理分别求油量与水量。三相分离器油路输出因分离程度有限，原油中仍含有水分。

液位超高开关 LSHH－210 和液位超低开关 LSLL－210A 用于报警保护，测试分离器经计量后油、气、水混合一起至生产分离器。

2. 冲砂控制

油井采出的液体介质中往往含有细砂。在三相分离器内分离过程中沉降至罐底，须定期冲砂。冲砂借助于人工开关 HS－210A 发出指令，由装置控制系统执行。当 HS－210A 接到冲洗指令后，通过电气三通阀 XSV－210D，打开进水阀 USV－210D；通过电气三通阀 XSV－210E，打开排水阀 USV－210E，F，G。对分离器底部砂层清洗。清洗后通过手动开关 HS－210B，FCS 打开阀 SDV－210B。关闭 USV－210D～G，用清水冲洗管线。

3.3.2 缓冲罐液位控制

缓冲罐液位控制是保证密闭输送、减少油气损耗的关键。影响平衡运行的主要因素是：

（1）来油不均衡、波动大，造成罐内液位变化大。

（2）油气分离不干净、原油中带有溶解气，造成液气分离区有泡沫，界面模糊。

缓冲罐液面控制系统如图 3－23 所示，系统主要包括：

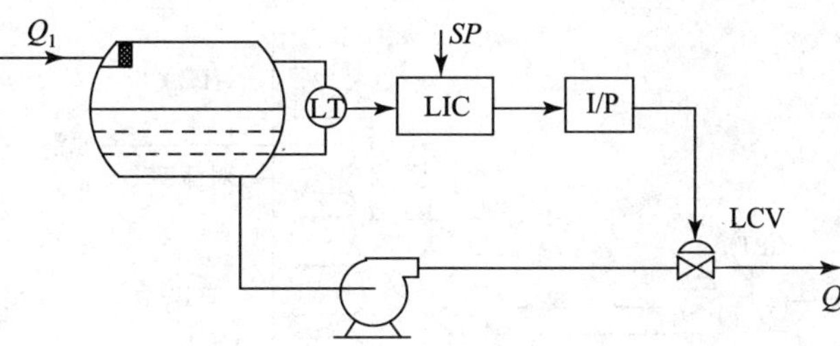

图 3－23 节流阀液位调节系统

（1）LT 液位变送器（level Transmitter）通常选用差压变送器，将液位高度转换成 4～20mA 标准信号。

（2）LIC 液位指示控制环节（Level Indication Contrl），可以是单独的 PID（Proportion Integral and Differential）调节器，也可以是 RTU 中控制软件。它根据过程变量 pV（缓冲罐液位）与给定值 SP（工艺要求的相应参数）之差，即

❶ 此处使用了非法定计量单位，请读者在阅读时注意。

$e = pV - SP$,按 PID 规律进行控制,控制作用以 4～20mA 的输出信号表示。

(3) LCV 液位控制阀(Level Control Valve)是执行机构,根据量 LIC 输出信号大小用改变局部阻力的方法调节外输泵的流量。LCV 可以是电动调节阀,LIC 输出信号直接控制 LCV 的开度。

缓冲罐液位调节系统的控制方框图如图 3－24 所示。主要扰动是进油量 Q_1 不稳定,导致液位变化。如当进油流量 Q_1 大于离心泵及调节阀节流后排出流量 Q_0 时,液位上升,经变送器 LT 测出的过程变量 pV 大于给定值 SP 而产生偏差 e,液位控制环节 LIC 按门 PID 规律发出控制信号,通过调节阀,减少局部阻力,使离心泵排出流量 Q_0 加大,直到 pV 重新回到给定值 SP 为止(即 $e = 0$)。

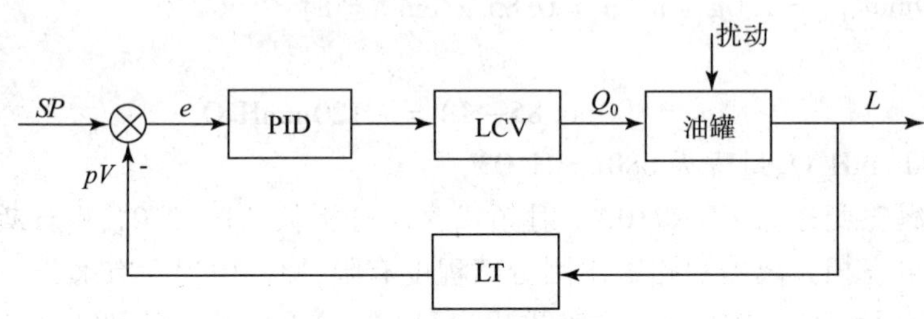

图 3－24　缓冲罐液位控制方框图

3.3.3　加热炉控制系统

油气集输过程中,对于易凝、高粘原油常常采用加热输送方式,防止原油在输送过程中凝固、降低粘度、减少原油在输送过程中的摩阻损失;此外,加热炉的作用还在于保证原油在处理过程中的工艺条件能正常进行,如进入电脱水装置的含水原油要经过加热,降低油水界面张力,以利于脱水质量提高;原油稳定系统中用加热炉提高待处理原油温度,以利于轻烃回收效果等。

油气田从井口、计量站、接转站、油库到长输管道会用到不同容量、不同结构型式的加热炉。按加热方式可分为直接加热与间接加热两种;按加热使用的燃料可分为燃气炉与燃油炉。在设计加热炉测控系统方案时应注意以下因素:

(1) 工艺要求:指对测控参数要求,炉出口原油温度控制精度要求及自动化程度要求。

(2) 经济因素:加热炉是油气田耗能大户,应用的各种加热炉容量差异很大。若均以节能为原则的优化控制来设计,一次投资较高。对于小型加热炉,"麻雀虽小,五脏俱全",在保证安全前提下,以简单实用为原则;对于大中型加热炉,可以采用复杂控制系统,也要以投入、产出的经济效益为原则,选择控制方案。

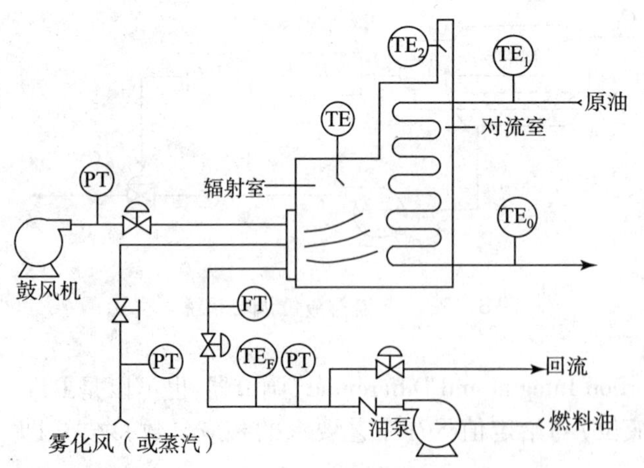

图 3－25　加热炉工作原理示意图

1. 加热炉工作原理

加热炉利用对流、辐射方式对进入炉体的原油进行加热。工作原理如图 3－25 所示。被加热原油通过盘管首先进入对流室,以对流方式为主吸取热量而升温,而后进入辐射室以辐射方式为主吸收热量继续升温，它是原油加热的主要热源。辐射室、对流室及烟道构成加热炉主体部分。

燃烧系统由燃料供给、雾化风或蒸汽、供风等部分组成。加热炉热源来自燃料(原油或天然气)燃烧产生的热能。燃料供给回路通常由燃油罐或从干线获取。用燃油泵加压输至加热炉火嘴，燃油泵往往采用轴流泵或齿轮泵。在用阀门调节燃油量时，为保证泵正常运行，依靠控制回流使阀前压力维持一定。此外，为保证燃油雾化充分燃烧，要求燃油具有一定的温度。

雾化系统在燃料采用燃油时，为使燃油充分燃烧，用0.4～0.8MPa的压缩空气或蒸汽，将进入加热炉的燃油喷射成雾状。供风系统是提供燃油(或天然气)燃烧所消耗的氧气。

2. 加热炉自动化的主要内容

(1)参数测量：如原油入炉温度、出炉温度、烟道温度、炉膛温度(或管壁温度)、燃油温度；原油入炉压力、出炉压力、燃油压力、雾化风或蒸汽压力；燃油流量和原油流量烟道含氧量等。

(2)控制系统：主要有炉出口温度调节系统，助燃风量调节系统、自动点火和加热炉顺序停等。

(3)自动报警与保护：参数超限报警主要有炉出口温度超高、超低；烟道含氧量超高、超低；被加热原油流量过低、烟道温度超高、炉膛温度(或管壁温度)超高等。通常超限要报警。当超出危险限时应停车保护、加热炉停车保护还含有灭火监测。

3. 典型加热炉控制方案

加热炉出口温度调节方案是根据工艺对调节品质的要求和对象的特性决定的。由于加热炉具有较大的滞后时间与时间常数，反应较慢，控制效果(品质因素)较低，当对炉出口温度要求不高时，可以采用简单调节系统。

简单调节系统如图3－26所示，调节系统由炉出口油温变送器TT_0、温度指示控制环节TIC、电气转换器I/P、调节阀(风开式)TCV组成。TIC根据炉出口温度pV与给定值SP之间偏差PID规律改变燃油流量P_m。

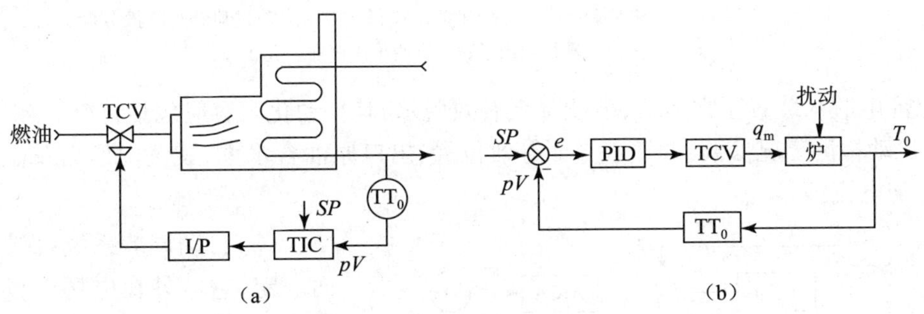

图3－26 加热炉简单调节系统

3.3.4 电脱水器控制系统

原油脱水包括脱除原油中的游离水与乳化水。通过三相分离器可以脱去大部分游离水。但要达到商品原油规定(含水率小于等于0.5%)还要针对不同情况采取各种方法对原油进行脱水。基本方法有注入化学破乳剂在集油管路内破乳、重力沉降脱水、利用离心力脱水与电脱水等。我国油气田广泛应用的是电脱水。

电脱水对许多原油，特别是重质、高粘原油脱水是一种有效方法。电脱水法将原油乳状液置于高压直流或交流电场中，由于电场对水滴的作用，削弱了水滴界面膜的强度，促进水滴的碰撞，使小水滴聚结成直径较大的水滴，在原油中沉降分离出来。

图 3－27 是一种常见的卧式电脱水器。通常含水原油经加热后从管 4 进入电脱水器底部，经过进液分配头均匀流出。分配头处于油水界面之下水层中，进入的含水油经过水洗，除去原油中游离水，自下而上沿水平截面均匀地通过电场空间，在高压电场作用下，原油中乳化水有小水珠逐渐聚结为大水珠，沉降至脱水器底部。分离出的水自底部排出孔 t 放出。净化油自顶部开口管线从出口管 3 流出。在油层与与水之间约有 50～100mm 厚的过渡区。电脱水器内水平电极 6 用绝缘体悬挂在外壳上。电极呈偶数，根据脱水要求设有二、四、六层，电极之间距离下长上短。因此电场强度是上强下弱，以适应愈向上含水率愈小的要求。

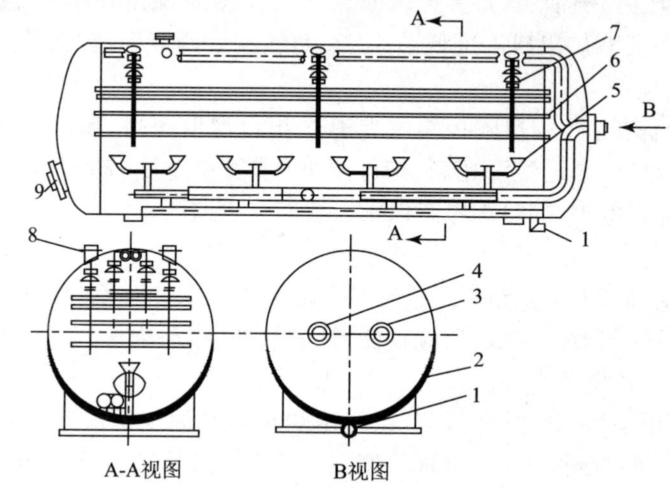

图 3－27　卧式电脱水器结构示意图

1—放水排空口；2—脱水器壳体；3—净化油出口；4—含水原油进口；5—进液分配头；6—电极；7—悬挂绝缘子；8—进线绝缘棒安装孔；9—人孔

为保证电脱水装置正常运行，节能降耗有效脱水，其自动化内容应包括：

（1）自动检测工况参数：如油水界面等效位置、出口原油含水率、装置内压力及温度、电场供电电压与电流等。

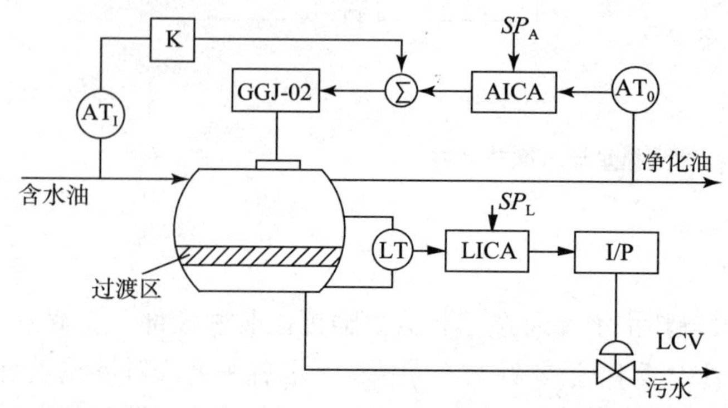

图 3－28　电脱水器控制系统框图

（2）自动调节系统：保持油水界面一定，它应处在电场极板之下；根据出口净化油含水率控制电场强度，确保净化油质量。

（3）自动报警与保护：关于参数超限报警与保护至少包括：油水界面超高、超低；出口含水率超高；供电电流超高等。

其控制系统如图 3－28 所示。

油水界面控制主要是把油水过

渡区保持在电极之下，进液分配头之上，该系统可用差压变送器测量等效界面高度，信号送至液位指示控制报警环节 LICA 按 PID 规律进行调节，同时判断界面超高、超低报警，通过电气转换器 I/P 控制调节阀开度。

出口净化油含水调节系统用于保证电脱水器脱水质量，根据出口净化油含水率调节电场强度来实现。电脱水器高压电场通常采用交流、直流，或交直流电场并用。出口净化油含水调节系统属前馈系统。分析如下：

（1）主回路：由出口净化油含水分析仪 AT_0 和调节指示控制报警环节 AICA 组成，给定值 $SP=0.5\%$，当 $pV>SP$ 时，按 PID 规律提高供电电场电压，加快脱水效率。即 AICA 输出信号 x 修改 GGJ－02 调压给定值，可以实现。

（2）前馈环节：该调节系统主要扰动来自电脱水器入口含水原油的含水率，用中含水分析仪 AT_1 测出该参量，经比值环节 $K(0\leqslant K<1)$ 及加法器 $\sum$ 作为电脱水装置供电设备 GGJ－02 的给定值，当入口原油含水率较高时，自动升压，提高电场强度，可以获得较好的脱水效果。

3.4 集输系统节能技术

3.4.1 加热炉节能技术

1. 加热炉热损失

加热炉节能的有效途径是减少热损失，分析加热炉热损失及其影响因素如下：

1）排烟热损失

排烟热损失指的是加热炉运行中排烟所带走的热量损失。加热炉运行的排烟温度和过剩空气系数是影响排烟热损失的主要因素。排烟温度越高，排烟热损失越大。一般情况下，排烟温度每提高 12～15℃，将使排烟损失提高 1%。但是，排烟温度过低也不好，当排烟温度过低，使炉子受热面的金属壁低于烟气露点温度时，会产生低温腐蚀。另外，降低炉子的设计排烟温度，虽然可以节约燃料，却需要布置更多的受热面，使炉子的金属耗量和外形尺寸增大。过剩空气系数的大小会影响排烟容积。排烟容积越大，相应的排烟热损失也越大。此外，炉墙、烟道的漏风量及燃料所含水分等因素对排烟容积亦有影响。

2）气体不完全燃烧热损头

气体不完全燃烧热损失是由于部分一氧化碳、氢和甲烷等未完全燃烧放热，随烟气排出所造成的损失。引起气体不完全燃烧热损失的主要因素有：

（1）燃烧过程中的过剩空气不足。

（2）空气与可燃气体混合不充分。

（3）炉膛温度过低。

（4）炉膛容积不合适。

3）固体不完全燃烧热损失

固体不完全燃烧热损失是由进入炉膛的燃料中有一部分没有参与燃烧而被排出炉外所造成的损失。固体不完全燃烧热损失，影响因素主要有燃料特征、燃烧方式、炉膛结构和运行情况。

4）散热损失

散热损失是炉体表面温度高于周围环境温度，将热量散失于环境中所造成的热损失。散热损失与炉子的散热表面积、炉子热负荷、炉子保温状况以及环境温度诸因素有关。由于炉子在运行中的总散热量基本是不变的，因而炉子的相对散热损失将随其负荷的降低而增加。

2. 加热炉节能技术

加热炉节能技术主要分为以下几类：

1）改善炉子燃烧节能技术

改善燃烧节能技术包括高效燃烧器、燃烧控制技术、燃料添加剂及燃料磁化技术。此类技术主要是使炉子燃烧过程更完全、充分，并且减少过剩空气。

2）加强保温节能技术

加强炉子保温节能技术主要是采用新型高效保温材料，提高炉体保温效果，减少散热损失。这些新型高效保温材料有硅酸盐复合保温材料和有机泡沫保温材料等。这些新型材料具有重量轻、耐高温、导热系数小、热容小、保温绝缘性好、耐酸、耐碱和化学性能稳定等优点。例如硅酸镁复合保温材料是由多种轻质硅酸镁材料加入适量化学添加剂，经特殊工艺制成的一种膏状不定形材料。常温下导热系数为 0.072 W/(m·K)。干燥后容量小于或等于 $300kg/m^3$，可以在 800℃以下长期安全使用。

3）减少排烟损失节能技术

热管加热炉、热管换热器是减少排烟损失的有效节能技术。这些技术可以强化传热过程，预热燃烧用空气，充分利用烟气余热，提高炉子热效率。

3. 加热炉运行控制节能

1）加热炉节能控制系统的组成及其功能

加热炉节能控制系统主要由温度传感器、控制器和燃料调节器组成。它与加热炉组成的系统示意图如图 3－29 所示。系统各个组成部分的主要功能如下：

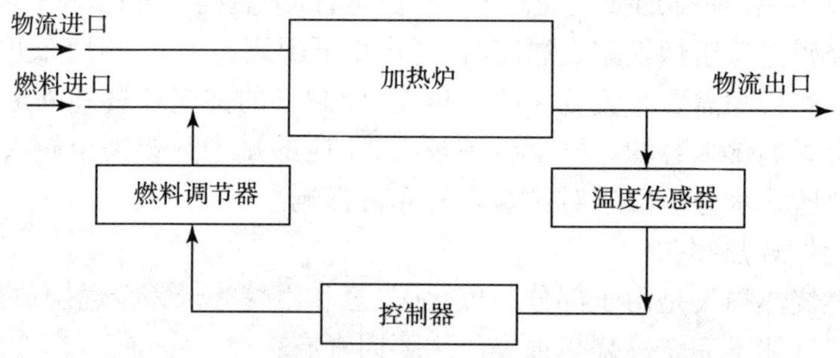

图 3－29　加热炉节能控制装置系统示意图

（1）温度传感器。温度传感器由热电偶（或热电阻）和温度变送器组成。其一端与加热炉物流输出口联接，另一端与控制器联接。主要功能是检测加热炉输出物流的温度.并转换成电信号输给控制器。

（2）控制器。控制器的两端分别与温度传感器和燃料调节器联接。其主要功能是接收温度传感器输出的信号，根据信号做出判断，并输出执行信号给燃料调节器。在临界工况下，还能发出报警信号。

（3）燃料调节器。燃料调节器由调节阀和电动执行机构组成。其一端与控制器联接，另一端与加热炉燃料输入口联接。其主要功能是使燃料调节器按照控制器输出的执行信号，调节加热炉的燃料供给量。

2）主要工作原理

首先，温度传感器测出加热炉输出物流的温度，并转换成电信号，输给控制器。控制器接收到温度传感器的输出信号后，经过计算、分析、判断，输出执行信号给燃料调节器。如果加热炉输出温度高于设定温度的上限，就使调节阀关小，减少加热炉的燃料输入量。由此使加热炉输出温度降低；如果加热炉输出温度低于设定温度范围的下限，则使调节阀开大，增加燃料的输入量，从而使加热炉输出温度提高。总之，控制器根据温度传感器测得的加热炉输出温度，相应调节加热炉的燃料输入量，使加热炉输出温度保持在设定的温度范围内，最终使加热炉的无功热能损失得以降低。

3）加热炉控制运行的节能效果

加热炉采用节能控制技术具有如下效果：

（1）加热炉能够实现自控运行，按照操作人员设定温度，自动调节加热炉的燃料供给量，能使炉子出口温度自动跟踪，按设定温度运行。正常工况下，实际温度与设定温度的误差平均可控制在 ±1℃以内。

（2）加热炉能够实现遥控操作。控制器随时可以切换到手动操作，在手动操作状态下，根据加热炉运行状况，操作人员只要通过按键来改变控制器的输出信号，就能随时调节燃料调节阀的开度，在操作室内实现对加热炉的遥控操作。由于控制器的输出信号是数字显示，所以能够对调节阀的开度进行定量调节控制，改变了人工凭经验操作的作法，使生产管理水平得以提高。

（3）加热炉节能控制系统具有报警功能。万一加热炉运行超限，控制器会自动报警，通知操作人员及时采取措施，避免事故发生、因此，加强了生产的安全程度。

（4）能够有效地控制加热炉输出温度，大幅度减少不必要的生产耗能，具有显著的节能效益。

3.4.2 输油泵节能技术

泵的调速运行是离心泵节能的一个重要措施，主要用于流量变化范围较大，且变化频繁的系统。在管线特性曲线不变的情况下，通过改变泵轴转速，即调速运行，使得泵的特性曲线发生变化，这样就使工况点发生了变化，从而引起流量的变化。这种调节方法并不造成附加的能量损失，调节效率高。这需要采用变转速的动力机，或保持动力机转速不变而采用能改变泵轴转速的中间传动装置来实现。

1. 离心泵调速节能原理

离心泵调节特性曲线如图 3－30 所示，当离心泵转速为 n_s 时，扬程流量曲线为 $H-Q(n_1)$，效率曲线为 η_{n1}，R_1 为匹配的管路特性曲线，R_1 与 $H-Q(n_1)$ 交于 A_1 点，A_1 点为额定工况点，Q_1 为额定流量，H_1 为额定扬程，此时泵在高效区运行，效率为 η_1。运行中要减少流量到 Q_2，有两种实现方式：一种是节流调节，使管路特性曲线变为 R_3，R_3 与 $H-Q(n_1)$ 交于 A_3 点，A_3 点新的工况点，Q_2 为对应流量，H_3 为对应扬程，此时泵运行偏离了高效区，效率为 η_3；另一种是调速调节，管路特性曲线 R_1 不变，泵转速由 n_1 变为 n_2，泵的 $H-Q(n_1)$ 曲线变为 $H-Q(n_2)$ 曲线，效率曲线为 η_{n2}，R_1 与 $H-Q(n_2)$ 交于 A_2 点，A_2 点为调速后新的工况点，Q_2 为对应流量，

H_2 为对应扬程，效率为 η_2，根据叶片式水力机械的相似理论有 $\eta_2 = \eta_1$，因此泵仍在高效区运行。

泵机组的电动机输入功率表示为式(3－58)。

$$N_z = K_z QH/\eta \tag{3-58}$$

式中 N_z ——电动机输入功率，kW；

η ——泵的功率；

Q ——泵的流量，m^3/h；

H ——泵的扬程，m；

K_z ——系数(与电动机效率、传动效率和流体密度有关)。

对于节流调节，电动机输入功率为式(3－59)。

$$N_{z3} = K_z Q_2 H_2/\eta_3 \tag{3-59}$$

对于调速调节，电动机输入功率为式(3－60)。

$$N_{z2} = K_z Q_2 H_2/\eta_2 \tag{3-60}$$

两种调节方式能耗差值为式(3－61)。

$$\Delta N = N_{z2} - N_{z3} = K_z Q_2 (H_2/\eta_2 - H_3/\eta_3) \tag{3-61}$$

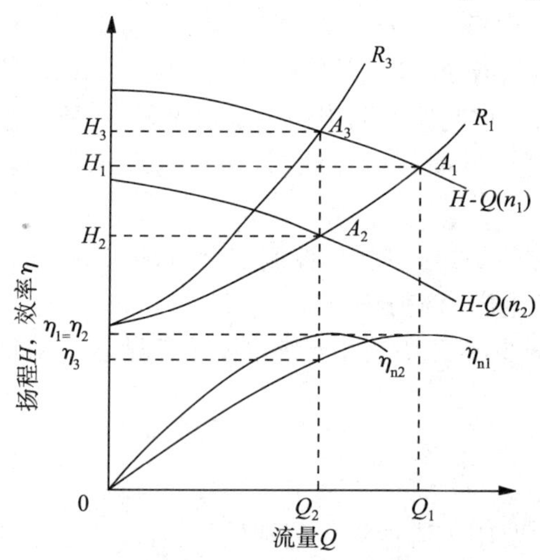

图3－30 离心泵调节特性曲线

由图3－30可见，$H_2 < H_3$，$\eta_2 > \eta_3$，所以 $\Delta N < 0$，也就是说调速调节比节流调节少消耗功率。调速调节少消耗的功率一是节省了阀门节流损失的功率；二是泵在高效区运行少消耗的功率。调速调节这种方法既提高了泵的运行效率，又增大了管网效率，因此它是离心泵节能的一个有效措施。

目前，在用的输油泵由于排量偏大，扬程偏高或经常在低负荷下运行，因而不得不采用阀门进行节流调节，浪费大量电力。理论上泵的耗电量与其转速的立方成正比。如果把节流调节改为变速调节，其耗电量便可按其转速成立方的比例降低，节电的效果将非常显著。

2. 输油泵(离心泵)变频调速

任何一台输油泵都必须和一定的管路系统联合工作。泵向液体提供能量，给液体以动力；而管路则消耗能量，给液体以阻力。在实际运行中，当供消双方发生不平衡现象时，就需要对某一方进行调节，使输油泵与管路的联合工作处于有利的状况，发挥较高的效率。

为了满足生产实际的需要，经常需要根据客观运行条件的变化来调节输油泵的流量和扬程大小。改变泵的流量和扬程，就得改变泵的工作点，也就是要改变管路或泵的特性曲线。这是因为输油泵的工作点是由泵的特性曲线和管路特性曲线的交点来确定的。在转数不变的情况下泵的特性曲线只有一条；当管路上的装置不变时，管路特性曲线也不会变动，两条不变的曲线的交点，也是不会改变的，而且只相交于一点。故泵在正常工作时，泵的工作点是一定的。

离心泵在转数不变的情况下，利用改变泵出口阀的开度来调节流量是一种最简单而常用的方法。这种方法虽简单、调节方便,但在泵出口阀上要消耗许多能量,损失大,泵装置的调节效率低,长期工作不经济。

变频调速的基本工作原理是将工频电源通过整流器变成恒定的直流电压,然后通过大功率晶体管组成的逆变器逆变成可变电压、可变频率的交流电源,由于采用微处理机编程的正弦波 PWM(脉冲宽度调制)控制,电流输入波形近似正弦波,故可用于交流电动机的无极调速。它的调速方式有以下的优点:无极调速而且调速范围宽;柔性启动,对电网及系统无冲击,可延长设备使用寿命;系统保护功能强,具有过压、欠压、断路及短路等保护功能;线性好、控制精度高;施工简单,对系统无特殊要求;易于实现闭环自动控制。

3.4.3 集输系统综合节能

1. 集输过程的能耗构成

原油集输是指原油从油井产出后,经计量、接转、脱水、稳定,最终外输到油库的整个工艺处理过程。原油的集输过程实质就是把油井产出液从井口集中到接转站(或称中转站)的输送过程。由于油井产出液具有一定的黏度,为便于输送,目前普遍采用升温降黏的物理方法。从理论分析,集输过程升产能耗主要有以下几项构成:

(1)油井产出液输送降粘所需的工艺用热 Q_1 见式(3-62):

$$Q_1 = G_1[(1-A_w)\cdot c_o + A_w\cdot c_w](t_r - t_1) \tag{3-62}$$

式中 G_1 ——油井产液量;

A_w ——油井综合含水;

c_w ——水比热容;

t_r ——油井输油温度;

t_1 ——油井出液温度;

c_o ——原油比热容。

(2)集输过程的散热 Q_2:集输过程的散热损失包括设备和管网,其中占主要的是管网的散热损失。暂不考虑设备散热损失,根据传热学原理,管道的热损失可用式(3-63)表示:

$$Q_2 = \frac{(t-t_o)}{\sum R}l(1+\beta) \tag{3-63}$$

式中 t_o ——管道周围介质的平均温度;

$\sum R$ ——从热媒到周围介质间每米管道的总热阻;

t ——管道中热媒平均温度;

l ——管道长度;

β ——管道附件等的局部热损失系数。

(3)能量转换设备的效率为 η,集输系统能量转换过程转换过程的能量损失 Q_3 为式(3-64):

$$Q_3 = (Q_1 + Q_2)(1-\eta)/\eta \tag{3-64}$$

2. 降低各项热耗的节能途径

1)工艺用热 Q_1 的分析及其节能途径

由式(3-62)可知,工艺用热 Q_1 与油井产液量、出液温度、油井综合含水以及油井输油温度等因素有关。由于油井产出液量、产出液温度、油井综合含水等因素与地下条件有关，因此从地面生产考虑。油井输油温度是影响油井产出液输送黏度所需工艺用热 Q_1 的关键因素。确定油井输油温度主要考虑油井产出液的黏度、含蜡状况等因素，改变油井产出液的黏度以及防止结蜡是降低油井输油温度的关键。如果采用的技术措施恰当，可以根本改变升温降粘的方法，实现不加热集油，节约大量的生产用热。改善油液流变性和防止结蜡的方法有化学助剂与强磁等多种节能技术，采用此技术能有效地降低集输工艺用热 Q_1。

2）集输过程散热损失 Q_2 的分析及其节能途径

根据传热学基本原理，管道的散热损失与管道长度、管道热媒温度以及总热阻等因素有关，分别讨论分析如下：

（1）管道长度对管网散热损失的影响。取某油田原油集输系统的实际数据，分析集输过程管道长度对管网散热损失的影响。计算得出各中转站集输过程的能耗分布列于表 3－2。由表 3－2 知。在集输管道中，管网散热损失要占集输过程总能耗的 40%～60%。其中油井至计量间的管网散热损失要占集输过程散热损失的 65%～76%。这是因为在集输系统中，油井至计量间的管线长度累加起来远大计量间到中转站的长度。因此，如何减少油井至计量间的散热损失是集输过程节能的主要环节。比较各种集输工艺流程，有单管、单管环状、双管掺液与三管伴热等多种流程。其中单管和单管环状流程的管线长度大致要比双管与三管流程少 40%～60%。如果能妥善解决单管集油存在的各种工艺问题，则采用单管和单管环状流程集油是降低集输过程管网散热损失的有效途径之一。

表 3－2　某原油集输系统各中转站集油过程耗能分布

项目	中转站 1	中转站 2	中转站 3	中转站 4	中转站 5
综合含水率，%	82.73	76.88	69.09	76.23	77.0
计量间数，个	4	5	11	8	8
油井数，口	56	52	109	96	81
井—计量间距离，m	500	554	450	489	532
计量间—中转站距离，m	973	1148	1114	1030	1186
工艺耗热率，%	36.74	18.58	15.66	24.0	17.23
井—计量间散热率，%	31.62	41.33	42.43	40.59	43.29
计量间—中转站散热率，%	8.20	15.80	16.90	11.23	14.99
计量间采暖耗热率，%	1.44	2.28	3.01	2.18	2.49
加热炉能量损失率，%	22.0	22.0	22.0	22.0	22.0

（2）管道热媒温度 t 对管网热损大的影响。降低集油管道热媒温暖 t 值，可以减少热损失。在集输过程中，管道的热媒平均温度与油井的输油温度有关。此外，还跟采用不同集输流程的加热介质温度有关。例如，在双管掺水流程中，掺水温度与集输管网的散热损失关系很大。为简化论述，以下来用某集输系统的实际数据，分析油井输油温度和掺水温度对管网散热损失的影响。

①集输回油温度的影响。表 3－3 列出的是某原油集输系统各中转站不同回油温度下管

网散热损失的变化情况。

表3-3 不同集油回油温度与管网散热损失的关系

项目	中转站1	中转站2	中转站3	中转站4
回油温度33℃的管网散热损失,MJ/t	240.07	488.06	434.72	336.33
回油温度38℃的管网散热损失,MJ/t	292.62	546.88	477.84	379.87
降低回油温度减少散热损失,MJ/t	52.55	58.82	43.12	43.54
下降幅度,%	17.96	10.76	9.02	11.46

由表3-3所列数据可以看出,中转站回油温度从38℃降到33℃,就能使集输过程管网的吨油散热损失减少43MJ/t以上,平均下降幅度达到12.3%。所以控制原油集输过程的集油温度是集输系统的节能途径之一。

②掺水温度的影响。表3-4列出的是某原油集输系统各中转站在不同掺水温度下,集输过程管网散热损失的变化情况。

表3-4 掺水温度与管网散热损失的关系

项目	中转站1	中转站2	中转站3	中转站4
掺水温度75℃的管网散热损失,MJ/t	292.62	546.88	477.84	379.87
掺水温度55℃的管网散热损失,MJ/t	246.57	471.52	415.04	329.63
掺水温度75℃时所需掺水量,L/h	48.2	47.1	81.3	77.7
掺水温度55℃时所需掺水量,L/h	97.4	93.2	161.8	155.8
降低掺水温度减少散热损失,MJ/t	46.05	75.36	62.80	50.24
下降温度,%	7.64	8.82	8.57	7.74

由表3-4可以看出,当掺水温度从75℃降为55℃,可使集输过程管网的吨油散热损失减少46~75MJ/t,节能较大。但是,降低掺水温度,相应需要增加掺水量,掺水泵的耗电有所增加。从综合节能的角度看,应对不同掺水温度下的耗电量、耗热量进行综合分析评价,由此确定最佳的掺水温度。

(3)总热阻 $\sum R$ 对管网散热损失的影响。$\sum R$ 是从热媒到周围介质间每米管道的总热阻,其大小跟管道直径、管道的埋深及保温状况相关,通过算例可知,一般情况下,管道加保温的热损失为不保温热损失的8%左右。因此,管道保温好坏,对于管道热损失的大小起着重要作用。所以,加强管网保温是集输系统的一项重要节能措施。

3)设备能量转换过程能量损失 Q_3 的分析及其节能途径

集输过程使用的耗能设备主要有机泵与加热炉。在减少集输系统耗能设备能量损失 Q_3 的诸多技术措施中,最首要的先决条件是要选用效率高的设备,这是系统正常运行条件下,减少能量损失 Q_3 的必要条件。但是,油田地下状况很复杂,开发规模不可能确定得很精确,而且集输运行负荷的波功也比较大,致使地面集输设施的配置难免大马拉小车。生产运行波动大,若要求设备在高效区运行,就不能保证系统经济运行。因为,只有系统的运行负荷与设备高效运行条件相匹配才是合理的。集输负荷与油井产量有关，并非完全可由人为控制。所以，如果单纯地追求设备在高效区运行，不考虑系统实际工况，尽管集输耗能设备在高效运行，能量转换过程的损失比较小，但是设备在高效区运行所获得的节能效益抵偿不了因不合理运行所消耗的无功能耗损失。目前，对于解决机泵运行负荷不稳定的最佳方法是采用变频调速节能技术。表3 -5 列出某油田集油系统中转站输油泵采用变频调速技术的节能效果对比。

表3 -5　输油泵变频调速运行节能效果对比表

输油泵位置	配套电机 kW	阀门运行节流参数					变频调速运行参数				节电率，%
		泵压 MPa	管压 MPa	电流 A	排量 m^3/h	耗电 kW·h/d	泵压 MPa	电流 A	排量 m^3/h	耗电 kW·h/d	
N1	115	1.05	0.6	219	105	3009	0.82	124	105	1704	43.4
N2	37	1.2	0.85	57.6	34.2	756	0.65	37	34.8	492	34.9
N3	115	1.2	0.75	130	108	1754	0.78	82.4	108	1086	38.0
N4	115	1.0	0,65	246	240	3418	0.8	201	240	2783	18.6

3. 集输系统综合节能技术

集输系统综合节能技术指的是通过系统分析，将各个单项节能技术有机地综合，以取得更好的总体节能效果。通过对构成集输生产各项能耗的分析，可以看出与集输过程耗能相关的因素是多方面的，若仅采用一些单项节能技术，尽管在局部能取得一点节能效果。但从系统平衡看，结果很可能是得不偿失的。因此，只有采用综合节能技术来改进生产过程不合理的用能环节，才有可能使系统能耗有较大幅度下降。目前，集输系统生产运行的综合节能技术大致包括：

(1)根据油田开发进程，油井产液的实际状况，采用与之相宜的工艺流程。

(2)采用化学、强磁等多种手段改善油井产出液的流变性和防结蜡技术。降低油井输油温度，以实现局部或全部不加热集油。

(3)在需要供热集油的情况下，依据集输工艺流程的具体条件，尽量做到分段供热，分段控制输油温度。例如，目前许多采用双管掺水流程的原油集输系统，从中转站输热水到油井，掺入到油井产出液中。掺热水后的油井产出液最终输至联合站，中间不再加热。这种一次加热到位的运行方式，在用能上是不合理的。如果采用分段供热的运行方式，降低井口的输油温度，只要能将油井产出液输到计量间即可，再在计量间对油井来液掺水升温，其温度只需保证输到中转站，在中转站亦采用同样办法对外输油加热，最终输至联合站。前、后两种生产运行方式，同样都把油井产出液输送到了联合站，但是后一种分段供热的运行方式，降低了管输介质的温度，可减少管网散热损失，要比前一种运行方式节能10% ~20%。

(4)对双管掺水流程的原油集输系统，考虑掺水泵的运行状况，尽可能降低掺水温度。此项技术的正确应用，能使集油过程的能耗减少5% ~10%。

(5)针对系统生产工况波动及设备配置情况，采用变领调速技术和节能控制技术。

(6)采用新技术，改进系统工艺流程及设备，使工艺流程与设备配置合理，系统优化运行。

第4章　注水系统能耗及节能

4.1　油田注水概述

油田注水开发是苏联20世纪30年代实施的一种开发模式,当时以美国为代表的西方国家一般不搞注水开发。在油田开发当中,由于三大矛盾的存在,到油田开发后期,采收率会急剧下降,产量降低。为了解决这一难题,世界大部分油田都采用注水的方式来提高产量、增加油田的效益。

我国在二十多年来的开发实践中,形成了以分层注水为中心的一整套工艺技术,使油田获得了良好的开发效果。注水是保持油层压力,实现油田高产稳产和改善油田开发效果的有效方法。

利用注水井把水注入油层,以补充和保持油层压力的措施称为注水。油田投入开发后,随着开采时间的增长,油层本身能量将不断地被消耗,致使油层压力不断地下降,地下原油大量脱气,黏度增加,油井产量大大减少,甚至会停喷停产,造成地下残留大量死油采不出来。为了弥补原油采出后所造成的地下亏空,保持或提高油层压力,实现油田高产稳产,并获得较高的采收率,必须对油田进行注水。

4.1.1　油田注水作用

油田可以只利用油层的天然能量进行开发,也可以采用保持压力的方法进行开发。深埋在地下的油层具有一定的天然能量和压力,当开发时,油层压力驱使原油流向井底,经井筒举升到地面,地下原油在流动和举升过程中,要受到油层的细小孔隙和井筒内液柱重量及井壁摩擦力等阻力。如果仅靠天然能量采油,采油过程就是油层压力和产量下降的过程。当油层压力大于这些阻力时,油井就可以实现自喷开采,当油层压力只能克服孔隙阻力而克服不了井筒液柱重量和井壁摩擦力时,就要靠抽油设备来开采。如果油层压力下降到不能克服油层孔隙摩擦力时,油井就没有产出物了。

一个油田在进行开发时,为了保持油田较长开发周期和原油产量的稳定,基本上都要采用保持地层压力开采的方法。为了提高油田采收率,世界上很多国家都在研究如何用人工的办法保持地层压力,向油层补充能量,使之达到多出油、出好油的目的。目前比较成熟的措施有:注水、注气、注蒸汽及火烧油层等。

与其他物质相比,注入水具有无可质疑的优点,一方面水的来源比较易于解决,同时把水注入油层是比较便宜的;另一方面,从一个油层中用水来排油,水作为介质十分理想。当然,还应看到注水井中的水柱本身具有一定的压力。水在油层中具有的扩散能力,使油层保持较高的压力水平。确保油层压力始终处于饱和压力以上,就会使地下原油中溶解的天然气不会大量脱出而使原油性质稳定并保持良好的流动条件,使油井的生产能力保持旺盛,能够以较高的采油速度采出较多的地下储量,有利于提高油田原油采收率。从1954年开始,我国在玉门油田首先采用法水以来,国内的各大主要油田先后都进行了油田的注水开发,以使油田长期稳定高产。目前在世界范围内,注水保持压力开采方法已得到大面积使用。

油田注水是采油生产中最重要的工作之一。油田的注水开发在油田的开发中具有极其重要的意义。如何通过控制注水和控制产出水量使油田保持长期高产、稳产,即用“控水”来达到“稳油”的目标,是中高含水期油田保持高产、稳产的重要技术内容。这就要求控制油井高含水层的产水量,并且通过注水井调整不同油层的注水量,有效地控制注、采水量的增长幅度。要达到上述目的,就必须正确运行整个注水系统,保证系统内的流量和压力具有最适当的分布。

随着油田的开发,油田的注水系统在增产、稳产中的作用也越来越突出,同时油内含水不断增加,产液量也迅速上升。为了继续实现油田稳产,油田能耗急剧升高。因此,充分发挥已建和在建生产能力,进一步控制并降低注水损耗,减少生产能耗,已成为今后油田生产建设中的重要任务。

4.1.2　油田注水方式

选用注水开发的油田有两类注水方式,即边外注水和边内注水。边外注水适应于油田面积小,地层倾角大,油层连通性好,油层均匀及边水活跃的油田。

(1)内部横切割注水(或行列注水)。一般用于油层渗透率较均匀,油层分布面积大、断层少的长形油田。它的特点是:按注水并排分块进行开发,两注水井排间为一独立的开发单元,注入的水从注水井排向两侧生产井排推进,水淹区比较小,生产井排单方向受到注水影响。切割区内注水和生产井分期分批转注和投产,因而注水井排两侧的生产井采油速度较高。在开发过程中可根据油田开发动态变化,调整注水系统,改变注水力式。

(2)腰部注水。用于开发油层边部渗透性变差,含油面积较大的窟窿背斜油田。

(3)顶部注水。适合油层面积大,油层边缘渗透率低或有气顶的油田。

(4)面积注水。适应性较广,目前世界各国普遍采用,特别适用于油层形状不规则且零星分布,渗透性差及断层不规则的油田。

布井形式有九点法、反九点法、七点法、五点法、四点法及三点法等,见图(4-1)。

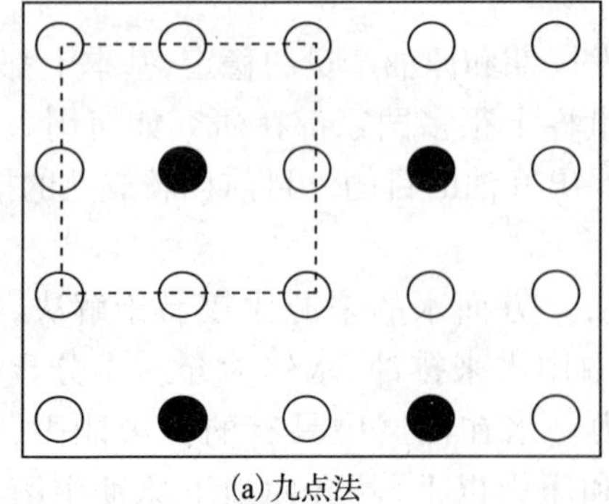
(a)九点法

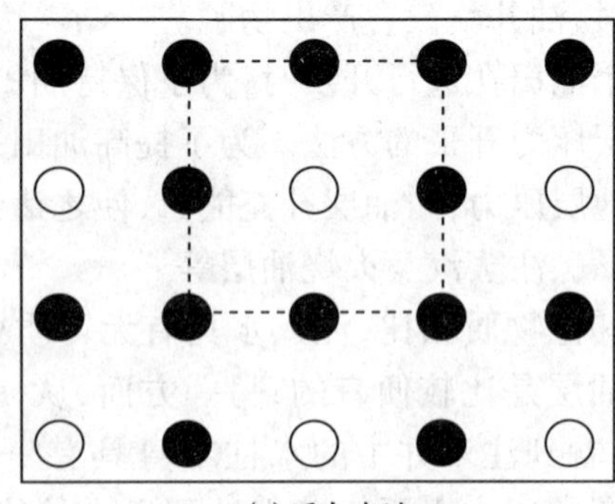
(b)反九点法

图4-1

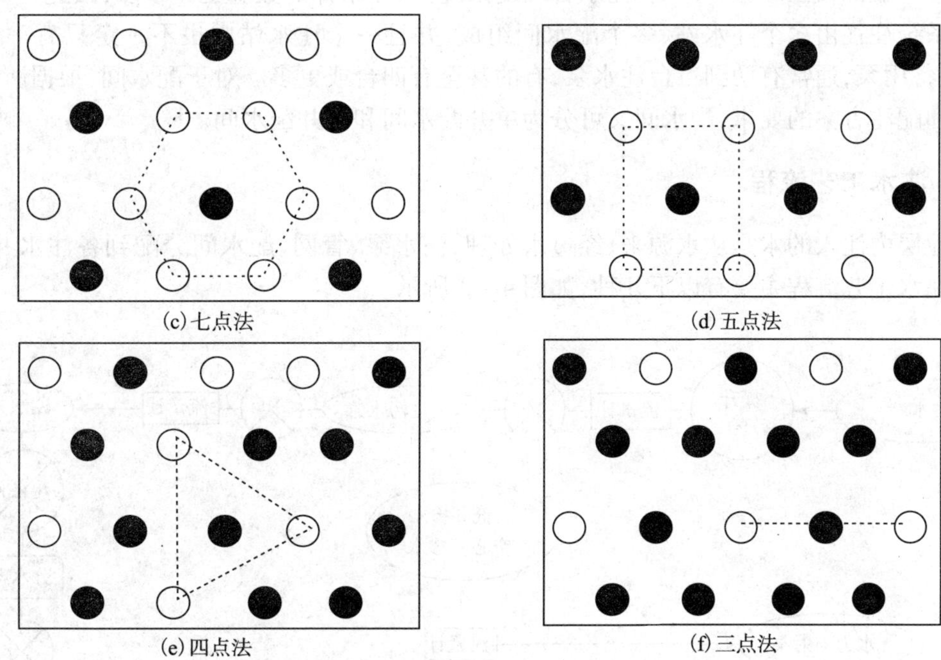

图 4－1　布井形式图

4.1.3　注水系统的组成

注水系统是由节点单元(包括注水站、配水间、注水井及管线交汇点)、管道单元(包括注水干线、注水支线)和附属单元(包括阀门、三通、弯头等)组成的,是一个复杂而庞大的水力学系统,同时也是一个大型流体网络系统。图 4－2 为简化的油田注水系统示意图。

在油田注水系统中,水是由专门的水源供给,在各个供水水源,水经过过滤、沉淀等工序处理,使其满足油田生产对注水水质的要求,然后由供水泵将水输送到注水站的水罐中。水罐中的水经过注水站中注水泵的加压,注入到注水管网中,然后到达各个配水间。在配水间通过阀门控制使来水的流量分别达到各个注水井的配注流量之后,由配水间控制流向各个注水井,经由各个注水管柱,最后由配水嘴喷出,注入到地层中。

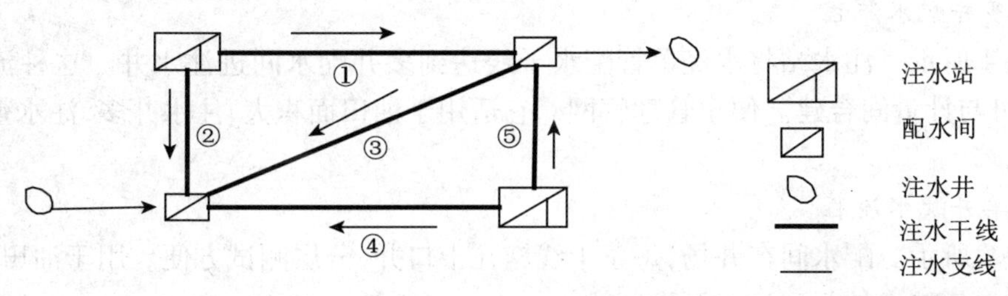

图 4－2　注水系统示意图

由于一般油田区域分布广泛，注水管网复杂庞大，注水井的数量也比较多，因此，一个油田的注水系统往往由多个注水站、多个配水间组成，并且一个注水站内也不一定只有一台注水泵，加上备用泵，通常有两到三台注水泵，有的甚至有四台或更多。对于配水间，根据所处的地理位置和配注方案的要求，配水间又可分为单井配水间和多井配水间。

4.1.4 注水工艺流程

向地层内注入的水是从水源来，经过水处理、注水泵、管网、配水间分配到各注水井去，目前国内注水工艺流程主要有以下几种，如图4-3所示。

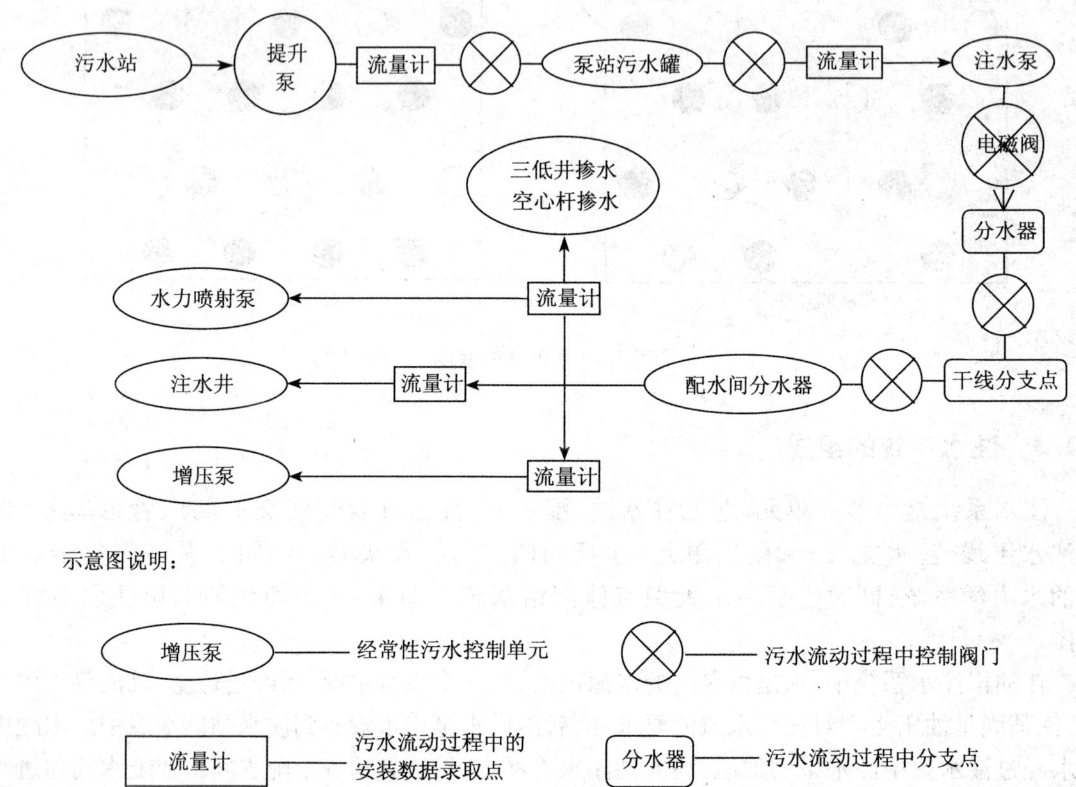

图4-3 注水系统工艺流程图

1. 单管多井配水流程

如图4-4所示。注水站将水经单管配水干线达到多井配水间进注水井。这种流程的特点是配水间可与计量间合建。便于管理管网。它适用于油田面积大，注水井多，注水量大的注水开发区块。

2. 单管单井配水流程

如图4-5所示。配水间在井场，每条干线辖几十口井，分层测试方便。用于油田面积大，注水井多，注水量较大的行列注水开发区块。

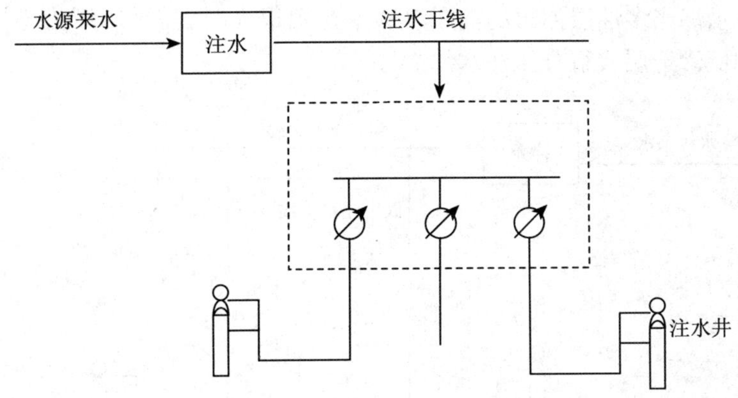

图 4-4　单管多井配水流程图

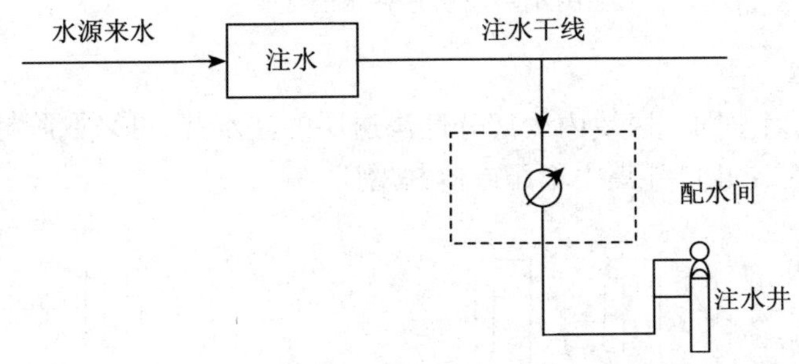

图 4-5　单管单井配水流程图

3. 双管多井配水流程

如图 4-6 所示。该流程从注水站到配水间有两条干线，一条注水，另一条洗井。适用于单井注水量较小的地区，有利于保持水质，一般用于洗井次数多和酸化压裂较多区块。

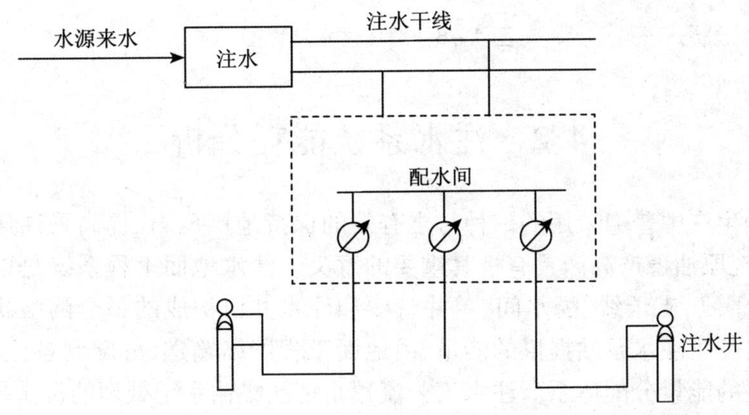

图 4-6　双管多井配水流程图

4. 分压注水流程

如图 4 - 7 所示。当多油层油田的油层渗透率差别很大时,需采用压力不同的两套管网,对高、中渗透层和低渗透层实行分压注水。

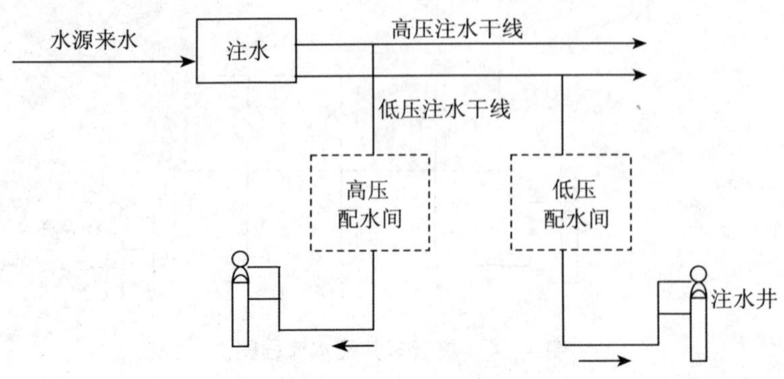

图 4 -7　分压注水流程图

5. 增压注水流程

如图 4 - 8 所示,对于同一区块内少部分低渗透层的注水井,可采取阶梯式增压注水工艺,根据井网半径大小,可使几口井集中增压或单井增压。

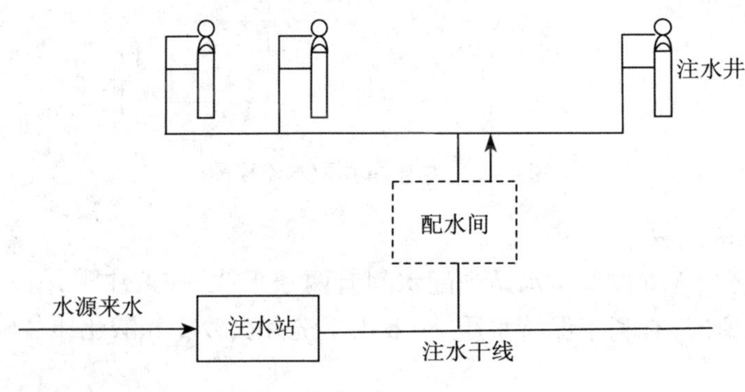

图 4 -8　增压注水流程图

4.2　注水系统能耗分析

注水是采油生产中普遍采用的一种行之有效的保持地层压力、提高采油速度和采收率的重要措施,对实现原油稳产高产具有极其重要的意义。注水地面工程系统是以高压注水泵站为中心,由注水干线、支干线、配水间、单井管线和注水井口构成的一个网络状的地面工程体系。它是一个将高压注水泵站提供的能量,由地面工程网络输送,分配到各注入井点,满足油层驱替能量需要的能量分配体系。注水工艺流程是把从集输系统处理的污水再经过沉淀处理到注水泵、经管网、配水间分配到各注水井去。注水系统主要由注水机组和注水系统管网两部分组成。注水机组包括电动机和注水泵,注水系统管网包括注水站高压阀组、注水干线管网和配水间等。注水系统中注水泵电动机运行效率、注水泵运行效率以及注水管网运行效率决定了注水系统效率的高低。而国内各油田的注水系统普遍存在效率低、能耗高、能源浪费大的问题。

4.2.1 注水系统能耗设备

1. 高压注水泵及电动机

1)注水泵机组类型选择的原则

(1)满足于油田开发需要的压力、流量和平稳运行性能。

(2)效率高。由于装机容量大、耗能高,效率是一个重要的参数。

(3)结合油田能源供给的综合情况,适当考虑拖动方式。

目前,注水站的注水泵机组可分为电动离心泵机组和电动柱塞泵机组。其中电动离心泵机组效率高、排量大、运行平稳、操作简单及维修工作量比较小,适用于油田大面积注水。当注水量小且扬程较高时,其效率较低。电动柱塞泵机组效率高、排量小、扬程高,适用于注水量地层压力较高的小断块油田注水用,它的维修工作量较大。

2)电动离心泵机组

目前,现场应用的离心泵的种类有:单级单吸泵、双级单吸泵、单级双吸泵和分段式多级单吸泵。油田注水一般用分段式多级单吸泵,其工作原理为:由于离心泵的作用,液体在从叶轮进口流向出口的过程中,其速度、压力都得到增加。被叶轮排出的液体经过压出室,大部分都能转换成压能,然后沿排出管路输出。叶轮进口处因液体的排出而形成低压或真空,与外界形成压差。在液面压力或灌注压力的作用下,液体被压入叶轮进口。于是,旋转的叶轮就连续不断地吸入和排出液体。

(1)常用的分段式多级单吸式离心泵的型号意义如下:

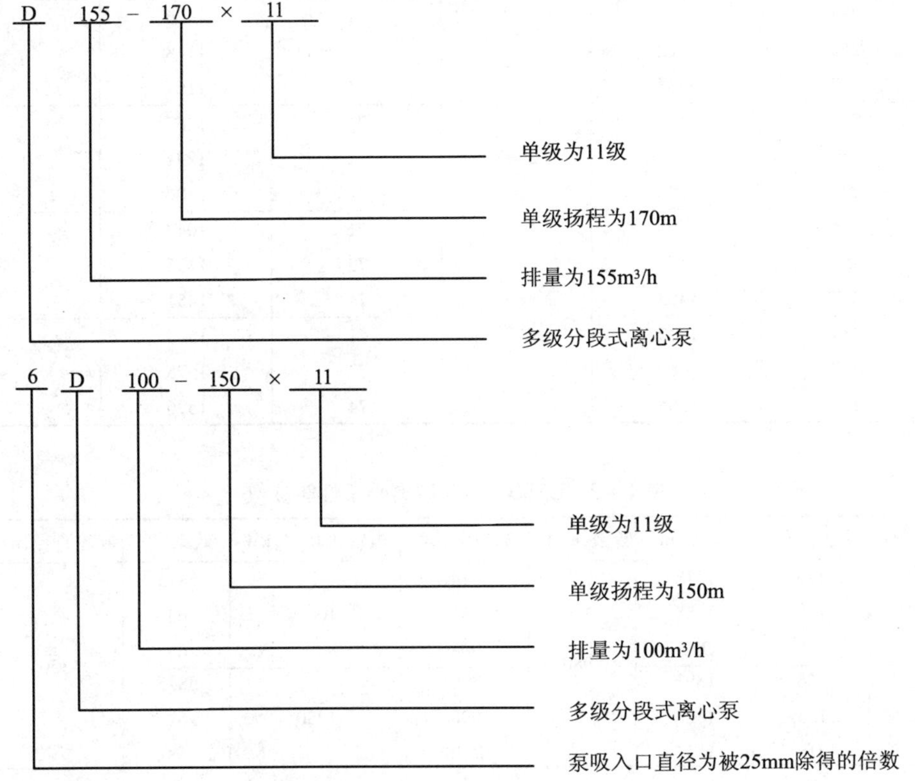

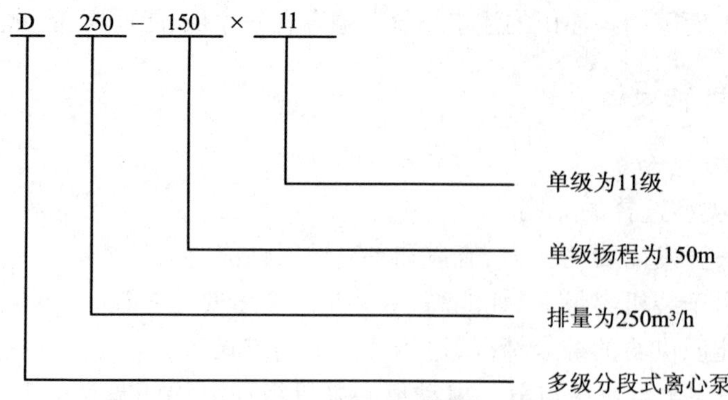

多级离心泵主要由定子、转子、平衡机构、轴承和轴端密封等五大部分组成。其定子部分结构由轴承、首盖、进水段、中段、导叶、出水段和尾盖等组成。转子部分主要由轴、靠背轮、叶轮、挡套、平衡盘、推力盘、轴端套、密封环、轴套及锁紧螺母等组成。平衡机构由平衡盘(在转子上)、平衡套和平衡套压盖等零件组成,主要作用为平衡运行中的轴向力。

(2)常用离心泵性能参数见表4-1和表4-2。

表4-1 D250-150型离心泵性能参数

级数	流量,m^3/h	扬程,m	转数,r/min	效率,%	轴功率,kW	备注
7	234	1097	2985	71	985	—
	250	1069		72	1044	
	277	996		74	1016	
8	234	1254		71	1126	—
	250	1222		72	1148	
	277	1138		74	1161	
9	234	1411		71	1267	$D_2=343$
	250	1374		72	1291	
	277	1280		74	1306	
10	234	1568		71	1047	—
	250	1527		72	1435	
	277	1423		74	1451	
11	234	1725		71	1548	—
	250	1680		72	1578	
	277	1565		74	1596	

表4-2 D155-170型离心泵性能参数

型号	流量,m^3/h	扬程,m	转数,r/min	轴功率,kW	电动机功率,kW	效率,%	叶轮直径,mm	质量,kg
D155-170X7	126	1218	2980	714	1000	58.5	350	2400
	155	1155		786		62		
	216	937		908		63		
D155-170X8	126	1392		876	1250	58.5		2500
	155	1320		898		62		
	216	1112		1038		63		

续表

型号	流量,m^3/h	扬程,m	转数,r/min	轴功率,kW	电动机功率,kW	效率,%	叶轮直径,mm	质量,kg
D155－170X9	126	1566	2980	918	1600	58.5	350	2600
	155	1485		1010		62		
	216	1251		1168		63		
D155－170X11	126	1914		1122	1600	58.5		2800
	155	1815		1234		62		
	216	1529		1428		63		

(3)电动柱塞泵机组。柱塞泵一般应用于断块油田,且常用于地层压力较高、注水量较小的地区。当离心泵扬程不能满足注水需要时,一般选用柱塞泵注水。柱塞泵泵效高、压力大,可分为三柱塞和五柱塞两种,其性能参数如表4－3所示。

表4－3 柱塞泵性能参数

参数	型号						
	159			3H－8/450	3S3	3DS－20/16	3D－25/16
型号	卧式五柱塞			卧式三柱塞	卧式三柱塞	卧式三柱塞	卧式三柱塞
柱塞直径,mm	48	54	57	57	50	65	65
进口压力,MPa	0.2～1.6			0.03	0.01～0.2	0.03～0.6	0.03～0.6
出口压力,MPa	25.3	19.2	17.1	17.2	25.0	16	16
排量,m^3/h	22.4	28.4	31.6	21.6	13.4	20	25
柱塞行程,mm	152			127	100	120	120
冲数,min^{-1}	272			370	400	308	386

参数	型号			
	3DS－30/16	3150P－B3	3150P－B4	3150P－A5
型号	卧式三柱塞	卧式三柱塞	卧式三柱塞	卧式三柱塞
柱塞直径,mm	70	48	55	60
进口压力,MPa	0.03～0.6	0.05～1.0	0.05～1.0	0.05～1.0
出口压力,MPa	16	25	20	16
排量,m^3/h	30	10.8	12.48	20.46
柱塞行程,mm	135	150	150	150
冲数,min^{-1}	354	235	235	310

2. 注水电动机

电动机可分为交流电动机和直流电动机两类,交流电动机可分为异步电动机和同步电动机,异步电动机又可分为绕线型和鼠笼型两种。目前,油田注水泵用的电动机为大型三相高速鼠笼型异步电动机。电动机的主要参数,如型号、功率、电压、电流、频率、转速、接法、温升、绝缘等级和质量等都反应在电动机的铭牌上。注水用大型电动机技术性能参数见表4－4。

表 4-4　注水用大型电动机技术性能参数

参数	型号					
	YK2000-2	YK1800-2	YK1600-2	YK1250-2	YK2800-2	YK2630-2
额定功率，kW	2000	1800	1600	1250	800	630
额定电压，V	6000	6000	6000	6000	6000	600
额定电流，A	234	197	180	141	–	–
频率，Hz	50	50	50	50	50	50
额定转数，r/min	2980	2984	2982	2982	–	–
效率，%	96	96	96	96	–	–
电动机质量，kg	12397	9500	8100	7540	–	–
接法	Y	Y	Y	Y	Y	Y
功率因数 cosϕ	0.85	0.86	0.855	0.85	0.85	0.85
润滑油量，L/min	15	15	15	15	–	–

4.2.2　注水系统能耗分析

1. 注水系统的能耗

注水系统消耗的能量粗略地说可以分为四大部分。第一部分是驱动注水泵电机损耗的能量，这部分能量可以用电机的效率曲线来描述。油田使用电机的效率随轴功率而变化，效率约为96%，也就是说每注 $1m^3$ 的水大约有4%的能量由电机本身损耗了。第二部分是注水泵消耗的能量，这部分能量可用水泵效率曲线来描述。它随水泵输出流量而变化，目前油田用的注水泵平均运行效率约为77%，即每注 $1m^3$ 水大约有20%的能量被注水泵损耗了。第三部分能量为管网摩阻损失，可以用管网效率来描述。第四部分能量是将水注入油层所需的能量。这部分能量决定于油层所要保持的压力、储油层的性质和油层的动态等因素。因此油田注水系统耗电量很大，平均占油田生产用电量的40%以上。因而，开发油田注水系统节能技术和装备一直是油田节能工作的重点之一。

2. 注水系统效率的计算方法

油田注水系统效率由电动机效率、注水泵效率和注水管网效率组成。

1）电动机效率的计算

（1）电动机效率计算，按GB/T 12497-2006《三相异步电动机经济运行》计算。当采用测量法计算电动机效率时，按式（4-1）和式（4-2）计算：

$$\eta_e = \frac{P_e - P_o - 3I^2R - KP_e}{P_e} \times 100\% \tag{4-1}$$

$$P_e = \sqrt{3} IU\cos\phi \tag{4-2}$$

式中　η_e ——电动机效率；

P_e ——电动机输入功率，kW；

I ——电动机线电流，A；

U ——电动机线电压，kV；

$\cos\phi$ ——电动机线功率因数,kW;

P_o ——电动机空载功率,kW;

R ——电动机定子直流电阻,kΩ;

K ——损耗系数,随电动机杂损耗、转子铜耗功率的增大而增加。

常用的 2 级 1000 ~ 2250kW 电动机的 K 值为 0.009 ~ 0.011,一般可取 0.01。

(2)电动机平均运行功率用式(4-3)计算:

$$\bar{\eta}_e = \frac{\sum_{i=1}^{n} P_{ei}\eta_{ei}}{\sum_{i=1}^{n} P_{ei}} \tag{4-3}$$

式中 $\bar{\eta}_e$ ——电动机平均效率,%;

P_{ei}——第 i 台电动机输入功率,kW;

η_{ei}——第 i 台电动机效率,%。

2)注水泵效率计算

(1)当采用流量法时,注水泵效率按式(4-4)和式(4-5)计算:

$$\eta_p = \frac{\Delta P \cdot q_{vp}}{3.6P_P} \times 100\% \tag{4-4}$$

$$P_P = P_e \cdot \eta_e \tag{4-5}$$

$$\Delta P = p_2 - p_1$$

式中 η_p ——注水泵效率,%;

q_{vp}——注水泵的流量,m^3/h;

P_p——注水泵轴功率,kW;

P_1——注水泵进口压力,MPa;

P_2——注水泵出口压力,MPa。

(2)当采用热力学法时,注水泵效率按式(4-6)计算:

$$\eta_p = \frac{\Delta P}{\Delta P + 4.01868(\Delta t - \Delta t_s)} \times 100\% \tag{4-6}$$

$$\Delta t = t_2 - t_1$$

式中 t_1 ——注水泵进口水温,℃;

t_2 ——注水泵出口水温,℃;

Δt_s——等熵温升值(见表 4-5),℃。

(3)注水泵平均运行效率按式(4-7)计算:

$$\bar{\eta}_p = \frac{\sum_{i=1}^{n} P_{pi}\eta_{pi}}{\sum_{i=1}^{n} P_{pi}} \tag{4-7}$$

式中 $\bar{\eta}_p$ ——注水泵平均效率,%。

P_{pi}——第 i 台注水泵的轴功率,kW;

η_{pi}——第 i 台注水泵效率,%

3)注水站网效率计算

(1)注水站网效率按式(4-8)计算：

$$\eta_s = \frac{(p_3 - p_1) \cdot q_{vp}}{3.6 \sum P_e} \times 100\% \tag{4-8}$$

式中 η_s ——注水站效率,%；

p_3 ——注水站外输水出站外压力,MPa;

q_{vp} ——注水站外输水流量,m^3/h;

$\sum P_e$—— 注水站拖动注水泵电动机输入功率之和,kW。

(2)注水站平均运行效率按式(4-9)计算：

$$\overline{\eta}_s = \frac{\sum_{i=1}^{n} \sum P_{ei}\eta_{si}}{\sum_{i=1}^{n} \sum P_{ei}} \tag{4-9}$$

式中 $\overline{\eta}_s$ ——注水站平均运行效率,%；

η_{si}——第 i 个注水站运行效率,%；

$\sum P_{ei}$ ——第 i 个注水站拖动注水泵电动机输入功率之和,kW。

4)注水管网运行效率计算

注水管网运行效率按(4-10)式计算：

$$\eta_0 = \frac{\sum_{i=1}^{n} p_{4i} \cdot q_{si}}{\sum_{i=1}^{n} p_{2i} \cdot q_{wpi}} \times 100\% \tag{4-10}$$

式中 η_0 ——注水管网效率,%；

p_{4i} ——第 i 口注水井井口压力,MPa;

q_{si} ——第 i 口注水井注水量,m^3/h;

p_{2i} ——第 i 台注水泵出口压力,MPa;

q_{wpi}——第 i 台注水泵流量,m^3/h。

表4-5 等熵温升值 Δt_s(℃)表

t_1,℃	p_2,MPa							
	11	12	13	14	15	16	17	18
2	-0.022	-0.023	-0.023	-0.024	-0.024	-0.024	-0.025	-0.025
4	0.003	0.004	0.006	0.008	0.010	0.012	0.014	0.017
6	0.026	0.029	0.033	0.037	0.041	0.045	0.050	0.054
8	0.048	0.054	0.059	0.065	0.071	0.077	0.083	0.090
10	0.069	0.077	0.084	0.092	0.099	0.107	0.116	0.124
12	0.089	0.099	0.108	0.117	0.127	0.136	0.146	0.156
14	0.109	0.120	0.130	0.141	0.153	0.164	0.175	0.187
16	0.127	0.140	0.152	0.165	0.178	0.191	0.204	0.217

续表

t_1,℃	p_2,MPa							
	11	12	13	14	15	16	17	18
18	0.145	0.159	0.173	0.188	0.202	0.216	0.231	0.245
20	0.163	0.178	0.194	0.209	0.225	0.241	0.257	0.273
22	0.179	0.196	0.213	0.231	0.248	0.265	0.283	0.300
24	0.196	0.214	0.232	0.251	0.270	0.288	0.307	0.326
26	0.212	0.231	0.251	0.271	0.291	0.311	0.331	0.351
28	0.227	0.248	0.269	0.290	0.311	0.333	0.354	0.376
30	0.242	0.264	0.287	0.309	0.332	0.354	0.377	0.400
32	0.256	0.280	0.304	0.328	0.351	0.376	0.399	0.423
34	0.271	0.296	0.321	0.346	0.371	0.396	0.421	0.446
36	0.285	0.311	0.337	0.363	0.389	0.416	0.442	0.468
38	0.298	0.326	0.353	0.380	0.408	0.435	0.463	0.490
40	0.312	0.340	0.369	0.397	0.426	0.454	0.483	0.512
42	0.325	0.354	0.384	0.414	0.443	0.473	0.503	0.532
44	0.337	0.368	0.399	0.430	0.460	0.491	0.522	0.553
46	0.350	0.382	0.413	0.445	0.477	0.509	0.541	0.573
48	0.362	0.395	0.427	0.460	0.493	0.526	0.559	0.592

5)注水系统效率

注水站系统效率按式(4－11)计算:

$$\eta = \overline{\eta}_e \overline{\eta}_p \cdots \eta_n \tag{4-11}$$

式中 η——注水系统效率,%。

6)注水单耗的计算

(1)注水系统单耗:用统计方法或测量方法求得注水系统的总耗电量及总注水量,按(4－12)计算:

$$DH_1 = \frac{W_1}{V_1} \tag{4-12}$$

式中 DH_1——注水系统单耗,kW·h/m³;

W_1——注水系统耗电量,kW·h;

V_1——注水系统注水量,m³。

(2)注水机组单耗:用统计方法或测量方法求得注水机组的总耗电量及总输出量,按(4－13)计算:

$$DH_3 = \frac{W_3}{V_3} \tag{4-13}$$

式中 DH_3——注水泵机组单耗,kW·h/m³;

W_3——注水系统耗电量,kW·h;

V_3 ——注水系统注水量，m^3。

4.2.3 注水系统主要节能技术

1. 降低电机损失

(1)选择节能型高效电机。国家有关部门不定期公布能耗大的淘汰产品，设计时应注意选择新型高效产品。

(2)结合油田实际，合理选型，减少无功损失。

(3)注水泵合理匹配，避免"大马拉小车"。

选用功率为1000kW及以上的注水泵电机时，其效率应大于95%，功率因数应不小0.85，可参照表4-6进行选择。

2. 降低注水泵损失

在油田注水系统中，因泵效低而损失的能量最多，因此，注水泵节能是降低注水系统能耗的关键。

(1)合理选择高效大排量离心注水泵。由于大排量离心注水泵过流面积大、阻力小，容积损失和水力损失小，泵效比小排量泵高。对于注水量较大、注水压力要求高的油田，应推广应用D300-150，D250-150和D280-160型系列离心式注水泵。该类泵采用三元流叶轮改进流道和密封结构，提高了结构性能，泵效达75%~80%。另外，该系列泵还分别带有两种不同直径的叶轮，用户可根据排量、扬程的要求随时更换叶轮，较好地适应了生产参数的变化。油田注水系统常用的高效离心泵性能见表4-7。

采用离心泵的注水站，装机台数不应过多，一般情况下，离心泵的流量越大，效率越高。因此开两三台小泵，不如开一台大泵效率高，而且还可节约基建费用。所以注水泵运行台数以1~2台为宜。

应用大排量离心泵可以收到明显的节能效果，所选离心泵为多级时，其压力应与注水干线压力相匹配，泵出口阀前后压差过大时，可以采用减泵级数，车削泵叶轮外径等措施来降低压差。减级时应注意除拆去叶轮外，还应拆去导翼，并在转子及中段上各加相应的隔套及导流套，这样泵减级后效率下降很少，一般在1%以内。如果需要提高注水压力，可再将减下的叶轮装上，可很快恢复到原来状态。该方法灵活，拆装方便，不仅节电，而且可使泵始终在高效区工作。

表4-6 注水用电机性能表

电机型号	功率，kW	同步转数，r/min	转率，%	功率因数
JK2-800	800	3000	95	0.85
YK-1000-2	1000	3000	95	0.86
YK-1250-2	1250	3000	95	0.86
YK-1600-2	1600	3000	96	0.87
YK-1800-2	1800	3000	96	0.87
YK-2000-2	2000	3000	96	0.88
YK-2200-2	2200	3000	96	0.88

表 4-7　离心式注水泵性能

流量,m^3/h	扬程,m	转速,r/min	必须气蚀余量,m	功率,%
80	720～1440	2985	5	65
	1500～1440	2985	5	63
100	720～1440	2985	5.5	68
	1500～1800	2985	5.5	66
120	720～1440	2985	6	71
	1500～1800	2985	6	68
160	720～14805	2985	6.5	74
	1500～1760	2985	6.5	71
200	810～1485	2985	7	75
	1600～1760	2985	7	73
250	810～1485	2985	8	77
	1600～1760	2985	8	75
320	810～1485	2985	8.7	79
	1575～1925	2985	8.7	77
450	780～1760	2985	10.4	81
630	1050～1925	2985	11.6	82

(2)合理利用注水泵的高效区。为适应用水量和水压的变化,常采用多台注水泵并联运行和单独运行相结合的方式。为使注水泵的工况尽可能处在高效区内,应注意使它在并联时每台水泵的工况点接近高效区的左面边界。这样,当单泵运行时,工况点右移,仍可能处在高效区内,在整个工况变化范围内效率较高。

当注水泵并联工作时,每台注水泵的工况点随着并联台数的增多,而向扬程高的一侧移动,台数过多,就可能使工况点移出高效区的范围,测试资料表明,当两台或三台注水来并联运行的实际出水量为注水泵叠加水量的73%～82%时,用电单耗较单台运行高4%～15%。

(3)小油田选用柱塞泵。柱塞泵水力性能较离心泵好,漏水量比离心泵小,其泵效比离心泵高得多,实际运行效率达到85%以上。因此对于注水量小、注水压力高的小油田或低渗透油田,应选择高效柱塞泵。

(4)加强维修,减少腐蚀,以保持泵效。内于注水水质具有腐蚀性,使注水泵容积漏损加大。因此,应做好日常维护工作,确保注水泵在使用期内泵效保持不变。

(5)打光泵流道,提高加工精度。目前油田仍使用一定数量的低效老式离心泵,老式离心泵制造较粗糙,在大修时。应采用砂轮打光、水力抛光等办法,以提高泵效。

(6)考虑泵站的发展,实行近、远期相结合。在初期供水量较小时,可以安装小泵来满足用水要求。后期用水量增大时,再逐步换成大泵。在设计泵站时,应考虑到将来扩建的可能,以达到提高经济效益的目的。

3. 泵站管路节能设计

(1)吸水管路直径小于250mm时,其流速为1.0～1.2m/s;直径不小于250mm时,流速宜为1.2～1.6m/s。

(2)吸水管路不允许漏气。当空气进入时，水泵的吸水量将减少，甚至吸不上水，影响水泵的工作效率，严重时注水泵会发生故障。所以，吸水管路应采用钢管焊接连接。

(3)为充分利用水泵的允许吸入高度，吸水管路应尽量少用管件，并减少管路长度。当多台泵并联工作时，每台注水泵都应有独立的吸水管。

(4)为避免吸水管路形成气囊。而减小过水断面，吸水管路应有沿水流方向上升的坡度，一般大于0.005，吸水管路上的半径应采用偏心渐缩管。

(5)排水管路管径小于250mm时，设计流速宜为1.5～2.0m/s；管径不小于250mm时，为2.0～2.5m/s。

(6)在来水管路上一般不设止回阀，必须设置止回阀时应采用微阻缓闭止回阀。它不仅具有单向功能，而且对防止水击和节约电能具有明显的效果。

4. 注水泵排量调节

在油田注水系统中，由于地质情况的变化，开关井数的增减，洗井及供水不足的影响，经常引起注水量的波动。水泵不能总保持一个固定的工况点，为了保证配注要求，需要根据实际情况进行控制。控制方式一般有三种：

(1)开泵台数控制。根据用水量的变化，注水泵或并联运行或单独运行。

(2)泵出口阀门开度控制。通过控制阀门开度，调整管路特性，实现对流量和压力的控制。

(3)转速控制。调整水泵的转速来适应流量和压力的变化。水泵转速调节的节能效果显著，因此将得到普遍推广。

5. 管网节能

注水系统中管网费用约占70%～80%，应对管网进行优化设计，使其达到投资少、能耗低的目标。

(1)经济流速的确定。在流量已定时，流速的确定会直接影响到管网的投资和运行费用。流速取得小些，管径增大，相应的管网造价增加，而管段中的水头损失减小，水泵所需扬程将降低，运行费用降低。因此在管网设计时，应对管径进行优化设计。

(2)减小管网能量损失。注水管网内壁应作涂料防腐，不仅可以增加管网使用寿命，而且可以减小粗糙系数。资料表明，内壁涂衬后，粗糙系数在10～20年内都保持在0.011～0.013之间。对于早期敷设的管线，如果内壁未作涂衬。水管内壁有不同程度的结垢，粗糙系数最高可超过0.020。可以采取酸洗的方法，使管道恢复到原来的输水能力和能量消耗。

(3)分区注水。由于低渗透油田具有储层致密、弹性能量小、导压系数低、驱油能耗大、储层孔隙度和渗透率低、吸水能力差、地层易被污染、单井产能低等特点，可以考虑采用潜油电泵分区注水。

4.3 注水泵的优化运行技术

注水系统运行参数优化主要是在管网系统的结构和参数、系统的负荷已知的条件下，在保证系统服务质量的前提下，确定各注水站的合理开泵方案(开泵台数和开泵布局)及注水泵的各种运行参数，使系统的注水能耗最低。注水泵的运行状况是由注水站和注水管网共同决定的。这样的优化问题是一个含有连续变量和整数变量的非线性优化问题，直接求解是极其困难的。通过对注水系统特点进行分析，在理论上和方法上对注水系统的优化问题进行研究，找出了解决的方法。

4.3.1 注水泵的优化模型

建立注水系统优化问题的数学模型包括建立它的目标函数和确定它的约束条件两部分。注水系统运行参数优化问题，其目标函数是系统单耗最小。用数学表达式表示为式(4－14)：

$$\min f(u) = a\frac{\sum_{i=1}^{m}\sum_{j=1}^{n_i}\frac{u_{ij}p_{ij}}{\eta_{pij}\eta_{eij}}}{\sum_{i=1}^{m}\sum_{j=1}^{n_i}u_{ij}} \tag{4-14}$$

式中 u_{ij} ——第 i 注水站第 j 台注水泵的流量，m^3/h；

p_{ij} ——第 i 注水站第 j 台注水泵的扬程，m；

η_{pij}——第 i 注水站第 j 台注水泵的效率，%；

η_{eij}——第 i 注水站驱动第 j 台注水泵的电机的效率，%；

n_i ——第 i 注水站注水泵的数量；

a ——单位转换系数，常数；

m ——注水站的数量。

注水系统的优化方案，首先必须是物理可实现的，即要求优化方案必须满足系统中固有的各种约束条件。对一个有 n 个节点的注水管网系统，与系统的最优方案相应的各种参数应满足总系统方程式(4－15)。即要求其满足方程：

$$Kp - C = 0 \tag{4-15}$$

式中 K ——管网的特征矩阵；

p ——管网的压力矢量；

C ——管网的输入矢量。

其次，必须保证系统的服务质量，即要求所有注水井节点的压力值都大于或等于系统服务质量所要求的下限值。即要求满足式(4－16)：

$$p_i \geqslant p_i^{\min} \quad i = 1,2,\cdots,t \tag{4-16}$$

式中 t ——注水井数；

$p_i^{\min}$——根据系统的服务质量的要求所确定的第 i 个节点压力的下限值。

各注水站的注水泵型号不同，其注水泵要满足最大排量（或最大功率）和最小排量（必开泵）的要求，见式(4－17)和式(4－18)：

$$u_{ij} \leqslant u_{ij}^{\max} \quad i = 1,2,\cdots,m \tag{4-17}$$

$$u_{ij} \geqslant u_{ij}^{\min} \quad j = 1,2,\cdots,n_m \tag{4-18}$$

对于各注水站的注水量，由于受来水量、污水回注、用电量等因素的制约，各个注水站的注水量应满足式(4－19)和式(4－20)：

$$\sum_{j=1}^{n_i} u_{ij} \leqslant u_i^{\max} \quad i = 1,2,\cdots,m \tag{4-19}$$

$$\sum_{j=1}^{n_i} u_{ij} \geqslant u_i^{\min} \quad i = 1,2,\cdots,m \tag{4-20}$$

式中 $u_{ij}^{\max}, u_i^{\min}$——分别为第 i 注水站注水量的上限值和下限值。

此外,根据注水管网系统的特点,系统的总注水量应等于注水井的总注入量与管网流量损失之和。由此,得式(4-21):

$$\sum_{i=1}^{m}\sum_{j=1}^{n_i} u_{ij} = \sum_{i=1}^{n} Q_i + \Delta Q \tag{4-21}$$

式中 ΔQ——水量的损失部分;

Q_i——第 i 口注水井的注水量;

n——注水井的数量。

式(4-14)至式(4-21)构成了注水系统运行参数优化问题的数学模型。令式(4-15)中左边的项为 $g_i(C,H)$,该优化问题表示为式(4-22a)~式(4-22h)

$$\min f(u,p) \tag{4-22a}$$

$$s.t.\ g_i(C,p)=0 \quad i=1,2,\cdots,n-1 \tag{4-22b}$$

$$\sum_{i=1}^{m}\sum_{j=1}^{n_i} u_{ij} = \sum_{i=1}^{n} Q_i + \Delta Q \tag{4-22c}$$

$$p_i - p_i^{\min} \geqslant 0 \quad i=1,2,\cdots,t \tag{4-22d}$$

$$u_{ij}^{\max} - u_{ij} \geqslant 0 \quad i=1,2,\cdots,m \tag{4-22e}$$

$$u_{ij} - u_{ij}^{\min} \geqslant 0 \quad j=1,2,\cdots,n_m \tag{4-22f}$$

$$u_i^{\max} - \sum_{j=1}^{n_i} u_{ij} \geqslant 0 \quad i = 1,2,\cdots,m \tag{4-22g}$$

$$\sum_{j=1}^{n_i} u_{ij} - u_i^{\min} \geqslant 0 \quad i = 1,2,\cdots,m \tag{4-22h}$$

4.3.2 优化及求解方法

由上述数学模型可以看出,油田注水系统优化调度问题属于复杂非线性系统的优化问题。对这样的优化调度问题,可分解为两层递阶结构。将注水系统的优化分成两层优化,首先根据注水系统的特点和系统的负荷情况,确定各注水站的最佳压力和流量,然后进行站内的优化调度。

在第一层优化中,将注水站的流量 u_i 作为独立变量,且给定 p_n 的值,则 $p_i(i=1,2,\cdots,n-1)$ 的值可通过仿真算法求解方程组(4-22b)获得。其优化算法如下:

(1)设定满足式(4-22c),式(4-22g)和(4-22h)的初始点 $u^{(0)}=(u_1,u_2,\cdots,u_m)^T$,确定探测步长 $\overline{a}=(a_1,a_2,\cdots,a_m)^T$ 和计算精度 ε,迭代次数 $k=0$。

(2)求解方程组,计算 $P^{(0)}$,计算目标函数 $f(u^{(0)},P^{(0)})$。

(3)令 $a=\overline{a}$。

(4)$i=0,\hat{u}^{(k)}=u^{(k)}$。

(5)计算尝试点 $\overline{u}^{(i)} = (\hat{u}_1,\cdots,\hat{u}_i + a_i,\hat{u}_{i+1},\cdots,\hat{u}_{m-1},\sum_{j=1}^{t} Q_j - \sum_{j=1}^{t}\hat{u}_j - a_i)^T$。

(6)判断 $\overline{u}^{(i)}$ 是否满足式(4-22g)和(4-22h),如果满足转(7),否则转(9)继续运算。

(7)由给定的 $\bar{u}^{(i)}$，求解方程组，计算 $\bar{P}^{(i)}$，计算目标函数 $f(\bar{u}^{(i)},\bar{P}^{(i)})$。

(8)判断 $f(\bar{u},\bar{P})<f(u,P)$ 是否成立？如成立，令 $\hat{u}=\bar{u}, f(\hat{u},\hat{P})=f(\bar{u},\bar{P})$，转(13)，否则转(9)继续计算。

(9) 计算尝试点 $u^{(i)}=(u_1,\cdots,u_i+a_i,u_{i+1},\cdots,u_{m-1},\sum_{j=1}^{t}Q_j-\sum_{j=1}^{t}u_j-a_i)^T$。

(10)判断 $u^{(0)}$，是否满足式(4－22g)和(4－22h)，如果满足转(11)，否则转(13)继续运算。

(11)由给定的 $u^{(i)}$，求解方程组，计算 $P^{(i)}$，计算目标函数 $f(u^{(i)},P^{(i)})$。

(12)判断 $f(u^{(i)},P^{(i)})<f(u,P)$ 是否成立？如成立，令 $u=u^{(i)}, f(u,P)=f(u^{(i)},P^{(i)})$，转(13)，否则转(5)继续计算。

(13)判断 $i=m-1$ 是否成立？如成立，探测过程结束，否则令 $i=i+1$，返回(5)继续计算。

(14)判断 $u^{(m-1)}\neq u^{(0)}$ 是否成立？如成立，探测过程结束，转(16)否则转(15)继续计算。

(15)判断 $a_i\leqslant\varepsilon$ 是否成立？如成立，输出计算结果，计算过程结束，否则令 $a=\frac{a}{2}$，转(4)继续计算。

(16)令 $\bar{u}_i=u_i^{(m-1)}+\lambda(u_i^{(m-1)}-u_i^{(0)}), \bar{u}=(\bar{u}_1,\bar{u}_2,\cdots,\sum_{j=1}^{t}Q_j-\sum_{j=1}^{m-1}\bar{u}_i)$。

(17)判断 $\bar{u}$ 是否满足式(4－22c)、式(4－22g)、式(4－22h)和 $f(\bar{u},\bar{P})<f(u^{(m-1)},P^{(m-1)})$？若成立，令 $u=\bar{u}, k+1\geqslant k$，转(9)继续计算，否则令 $u=u^{(m-1)}, k+1\geqslant k, \beta a\geqslant a$ 转(17)继续计算。

在第二层优化中，根据注水管网系统中各节点的水量要求，确定注水管网中各注水站的供水流量和供水压力。各注水站的供水流量和供水压力可通过开启注水站内的恒速泵和调速泵的型号和台数以及调速泵的转速来实现，做到满足优化调度问题所获得的各注水泵站的供水压力和流量的要求，又能使泵经济运行。

国内各个油田的注水情况不尽相同，其整个注水系统布局也不尽相同。对于大型油田如大庆油田来说，其中心采油区地质情况比较简单，外围地区比较复杂，这就决定了其注水管网在中心采油区为单干管多井配水、各条干管基本上呈排状分布；外围地区通过配水间配水和单干管混合配水或者仅通过配水间配水，各个采油厂的注水系统一般都有几座甚至几十座注水站、几十台到一百多台注水泵、几百到几千口注水井、整个注水管网节点数有几千个，系统比较庞大。其他中小型油田多采用配水间配水：如华北油田由于前期破坏性开采加上本身地质情况比较复杂，其各个采油厂均采用配水间配水，相距很近的两口井其配注压力可能相差10MPa左右，各个采油厂注水管网相对比较小，其注水泵、注水井和注水管网节点数目相对比较少。对于大型注水系统可建立起几千个不等式和等式约束，对如此众多的约束条件，且含有等式约束和不等式约束、连续变量与整数变量的大型复杂非线性的优化问题，采用常规的优化方法根本无法解决，所以要想解算优化模型，必须寻找新的出路，以下就是所采取的策略。

1. 约束条件的转化

油田注水管网是由直径大小不等的管道按一定配置方式连接而成的大规模网络系统。注水管网系统中的管道按其作用可分为输水管线(干线)和配水管线(支线)。注水系统的配水情况是十分复杂的，有些注水井连接在配水间上，有些注水井是直接连在输水管线上的。按照实际情况对管网进行计算相当困难，有时甚至是不可能的。因此，通过对管网进行搜索，找出输水管线和配水管线，沿输水管线配出的流量简化成输水管线节点流出的流量，注水井的配注压力按水流动的逆向逐步累加上水头损失，直到主节点为止。这样就可以将注水井的压力约束转化到管网主节点（干线上的节点）上。

2. 二层递阶迭代—约束变尺度优化方法

注水系统经过约束条件的转化后，等式和不等式约束条件的数目仍然很多，为了解决问题采用二层递阶迭代—约束变尺度优化方法。具体过程为：在第二层，预先给一组开泵方案和注水站的初始压力约束条件、注水泵的初始流量 u，用约束变尺度法优化各台注水泵的流量及其他运行参数，然后送到第一层，对于优化提供的流量 u，求解系统总体方程得出各节点的压力 $p_i(i=1,2,\cdots,n)$，再确定各注水站的压力，然后对注水站的压力约束条件和注水泵的流量进行调整，进而再转入算法的第二层。如此循环直至满足要求为止，得出合理的开泵方案及最佳的运行参数。图 4-9 为计算程序框图。

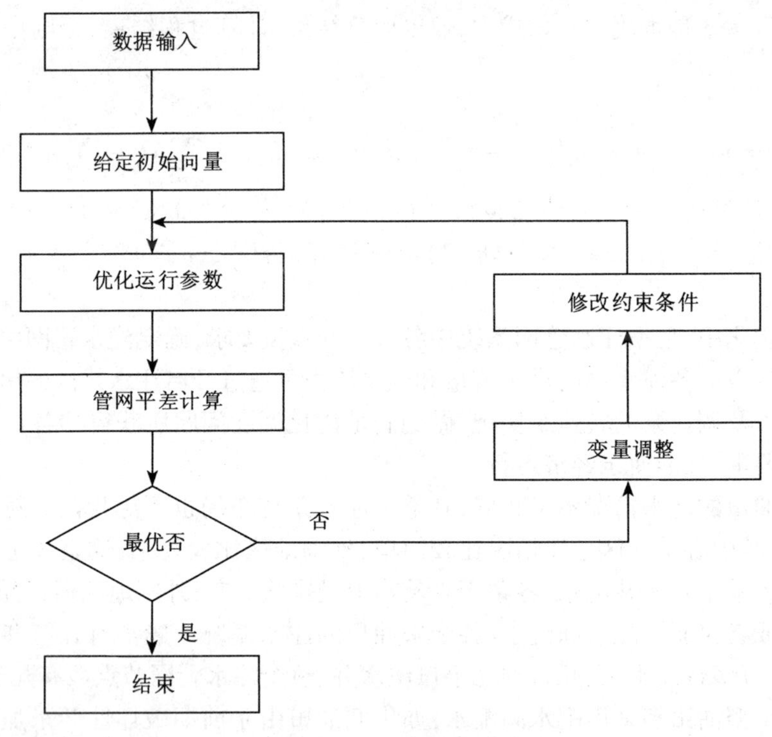

图 4-9 计算程序框图

4.4 注水系统高压变频控制技术

4.4.1 变频调速装置的作用

变频调速技术是现代电力传动技术的一个主要发展方向，具有显著的节能效果和优异的调速性能。特别是近几年来,随着电子元器件和工业控制技术的迅速发展,变频器的容量越来越大、价格越来越低、性能也越来越好,应用领域不断扩大,已经遍及各行各业。变频器在石油化工企业的应用潜力同样也是很大的,它的普遍应用必将会给企业带来显著的社会效益和经济效益。目前,变频器的应用目的已从单纯的节能降耗,发展到了提高产品产量和质量、实现生产过程自动化以及环境保护等方面。

1. 变频调速装置具有显著的节能效果

石油化工企业90%以上的电力消耗在交流电动机上,其中拖动泵类、风机类和压缩机类的负载,又占到了交流电动机拖动负载的绝大多数。因此,这些负荷如何节能降耗运行,以实现装置效益的最大化,就成为一个重要的问题。

一般情况下,装置在设计时为了满足其最大、最理想的处理能力,并满足仪表控制要有一定压差的要求,机泵都必须留有一定的余量。而在实际生产工况中,要使产品的品种、构成以及处理量等一直保持不变是不可能的。那么,流量、压力等参数就要随着工艺的需要不断调整。常规调节阀及挡板的调整,实际上就是通过增加系统管网阻力来达到调整的目的。这样,就会有一部分能量白白消耗,整个系统不是运行在最佳节能状态。而对子机泵进行调速,是解决这个问题的最佳节能方案。

2. 变频调速装置可以实现质量的自动控制

对于一些小容量的变频器其节电量较少。但由于变频器可接受外部弱电信号的控制来完成较复杂的控制过程,其结构简单可靠,所以在工业生产中应用越来越广泛。使用变频器可构成多种自动调节系统。

在石油化工装置的实际生产运行中,流量、压力、温度、液位等参数随时要根据工艺的要求进行调整。传统的控制方法是通过调节阀或挡板进行调节。通过检测,变送器将控制对象的参数送到仪表控制室的控制器或计算机中,与给定的目标值进行比较计算后,输出一个控制的电信号,送到现场的电气转换器,转换成气信号以控制调节机构,达到调节的目的,正常运行旁路阀关闭。这样经过电气转换再控制阀门或挡板的调节过程比较滞后,又因调节阀在调节工况时,常常发生电气转换器及机械执行机构失灵等故障,使工艺操作产生波动。

应用变频器可以解决以上常规仪表控制中出现的问题。由以上可知,通过变频器调整输出给电机的电源频率,可改变机泵的转速,从而改变系统的流量、压力、温度及液位等参数。

在设定流量、压力、温度、液位为定值的情况下,因各种原因造成的偏离设定值的实际波动,均可由电机频率的相应变化而得到修正。即现场检测到的控制对象参数,送到控制器或计算机中,与给定的目标值进行比较计算后,输出一个控制的电信号送到变频器,从而控制机泵的转速,以达到调节目的。此时,旁路阀全开即可,省去调节阀。

4.4.2 离心泵调速节能技术分析

对于离心泵,泵功率方程为:

$$P=\frac{\rho \cdot Q \cdot H \cdot g}{\eta}$$

流量与电机转速有 $$\frac{Q}{Q_1}=\frac{n}{n_1}$$

其中,Q_1,n_1 为额定流量与额定转速,以下同。

扬程与转速有
$$\frac{H}{H_1}=(\frac{n}{n_1})^2$$

电机转矩与电机转速有
$$\frac{Q}{Q_1}=\frac{n}{n_1}$$

所以说风机泵类为平方转矩负载特性。由此,电机功率与转速有以下三次方关系
$$\frac{P}{P_1}=(\frac{n}{n_1})^3$$

离心泵调整流量的方式主要有启停泵、打回流、调节出口阀门开度以及变频调速四种方式。在不同调节方式下,泵的功率与流量的关系比较见图 4-10,d 柱为打回流方式,c 柱为启停泵操作方式,b 柱为调节出口阀门方式,a 柱为变频调速方式。

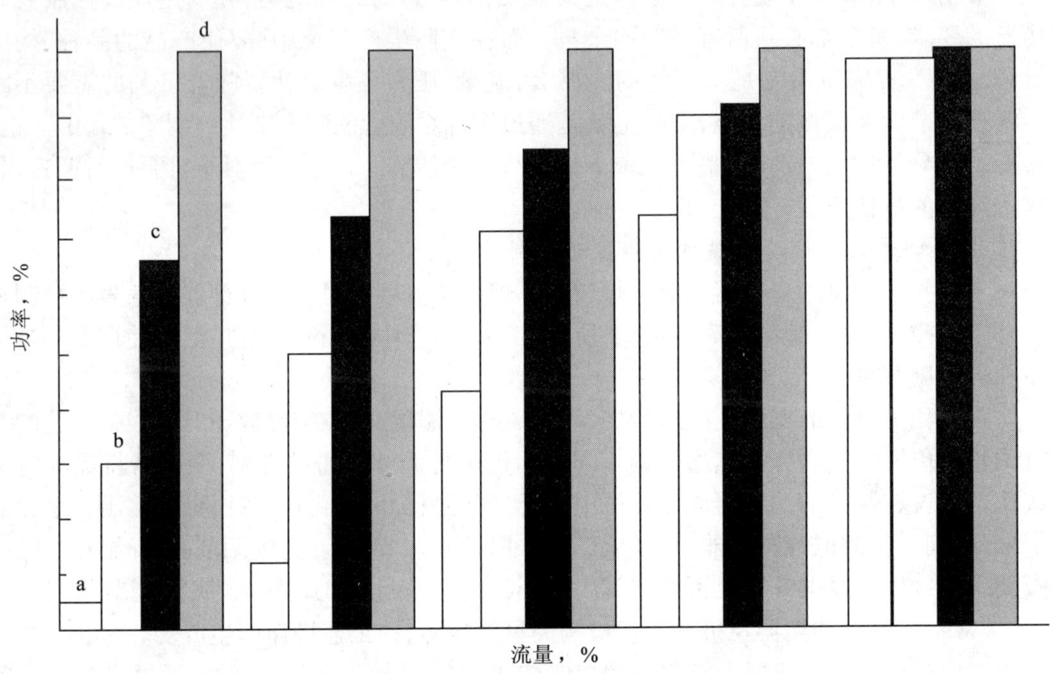

图 4-10 注水泵功率与流量调节方式的关系图

a—变频调速;b—调节出口阀门;c—启停泵;d—打回流

由图 4-10 可见,打回流方式调节流量,功率消耗不降低,即完全不节能,启停泵操作调节与调节阀门的方式节能效果不明显,效果最好的是变频调速方式,当流量调节为 80%,功率约下降为额定功率的 50%。针对节流控制与变频调速的节能做进一步分析比较,如图 4-11 所示,可以充分说明变频调速的节能优势。

当进行节流控制时,例如流量降低至 77%,扬程升至 118%,功耗约 90.8%,变频调速时,同样流量下扬程降至 60%,功耗 46.2%,所以变频调速控制比截流控制多节约 44.6%。因此,对离心泵采用变频调速控制方式,节能意义重大。

除此之外,采用变频调速,还可以使供电电网的功率因数增大,从 0.8 升至 0.95,无需相位补偿。交流传动具备智能控制功能,可以对电机进行全面保护,还可以减少机器部件磨损,减小管线噪声,减少维护费用。

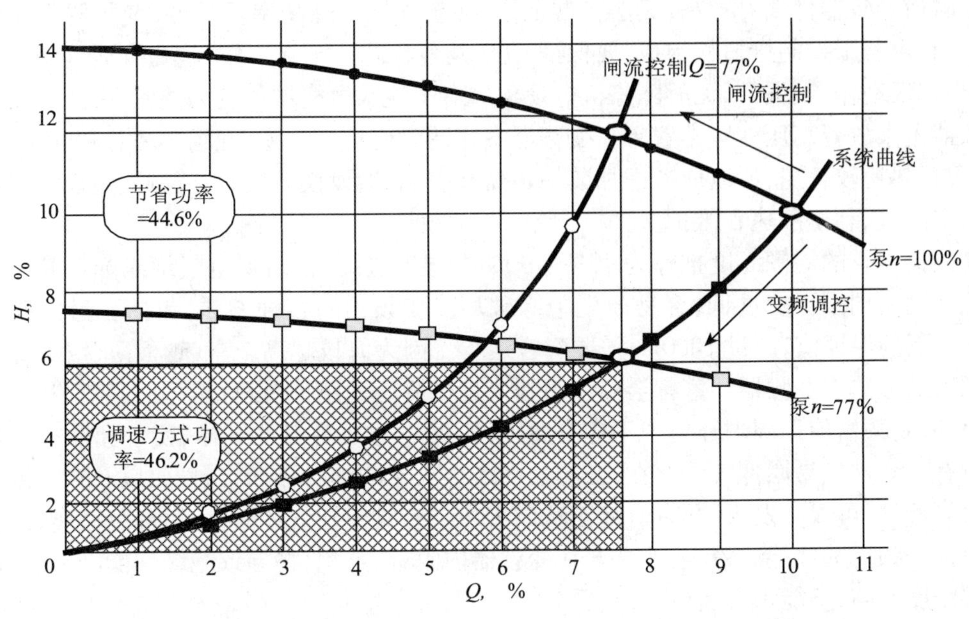

图4－11　离心泵调速节能分析图

4.4.3　应用中应注意的问题

1. 变频器的选择

在确定注水电机要进行变频调速改造后,就要正确地选择变频器。

(1)根据电机的容量和过载倍数选择合适的变频器容量,变额器的容量比电机容量略大即可。

(2)选择变频器的主回路形式。主要应考虑:最好是没有升压变压器的高压直接变频,尽量不采用高低高方案;变频器效率越高越好;损耗越低越好;电网侧功率因数尽量要高,而且随负载和转速下降不要太多;电网侧谐波电流一定要满足国标要求,越小越好;电机侧电压谐波和电流谐波尽量小,dv/dt 尽量小,电压电流波形越接近正弦越好。

(3)选择变频装置的功率器件要先进、成熟、可靠性高、控制简单;主回路结构简单、易于更换;装置体积尽量小。

(4)选择变频器的控制形式,对注水泵变频,采用压频控制就能满足要求,如果是矢量控制或直接转矩控制就更好;另外还要考虑变频器必须要有网络连接功能,以便于与自动化系统的相连。

总之,选择变频器主要从容量、电压、技术的先进性、效率、谐波、功率因数、装置的体积、可靠性等方面来考虑,当然价格也是最重要因数之一。

2. 使用环境

变频器的正常使用受到周围环境的限制,包括环境温度、环境湿度、海拔高度、振动以及周围气体成分等。

一般来说,变频器正常运行要求周围温度保持在0～40℃,有些厂家的产品适应的范围要宽一些,但最低只能到－10℃,最高不过50℃。若超出此范围,变频器中的功率器件会因为散热不及时而导致器件温升过高,无法正常工作,甚至损坏。除功率器件外,变频器中还包含控制部分,它由若干控制接口板组成,要保证 CPU 及各种芯片正常工作,就要有适宜的温度。否则,会出现误动作、误报警、无故障停机等现象。对于注水电机增加变频装置,一般需要单独建造变频器室来放置高压变频装置等。变频器室建造时应特别注意:现场环境各种各样,冬天过冷,夏天过热比较普遍,所以应考虑加装加热器和空调,增设换气装置;变频器室设计时应考虑足够的空间,以利于散热和维护。

变频器运行的周围湿度推荐为 40% ~90%。湿度过高,会出现电气绝缘降低和金属部分的腐蚀问题。周围湿度过低,容易产生绝缘破坏。变频器的各种参数,包括容量一般指海拔 1000m 以下的保证值,超过 1000m,需要降容运行。因为海拔越高,空气越稀薄,空气稀薄会影响变频器的散热。变频器厂家都会给出海拔高度的降容曲线,在设计选型时,需要特别注意。

另外,变频器使用周围环境中不应有腐蚀性、爆炸件或易燃性气体、粉尘和油雾等。如使用场所有爆炸性或易燃件气体存在,变频器内产生火花的继电器和接触器,以及在高温下使用的电阻等器件,可成为发火源,有时甚至造成事故。有腐蚀性气体时,金属部分被腐蚀,将不能长期保持变频器的性能。粉尘、油雾若在变频器内附着、堆积,将导致绝缘件能降低,引起变频器内部温度升高,不能正常运行。

总之,变频器的正确可靠运行,周围适宜的环境是前提。有些人认为变频器同电机或变压器一样可以放在户外、半户外使用,不像自动化控制系统对使用环境有很高要求,这样的认识是不正确的。由于这些对变频器认识上的不足,造成变频器使用当中出现了许多问题。只有正确了解变则器的自身特点并正确使用,变频器的利用率才会得到提高,并将大大减少故障停车,减少维护费用。

3. 运行经济性

对于油田注水系统的离心泵,由于管网的管阻特性曲线比较平坦,如果从单台泵的效率来看,降低转速太大会引起泵长期在低效情况下运行。

对于大型多供水点的流体网络系统,随着泵转速的降低,泵压不断降低,而油田注水系统管压基本不变,受到泵压下降范围的限制,导致变频调速的范围不大。

变频器本身消耗的功率约为额定功率的 4%,再加上空调、风扇等配套设施消耗的功率,如果调速范围太小,变频器的节能效果就不明显,甚至不节能。因此在变频调速改造前应综合分析系统状况,从而达到科学合理、取得较好的节能效果。

4. 离心泵的稳定运行

理论和实践研究表明,当离心泵的流量减小到一定程度时,叶轮进口处的流体会产生强烈的旋流,容易引起离心泵的喘振和管路脉动,严重的将造成设备损坏,因此离心泵的稳定运行是有最低转速限制的。

对于油田注水系统,往往采用多泵并联运行,在需要调节流量时采用调速泵和恒速泵并联运行。在调速过程中调速泵的流量减少,恒速泵的流量则增大,即两台泵的运行工况点都会变化,而恒速泵的流量增大则不仅降低效率,还会引起电动机过载和泵内产生汽蚀,加速设备的老化。鉴于上述情况,对于小块作业区两台以上并联运行的系统,调速时应将性能较高的恒速泵改为调速泵,与性能较低的恒速泵并联运行。为确保系统的最低压力满足生产运行要求,恒速泵和调速泵并联运行时,在恒速泵出口处应该考虑安装流量止回阀,以防压力过低引起“倒灌”现象。

另外，在电机起动的过程中，必然要经过离心泵的喘振区，引起管路脉动。采用变频调速以后，往往采用的是限制起动电流的变频软起动，起动过程比工频直接起动时间长，使得经过喘振区的时间加长，容易引起设备疲劳损坏。改善的办法，一是在变频器起动电流允许的范围内尽量缩短起动时间；二是在起动过程中关闭水泵出口阀门，直到电机转速过了喘振区后再打开阀门。

5. 注水系统外网压力稳定

在某些应用场合，内于注水系统外网压力过高，造成离心泵调速范围过小，达不到调整流量，节能的目的，可以考虑采用柱塞泵解决。与离心泵相比，柱塞泵的最大特点是流量改变后，压头可以保持不变，这样就可以满足比较大范围的流量调整。另外，柱塞泵可以长期连续运行（不会由于轴的毛病而造成紧急停车等事故），从而减少主要配件费用；可以对阀门/阀座和活塞等进行在线维护；采用轴向进口阀和出口阀，使组件最小化，从而减少水头疲劳应力；对三柱塞、五柱塞、七柱塞的同样设计（仅仅柱塞数不同），可以满足用户对不同的流量压力加工过程的要求；对不稳定的工作条件，更易于调整，特别是在开车或第一次试车的时候，从而免除对主要设备造成的损害，提高工作效率；可以实现泵和电机互锁等。但是，若采用柱塞泵，节能效果不如离心泵显著。

总之，对于全油田的注水系统运行效率的提高，在进行设备改造时则应在系统优化和仿真设计的前提下，确定在哪些注水站安装什么样的调速泵，安装多少，运行参数如何设定，设备如何配置等。对于离心泵电机变频调速装置的选择，则应在此优化方案的前提下，考虑调速等负载变化的情况，从运行成本，控制响应特性，运行性能，一次性投入等多方面综合考虑，要有一定的长远规划概念。

4.5 注水系统运行控制技术

4.5.1 注水系统运行的特点

在陆上油田开发中，注水系统是其生产系统的主要组成部分，它担任着实现油田高产稳产，保持地层能量等重要任务。油田注水系统由注水井、管网和泵站组成，是油田开发工程中用电最多的一个系统。

对于由单一注水站组成注水系统，注水站的输出水量应满足所管辖注水井的水量要求，系统用水量是已知的，系统运行时一般采用总水量控制，控制起来相对比较容易。

对于由多个注水站组成的大型注水系统，如图 4－12 所示。图中节点 1，14，23 为注水站，节点 3，7，11，12，16，19，20，21，25，28，29 为注水井。对于这样的注水系统，是典型的多输入多输出的大型流体网络系统。

由于不同时期油田开发配注方案的调整，注水井数发生变化，水井作业、供水不足等因素的影响，使注水系统的注水量产生较大波动。管网中的任一口注水井用水量的变化必然影响管网干线压力，影响相邻注水井注水量的变化、注水站管压的变化及整个系统运行状态的变化。为了适应注水量的变化，操作人员需要调整开泵方案和调节阀门开度来控制流量，尤其当注水工况频繁变化时，其运行工况十分复杂。因此对注水系统进行自动控制，不仅可以节约大量的电能，而且大大降低了工人的劳动强度，提高了系统的可靠性和自动化水平。

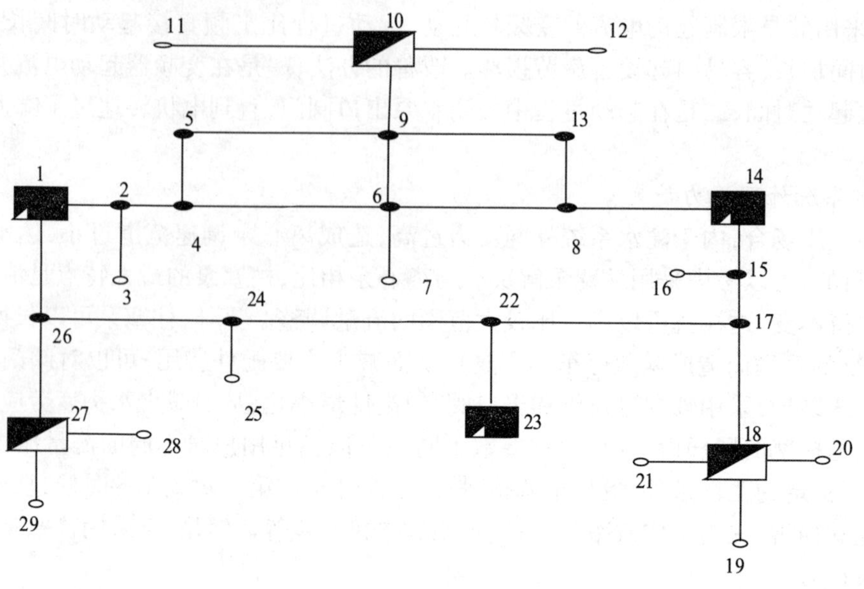

图4-12　注水系统示意图

4.5.2　系统控制的关键技术问题

1. 注水系统的控制方式

注水系统控制的目的是在保证系统服务质量的要件下，提高泵效、降低单耗，节约电能。对注水系统的控制可有三种方式：泵的台数控制、阀门节流控制和调速控制。三种控制方式的比较见表4-8。

油田注水系统中，常规的方法是采用泵的台数控制和阀门控制相结合的方法，管理人员根据注水井注水量的要求，确定各注水站的开启的注水泵的型号和台数，岗位工作人员根据水量的变化调节阀门的开启度，控制系统的压力，保证注水井的水量要求。对于大型的注水系统，完全凭管理人员的经验很难实现注水系统的优化运行，为此开发了注水系统优化运行软件，该软件可根据注水井的流量和压力要求，优化各注水站的开泵型号及参数。

表4-8　注水系统三种控制方式比较

项目	泵的台数控制	阀门节流控制	泵的调速控制
优点	控制方法简单； 设备费用少	控制方式较简单； 流量和压力可连续控制； 设备费用少	流量压力可连续控制； 效率高
缺点	压力变化大； 流量、压力不能实现连续控制	效率差；有噪声	一次性投资大； 并联运转时对控制要求高
使用条件	泵的特性曲线较陡时，管道损失小于泵的实际扬程；小容量水泵、台数多	管道损失小于泵的实际扬程；中等容量水泵、台数多	流量变化范围大；大容量水泵、台数少；管道损失可大于泵实际扬程

为了实现注水系统的节能和管理的自动化，20 世纪 80 年代，注水泵微机巡控系统得到了应用，它采用传感器、变送器技术，对注水泵运行参数进行检测，检测信号经计算机处理，对泵出口电动流量调节阀进行控制，实现了对泵管压差、泵效及注水泵单耗等参数的连续闭环控制，如图 4－13 所示。这种控制方法对于由单一注水站组成的注水系统，取得了比较大的节能效果。而对于由多个注水站组成的大型注水系统，各注水站没有采用统一的控制指令，很难实现整个系统的协调统一。因此，要对整个系统进行优化控制，必须将各注水站的检测信号通过计算机网络技术联系起来，建立起统一的数据模型和整个系统优化的数学模型，根据优化计算结果，将注水泵按给定值控制改为按优化值控制。

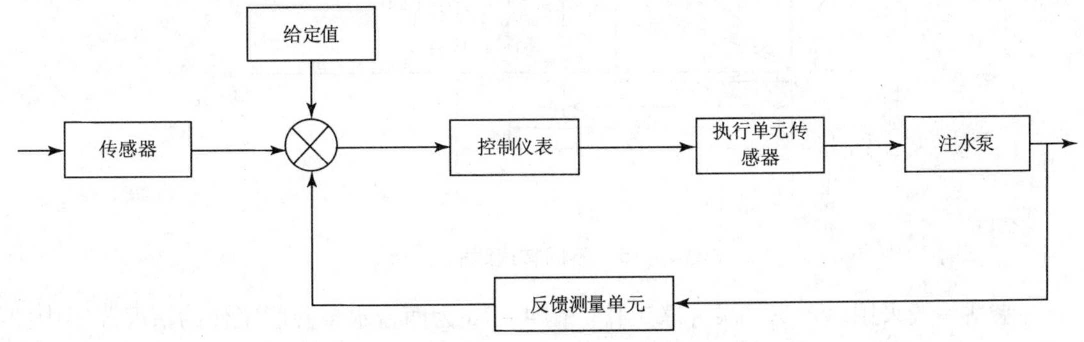

图 4－13　控制系统方框图

2. 注水泵的特性曲线

对注水系统的优化控制实质上是控制注水泵的流量，也就是改变水泵的工况点。油田使用的注水泵主要有离心泵和柱塞泵，为此需要建立注水泵的数学模型。

1）离心泵的特性曲线

离心泵的特性曲线可用 $H-Q$ 曲线和 $\eta-Q$ 曲线表示，如图 4－14 所示。为了控制离心泵的流量，必须改变管路或泵的特性。管路特性曲线的改变可利用泵排出口阀门进行调节，曲线Ⅰ表水阀门全开的情况，曲线Ⅱ表示阀门节流的管路特性曲线；而泵特性曲线可以改变泵的转速进行调节，当泵的转速不同时，条的特性曲线 $H-Q$ 发生变化. 如图 4－15 所示。

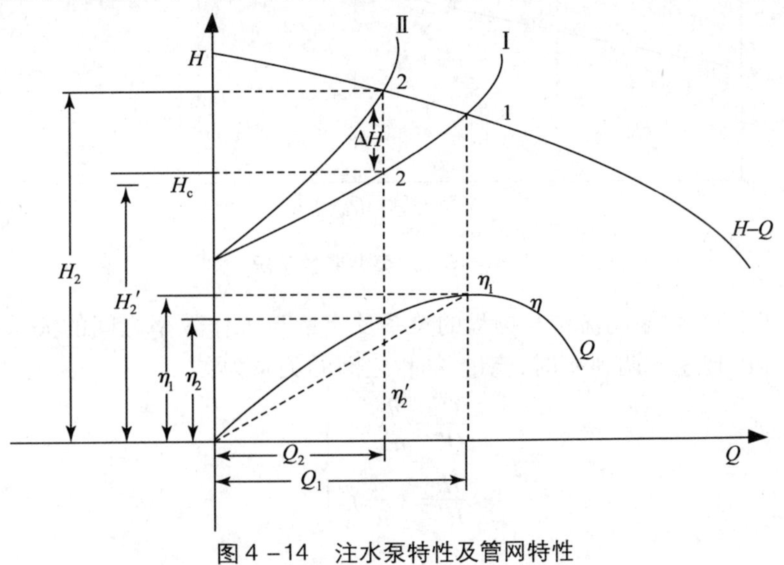

图 4－14　注水泵特性及管网特性

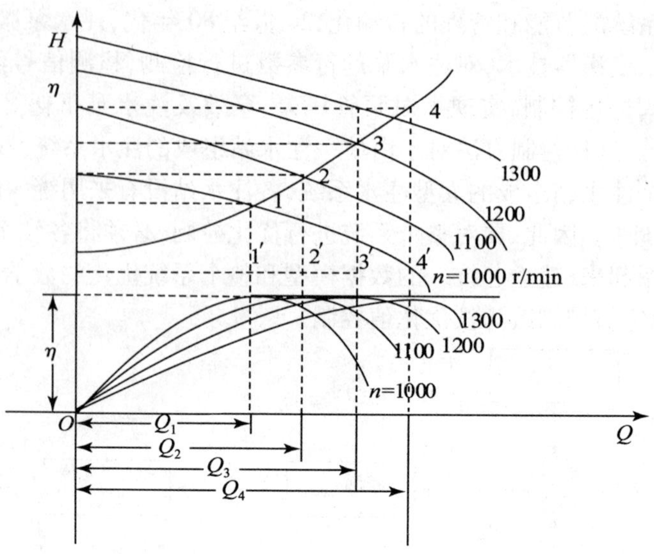

图 4－15　不同转速时的工况点

注水站一般采用多台离心泵并联工作。图 4－16 为两台水泵并联工作的情况。图中曲线Ⅰ，Ⅱ分别是两台水泵的特性曲线，(Ⅰ＋Ⅱ)是两台水泵并联后的特性曲线。Ⅲ是管路特性曲线。A 是并联工作的理想工况点，流量为 Q_A，扬程 H_A，并联前两台泵的工作点是 D 和 E。可以看出：$Q_A < Q_D + Q_E$；$H_A > H_D$；$H_A > H_E$。这主要是并联泵工作时，流量增大，管路特性的工作点发生变化引起的。

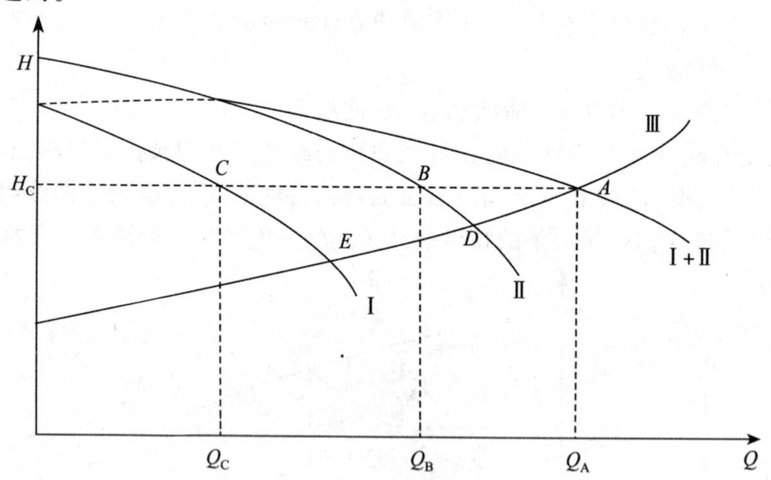

图 4－16　水泵并联的工况

当采用调速泵时，水泵的流量与扬程的关系及流量与工作效率之间的关系随转速的改变而变化。若转速由转速 n 调到 n'时，流量、扬程之间的关系为：

$$\left.\begin{aligned}\frac{Q}{Q'}&=\frac{n}{n'}\\\frac{H}{H'}&=\left(\frac{n}{n'}\right)^2\end{aligned}\right\}$$

图 4－17 为调速泵的工况分析。图中曲线Ⅰ为额定转速 n 时的水泵特性曲线。曲线Ⅱ为管路特性曲线。两条曲线的交点 A 就是理想的工况点，而注水实际所需流量为 Q_B 时，阀门增加的水头损失为 $H_B - H_C$。调整水泵的转速 n'，特性曲线为Ⅲ，由相似特性得：

$$\frac{H}{Q^2} = \frac{H'}{Q'^2} = S$$

得相似工况的曲线方程为式(4－23)：

$$H = SQ^2 = \frac{H_C}{{Q_C}^2}Q^2 \tag{4-23}$$

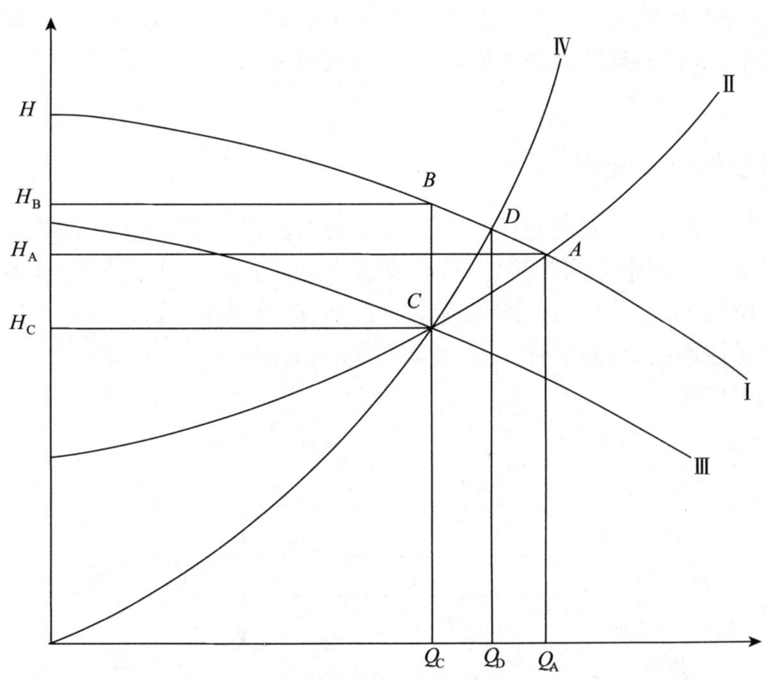

图 4－17　调速泵工况分析

通过 C 点的相似工况为曲线Ⅳ，与转速 n 的特性曲线Ⅰ交于 D 点。C 点与 D 点是相似工况点，因此水泵的转速 n'可由式(4－24)确定：

$$n' = n\frac{Q_C}{Q_D} \tag{4-24}$$

转速确定后，调速后水泵的效率为相似工况点 D 点水泵的效率。因此当 $Q_A < Q_D$ 时，下调转速都会使水泵的效率降低，当转速范围较小时，效率变化不大，而当 $n' = 50\% n$ 时，水泵效率会明显下降。

在注水系统控制中，应对所有可用的注水泵特性进行进场测试，用曲线拟合方法得到每台离心泵的 $H-Q$ 曲线 $\eta - Q$ 曲线。

2）柱塞泵的特性曲线

柱塞式水泵属往复泵的一种，泵效比离心式高得多，实际运行效率可达 85% 以上，节能效果明显。由往复泵的工作原理可知，其流量与活塞（柱塞）直径、行程、每分钟往复次数及液缸数有关，而与其扬程、所输送介质的温度、粘度无关。当往复泵活塞每分钟往复的次数一定时，其流量也一定，$H-Q$ 特性曲线是与 H 轴平行的直线，当采用变频器驱动原动机时，通过改变变频器的输出频率来调节原动机的转速可改变活塞往复次数，从而改变流量。

实际运行中，在高扬程时由于泄漏损失增加，流量稍有减小。由于扬程过高或过低时，泵效显著降低，因此应限制扬程范围以保证水泵高效工作。

3. 优化控制解算方法

优化模型建立后，优化算法的选择是非常重要的。对于大型的注水系统，为了保证系统工作稳定，在寻优过程中，宜采用直接法求解。以当前工况点为初始值，经过优化计算，一般总能找到改进解，从而使系统状态向最优解趋近。经现场试验采用改进的模式搜索获得较好的效果。在解算过程中，步长的选取及注水泵水量增大或减少时，注水站管压的变化量的预测值是非常关键的。

4.5.3 控制系统组成及分析

对于大型的注水系统，一般将整个控制系统分为上位机（主控机）和下位（工控机）。上位机设在油田管理部门并和企业网连接，下位机安装在注水站内。下位机将采集的注水实时运行数据发送到上位机上，上位机将注水系统实时数据，进行显示、统计计算并进行优化计算后，定时向下位机发送控制指令，控制注水泵和变频器，从而使系统按优化参数运行。如图 4－18 所示为控制系统工作流程图。

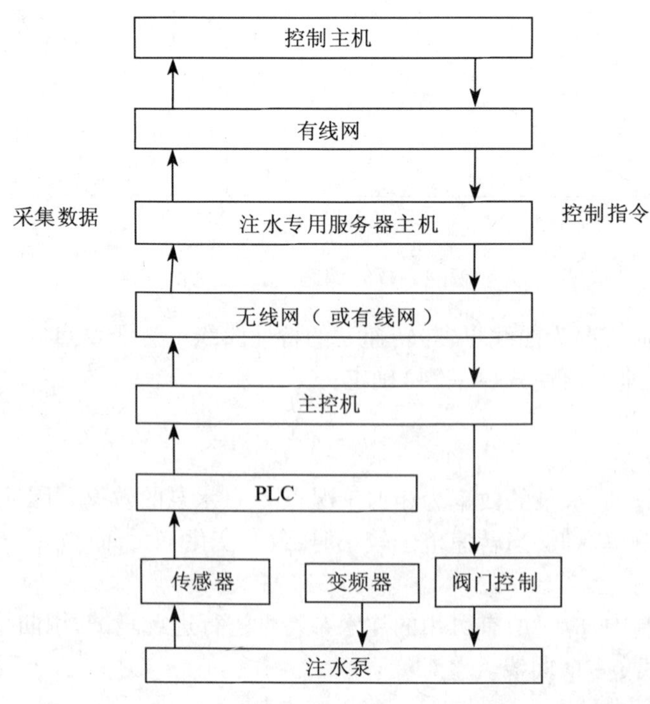

图 4－18　最优控制系统工作流程图

上位机控制命令执行方式有两种,即调频控制和阀门控制(手动控制、自动控制)。对于调速泵,上位机发送的指令为频率(或转速),通过变频器改变电网的频率,即改变了电机的转速,从而改变水泵的运行状态;对于恒速泵,上位机发送的指令为电流,通过调节注水泵出门阀门的开度,从而改变注水泵的运行状态。

4.5.4 控制系统的实现及操作

1. 检测、控制系统的功能

控制系统拟采用SCADA方式,上位机设在油田管理部,在每座注水站分别设一套现场检测控制单元(PLC)。由现场一次仪表将采集数据送入PLC,由PLC上传至注水站监控机,在下位机显示的同时,通过无线网(或企业网)将数据上传至上位机,上位机根据现场送来的数据,经过优化处理,计算出各注水站的优化运行参数,传送到各注水站的现场监控计算机上进行自动或人工实施。从而组成整个注水系统的检测和控制。

检测系统的主要功能是采集注水泵的运行数据,主要包括:注水泵进、出口压力,注水泵进口流量,水罐液位,以及电机电流、站电压、各注水束电量、电网频率等参数。

控制系统的主要功能是对恒速泵通过改变泵出口阀门的开度,达到控制电流(或压力)的要求;对变频调速泵通过改变频率,达到控制指令要求的频率(或压力)。

2. 检测控制系统软件

各注水站现场监控计算机软件采用组态软件和VB混合编程,集数据采集、处理、监测、信息管理和报表输出为一体。系统提供的功能有“动态流程图”、“实时趋势图”、“历史趋势图”、“控制命令”、“参数设置”、“打印报表”、“报警响应”与“存盘退出”等。

3. 主控软件的功能

上位机根据现场采集的注水泵工况数据进行显示,数据统计分析,然后根据所选用的控制方法,经过优化处理,计算出各注水站的优化运行方案,做出注水泵最佳工况运行决策,将控制指令传送到各注水站的现场监控计算机上,压力调节由现场控制单元根据优化结果进行调节。

4. 主控系统软件

主控系统是一套基于Windows平台,利用C++ Builder语言开发的优化系统,它以面向对象的思想进行程序编制,具有模块化程度高、容错能力强等特点,系统结构图见图4-19。软件各模块的功能为:

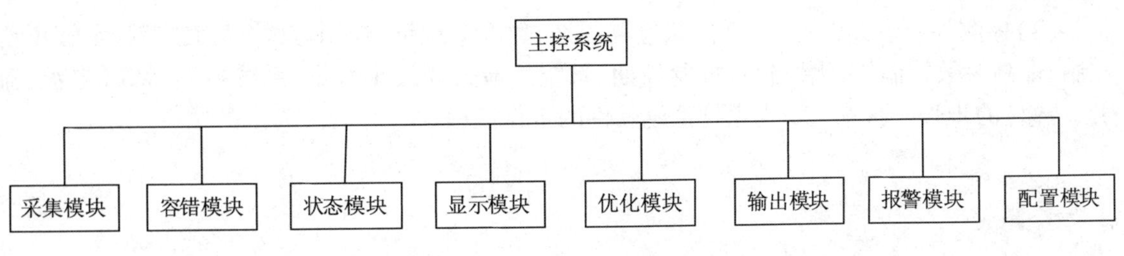

图4-19 主控系统软件结构框图

采集模块:当系统时钟延时至数据采集周期时,控制系统读取采集数据并判断数据是否存在并给予提示。

容错模块:系统在采集数据处理之前,需对数据进行容错处理,即判断采集数据的有效性。判断方式为有效边界法,其含义是对所采集的各种类型数据定义其上下边界,当所采集数据位于上下边界之内时,系统判定数据有效,否则判定数据无效。当出现采集数据无效时,系统将最近的有效数据作为本次采集数据处理,并发出采集数据错误警报信息。

状态模块:现场采集数据经过采集模块提取和容错模块过滤之后,变成可进行正常处理的有效数据。首先将采集数据分类存贮于系统定义的数据结构中进行数据统计及指标计算,然后分类进行注水泵、注水站、注水系统各项指标计算,包括泵效、单耗和耗电量等。

显示模块:显示系统运行趋势及瞬时运行状态,系统运行趋势以曲线和图表表达。当前数据显示采用自顶向下方式显示系统运行状态,各注水站运行状态、每一注水站的注水泵运行状态及指标。当日数据和历史数据可通过选择的方式进行显示,显示系统一段时期内运行状态的变化趋势,为分析系统的运行规律提供参考。

优化模块:当系统时钟延时至优化周期时,开始进入优化模块。根据控制方式,统计系统前一个控制周期的运行参数及计算指标,建立本次优化的边界条件,采用后台运行方式进行系统优化计算,完成优化计算之后,根据控制方式将控制指令以文件方式发送至各注水站工控机。

输出模块:当系统时钟延时至统计周期时。统计当天各瞬时采集数据和瞬时运行指标,分别存入注水系统、注水站、注水泵运行数据库中。

报警模块:当系统运行于非正常状态时,产生报警信息。当检测的数据不在检测参数的范围内时。发出上述警告信息。

配置模块:主要包括基本参数设置、检测参数范围、报警参数设置、检测控制参数的设置等。这些设置可根据现场应用情况进行灵活的调整。

(1)基本参数设置:完成注水泵台数及型号、注水站个数、注水站水罐的设置个数及高度的设置。

(2)检测参数范围设置:设置各类检测参数的上下界限行判断。容错模块据此进行判断。

(3)报警参数设置:对每个检测参数设置报警上下界限行判断报警。报警模块据此进行判断报警。

(4)检测控制参数设置:主要包括检测周期、数据源地址、控制方式(人工控制、泵管压差控制、最高泵效控制、最优控制)、控制周期、系统的最大和最小水量、系统控制参数(电流、流量、转速)的步长。图 4-20 为主控系统软件的工作流程。

系统前台运行

检测参数设置 | 基本参数设置 | 报警参数设置 | 检测参数设置 | 检测参数设置 | 控制参数设置 | 历史数据显示

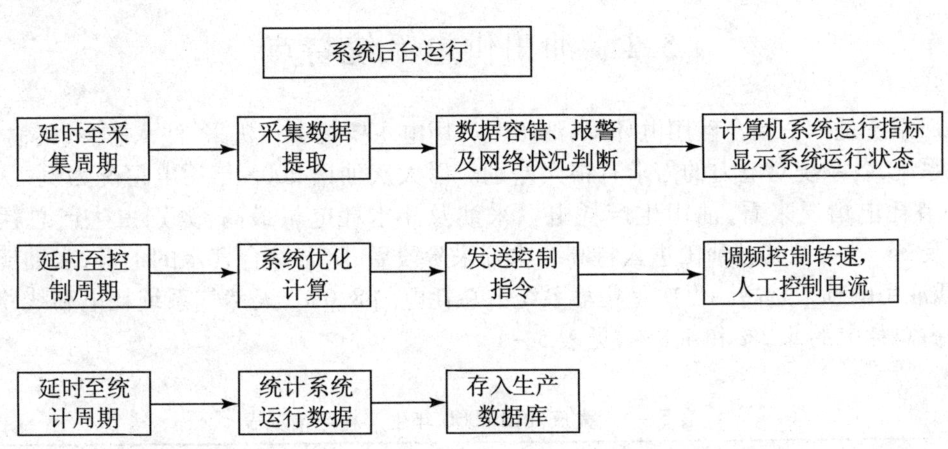

图 4 -20　主控系统的工作流程图

第5章 供电系统能耗及节能

5.1 油田供电系统特点

油田系统是一个综合性用电环境,油田生产用电主要集中在机采、注水、油气集输、供配电等四大系统,各系统对电力的需求有很大差别。以大庆油田2005年用电情况为例,从油田各生产环节耗电情况来看,油田生产耗电以采油及注水耗电量最高,分别占生产总耗电量的37.2%及34.1%,尤其在油田进入特高含水开采阶段后,随着综合含水的上升,水油比大幅度提高,吨油用电越来越高。再次是集输系统占总耗电的8.0%,天然气系统耗电和线路网损耗电分别占总耗电的5.2%和4.8%,见表5-1。

表5-1 大庆油田2005年生产耗电情况表

各生产环节	耗电,10^4kW·h	占总耗电的比例,%
采油	366099	37.2
集输	78506	8.0
储运	3306	0.3
注水	335272	34.1
供水	26709	2.7
天然气	51399	5.2
线路管网	47130	4.8
注聚	37947	3.9
其他	37065	3.8
合计	983433	100.0

下面就机采系统、注水系统、集输系统和输配电系统耗电情况分别讨论。

5.1.1 机采系统耗电特点

机采系统是油田生产系统中的用能大户,对其进行科学的检测,发现其电能损失的主要环节,采取积极、有效的应对措施,提高其系统效率,减少电能浪费,对于油田节能降耗有着十分重要的意义。

随着老油田开发难度的逐年增大,机采系统的总耗电量还存在着一定的增长态势。其中抽油机是主要耗电设备,通过对电机供电,抽油机获得动力进行采油工作。

1. 机采系统效率

目前,抽油机是应用最普遍的石油开采机械之一,也是油田耗电大户,其用电量约占油田总用电量的40%，且总体效率很低，据调查一般在30%左右。

油田抽油机负载是独具特点的时变负载：有动、静负载特性之分。起动初始状态要求拖动电机的起动力矩是抽油机实际负载的3~4倍，甚至更大，起动力矩是抽油机选配电机的第一要素。

当起动力矩适用则负载功率必然匹配不佳，运行负载功率都远小于电机的额定功率，即所谓"大马拉小车"现象。过剩的抽油能力令抽油机的无功抽取时间增加，造成油井开采的电费成本居高不下，能源浪费十分严重，可见抽油机的节能潜力非常可观。

1）系统效率

机械采油方式将电能转化为机械能传递给井下液体，从而把井下液体举升到井口。抽油机井的系统效率就是系统所给液体的有效能量（有用功）与系统输入能量（电机输入功率）之比值。即有式（5-1）：

$$\eta = \frac{P_{有}}{P_{入}} \times 100\% \tag{5-1}$$

式中 $P_{有}$——油井的有用功率，kW；

$P_{入}$——抽油系统电动机输入功率，kW。

2）有功功率

机采系统的有功功率是指在一定扬程下，将一定量的井下液体提升到地面所需要的功率，又称水功率[见式（5-2）]。

$$P_{有} = \frac{Q \cdot H \cdot g}{86400} \tag{5-2}$$

式中 Q——油井日产液量，t/d；

H——有效扬程，m。

3）有效扬程[式（5-3）]：

$$H = H_{动} + \frac{102 \times (p_{回} - p_{套})}{\rho} \tag{5-3}$$

式中 $H_{动}$——抽油机井动液面深度，m；

$p_{回}$——井口回压，MPa；

$p_{套}$——井口套压，MPa；

ρ——油管内液体密度，kg/L。

4）电机输入功率

抽油机的电机输入功率由电机动力电线接入处测得，目前测量电机输入功率的方法主要有以下三种：

（1）通过电力分析仪测试，这是目前行业标准规定的标准测试方法，能准确测量即时功率、平均功率和功率因素等多项指标。

（2）通过有功电度表测得固定时间的电功数，除以时间得到平均功率。

（3）通过电流表测得电流值后算出功率，由于这种方法误差较大，只能作估算用。这是目前采油队普遍使用的估算电机输入功率的方法。

2. 油井系统效率测试方法

1）现场测试

目前机采系统效率测试主要分为电参数测试及示功图测试，两种测试同时进行。其目的主要是测试输入功率，计算地面效率、井下效率及系统效率。

2）测试数据采集及分析

测试电参数，测试时间3min，测试参数主要有输入功率、功率因数、功率平衡度和电参数曲线图等。

3. 机采系统耗电设备存在的问题

（1）目前采油厂抽油机调平衡调整方式仍采用电流平衡法，造成部分抽油机表面平衡，浪费电能。通过对2008年机采井测试数据的统计分析可知，采油厂抽油机功率平衡度只有0.5，小于0.85的标准，应采用先进的功率平衡法调整抽油机平衡。

（2）目前部分再用抽油机型号旧，设备老化、电压不稳定，造成电机运转不稳，电机发热量大，效率下降，减少电机使用寿命。

（3）部分抽油机优化设计不合理，电机不配套，致使电机功率因数下降，减少电机使用寿命。

（4）部分永磁电机使用过程中功率因数低，噪声大，效率低。

5.1.2 注水系统耗电特点

注水系统是油田日常生产中的重要组成部分，它保证了原油的高产稳产。近年来，随着油田进入特高含水开发期，注水量日益增多，注水能耗也越来越大，成为油田的能耗大户。

注水系统的主要耗电设备是注水泵。据统计，注水耗电一般占整个油田总耗电量的33%～56%，而且根据国内大多数油田注水系统效率为38%～50%的现状可知，有将近1/2以上的注水用电量被各种损耗所浪费。注水系统耗电特点主要表现在以下几个方面：

（1）进入特高含水采油期，注水量、产液量增长加快，注水及采液规模继续攀升。油水井之间的无效循环，即无效注水和无效产液，是造成低效注水与低效采液的首要原因。有些油田的各类油层及外围油田均存在低效、无效循环问题，从而造成地面注水系统及机械采油系统的无功耗电。

（2）注水压力异常，成为降低注水耗电的难点。在同一口井的不同注入层位，渗透率差的油层注水压力高；同一区块不同注水井，因油层物性不同，渗透率低的井注水压力高；相同油层因受污染程度不同，受污染较重的井注水压力高；因增注措施收效程度不同，吸水能力仍较差的井注水压力高。采用同一个注水压力系统，在满足高压注水井的同时，仍利用高压注水系统注入压力较低的井必然造成能量浪费。据调查统计，大多数注水井的注水压力高于区块平均注水压力1.5MPa以上，导致系统压力整体升高，注水能耗增加。这还未包括同一口注水井内层间注入压力差异，通过配水器节流满足高注入压力层位而造成的大量能耗。

（3）静态的地面注水系统对动态的注入压力、注入量变化的不适应性，成为解决注水系统节能的一大难题。注水站的泵管压差、配水阀组压差都反映了这种不适应性。以大庆油田为例，据统计，泵管压差大于运行标准0.5MPa的注水站占注水站总数的23%，配水阀组及井口节流平均压差均在3.4MPa以上，为注水站出站压力的22%。由于受油田井下地质情况变化以及洗井、供水不足等因素的影响，注水系统的配注量在不同开发时期是不同的，导致日注水量的波动较大。为适应注水量的变化，在没有调速措施的情况下，只能通过调整开泵台数和人工调整阀门的方法来控制流量，进而调整注水量，必然造成泵压与管压之间产生较大的压差，增加了注水系统的能耗。

5.1.3 集输系统耗电特点

集输系统耗电量相对机采系统和注水系统较小，但是对于节电技术的研究也是一个不容忽视的环节。油气集输系统的主要用电设备是油泵、水泵及风机等通用离心机械，由于实际运行参数和设计参数之间一般都有较大的差距，从而使系统的运行效率和功率因数降低，因此节能潜力也是很大的。对油田集输系统耗电测试结果表明其主要问题是：

(1)输油泵泵效低，平均泵管压差为125MPa。

(2)输油泵流量、扬程过大与实际输液量不匹配，输油动力系统效率仅为30%。

(3)由于油、水泵等的工作流量远低于其额定流量，工作压力与泵的额定工作压力也不匹配，而目前多采用阀门节流方式，浪费了大量的电能。

(4)由于驱动电机大多为异步电动机，轻载时的运行效率和功率因数都很低，目前装设各种调速装置的容量仅占总容量的8%，绝大多数急需进行技术改造。

5.1.4 输配电系统耗电特点

油田电网常分为供电网和配电网两大部分。供电网由变电站、输电线路和自备电厂组成。其电源多取于地方电力系统，仅在没有地方电力系统供电或虽有电力系统但难以满足油田电力需求的情况下才建设自备电厂。由于油田供电网是地方电力系统的组成部分，因此它的运行方式必然受到地方电力系统的调配。油田配电网则是指直接供应油田电力设备(抽油机、注水泵、输油泵等)的配电变压器和配电线路，它们的运行管理和地方电力系统的运行联系较少。电网在输送、变压、分配电能的过程中会产生电能损耗，以热能的形式散发到周围介质。据资料统计，电力系统从发电、输电、变电、配电直至用电过程中损失的电能约占到总发电量的30%。

1. 输电系统

输电系统的作用是输送电能，其特点是电压较高，线路较长。对于某些断块油田，如大港油田，由于油田区块零散，成带状分布，总长近200km，所以输电过程中电能的损失比较严重。在电能输送过程中容易产生电能损失的具体原因如下：

(1)在电力系统中，电能是通过消耗一次能源由发电机转化产生的，它通过电网输送到用电单位。在这个过程中，从发电机到电网中的线路、变压器、无功设备、调相及调压设备、绝缘介质、测量、计量设备、保护装置等输送和变换元件要消耗电能。

(2)此外，还有一些不明损失如窃电、漏电、表计误差、抄表影响等也将引起线损率的波动。

2. 配电系统

配电线路的作用是分配电能，其特点是电压较低，线路较短。变电所除具有变换电压的作用外，还具有集中电能，分配电能和控制电能以及调整电压的作用。配电网结构错综复杂，高压输电系统一般以厂站为集中拓扑单元，网络设备集中分布在厂站内，厂站与厂站间以线路连接。输电线路大多是“两点一线或1－2处支接”方式。220kV以上的电网，具有“网状结构，电气环网运行”的特点。

1)油田配电网的网损率相对较高

(1)作为配电网主要用电负荷的电动机负荷普遍存在着“大马拉小车”现象,因而造成配网功率因数过低、网损过大。

(2)配电变压器多处于非经济运行区。

(3)由于油田进入特高含水后期开发阶段,用电负荷不断增大,线损也随之增加。配电网首端主干线段的损耗增加更为明显。

(4)一些配网供电半径过长,远远超出合理输送距离,也是造成网损过大的原因。

2)配电网结构错综复杂

(1)配电网络以馈线为拓扑单元,同时,开关站与环网柜等设备集中的拓扑单元,也分布在馈线上。配电网络一般为弱网状结构,开环运行。但在负荷转移时,也会短时间闭环运行。配电线路接受变电站的电力,直接以中压向用户供电,或者经过配电变压器降压以400V供应用户。可以说,没有哪两条配电线路的接线方式是完全雷同的。实际运行中,配电网的操作频度和故障率远比输电网多。遇有“双电源”或“自发电”的用户,排列组合起来的运行方式更是五花八门。

(2)配电网不仅节点多,而且量测点和运行参数严重缺乏,因此采用传统的分析计算和潮流优化方法,会面临海量数据难以采集处理和占用存储空间大、速度慢、收敛困难等实际问题。

3)设备台账日新月异

输变电设备除了基本建设或大规模改造,其台账资料一段时间内基本不变,且越是高电压等级的设备,由于投资大、规划及建设时间长,设备资料就越是相对稳定。而配电网线路设备则日新月异,变化频繁。

5.1.5 油田电力系统存在的主要问题

1. 用电设备负载率低

设备负载率低的原因主要有两方面:一是为满足油田生产需求以及减少资金的重复投入,油田地面建设选用设备的能力通常按一段时间内出现的最大负荷考虑,也就是说设备在一定时期是高负荷运行,其他时间由于生产运行工况的变化,负荷下降,负载率较低。二是设计选用拖动设备时,考虑拖动能力、保险系数等因素,拖动设备与配套电机往往大于理论值。

设备负载率低对电能消耗的影响主要表现在以下方面。

(1)电动机、变压器自身损耗所占比重加大。三相异步电动机的损耗主要有恒定损耗(包括铁心损耗及机械损耗)、负载损耗(铜耗)和杂散损耗。负载损耗大小取决于负载电流大小及绕组中的电阻值,随负载变化而变化;而恒定损耗、杂散损耗与负载大小无关。因此电机轻载就会加大自身损耗所占的比重。电机额定功率越大,恒定损耗所占比重就越大。变压器有功损耗是由铁损和铜损组成。铜损大小与变压器负载率的平方成正比。而铁损大小只与外加电压和频率有关,与负载大小无关,因此变压器轻载时自身消耗的有功功率比例就大。

(2)系统功率因数下降较大

三相异步电动机为感性负载,在运行时所消耗的功率包括有功功率和无功功率两个分量。负载的变化直接影响有功功率的大小,而对无功功率影响却很微小。在实际运行中,电源供给电动机的总电流是有功电流和无功电流的矢量和，当电动机处于满负荷运行时，有功电流大，功率因数高，当负载下降时.有功电流小，无功电流基本不变，功率因数降低。

2. 配电线路布局不合理

油田电力线路基本为闭环系统，开环运行，所有电力主干线均有两个以上变电所交互供电。即正常情况下，甲变电所供电，乙变电所备用，非正常情况则为乙变电所供电。此类供电方式能够确保采油厂电力网的平稳运行，但是也造成了部分线路供电半径较大、线路损耗较高的问题。如果改变运行方式，在线路中间安装一套真空断路器分段线路，然后采用变电所所有线路开关供电的方式，可以降低50%以上的网损。以负荷为1000kW时电能消耗为例说明如下（见图5－1）。

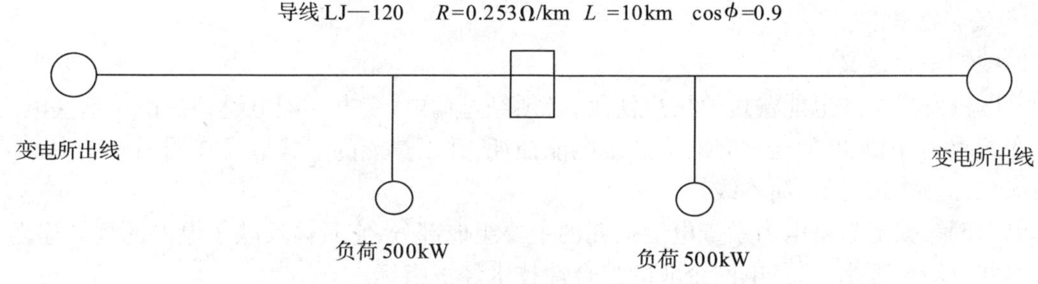

图5－1 负荷为1000kW时电能消耗

由线损公式 $\Delta P_a = 3I^2R \times 10^{-3} = \dfrac{p^2R}{U^2\cos^2\phi} \times 10^{-3}$ 计算的导线消耗的功率为86.76kW。分段运行时消耗的功率为43.38kW，节能50%，节约功率消耗43.38kW。按年运行330d计算，节能 34.4×10^4kW·h。如果线路负荷分散，采用分段运行，节能效果将高于实际值。由导线单段运行和分段运行线路损耗对比分析得出，采用单段运行时，负荷为1000kW。其中，负载越大，线路越长，对应的线路损耗也越大，且负荷对线路损耗影响成平方关系。

3. 电网质量影响用电设施损耗

1）电压波动对电机各种损耗的影响

电压波动将对电机的各种损耗产生影响。电机满载或高负载率运行时，运行电压下降，电动机转矩下降，转差率变大，定子、转子的铜耗将增加，电机的总损耗增加；电机负载率较低时，由于电动机的铁耗与电压平方的平方成正比，电压升高将会增加电机的铁损，同样损耗增加。

2）高次谐波电流对异步电动机和配电线路损耗

电网中有许多用电设备是非线性负载的，这些负载将产生高次谐波电流并注入供电网络，从而在系统的阻抗上产生出相应频率的高次谐波电压，使系统电压波形畸变。高次谐波对用电设施影响非常大：对于电机而言，将产生频率较高的旋转磁场，使杂散损耗剧增，局部产生过热，甚至烧坏电动机；对变压器而言，会造成变压器铁芯中磁通量的减少和变压器绕组中导线的集肤效应加大，也就是最通常的铁损、铜损增加，工作温度上升，降低效率；对于导线和电缆而言，电阻会随着频率的升高而增加，又由于导线中集肤效应的作用，谐波会使得用户自身供电系统中导线的附加损耗增加。尤其值得注意的是，这类谐波还会使三相供电系统中的中性线的电流增大，导致中性线过载。

5.2 供电系统耗电分析

5.2.1 输电系统耗电分析

输电系统耗电分为两种情况:一是油田直接由电力系统供电时,该耗电指供电量和网络损耗的和。二是油田由自备电厂供电时,其能量消耗应分为发电和供电两部分。发电部分主要指标为发电煤耗和厂用电率,而发电厂的发电量等于厂用电与供电量之和,而由电厂供出的电量则为用电量和网损之和。由于大多数油田都是由电力系统供电,所以这里不考虑发电厂的煤耗和厂用电率。

1. 线损电量

1)线损电量定义

发电机发出来的电能输送给用户使用,必须经过输电、变电和配电设备。由于这些电气设备存在着阻抗,因此电能通过时就会产生电能损耗,并以热能的形式散失在周围介质中。这种电能损耗称为线损电量,简称线损。

电力网线损电量是电力系统电能损耗的主要组成部分,它具体反映了电网的规划建设、生产技术和营销管理水平,是电网企业的综合性技术经济指标。

2)线损电量组成

油田输变电系统供电生产活动中的线损电量由以下几部分组成:

(1)35kV 及以上输电线路中的损耗。

(2)降压变电站主变压器中的损耗。

(3)10(6)kV 配电线路中的损耗。

(4)配电变压器中的损耗。

(5)低压线路中的损耗。

(6)无功补偿设备中的损耗。

以上各项损耗电量可以通过理论计算确定其值,其余损耗电量可通过下列各项统计确定:

(1)变电站的直流充电、控制及保护、信号、通风冷却等设备消耗的电量。

(2)电压、电流互感器及二次回路中的损耗。

(3)接户线及电能表中的损耗。

(4)其他损耗。其他损耗主要有以下几个方面:表计接线差错、计量装置故障、二次回路电压降超标误差;营销工作中的漏抄、漏计、错算及倍率搞错等;电能在输送的过程中遭到附近用户的窃取,这也是油田电能损失不可忽视的一个环节。

3)线损电量分类

线损电量通常分为负载损耗和空载损耗。负载损耗亦称可变损耗,它是输、变、配电设备中的铜损,与流过的电流的平方成正比。空载损耗也称固定损耗,它是变电设备中的铁损、电晕损耗、绝缘中的介质损耗以及仪表和保护装置中的损耗,这部分损耗一般与运行电压有关。

4)线路参数计算和等值电路

线路与变压器是电力网功率损耗和电能损耗的主要元件,想要知道并提出降低功率损耗和电能损耗的各种措施,首先要掌握线路与变压器参数计算,这为潮流计算和线损理论计算创造了条件。

2. 油田供电损耗

电能在供电系统中各个环节上的损耗绝对值相当可观。电力用户的负载大多数都是感性负载,而不是纯电阻性负载,不仅要消耗有功功率,而且要消耗无功功率。这些无功功率经过多级送电线路、变压器的转换,又造成无功功率的损失。而发电设备的输出功率 S 与有功功率 P、无功功率 Q 的关系为式(5 -4):

$$S = P + jQ \tag{5-4}$$

式中 j——复数单位。

从式(5 -4)可以看出,如果要消耗一定量的有功功率,输出功率越大,则消耗的无功功率越大,那么所需发电设备、供电线路、变压器的容量越大,这就造成了增加电网资金的投入及用电的浪费,所以分析供电系统的能耗,降低线损对节能降耗具有十分重要的意义。

造成油田供电系统无功损耗过大的原因主要有以下几点:

(1)油田电网供电范围较大,线路长,导致网损较大。一个年产油 570×10^4t、日用电量 210×10^4kW·h 的中型油田,若 6kV 及以下系统网损为 7.1%,则每年损失电量约 5200×10^4kW·h。

(2)6kV 系统的配电变压器太多。采油井一口井配一台变压器,由于电动机要满足在启动和油井结蜡等各种恶劣条件下运行,所以变压器余量大,在欠载情况下工作,有的油田变压器负载率平均只有 20%。

(3)输配电线路中的无功分量较大。绝大部分线路的感性无功分量大于有功分量,线路的无功功率损失较大,供电能力降低,同时也增加了 35kV 以上系统及发电厂等一次设备的负担。

(4)电器设备利用率低。异步电动机的功率及功率因数是随负荷下降而下降的,若设备的负荷率低,那么电机的效率也会低,功率因数自然也低,那就加大了无功损耗。

(5)设备陈旧,耗电量大。随着油田开发时间的延长,油田开发初期安装的老旧型高能耗电器设备得不到更新,有的油田这类电器设备占 70% 左右,就配电变压器而言,老旧型变压器比新节能型变压器损耗多出 10% 以上。

(6)其他原因,如部分电器设备无补偿措施,边远采油井补偿装置失盗严重,靠近油田的大量非油田生产用户管理不当,也是造成油田电网无功损耗过大的原因。

5.2.2 配电系统耗电分析

1. 油田配电网的特点

(1)配电网是将电源或输电网获得的电能组成多层次的网络,降至方便运行又适合用户需要的各种电压向用户供电,达到逐级分配或就地消费的目的。

配电网由主网架和配电网络组成。按电压等级来分类,配电网可分为高压配电网、中压配电网和低压配电网。高压配电网是指 66kV 与 35kV 电压等级电网,它们将来自变电站的电能分配到众多的配电变压器,直接供给中等容量的用户;中压配电网是指 10(20)kV 电压等级电网;低压配电网是指 380/220V 电压等级电网,其功能是以中压配电变压器为电源,将电能通过低压线路直接配送给用户。

(2)油田配电网直接面向油田生产,为机械采油、油田注水、油气水处理和输送等设备提供动力，供给全厂职工生活用电，是油田生产的重要保障系统。

随着老油田开发难度的逐年增大以及系统设备平均新度系数的降低，油田配电系统效率呈现下降趋势，用电负荷存在着一定的增长趋势。目前某油田陆上有生产油井2410口，注水井1050口，日产液$12\times10^4m^3$。油田日产油1.1×10^4t，日注水$9.9\times10^4m^3$。油田生产配电网建设伴随油田的发展，规模不断扩大，到目前为止已建成拥有6(10)kV架空配电线路120条、35kV配电线路4条、总长950km，配电变压器2559台、$40\times10^4kV\cdot A$，各种电机2924台、27×10^4kW的规模。油田配电网平均运行负荷10.2×10^4kW，年供电量$8.9\times10^8kW\cdot h$。

2. 线损

电网在输送、变压、分配电能的过程中会产电能损耗，以热能的形式散发到周围介质。据资料统计，电力系统从发电、输电、变电、配电直至用电过程中损失的电能约占到总发电量的30%。配电网的电能损耗主要包括线损和变损两部分，线损约占到70%，变损约占到30%。线损大小与线路长度、导线截面积、运行电压和功率因数有关，变损大小与变压器的技术性能、负载率与负荷功率因数有关。

3. 变压器电能损耗

在配电系统中，变压器的损耗通常是配电系统总损耗的30%，最大可占总损耗的60%。其中系统中各级降压变压器的铁耗、铜耗，电动机的铁耗、铜耗，母排(电缆)的铜耗，以及配电网络上用来分配电能、保护变压器及各种用电器的能耗，是消耗电能的主要环节。因此，降低配电变压器的损耗是一项重要的节电措施。目前，油田配电系统中大量使用50～200kV·A变压器，其中以80kV·A和100kV·A变压器居多。怎样按经济运行条件合理科学地调整和使用变压器，降低配电系统的损耗，是油田配电网节能降耗必须研究的重要课题。变压器电能损耗包括有功功率损耗和无功功率损耗两个部分。

(1)变压器的有功损耗

包括铁损和铜损。铁损又称空载损耗，其值与铁芯材料有关，与负荷大小无关：铜损与负荷电流的平方成正比，负载电流为额定值的铜损又称短路损耗，变压器的有功损耗可用式(5-5)计算：

$$\Delta P_b = P_o + \beta^2 P_k \tag{5-5}$$

式中 ΔP_b——变压器的有功功率损耗，kW；

P_o——变压器空载有功损耗，kW；

P_k——变压器短路有功损耗，kW；

β——变压器负荷率，%。

(2)变压器的无功损耗

它由两部分组成，一部分是由空载电流造成的损耗Q_o，其值与铁芯有关，与负荷大小无关，可用式(5-6)求取：

$$Q_o = I_0\% \cdot S_N/100 \tag{5-6}$$

式中 $I_0\%$——空载电流百分数：

S_N——变压器额定容量，kV·A。

另一部分是一、二次绕组的漏磁电抗损耗，其大小与负荷电流平方成正比，又称变压器无功漏磁损耗Q_k，可用式(5-7)求取：

$$Q_k = u_k\% S_N/100 \tag{5-7}$$

式中　$u_k\%$——变压器阻抗电压。

变压器总的无功损耗按式(5-8)计算：

$$\Delta Q_b = Q_0 + \beta^2 Q_k \tag{5-8}$$

式中　ΔQ_b——变压器无功功率损耗，kVar。

4. 配电系统节能降耗的意义

以大港油田为例，目前大港油田生产用电的电费支出6亿多元，占到了油田可控制操作成本的四分之一，成为影响油田生产成本和经济效益的一项关键因素。按7%的平均网损率计算，大港油田配电网每年损失的电量为6300×10^4kW·h，折合电费4300万元。配电网电能损失是巨大的，但同时也说明蕴涵着很大的节能降耗潜力。若每降低1个百分点的网损率，就会减少电量损失630×10^4kW·h。因此，研究应用节电新技术新设备，对于降低网损，提高电网效率和油田经济效益，具有重要的意义。

另外，对配电网实施节能降耗的技术措施，还有利于提高电网的电压质量和提高供电的安全可靠性。节能降耗措施可以有效降低电网运行电流，减少电压损失，提高电网的电压质量。同时，电流降低可以减少电气设备和导线接点的发热，而发热会使电气设备绝缘材料加速老化，缩短其使用寿命，导线接点的发热会造成接触电阻不断增大，容易烧毁联接点。

5.2.3　机采系统耗电分析

随着油田进入特高含水的后期开发阶段，投入与产出的矛盾日趋突出，电力消耗逐年攀升，对开发效益构成严重影响。机采系统是油田开发生产过程中的主要电力消耗单元之一，而且机采系统的耗电量呈现逐年增长的态势。因此，有效控制用电量的过快增长，已成为油田开发急需解决的重要问题。以河南油田为例，2006年总耗电41652×10^4kW·h，其中抽油机井年耗电量为22172×10^4 kW·h，占总耗电的53%，平均机采系统效率31.46%。加强提高机采系统效率技术的研究和应用，对于油田节电和提高经济效益，有很重要现实和社会意义。而目前油田机采系统的主要耗电设备是抽油机。

我国的油田多数为低渗透的低能、低产油田，大部分油田要靠注水压油入井，再用抽油机将油从地层中提升上来，主要采用的是有杆类采油设备，如游梁式抽油机。所以以水换油或者以电换油是我国油田的现实，因而，电费支出在我国石油开采成本中占了相当大的比例。

1. 抽油机供电能耗

油田采油抽油机用电环境恶劣，人为窃电现象十分普遍。为防窃电，油田抽油机电动机不得不采用1140V电压等级供电。为降低供电系统低压线路损耗，抽油机供电多采用变压器—电动机单元接线方式。由于抽油机工况复杂、供电电压偏高和供电方式的特殊性，给采油供电系统无功补偿设备选择及无功补偿的实现增加了难度，导致供电系统的功率因数长期偏低，一般在0.3~0.4左右，个别井功率因数在0.2以下。而电能计量的同时也计量消耗了有功电量和无功电量。这种情况必然导致供电系统网损过大，供电部门要向采油单位收取功率因数调整电费，这对采油单位来说，无疑是增大采油生产的成本，使采油生产的整体经济效益下降。

2. 抽油机电机运行特点

不同油井抽油机有不同的负荷曲线，并且随抽油机工作的实际工况变化而变化。抽油机负荷特点决定选择电动机时，必须按最大扭矩选配电动机。生产实际中考虑到砂卡与结蜡等异常工况时，为避免因起动困难烧毁电动机，通常还要人为增大电动机裕量，这无疑加剧了

“大马拉小车”现象，使得电动机长期在低负荷下运行。

电动机负载率低影响电动机的运行效率，国家标准 GB/T 12497—2006《三相异步电动机经济运行》规定，Y 系列 37kW 的 6 极电动机的负载率在 0.4 以上时为经济状态。

图 5－2 为电动机效率、功率因数与负载率的关系曲线。图中 α 点对应的负载率称为临界负载率 β_0。从曲线可看出：当负载率 $\beta<0.70$ 时，功率因数随负载率下降得很快。

功率因数低不仅增加电动机本身损耗，而且给电网造成附加损耗，降低电网供电能力和变压器设备的利用率。根据对抽油机的负荷特点和机理分析以及大量现场实际测试可得到如下结论：

（1）抽油机电动机在正常工作时，根据抽油机机械负荷的变化，电动机可能有两种完全不同的工作状态。

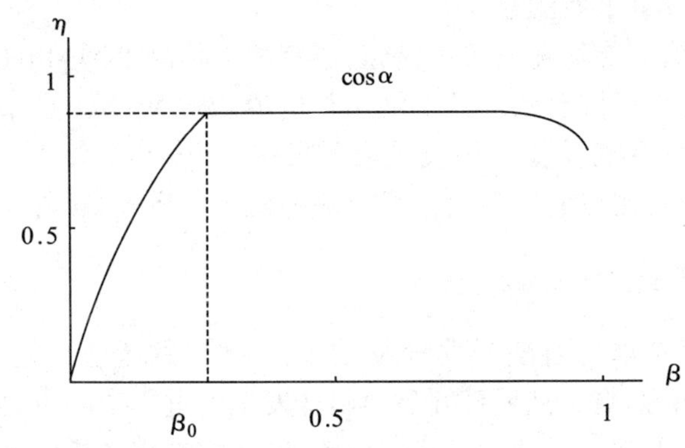

图 5－2　效率、功率因数与负载率的关系曲线

（2）当电动机拖动机械负荷运行时，电机处于电动机工作状态，此时电动机从电网吸收有功和无功功率。

（3）当机械负荷拖动电动机运行时，电机处于发电机工作状态，此时电机从电网吸收无功功率，向电网送出有功功率。

而且无论电动机工作在哪种状态，都要从电网吸收无功功率。电机处于发电状态时，由电机理论可知，电机从电网吸收的无功功率即空载无功功率，其大小与电机的设计方法、材料选用和制造工艺等直接相关。而电机处于电动机状态时，无功功率变化则与电动机负载大小有关，现场实际测量结果表明：抽油机上、下冲程的负荷变化，会引起 1～4kVar 无功变化。

3. 电动机对系统效率的影响

电动机是采油设备的能量来源，同时也是电能转换为动能的中间能量转化设备，其能源转化效率（电动机运行效率）的高低直接影响系统效率，是提高油井系统效率的关键因素。目前机采系统在用的电动机主要有 Y 系列三项异步电动机、电磁调速电动机、永磁电动机、高转差电动机等几种类型，其中以 Y 系列三项异步电动机最为普及。

三相异步电动机的损耗包括：铁损、铜损、机械损耗和杂散损耗。基本铜损和杂散损耗均与电流平方成正比，随着电动机输入电流的改变而改变，机械损耗与基本铁心损耗对于同一台电动机而言可以认为是一个定值（在同一电压下）。当电压变化时（负载基本不变），电动机电流有功分量大致与电压成反比，而铁损大致与磁密度的平方成正比。因此在负载率较高时，电动机电流较大，铜损比例大，电动机电压下降反而会使电动机发热；当负载率较低时，铁损所占比例较铜损大，因此降低电压可以减少电动机损耗，提高电动机效率。

电机效率与电机类型和电机质量、抽油机平衡度、电机功率配置和电机老化维修因素有关。抽油机电机普遍采用三相异步电动机，尽管在出厂时经过检验，各项指标都达标，但在油田使用中，因环境处在野外，为防止意外情况，配置功率普遍偏大，电机（380V）平均功率因数不足0.4（标准值），配置电机效率低于85%。

5.2.4 注水系统耗电分析

注水系统能量分析模型见图5－3。消耗的电能主要集中在电机和注水泵。

常规的注水设备主要由电机、注水泵、注水管网及一些附属设备所组成。注水系统效率如式（5－9）：

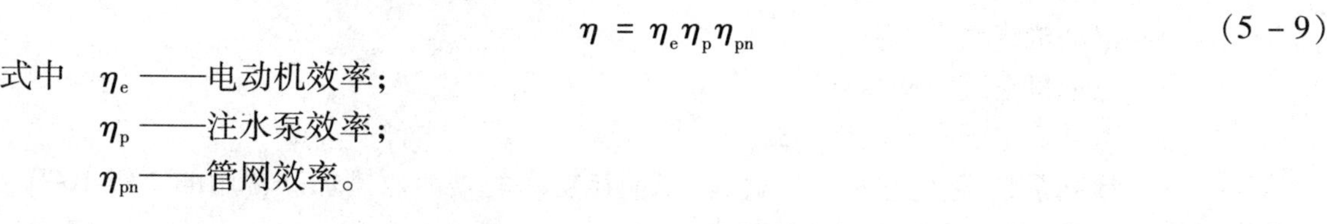

$$\eta = \eta_e \eta_p \eta_{pn} \tag{5-9}$$

式中 η_e——电动机效率；

η_p——注水泵效率；

η_{pn}——管网效率。

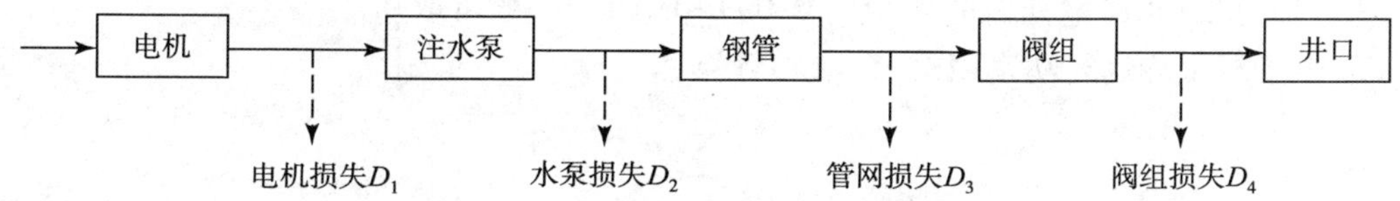

图5－3 注水系统能量分析模型图

由式（5－9）可知，注水系统效率主要由电动机效率、注水泵效率和管网效率这三者决定，故要想实现电能的节约，首先应从提高注水设备效率入手，而且必须对每个环节进行分析，以提高整个注水系统的效率。

注水系统是用管网将水源、水处理站、注水站、配水间和注水井连接而成的系统.其能耗包括：

（1）驱动注水泵电机的无用功耗能 P_1。

（2）注水泵的无用功耗能 P_2。

（3）泵出口及配水间的节流阀耗能 P_3。

（4）管线摩擦阻力造成的耗能 P_4。

（5）注水井井筒的耗能损失 W_n。

注水井井口压力与注水量造成的耗能是注水系统中的有用能量。所以，注水系统总能耗为式（5－10）：

$$W = \sum P + \sum W_n \tag{5-10}$$

式中 $\sum P$——注水系统总的能量损失；

$\sum W_n$——保证将具有一定压力和流量的水注入到地层的有效能量。

因此，注水系统的效率又可表示为式（5－11）：

$$\eta = \frac{\sum W_n}{\sum P + \sum W_n} \tag{5-11}$$

其中电动机和注水泵是注水系统两大主要耗电设备，它们的效率分析如下。

1. 电动机效率计算

(1)电动机效率计算。当采用测量法计算电动机效率时，按式(5－12)计算：

$$\eta_e = \frac{P_e - P_o - 3I^2R - KP_e}{P_e} \times 100\% \tag{5-12}$$

其中，

$$P_e = \sqrt{3}IU\cos\phi \tag{5-13}$$

式中 η_e——电动机效率；

P_e——电动机输入功率，kW；

I——电动机线电流，A；

U——电动机线电压，kV；

$\cos\phi$——电动机线功率因数，kW；

P_o——电动机空载功率，kW；

R——电动机定子直流电阻，kΩ；

K——损耗系数，随电动机杂损耗、转子铜耗功率的增大而增加。常用的2级1000～2250kW电动机的K值为0.009～0.011，一般可取0.01。

(2)电动机平均运行功率用式(5－14)计算：

$$\overline{\eta}_c = \frac{\sum_{i=1}^{n} P_{ei}\eta_{ei}}{\sum_{i=1}^{n} P_{ei}} \tag{5-14}$$

式中 $\overline{\eta}_e$——电动机平均效率，%；

P_{ei}——第i台电动机输入功率，kW；

η_{ei}——第i台电动机效率，%。

2. 注水泵效率计算

(1)当采用流量法时，注水泵效率按式(5－15)计算：

$$\eta_p = \frac{\Delta p \cdot q_{vp}}{3.6P_P} \times 100\% \tag{5-15}$$

$$P_P = P_e \cdot \eta_c \tag{5-16}$$

$$\Delta p = p_2 - p_1 \tag{5-17}$$

式中 η_p——注水泵效率，%

q_{vp}——注水泵的流量，m^3/h；

P_p——注水泵轴功率，kW；

p_1——注水泵进口压力，MPa；

p_2——注水泵出口压力，MPa。

(2)当采用热力学法时，注水泵效率按式(5－18)计算：

$$\eta_p = \frac{\Delta p}{\Delta p + 4.01868(\Delta t - \Delta t_s)} \times 100\% \tag{5-18}$$

国内注水系统的效率一般为35%～50%，可见注水系统节能的潜力是巨大的。其中，注水机组(电机和注水泵)耗能约占注水系统耗能的70% ~80%。目前,油田离心式注水泵的平均效率是76% ~78%。即每注1m^3的水,平均有22% ~24%的能量被注水泵消耗。油田注水系统的电力消耗中有相当大的一部分是注水泵的耗电量。因此如何提高出水泵的运行效率,对生产成本的控制、经济效益的提高有着特殊重要的意义。在实际运行中,有诸多因素会使出水泵不能运行在高效区。这就要求去分析出水泵能量损失的组成。只有把握各个环节的不足之处,才能使泵在运行中避免不应有的能量损失,有效地提高泵的实际运行效率。

5.2.5 集输系统耗电分析

1. 集输系统能量平衡模型

根据GB/T 13468—1992《泵类系统电能平衡的测试与计算方法》、GB/T 16666—1996《泵类及液体输送系统节能监测方法》中的有关规定,进行系统效率的测试以及能量平衡的计算。图5-4是输油系统能量平衡模型图。

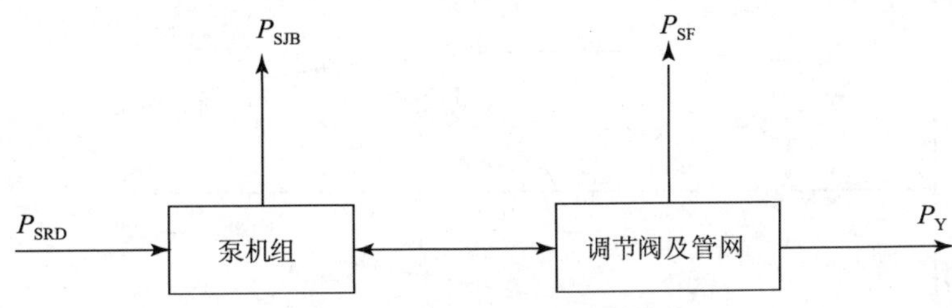

图5-4 输油系统能量平衡模型图

能量平衡方程式见式(5-19):

$$P_{SRD} = P_Y + P_{SJB} + P_{SF} \tag{5-19}$$

系统效率见式(5-20):

$$\eta = P_Y/P_{SRD} \times 100\% \tag{5-20}$$

式中 P_{SRD}——输油系统输入的总功率,kW;

P_Y——系统有效利用的能量,即输出液体具有的机械能,kW;

P_{SJB}——泵机组即包括电机、泵以及调速机构等损失的能量,kW;

P_{SF}——调节阀及站内管网损失的能量,kW。

2. 输油系统运行效率分析

以东辛采油厂某联合站为例,以输油系统运行效率的测试数据(见表5-2)为基础进行能量平衡的计算。对测量数据进行曲线拟合,得到输油泵的特性曲线(图5-5所示)。

在常用输油工况下,1#输油泵的系统运行效率在13% ~36%之间,3#输油泵的系统运行效率在33% ~55%之间;泵效、系统效率等随着泵排量的降低而显著下降。泵负荷率为70%以上时,运行效率较高。但进行效率测试时发现,该站输油泵的平均运行排量不到额定排量的60%,其中1#输油泵的运行排量不到额定排量的30%,3#输油泵的运行排量不到额定排量的77%。由以上结果知,输油泵的能量损耗最大,其能损系数为40%左右,占系统总损耗的49%左右;其次是管网压能损失,占36%左右;而电机的能量损失最少,不超过10%。输油泵和电机主要消耗的是电能。

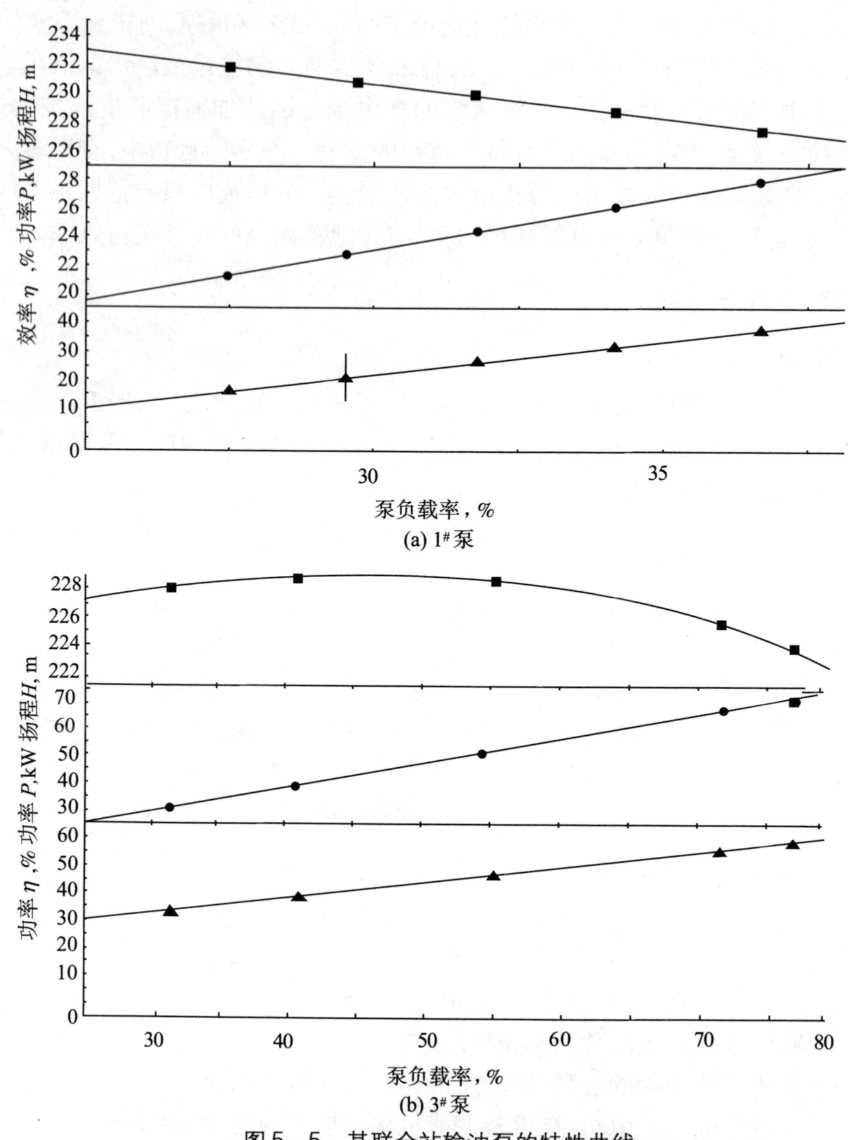

图5－5　某联合站输油泵的特性曲线

表5－2　输油泵不同运行工况下的测算结果

泵型		泵参数			电机测量参数					管压 MPa	泵效 %	系统效率 %
泵名	编号	流量 m³/h	P_1 MPa	P_2 MPa	输入功率 kW	无功功率 kVar	cosϕ	输出功率 kW	效率 %			
输油泵	1#	12.132	0.04	2.049	20.682	21.208	0.709	18.652	90.2	0.900	36.30	13.80
		15.768	0.04	2.041	21.960	22.276	0.712	19.852	90.4	0.970	44.11	18.55
		21.377	0.03	2.029	24.110	24.205	0.713	21.878	90.7	1.050	54.27	25.12
		25.620	0.03	2.020	25.725	25.956	0.714	23.310	90.6	1.130	60.70	30.43
		29.545	0.03	2.010	27.325	27.810	0.717	24.886	91.1	1.218	65.29	35.68
	3#	31.363	0.04	2.002	30.160	30.000	0.709	27.040	89.7	1.200	56.7	33.0
		40.763	0.04	2.000	39.832	38.900	0.715	35.880	90.1	1.340	55.7	36.5
		55.262	0.03	1.994	53.976	51.600	0.723	48.464	89.8	1.560	55.9	43.0
		71.660	0.03	1.978	67.600	65.500	0.718	61.454	90.9	1.810	57.2	51.9
		76.378	0.03	1.970	71.240	68.000	0.723	64.719	90.8	1.880	57.8	54.6

3. 集输系统耗电分析

由以上分析可知，泵是主要耗电设备，而且集输系统中泵的电能损失较大，运行效率较低，所以降低泵的电能损耗，提高输油泵的运行效率，能较大幅度地提高系统效率。泵运行效率低的原因主要有以下几个方面：

（1）泵的铭牌效率低。有些泵设计效率才 69%，运行后效率下降快，平均运行效率在 40% ~50%之间。

（2）集输用泵为清水离心泵。离心泵的特点是在压力低、排量小时泵效低。该离心泵不适用于输送低温、高粘度的原油。

（3）设计选型不尽合理，余量过大，造成泵在严重低负载率工况下运行，很难保证输油泵在高效区运行，常常出现扬程偏高的情况。

（4）电机耗电。通过对影响电机运行效率的因素进行分析，各生产厂家生产的电动机其铭牌效率相差无几，油田一般不测试而取定值 95%，致使电机功率因数较低，不到 0.75，有些泵甚至不到 0.7。电机无功功率较大，运行效率在 89% ~92%之间，而且随着电机负荷率降低而减少，能损系数约为 7%，占系统总能耗的 10%左右。

5.3 供电系统节能技术

对油田企业来说，主要能源消耗品种为电、原油、天然气和成品油等，其中电在总能耗中所占比例最大，达到 48%左右，采油厂每年用电费用成本约占采油厂生产总成本的三分之一。为此，应该以电网安全生产运行和节能降耗工作为切入点，从强化科学管理和技术创新入手，积极推广应用配电系统节能降耗新技术、新工艺，增强电网的抗灾能力，提高电网安全经济运行水平，降低能耗。从前面的分析来看，各个系统的耗电是不尽相同的，对于各个系统都有不同的节能技术。

5.3.1 输变电系统节能技术

长期以来，采油行业既是产能企业，又是能源消耗大户，电能消耗在企业成本中占非常大的比重。因此，降低用电成本已是油田所面临的一个重要课题。通过采取节能降耗技术并实施科学管理，完全可以在提高电网供电能力、供电质量和安全可靠性的同时，大幅度降低线路损耗，实现节电降耗，收到显著的经济效益和社会效益。

1. 降低线损

（1）增加导线截面积，降低线损率。电能在输送过程中，有一部分损耗在导线的自身电阻上。降低这部分损耗的经济办法有三个，一是合理缩短供电半径；二是适当增加导线截面积；三是提高功率因数，降低无功电流。导线截面积与线路降损率的关系见表 5 -3。

表 5 -3　线径大小与线路损耗率关系

原导线	新导线	降损率，%
LJ -50	LJ -70	29.2
LJ -70	LJ -95	28.3

续表

原导线	新导线	降损率,%
LJ - 95	LJ - 120	18.2
LJ - 120	LJ - 185	19.0
LJ - 150	LJ - 185	19.0
LJ - 185	LJ - 240	22.4

由此可见,在产能建设中不断增加电力负荷的情况下,科学合理地调整相应截面积的导线,不仅可改善配电线路安全状况,而且节约电能效果显著。目前,采油厂配电线路存在供电距离长、导线截面积不均匀、线路超负荷、有些配电线路还在使用95mm 钢芯铝绞线作为干线等问题,线损很高。计算得出,导线截面积每提高一个型号,导线上的功率损失将下降30%左右。因此,从长远考虑,只要经济条件允许,在设计施工时应尽量选择容量大的截面积导线,这样,既可满足用电负荷不断增大的需要,又能达到节电降耗、降低成本的目的。

(2)增加电网的无功补偿,降低损耗。提高线路功率因数,降低无功功率的传送,既可提高配电线路供电质量,又能降低线损。无功补偿应按"分级补偿、就地平衡"的原则,采取集中、分散和随器补偿相结合的方案,才能实现最佳补偿。结合采油生产实际,应主要做好以下三方面工作:一是针对35kV/6kV 变电所母线上的电容器组单支电容器发生的保险熔断、容体鼓包等故障,实施维修工作,确保运行正常;二是针对6kV 配电线路老式电容器故障率高、投运率低的问题,实施更新新型跌落式保险工作,同时在配电变压器低压侧配置低压并联电容器,发挥补偿作用;三是针对6kV/0.4kV 老式变压器本身没有补偿电容且耗能高的问题,采用低压侧带无功补偿的SⅡ型变压器,可以把占配电网无功功率的41.4%就地平衡,大大降低有功损耗和电压损耗,在满足负荷变动最低补偿需要的同时,又避免了轻载时的过补偿。

(3)加强日常管理。实现配电网经济运行的最有效途径是降低管理线损,降低管理线损的主要方法就是加强配电网的日常管理,减少漏电,杜绝非法偷电现象的发生,这样可以把管理线损降到最低。

2. 变压器节能措施

变压器是油田内部供配电网中的主要设备,其电能损耗占企业内部供配电网损耗的50%~70%,合理选择变压器容量是确保油田供电系统安全经济运行的关键。

(1)有备用变压器的变电所,选择技术特性好的变压器运行,技术特性差的变压器备用。

(2)并列运行的变压器应优选最佳组合经济运行。

(3)按变电所负载变化规律选择变压器运行台数,经济运行。

(4)负载波动大且常年运行的变压器,可增设小容量的变压器作为调节,或配置两台不等容量的变压器分列运行。

(5)相邻分列运行的变压器轻载时,可选择共用的运行方式。

(6)设计、选配、淘汰、更新时要确定变压器经济运行方式和经济运行区。

(7)调整负载实现变压器经济运行,避峰填谷并经济运行。

(8)改善外部条件实现变压器经济运行,包括提高变压器负载侧功率因数,降低运行温度,避免变压器超负荷运行。

(9)调整变电所之间的变压器,改善特性达到经济运行。

(10)对需多级降压的变配电所,优先选择大变比的变压器或三线圈变压。

(11)淘汰高耗能变压器。目前S7和SL7系列变压器替代产品主要有S11、非晶合金及自调压等节能变压器,均具有空载损耗低与效率高等优点。

(12)做到变压器的经济运行。在变压器类型选择方面采用总拥有费用法(TOC)进行综合计算,来选择变压器的效率水平;要合理配置变压的容量,负载系数经常小于0.3的变压器应予以更换,同时要考虑到变压器的经济运行区域(效率最高区域)来有区别地进行变压器容量配置;在变压器安装方式上,在不能对变压器进行规模更换的情况下,高效变压器应优先安装于线路入口的远端,对于井间距离较远的采用单变压器配置。

5.3.2 配电系统节能技术

1. 提高用电设备负载率

1)降低用电设备自身损耗

电动机方面:一是合理选型,更换容量较小的电机,提高负载率。电机最佳负载率区域为65%~80%,考虑到电机容量和投资的关系,以及电机效率、电机极数等因素。电机高效负载率区域范围可适当扩大到65%~100%;二是更换为节能型电机,如YX系列电机或高滑差电机,淘汰高能耗的老式电动机;三是采取调速技术降低电机转速节能,主要有变频调速、降压调速、液力耦合器调速、变极调速、串级调速和电磁调速等。

变压器方面:一是调整变压器负载率。通过降低变压器容量以及整合负载提高变压器负载率。变压器的最佳经济负载率为40%~50%,考虑容量和投资的关系,高效负载率区域范围可适当扩大到40%~85%;二是采用节能型用变压器。

2)提高系统功率因数

调整设备负载率到最佳值可提高设备自身功率因数,另外还可通过安装无功补偿装置来提高系统功率因数,降低配电线路损耗,节约电能。

2. 油田供电系统无功补偿技术

油田供电系统无功补偿技术主要有35kV变电所的集中补偿、电动机低压侧的就地补偿、低压泵站的集中补偿和配电变压器6kV侧的分散补偿四种补偿方式。由于各种补偿方式初投资不同,补偿范围各异,所以环境影响和管理能力要求也不一样。

(1)高压集中补偿:在35/6kV变电所的6kV母线侧装设成组的高压补偿电容器。该方式可以补偿高压注水电机及6kV以上系统的感性无功分量,6kV以下的感性无功分量得不到补偿,优点是便于集中管理和检修,能提高35kV变电所始端的功率因数和变压器的输送能力,缺点是6kV井排线路的损耗大,电压损失大。

(2)低压分散补偿:在抽油机与电潜泵等低压电机侧装设补偿电容器。该方式的最大优点是可以补偿整个电力系统的无功分量,且便于检修,但也有其致命的弱点,如容量受到限制、易被盗、装在电潜泵井上电压等级太复杂等。

(3)低压集中补偿:在油田转油站、脱水站、污水处理站等各类低压泵站内进行的电容器补偿。该方式在20世纪80年代以前采用的是手动投切装置,近几年采用的则全部装设了自动投切装置。此种方式在理论上效益很大,优点也颇多,但实际投入运行后容易造成电网电压太高而烧坏照明设备。

（4）高压分散补偿：在配电变压器的6kV侧装设容量不等的电容器以达到补偿的目的。该方式可以补偿供电线路上损失的无功分量，优点是6kV线路网损最小，电压损失也最小，还能实现电潜泵井就地补偿，且系柱上安装，不易被盗；缺点是管理较分散，检修不便，故障点增多。

上述各种补偿方式经有关专家的理论计算和优化研究，以及油田生产实践的验证，高压分散补偿是最优的补偿方式。这种方式经济、合理、效益高，减少网损最多，提高线路的输送容量及线路末端的电压最多，且负荷越大，线路越长，效益越显著，安装也很方便。但在生产应用中，应根据各油田实际情况，采取多种方式并存的方案，对油田供电系统进行全面补偿，使之达到最佳补偿效果。

3. 供电线路自动跟踪补偿技术

目前，国内大量应用的无功补偿装置多数是整组人工投切方式，这类装置只能做到高负荷时投入、低负荷时切除。它们不能随着负荷的变化以及对无功功率的需求及时自动进行相应的调整，更不能实现电压无功补偿综合自动调节。由于是人工操作，有可能造成无功功率的欠补和过补。欠补偿会影响电能质量增加损耗，而过补偿即无功倒送会危及系统运行的稳定性和安全性。为防止过补偿通常装设容量较小，从而长期处于欠补状态，因此，整组补偿的精度低。随着电网自动化的发展，逐步要求推广无人值守的变电站。由于无功补偿会引起电压的变化，而缺少电压、无功补偿综合自动调节的装置，就无法真正实现变电站的自动化和无人值班。另外，用电负荷经常变动的工矿企业，以及对无功需求不断变化的其他场合，均需要有自动调节装置来实现动态电压控制和无功补偿。然而，现有电网综合自动控制还不能很好地满足无功功率自动补偿的特殊要求。

电网中的许多用电设备是根据电磁感应原理工作的。它们在能量转换过程中建立交变磁场，在工作过程中不但有功功率平衡，无功功率也要平衡。无功补偿的基本原理是：把具有容性功率负荷的装置与感性功率负荷并联接在同一电路，能量在两种负荷之间相互交换。这样，感性负荷所需要的无功功率可由容性负荷输出的无功功率补偿。当前，国内外广泛采用并联电容器作为无功补偿装置。这种方法安装方便、建设周期短、造价低、运行维护简便、自身损耗小。

自动跟踪补偿系统组成：

1）无功综合控制器

（1）控制器以一体化工业控制计算机为核心，具有功耗低、可靠性高、寿命长、功能扩展灵活、维护简便等特点。实时在线检测电网电压、电流、有功功率、无功功率、功率因数与电容器组投切状态等全部信息。

（2）制操作简单，电压上下限制，功率因数、延迟时间等多种参数可实时在线设定。

（3）具有完善的控制闭锁功能，包括欠压、过压、过流等保护。

（4）具有全面的自检功能，自动复位功能。

（5）具有强大的辅助功能，包括各种信息的存储、查阅、打印等功能。

（6）具有自动控制和手动控制两种功能，二者分体布置，当自动部分需要维护检修时，可转换为手动控制方式继续工作，实现对自动控制部分在线检修。

2）高压真空自动投切装置

高压真空自动投切装置设计成多组独立传动及投切单元并列布置的整体形式。结构紧凑、体积小、安装简便。每一组开关均可被单独控制开合,完全实现了电容器组"先投先切,后投后切"的循环投切方式,大大提高了电容器组和投切开关的整体使用寿命。装置采用机械传动、弹簧储能快速释放的机械操纵结构,并选择专用优质真空灭弧室,工作可靠性高、使用寿命长。

3)并联电容器组

并联电容器组并接在被补偿线路中,是无功补偿的关键部件,提供容性无功功率。使用聚丙烯金属膜电容器具有工作强度高、介质损耗低、体积小、自身损耗小等特点。

4)二次线路控制附件

二次线路控制附件由电压互感器、电抗器与熔断器等组成。

(1)电压互感器。电压互感器的一次线圈与电容器并联作为放电线圈,二次线圈可以接成开口三角形作电容器不平衡电压保护。电容器从电源断开时,两极间处于储能状态,储存电荷的能量很大,电容器组在带电荷的情况下,如果再次合闸投入运行就可能产生很大的冲击合闸涌流和很高的过电压,会危害电容器组安全运行及可能造成人身伤害。为了防止电容器带电荷合闸,电容器组必须加装放电装置。

(2)串联电抗器。为了限制电容器组合闸过程中的涌流、限制操作过电压和抑制电网中高次谐波对电容器的影响,在电容器组中串联电抗值为电容器容抗值6%的电抗器不仅可以抑制谐波电流,而且可以限制合闸涌流,对五次及以上的高次谐波可起到抑制作用。基本上消除了谐波谐振的可能。电容器组是否需要加装串联电抗器,应根据电容器组的容量以及安装地点的具体情况来确定。

(3)熔断器。每台电容器上都装有单独的熔断器,作为电容器过流及内部故障的保护。当单台电容器故障后,依靠熔丝熔断切除,可避免电容器的总开关跳闸,保持了电容器组运行的连续性,同时使无功功率输出不中断,可提高系统运行电压的稳定性。

4. 加强用电管理工作

为了加强用电管理,在调查研究的基础上按照用电负荷的实际情况将电力线路的用电管理责任划分到各基层三级单位,明确采油厂用电管理部门与各基层三级单位管理责任界限,制订详细的新装增容用电管理办法和工作流程。在内部用电管理上将全部6kV线路用电量的综合指标进行层层分解,实行日抄表,旬分析制度,对电量波动较大的线路立即查找原因。在职工生活用电管理上积极引导职工树立资源节约意识,所有办公室热水器下班时关闭,电源空调运行控制在适当温度,在合适地点安装定时器杜绝长明灯电热管等现象的发生,从点滴细微处入手抓好节能管理工作。

在外部用电秩序的治理上,转供用电户必须严格按照转供电审批程序进行审批、备案、安装计量、定时结算同时尽量控制转供用电户的增加,加大对非法违规用电现象的查处,取缔非法用电点。

做好削峰填谷用电管理工作。油田供电部门对用电单位每天分工业峰段、工业平段和工业谷段三个时段进行电价结算。各用电单位根据情况对用电设备实行削峰填谷的运行方式管理。

5.3.3 机采系统供电节能技术

机采系统针对抽油机电机配备功率过大,电机效率率低、能源消耗高等现象,以单线路能耗设备合理配置、参数优化为目标，以提高效率、降低线损为目的，从拖动装置、控制装置、机采设备三个单元，推广智能节能控制柜，变频器调速等节能新技术。

1. 抽油机动态补偿

由于抽油机电动机无功补偿情况复杂，大范围推广固定补偿存在困难且补偿效果不理想，如何解决抽油机电动机无功补偿成为需要研究的课题。而采油生产采用1140V供电的目的是防止偷电，但也给无功补偿技术的实施增加了难度。与380V供电相比，1140V的刀开关、断路器与电容器等设备的规格高、价格高且装置的体积大。

抽油机负荷的变化快，解决动态补偿问题需要依赖电力电子技术来实现。由于器件制作工艺方面的原因，目前尚无法制造高耐压、小电流的晶闸管元件，且高耐压的晶闸管器件价格非常高。因此采用晶闸管串联技术不仅实现困难，而且控制上复杂，成本也很高。同时对1140V、功率因数为0.85的55kW电动机，可计算其额定电流在24A左右，需要动态补偿的无功也比较小。因此，对抽油机电动机用晶闸管实现动态补偿，需要的投资较高，性价比较差。

通过上述的分析和研究可知，由于正常运行时抽油机的负荷率非常低，影响因素多，供电电压高，因此对抽油机这种特殊负荷的无功补偿，尚有很多问题有待研究和解决。

2. 抽油机无功动态补偿器

在上述需求分析、研究的基础上，开发了一种通过电抗器控制无功的1140V抽油机电动机控制箱，补偿控制箱主接线如图5－6所示。

无功补偿控制箱电容器分为两组，固定补偿和3kVar,4kVar可调补偿。固定补偿电容器承担电动机的空载无功，可调部分受电压调节器的控制，随抽油机负荷变化调节、补偿变动无功，变动无功补偿由电压调节器控制电抗器实现。专用电动机保护器用于过流、短路和缺相保护。

鉴于油田1140V抽油机电动机供电系统的特殊性，考虑了实际中的各种情况，使装置具有以下几方面特点。

（1）电容器是补偿控制箱的易损坏设备，通常电容器损坏最主要原因是过电压和过电流，标准电容器的允许过电压为1.1倍额定电压。考虑到真空接触器操作、补偿系统可能出现的自激等过电压影响，补偿箱采用非标准、专门设计的高耐压、抗谐波电容器，电容器的绝缘膜为法国进口绝缘膜。

（2）抽油机用1140V电压供电，电容器投入时会出现较大的浪涌电流。为限制浪涌电流和考虑系统谐波的可能影响，固定补偿电容器回路也串有专门设计、制造的限流电抗器，且LC串联回路的调谐频率选择为189Hz。另外，电抗器设计要选择铁芯线性度高的电抗器，以保证其在投切涌流和额定电压畸变下不会发生饱和。

（3）补偿控制箱断路器用国内信誉好、高质量的真空接触器；电动机的过流、缺相保护器采用现场人员熟悉、习惯的产品；电压调节器是自己开发的专用补偿控制器。另外，为方便电容器安装、调试和运行监视，补偿控制箱内安装有功率因数表，以便于掌握补偿情况、方便调试或及时更换固定补偿电容器。

3. 补偿控制器使用调试

由于抽油机使用的电动机容量不同，电机极数有六极或八极等差别，以及新、旧电机消耗无功不同，使用此补偿控制箱也需要进行简单调试，首先是按表5－4选择固定电

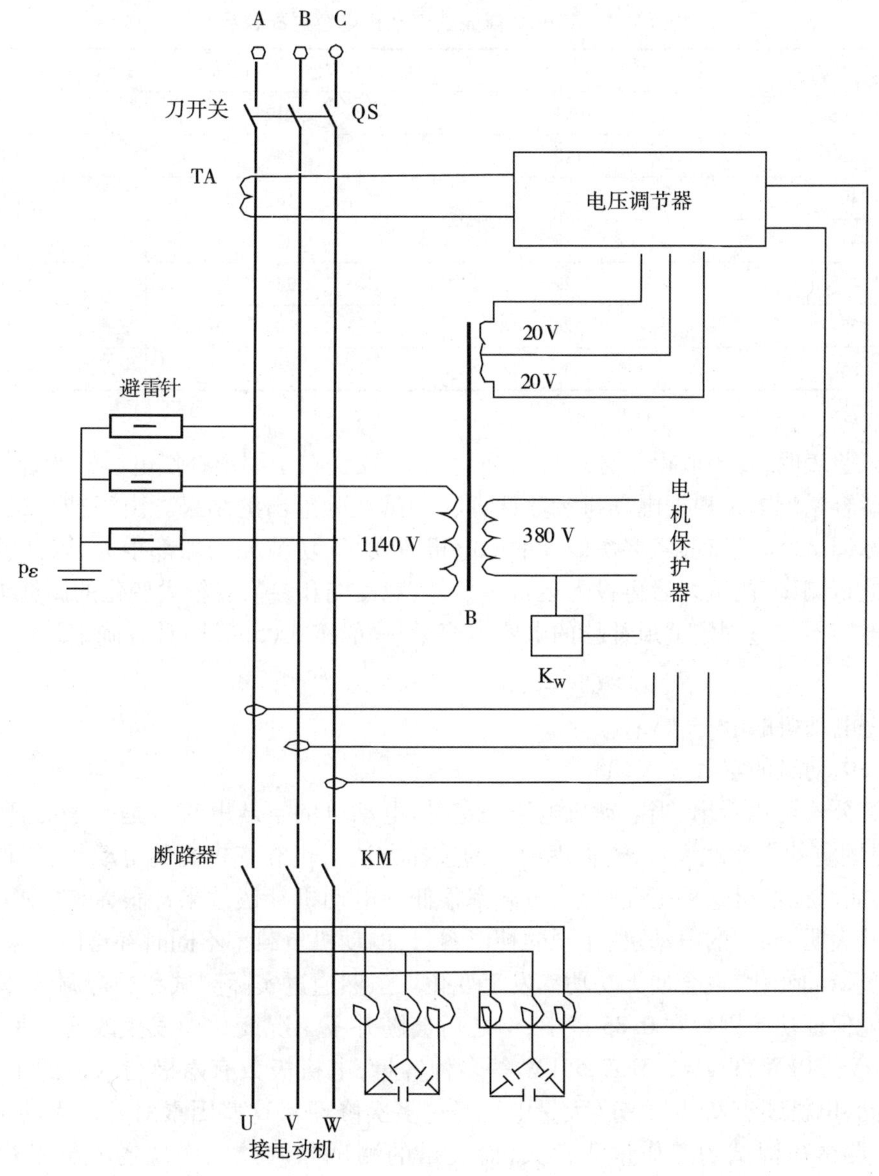

图5－6　抽油机机无功动态补偿箱的接线

容器。

此补偿箱采用非标准、专门设计的高耐压、抗谐波电容器，考虑到不同容量、不同极数电动机的通用性，用于固定补偿的电容器有12kVar，15kVar，18kVar，22kVar和24kVar几种规格，通过组合构成固定补偿电容器。

可调补偿部分电容器设计有3kVar，4kVar两种规格，电压调节器检测电源端的功率因数，输出端控制电抗器实现抽油机变化无功负荷的动态补偿，补偿系数通过调节器设置。

表 5-4　1140V 鼠笼式电动机电容器配置容量

电动机容量 kW	电容器容量,kVar		
	六极	八极	十极
22	12	15	18
30	15	18	22
37	18	22	24
45	22	24	30
55	24	30	36
75	30	36	48

实际试验表明,要想取得十分理想的补偿效果,关键在于固定补偿电容器的选择。表5-6给出的补偿容量配置是根据电动机参数计算和调试经验给出的结果。由于抽油机工况复杂,特别是实际调试结果发现,经多次修理的旧电机有功、无功消耗增加都很大,因此补偿箱安装前后必须进行测试,调试好后再投入运行。另外,对性能和参数有较大变化的高耗能旧电机应淘汰。用电容器实施固定就地补偿的电容器容量,一般按式(5-21)计算确定。

$$Q_C = (0.95 \sim 0.98)\sqrt{3}UI_0 \tag{5-21}$$

式中　U—电动机的电压,kV;

I_0—电动机的空载电流,A。

从计算公式可以看出,当电动机电压一定时,电动机的空载电流也是一定的,所以补偿容量 Q_C 就是固定的。实践表明,这种理论上的选择方法对负载率较高的电动机,能得到较好的补偿效果,而对抽油机这种工况复杂、负载率很低的电动机补偿效果却很差,功率因数得不到保证。试验表明,同样的电动机、相同的补偿容量,电动机负载率不同时补偿的效果不同,抽油机周期性负荷的变化,也会使无功功率发生变化。虽然通过实际测试和进行调试,固定补偿在一段时期能保证功率因数在 0.85 以上,但之后会随井下工况变化而发生改变。另外,抽油机电机分 22kW,30kW,37kW,45kW,55kW 等多种容量,电机极数有六极与八极的不同,电容器规格也不同,电机还有新、旧之分(大量电机经过多次修理),这些因素对补偿无功都有很大影响。因此,测试和调试的工作量非常大,而大量的测试和调试工作现场人员是难以很好完成的。

抽油机电机控制器一般是由多个生产厂家生产的,生产厂家对不同抽油机性能、电机极数等情况并不十分清楚。因此,补偿箱电容器配置应由有关单位统一负责,这一点非常重要。处理好调试和管理工作,就能得到最理想的补偿效果。

油田抽油机负荷特殊、工况复杂,因此抽油机电动机无功补偿问题复杂。试验的结果表明,对固定补偿如果调试好,能使功率因数达到 0.85 左右,但大范围应用的调试工作量大,因而难达到十分理想的补偿效果。

1140V 动态无功补偿控制器,能够动态补偿抽油机负荷的变化无功,实践表明能得到十分理想的补偿效果,并且具有可靠性高、成本低、调试简单等优点;控制箱在系统设计、设备选择和补偿控制上,有效地解决了抽油机这种特殊负荷无功补偿问题。

5.3.4 注水供电节能技术

前面提到过,注水系统的主要耗电设备是注水泵和电机,这里主要从电动机的选用来讨论节电技术。

1. 利用变频调速技术调节电动机转速

由于不同时期油田开发配注量的调整及日常开井数增减、洗井、供水不足的影响,注水量的波动较大。为适应注水量的变化,需频繁调整注水泵的运行方式。在没有调速措施的情况下,只能通过调整开泵台数或人工调节阀门来控制流量,必然造成泵压与管压之间产生较大压差,若遇到原设计泵的参数与实际注水量不匹配,调整又不及时,则造成注水系统能耗增高。高压大功率注水泵由于受到注水量变化等因素影响,电能浪费极为严重,针对这种情况,如果注水泵机组加装变频调速装置,同时利用优化软件,在确定各站开泵台数条件下,调配注水泵管网的最佳运行工况,尽可能减少能量损失,从而使整个注水系统高效运行。

把变频调速技术应用到注水系统中,利用变频调速的技术特点,不仅使调速对象产生节能效果,而且能对系统其他部分产生有利的影响,使整个系统获得更好的节能效果。具体地讲,就是通过检测注水管网的实际压力与变频给定压力相比较,利用其偏差来改变变频器的输出频率,从而改变电动机的输入功率,保证注水管网的压力恒定,即实现恒压注水,减少注水泵和电机的电能损耗。变频调速设备可以连续地调节电动机的转速,因此应用变频调速的注水系统的优化问题,在参数变化的范围内,理论上可以看作纯粹的连续变量系统的优化问题,而没有应用变频调速的注水系统的优化问题是连续变量和整数变量的混合优化,由于有整数这个约束,所以它的优化效果要低于带有变频调速注水系统的效果。

目前,变频器已应用在一些油田的注水、输油的系统中,节电效果良好。存在的主要缺陷是采油作业区的岗位工人对变频器维修保养专业技术知识掌握不足,很大程度上还只是会用,而不懂维护和保养,尤其是在故障处理上,很大程度还是依赖厂家,这在一定程度上,限制了变频调速节能技术的应用与推广。利用变频调速技术调节电动机转速的主要优点如下:

(1)实现恒压注水,节能降耗。在生产中,由于注水系统的不稳定,使得泵站压力经常发生变化:当压力超过或低于规定值时,若无变频调速,只能靠人为地启停泵来调节压力,很难达到工艺要求。

(2)提高自动化管理水平。

(3)变频调速装置具有完善的保护功能及故障检测显示功能。当系统出现故障时其故障系统将自动显示故障部位并报警,同时将系统自动关闭,保证系统的安全运行。

(4)变频器供电,自动稳定出力,完全改变电动机原有的满载、空载周期性变化的工作方式,使工作处于恒定负载状态。

2. 合理匹配电机,提高电机效率

电机运行效率是电机运行时输出功率与输入功率之比,主要可以从以下几个方面提高电机效率。

1)选用高效的电机

近年来由于国内大部分油田注水量大幅增加,在改造大型注水泵的同时,也要选择节能高效的电机相匹配,这样既满足了生产工艺的需要,又节省了二次投资,同时也提高了泵效。

2)减少损耗

可与电机制造厂家共同研究制造出适合油田注水系统的高效的电机，功率与负荷合理匹配。

3）同步电动机在注水系统中的应用

现今绝大多数油田都采用三相异步电动机拖动注水泵，其容量之大已成为石油生产过程中的主要耗电设备之一。异步电动机是一种感性负荷，其额定状态下的功率因数为0.80～0.85。大量的无功消耗增加了电能的损耗。目前，在提高功率因数方面只是依靠电力电容器进行无功补偿，虽然此方法简便、易行，但电容器寿命短，故障率高。而同步电动机对于提高电网功率因数，改善电压质量是一种行之有效的措施。近年来，随着电力电子技术和数字控制技术的发展，同步电机也发展为交流励磁电机。其原理是由于交流频率的改变，从而改变电机的转速，它是目前唯一可以调节无功的调节技术。而且它是将变频器放在转子侧面，可大幅度降低装机容量。与异步电动机的性能相比，异步电动机转子的转速决定于转差率，与负荷的大小有关；而同步电机其转速与负荷大小无关；同步电动机的最大转矩在需要时可以提高，因此，在线路发生故障时（如电压降低），接在线路中的异步电动机就会影响其稳定运行，而同步电动机则能够通过提高其励磁电流来提高它的过载能力。所以，同步电动机对电网电压波动的敏感性小，有利于系统电压的稳定；同步电动机不从电网吸收滞后性无功电流，相反还能向电网送出超前性的无功电流，从而可以提高电网的功率因数，减少电网的有功损耗。然而，同步电机价格较高，而且结构复杂，运行维护工作量稍大。

3. 高压电动机无功补偿

注水电机一般容量比较大，而且大多采用高压电机，以往用户认为高压电机的额定功率因数较高，且注水泵房距变电所并不远，电容补偿可依靠变电所，不用再另行设置电容补偿。然而，经过对注水泵的实际运行工况分析可知，这种理解是不够全面的。因为变电所的电容补偿一般为手动投切，而且也只是根据总的负荷大小来调节，变电所的运行人员不可能根据高压注水电机的投退来手动投切电容器。

况且，对于偏远油田而言，除了注水负荷外，油田负荷主要是低压负荷，电容补偿一般都是在低压侧，高压侧实际上并未进行电容补偿，注水站实际的运行功率因数并不高，仅为0.7左右。注水站的能耗主要是水量与电量，而电量又主要取决于高压电动机用电的多少，因此，高压电动机的节能效果直接影响着注水站效益的好坏。例如在石南油田注水站的设计中，高压电动机采用就地补偿，使电容器随着电机的运行、停止而自动投入、退出，可以将注水站功率因数提高到0.96以上，降低无功电流，减少电能损耗，达到节电的目的。

在大多数油田注水站的设计中选用的是CCH系列高压电动机就地补偿装置，该装置采用进口三相电容器，全膜绝缘材料、高稳定性无毒浸渍油，介质损耗极低，温度变化很小，可靠性高，重量低，体积小。装置内采用高压喷逐式熔断器作为短路保护；内置自放电元件，使装置脱离电网后，可在5min内将残压降至50V以下；装置内完全没有操作部件，与负荷同步投切，维护运行状态。

采用高压电动机就地补偿装置，有如下优点：

（1）可以减少高压电机配电电缆的负荷电流，降低线损。

（2）降低电动机的视在功率，从而提高变压器的供电能力。

（3）减少变压器由于无功负荷所产生的有功电能损耗。

（4）提高电动机本身运行的经济性。

(5)降低电动机的起动电流,改善高压开关的断流条件,延长开关的使用寿命,减少电气设备的维护费用。

5.3.5 集输系统供电节能技术

根据前面5.2.3节分析以及输油系统的电能消耗能量分布,可知要提高现行输油系统的运行效率,应主要从以下方面入手:(1)避免余量过大、负载率低的现象。(2)提高输油泵效率。(3)提高电机功率因数。采取的相应措施为:

1. 改进输油工艺流程

改进输油工艺流程就是应逐步调整、更换余量过大的在用输油设备,使用额定流量较小的输油泵;同时可采用大小泵组合方式,根据输油量的变化,运行相应的泵机组,尽量避免出现余量过大、负载率低的现象。

例如某联合站,用8SH-6型离心泵(额定功率110kW、额定流量234m^3/h)替换原200SY-150型泵,使输油泵正常运行时负载率由原来的46%提高到56%,设计余量减小,取得较大的节能效益。

换泵前后输油泵运行情况测试结果见图5-7。在排量相同(约120m^3/h)的情况下,换泵后输油泵运行效率由35.5%提高到41.3%;泵管压差由0.86MPa降低到0.34MPa,输油系统运行效率则由16.5%提高到28.4%。同时,输油单耗降低了0.484kW·h/m^3,节电率为40.43%,每年可节电43.56×10^4kWh,若电价按0.40元/kW·h计算,则年节约电费达17.4万元。

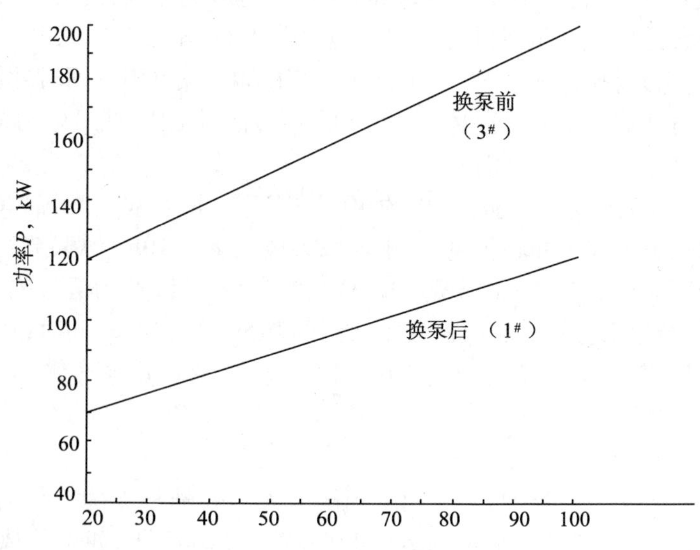

图5-7 换泵前后输入功率的比较

2. 采用高效输油泵

输油泵效率对输油系统动力利用率影响最大。影响泵效的主要因素是泵本身的不完善性。故要想较大幅度地提高泵效,应选用高效输油泵。

近年来国内引进、开发了一批新型高效输油泵,其效率比旧型号泵高5%~10%。如果采用运行效率大于75%的高效输油泵，那么输油系统效率更会大大提高，每年节约的电量将相当可观。

3. 采用变频调速技术

5.3.4已经叙述了在注水系统中使用变频调速技术来调节电机转速来实现减少能量的损失，同样在集输系统中也可以使用此技术来调节电机转速，实现电能的损失。油气集输系统使用的大量油水泵经常处于变工况运行。如采用阀门强制节流方式，不仅会产生较大的泵管压差、造成节流损失，且易使泵形成旋涡冲击，产生激烈的振动和噪音，降低泵的运行寿命并造成环境污染。如采用改变叶轮直径或多级泵减级等节能技术改造措施，运行中仍需配合阀门调节，不能彻底消除能量损失。目前，较为彻底的方法是对电机运行采用变频调速控制。这里对变频调速技术不再赘述。

5.3.6 绿色供电系统

1. 风电－网电并联油田供电系统

人类很早就认识到风能是一种可再生、无污染的绿色能源，使用风能发电，可以减少二氧化碳等温室气体的排放。风力发电是当今新能源开发利用中的技术成熟，是最具备开发条件、发展前景良好的项目。经过计算，平均每装一台单机容量为1MW的风能发电机，每年可以减排2000t二氧化碳（相当于种植2.6km^2的树木）、10t二氧化硫、6t二氧化氮。风力发电已经被广泛应用于风电并网、风电—水电互补、风电—光电互补和风电—燃气轮机互补等发电。然而，目前的风力发电在石油开采中应用较少。

2007年国家提出：石油行业节能降耗20%，尽可能地节能增效，同国际水平接轨。这也是中国石油工业的必然趋势。因此，研制和开发新型、高性能、环保型的风电—网电并联油田供电系统是必要的，采用并联的供电方式，风电有用时用风电，风电不够用时，网电供电。利用风电并联发电方式来对抽油机供电，可以实现充分利用风能，大幅降低对电力的需求，为实现真正的“绿色石油”提供了必要的技术保障。

以一台45kW的抽油机为例，每年耗电约40×10^4kW·h，1kW·h电0.6元，则每年电费约23万元，若采用风电—网电并联供电，按平均每天风电工作10h计算，节约12万元，若每年安装100套此系统，则节约2000×10^4kW·h电能，节约资金1200万元左右。如每套售价30万，工作15年，每年节电12万，三年收回成本，纯利润150万元/台。同时，每套设备每年节约电能20×10^4kW·h，节省资金12万元，避免二氧化碳、二氧化硫等气体排放，达到节能减排效果。

2. 风光互补供电系统

风能和太阳能作为可再生能源，其应用得到国家大力鼓励和支持。我国风电发展非常迅速：2006年，中国风电累计装机容量达到260×10^4kW，到2007年，我国的风电总装机容量达590.6×10^4kW，2007年一年的装机容量就达330.4×10^4kW，比此前20多年的总装机容量还要多。风力发电一方面作为化石能源的替代品向大规模、产业化的风力发电场发展，另一方面以小型风力发电形式为分散、边远用户提供电力。我国的小型风力发电机常指10kW以下的、独立运行的、用蓄电池储能的风力发电机组。近年来也有些厂家生产15kW、20kW至数十千瓦的小型风力发电机，为边远无电地区的生活、生产供电。《2007中国新能源产业年度报告》指出，中国已形成了世界上最大的小型风机产业和市场，并已推广了总容量约7×10^4kW的35

万台小型风机用于边远地区居民用电。从事小型风力发电机组及其配套件开发、研制、生产的单位达78家。其中，大专院校、科研院所15家，生产制造单位38家，配套件(含叶片、逆变器、控制器、及蓄电池等)生产单位25家。太阳能光伏发电由于能量密度低、现有太阳能电池板光电转换效率有限(一般小于15%)，获得一定的电能要使用大面积的太阳能电池板，导致获得单位电能需要占用大量的面积($6\sim10m^2/kW$)且成本高昂(35~45元/瓦)，这限制了太阳能光伏发电的大规模应用，太阳能发电主要应用于边远无电、缺电地区的家庭供电、太阳能路灯/广告牌、边远通信设施电源、边远交通隧道照明等。近年来随着太阳能光伏产业的规模化和能量转换技术的改进，太阳能光伏发电成本有所下降，据不完全统计，现在我国从事太阳能发电技术产业研究、开发、生产和应用的单位已超过100家，太阳能发电设备累计装机容量已超过80MW。风能和太阳能发电技术及其产业化的长足发展为其在海上油田中的应用奠定了良好的基础。

风能和太阳能发电按是否并入公共电网系统可分为并网发电系统和离网发电系统。离网发电系统是独立于公共电网、自发自用的发电系统，常用于为边远无电用户、及沿海和内湖渔船、游船等供电；并网发电系统是为公共电网提供电力的发电系统。通常离网发电系统容量在100W至数10kW级，并网发电系统容量可达数百千瓦甚至兆瓦级。

风能和太阳能可独立构成发电系统，也可组成风能和太阳能混合发电系统，即风光互补发电系统。采用何种发电形式，主要取决于当地的自然资源条件以及发电综合成本，在风能资源较好的地区宜采用风能发电，在日照丰富地区可采用太阳能发电，一般情况下，风能发电的综合成本远低于太阳能，因而在风能资源较好地区首选风能发电系统供电。近年来由于风光互补发电系统具有资源互补功能、供电安全性、稳定性均好于单一能源发电系统且价格居中而得到越来越广泛地应用。

海上油田距公共电网远、用电负荷较小，小型离网风能/风光互补发电系统因具有下列特点而成为被瞩目的对象：

(1)就地发、供电，安全独立、无需敷设海底电缆、一次性投资低。

(2)资源可再生、没有后续能源费用。

(3)清洁、不造成环境污染；寿命较长(太阳能电池15年、风力发电机25年以上)，维护、管理方便。

3. 风能发电和风光互补发电的应用

根据现有油田开发项目拟建平台的用电需求，分别采用风能发电系统和风光互补发电系统进行供电设计和系统配置。对于新开发的海上油田，当其距海岸50km，所处海域水深二十余米，平台的用电负荷和时间如下表5-5所示：

表5-5 某平台用电负荷组成

负载名称	电压	功率，W	日用电时间，h
中控系统	24V(DC)	80	24
雾笛、导航系统	230V(AC)	200	12
液压泵	230V(AC)	800	1/3
通信系统	230V(AC)	40	24

根据风力资源图可查得，该地区的年平均风速约为5.5m/s；根据用电负荷求得该平台的日平均功率约为200W，最大日耗功率为270W。依此进行系统设计。

小型离网风能发电系统如图5－8所示，主要由风力发电机、风机控制器、蓄电池和逆变器等构成，各部分的作用如下：

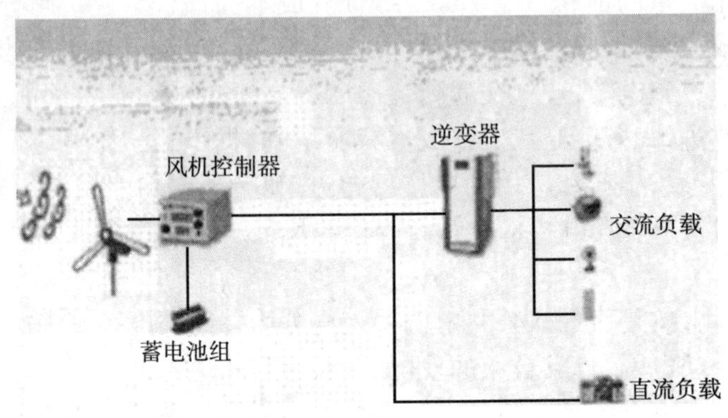

图5－8 离网型风力发电系统

(1)风力发电机：将风的动能转换为电能。

(2)风机控制器：控制器的作用是控制整个系统的工作状态，并对蓄电池起到过充电保护、过放电保护的作用。

(3)蓄电池：其作用是将风机所发出的电能储存起来，到需要的时候再释放出来。

(4)逆变器：将直流电转换成交流电供交流负载使用。

常用的风力发电机按风机轴向不同可分为水平轴风机和垂直轴风机。水平轴风机很早就被应用，是迄今应用风能最广的形式，因技术成熟、单位发电量成本较低，大型风能发电采用的多是水平轴风机。垂直轴风力发电机的发明则要比水平轴的晚一些，直到20世纪20年代才开始出现。垂直轴风机与水平轴风机相比，启动风速低，能量转换效率高，无需风向调节装置，机电设备可以安装在地面，维护保养方便。此外垂直轴风机的叶片高速运行时无振动、无噪声，对人类和环境的影响极小，所需安装和运行空间较小，尤其适用于生态环境脆弱地区、空间狭小场所和人员经常出入的地方，由于叶片形状特殊，设计、加工和运输难度较大，单位发电量造价高于水平轴风机。

在风能发电系统中，对方案和费用影响较大的主要因素是风力发电机的形式和蓄电池的配置，分别采用水平轴风机和垂直轴风机进行了方案设计，同时考虑连续3d或6d无风情况进行蓄电池配备，设计结论如下：

(1)水平轴风机的系统配置。根据用电负荷情况、发电机的功率曲线和所属海域年平均风速，配置的风力发电机功率为5kW，选配相应功率的控制器和逆变器，考虑连续3d无风情况时配备蓄电池为12V，200AH的蓄电池20个，2串联×12并联，如果考虑连续6d无风情况时配备蓄电池为12V，200AH的蓄电池38个，2串联×19并联。具体规格如表5－6所示。

(2)采用垂直轴风机的系统配置。根据用电负荷情况、发电机的功率曲线和所属海域年平均风速，配置的风力发电机功率为3kW，选配相应功率的控制器和逆变器，蓄电池配置同水平轴风机发电系统相同。具体规格如表5-7所示。

表5-6 水平轴风机的系统主要设备参数

设备名称	功率	数量	设备尺寸	设备总质量	费用,元
风力发电机	5000 W	1	风轮直径5m 对风尾翼长2m	600kg	38000
蓄电池	12V,200AH	38/20	407×174×209(mm)	20kg/块	102600/54000

表5-7 垂直轴风机的系统主要设备参数

设备名称	功率	数量	设备尺寸	设备总重量	费用,元
风力发电机	3000 W	1	直径3m×长度3m	350kg	30000
蓄电池	12V,200AH	38/20	(407×174×209)mm	20kg/块	102600/54000

4. 风光互补发电系统的设计

离网型风光互补发电系统的基本构成如图5-9所示,主要由风力发电机/光伏组件、风机/光伏控制器、蓄电池和逆变器等构成,各部分的作用同风能发电系统。

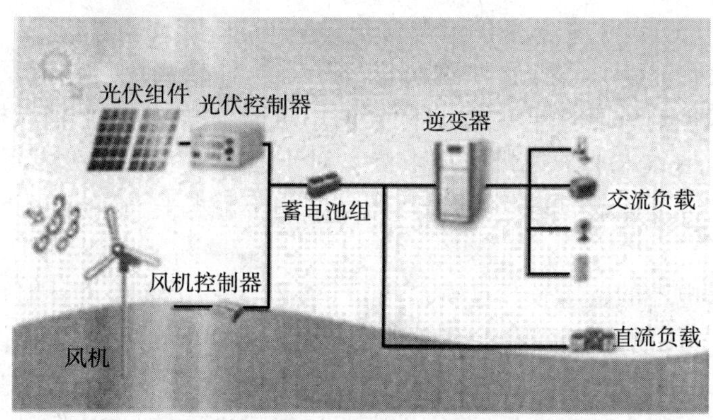

图5-9 风光互补发电系统基本结构

在风光互补发电系统中,对费用影响较大的主要因素是风力发电机的形式、太阳能电池和蓄电池的配置,分别采用水平轴风机和垂直轴风机进行了方案设计,同时考虑连续3d或6d无风/无光情况进行蓄电池配备,结论如下:

1)水平轴风机构成的风光互补发电系统配置

根据用电负荷情况、发电机的功率曲线、所属海域年平均风速和平均日照时间,配置的水平轴风力发电机功率为2kW,太阳能电池总功率约1.6kW,选配相应功率的控制器和逆变器,蓄电池配置同水平轴风机发电系统,具体规格如表5-8:

表5-8 水平轴风机风光互补的系统主要设备参数

设备名称	功率	数量	设备尺寸	设备重量	费用,元
风力发电机	2000 W	1	风轮直径4m对风尾翼2m	300 kg	17500
蓄电池	12V 200AH	38/20	(407×174×209)mm/块	20 kg/块	102600/54000
太阳能板	12V 85W	19	(1200×526×40)mm	7.5 kg/块	61370

2）垂直轴风机构成的风光互补发电系统配置

根据用电负荷情况、发电机的功率曲线、所属海域年平均风速和平均日照时间，配置的垂直轴风力发电机功率为2kW，太阳能电池总功率约1.6kW，选配相应功率的控制器和逆变器，蓄电池配置同水平轴风机发电系统相同。具体规格如表5－9：

表5－9 垂直轴风机风光互补的系统主要设备参数

设备名称	功率	数量	设备尺寸	设备质量	费用，元
风力发电机	2000 W	1	直径3m×长度3m	250 kg	23000
蓄电池	12V，200AH	38/20	(407×174×209)mm/块	20 kg/块	102600/54000
太阳能板	12V，100W	16	(1068×806×35)mm/块	8 kg/块	60800

从上述系统选型和配置结果可知：

在用电负荷相同时，风力发电系统的总设备费用低于风光互补发电系统，从表中可知主要原因是因太阳能电池板的费用较高。为降低系统投资，在保证用电安全和自然资源条件允许时，应尽量降低太阳能在发电系统中的能源比率；

由于水平轴风机的启动风速高（小型风机≥3m/s）、需较高风速才能发电、能量转化效率低，垂直轴风机在较低的风速时即可发电，同样的用电需求，所用水平轴风机功率（5kW）大于垂直轴风机（3kW），导致水平轴风机费用较高。对于同样功率的风力发电机，垂直轴风机费用高于水平轴风机，但其体积、重量和所需运行空间均小于水平轴风机，且具有运行稳定、噪音低、无对风要求等优点；

发电系统中，蓄电池的费用较高且寿命较短（一般5～10年），设计时应认真分析油田所在海域的资源条件和用电设备情况，合理地确定储能时间，以减少蓄电池用量、降低系统投资；

风光互补发电系统因利用了两种自然资源，能较好地避免蓄电池过放电，延长电池寿命，虽一次性投资稍高，但供电的安全性、稳定性高于风能发电系统，在边际油田海上平台环境和开发成本许可时推荐采用；

在系统设计同时，调研了国内多个小型风力发电机生产厂家和太阳能电池价格，对发电系统（包括风机、太阳能电池、蓄电池、配套控制器/逆变器等）费用进行了综合评估，小型离网风能发电系统和风光互补发电系统价格为20～50万元人民币。

太阳能和风能发电技术及产品的长足发展，为油田研究开发就地安装、成本低廉、维护管理方便、资源节约、环境友好型的供电系统奠定了良好的基础，研究表明：应用小型离网风能和风光互补发电系统为海上用电负荷较小的边际油田供电是可行的，由于太阳能和风能在我国海上油田的应用尚处起步阶段，应根据油田海上平台的特点来设计、安装风能和风光互补发电系统。

第6章　特高含水期油田数字控制技术

6.1　特高含水期油田数字控制特点

6.1.1　生产过程自动化技术发展概述

在科学技术发展过程中，自动控制起着重要的作用。工业过程自动化一般是指化工、石油、纺织、冶金、机械、电力等工业生产过程的自动化，即采用各种检测仪表、控制仪表、显示仪表及计算机等自动化仪表或装置，对整个生产过程自动检测、监督和控制，以实现各种最优控制和经济指标，保证生产的质量和产量，提高经济效益和劳动生产率，节约能源，改善劳动条件，保证生产安全，保护环境，减少污染等。

在20世纪40年代前，工业生产大多数还是处于手工操作的状态，人们主要靠经验控制生产过程，参数靠人工观察，操作也靠人工去执行，所以劳动强度大，劳动生产率较低，质量差，经济效益低。自20世纪40年代以后，由于自动化仪表获得惊人的发展，生产过程自动化也得到迅速发展。尤其是近20多年以来，自动化技术的发展更为迅速。

近年来，微电子技术、大规模集成电路的发展、微处理器的出现以及微型计算机的出现极大地促进了控制系统的发展。同时，工业生产提出了以优质、高产、低耗为目标的控制要求，也促进了现代控制向深度和广度发展。这一阶段的特点是：现代工业生产过程迅速发展，要求控制系统出现更高一级系统结构和控制规则，出现了多变量，变参数控制系统及数字控制、最优控制、自适应控制、集散型控制系统（DCS），即集计算机技术、控制技术、通讯技术和图形显示（4C）技术于一体的计算机控制系统。这种系统结构上的分散，把计算机分布到车间或装置级上，不仅使系统危险分散，消除了全局性的故障节点，同时增加了系统的可靠性，且可以灵活方便地实现各种新型控制规律和算法，便于系统的分批调试与投运等。DCS的出现及应用，为实现高水平的自动化提供了强有力的技术基础，给工业生产过程自动化向高层次发展带来了深远的影响，使自动化进入了计算机时代，同时，使自动化的概念也发生了变化，已不再局限于工业工程技术领域，提出了以现代控制、系统工程和运筹学相结合的大系统理论。而控制学科与其他学科的相互交叉，相互渗透则向更纵深方向发展，形成第三代现代大系统理论，即智能控制理论。自动化技术工具方面也出现了飞跃，出现电动、气动Ⅲ型单元组合仪表，适应性、功能性更强的数字化系列的组合仪表，如采用微机控制的智能型单元组合仪表，可编程控制器等。

在高技术突飞猛进的年代，传统的生产方式已日趋落后，新型自动化生产将成为企业接受市场挑战的重要保证。在工业发达国家，仪表、控制与自动化作为一种典型技术面临的挑战正在发生变化。

过去，应用仪表与自动化技术的原始动力是使生产和操作更快、更安全、更有效，并使之一体化，以达到增加产量、提高利用率、降低成本及提高质量的目的。但是，随着生产技术的更新进步，生产过程的要求愈来愈复杂严格，如果没有仪表及自动化技术，生产是不可能进行下去的。由于将来的生产在涉及环境保护和能源消耗方面有更严格的法令和要求，如果没有仪表与自动化技术，要达到减少污染与节约能源的目的，更是不可能的。

世界已进入信息与智能的时代。微电子技术、计算机技术、通信网络技术、自动控制技术等高新技术将继续高速发展。在新技术革命席卷全球的潮流下，作为信息工具的各种仪器仪表和过程检测系统与其他领域一样，也获得了突飞猛进的发展。回顾10多年来仪表技术发展的主流，也可以说是微电子技术和计算机技术在仪表领域的广泛应用，其最明显的特点是各种仪器仪表与过程检测系统在经历了50多年的模拟时代，现在已跨入真正的数字时代。在工业过程测量仪表、系统方面，产品领域不断拓宽，应用计算机技术的仪表与系统已普及到连续过程、间隙过程、断续过程实现生产自动化的广阔领域。与此同时，仪表设计制造技术、系统应用技术等亦在蓬勃地发展。工业过程检测仪表、系统的发展有如下特点：

(1)总的发展趋势：目前大公司与仪表厂，向成套或系列化发展，在基本工艺近似的情况下，向多品种发展；小公司与仪表厂则在专用仪表方面寻求一席之地，生产特殊结构的仪表或传感器。

(2)分散型控制系统采用计算机技术：自动控制技术、数据通讯技术、图像显示技术为一体的综合性系统装置，是目前工业过程控制装置的主导产品，也是仪表发展的重要方向。国外除了发展大型分散控制系统外，也开发了中小规模的分散控制系统。

6.1.2 国内外油田自动化技术应用现状

1. 国外油田自动化发展与现状

国外油田自动化发展较早，20世纪50年代中期，美国海湾石油公司建成第一套自动监控输送系统(Ledge Automatic Control Transmission system，简称LACT)装置，解决了原油的自动收集、处理、计量和输送问题，到20世纪50年代末，美国陆地的一些大石油公司已有75%的原油采用LACT装置。在LACT应用的同时，一些原油处理站出现了以闭环控制为特点的就地自动化控制系统。

从20世纪60年代末期以后，计算机及PLC技术已开始应用于油田联合站内的部分生产系统中，如Arco油气公司Iatan East Howard油田将PLC用于注水控制，并很快发展到报警、泵控、橇装试井装置等其他领域。但此时，联合站集输系统还是处于简单常规仪表控制时期。进入20世纪80年代末期以后，随着计量站的形成和中心处理站(简称联合站)的产生，集散控制系统(Distribute Control System，简称DCS)开始应用于联合站集输系统中代替常规仪表。计算机控制系统利用软件自动地监测、控制生产系统的操作，如果工况发生改变，只需对软件参数进行适当调整，同时还可用来执行数据计算、分析与存储，比常规监控系统具有更高的适应性和灵活性。同时，随着通信技术的发展，SCADA(Supervisory Control And Data Acquisition)系统越来越多地应用于油田生产控制与管理中，它可使操作人员从一个或多个控制中心对遥远的设施(如井组、远方泵站、转油站和联合站集输系统)进行监视、控制和数据采集。它把分散的远距离的目标用远程终端(Remote Transmit Unit，简称RTU)通过有线或无线方式集中到分控中心，分控中心通过局域网络再集中到总控中心(或管理中心)。由于SCADA的通信功能和RTU功能较强，比较适合应用于长输管线和大面积分散控制对象。同时，HONEYWELL公司的非线性液位控制可以适应进液的波动。美国通控公司的无模型控制器可以适合大滞后、时变的温度控制，将检测与控制技术集于一体，为油气田控制提供了一体化解决方案。

2. 国内油田自动化发展与现状

我国早在20世纪60年代，就开始研究油田生产自动化系统，30多年来，国内先后有数十家科研院所参与过此类系统的开发，有不少油田多次安装过各种制式的远程测控系统。然而，由于现场工作环境恶劣、技术指标达不到、设备防盗能力差、科技含量低、产品化程度低等原因，产品在实际应用中效果不佳。20世纪90年代初期，我国西部的吐哈、塔里木、海上等新开发油田，由于建设的高起点，引进了国外的自动化系统，取得了较好应用效果，百万吨油田的操作人员基本控制在100人以内。东部几个大油田在20世纪90年代后期开始开发应用自动化技术，但由于受资金和政策等因素的制约，一般都是小规模和试验性质的。近年来，进展明显加快，未来几年资金投入将大幅度提高，油田生产自动化系统的规模和档次将会有巨大飞跃。国内油田自动化建设发展大致分为以下几个阶段：

第一阶段：20世纪70年代前，以零散井、试采井为对象，实现压力、流量、温度自动检测。对原油集输系统的运行控制大多是注意安全性、可靠性及原油脱水的精度，用大冗余处理各种干扰因素，控制方案简单。但在原油含水率增大、产液量波动大的情况下不能保证控制效果。

第二阶段：20世纪80年代，控制系统主要用DDZ－Ⅱ和Ⅲ型仪表，并且取得了一定的经济效益。但这些常规仪表组成的控制系统有一定的局限性。

第三阶段：20世纪90年代中后期以来，随着计算机价格的不断降低、性能价格比和可靠性的提高，各行业已纷纷将计算机用于工业过程控制。石油工业中也大量引进了计算机控制，使我国油气田自动化实现了由单井、单个装置、单站自动化向全油田、全线自动化的转变。

6.1.3 油田自动控制系统的特点

1. 油田自动化生产特点

(1)控制点分散。井口散布于油区各点，井口间的距离较大。配注计量站、水源井分布其间。最远控制端离中心控制室50km左右。

(2)自然环境恶劣。油田现场，冬天寒冷风大，环境温度最低可至－40℃，夏天干燥炎热，油井现场设备内部温度可高达80℃左右，而且昼夜温差很大。

(3)通讯环境差。油田不同地区地形复杂，有些地区地势变化尽管不算陡峭，但并不能完全实现点对点的可视通信。所以在通信系统方案设计上，应充分考虑系统信道能否真正畅通，确保SCADA系统安全、高效运行。

(4)控制复杂。抽油井及注水井实现远程起停、配注计量站实现自动排序计量。系统接口复杂。与另一套自动化SCADA系统实现无缝连接，与联合站DCS只能以OPC方式实现连接。

(5)系统安全性要求极高。油田是生产性企业，安全生产是首先必须保证的。所以，对油田自动化SCADA系统也提出了极高的安全性要求。

2. 油田自动化存在的问题

随着油田开发的深入，油田生产进入特高含水开发后期，新的开发手段、开发技术不断得到推广应用。油、气、水介质条件、工况条件、环境条件和工艺流程都发生了很大的变化，因此不可避免地会出现一些新的矛盾和问题。

(1)由于近年来油田生产工艺中的介质、工况及环境条件都发生了较大的变化,一些现场仪表和检测控制方法有的已不适用。

(2)近年来油田上应用较多的传统计算机控制系统,以商用或工业 PC 机系统直接作为检测控制设备,采用将 FO 模板直接插入主机箱总线扩展的方式实现对 FO 接口电路的扩展,用于参数较多且集中的场合,各种检测和控制参数全部接入主机箱中的 I/O 模板,属于一种集中式计算机控制系统。应用于油田生产这种较为恶劣的工作环境中,普遍存在输入、输出接口板之间干扰严重、可靠性差、故障率高等问题,管理维护难度较大。

(3)油田生产工艺日趋复杂,工艺环节之间的关联和耦合,以及油水分离器液位控制难度的加大,都给平稳操作生产工艺及合理控制生产技术指标增加了难度。

(4)近年来,随着工控系统软件及硬件的高速发展,目前的控制系统对生产过程中各种工艺、设备、环境参数检测和监控的及时性、全面性、准确性都达不到油田生产科学管理和生产决策的要求。

因此,需要对油田生产过程及控制要求进行分析,对系统控制策略和算法进行优化,进行软件与硬件的开发,建立一套满足油田生产要求的计算机监控系统。

6.1.4 计算机控制系统的特点

计算机控制系统的主要特点可以归纳为以下几点:

(1)系统结构特点:计算机控制系统必须包括计算机,它是一个数字式离散处理器。此外,由于多数系统的被控对象及执行部件、测量部件是连续模拟式的,因此,还必须加入信号变换部件(如 A/D 及 D/A 转换器)。所以,计算机控制系统通常是模拟与数字部件的混合系统。

(2)信号形式上的特点:连续系统中各点的信号均为连续模拟信号,而计算机控制系统有多种信号形式,由于计算机是串行工作的,必须按一定的采样间隔(称为采样周期)对连续信号进行采样,将其变为在时间上断续的信号才能进入计算机。所以,它除了有连续模拟信号外,还有离散模拟、离散数字、连续数字等信号形式,是一种混合信号形式系统。

(3)系统工作方式上的特点:在连续控制系统中,控制器通常都是由不同的电路构成,并且一台控制器仅为一个控制回路服务。在计算机控制系统中,一台计算机可同时控制多个被控量或被控对象,即可为多个控制回路服务。每个控制回路的控制方式由软件来形成。同一台计算机可以采用串行或分时并行方式实现控制。

尽管连续控制系统具有可靠性高、电路简单、维护方便等特点,由其组成的常规仪表在工业生产中已获得了广泛的应用,但随着科学技术的发展,现代工业生产对自动化的要求越来越高,这种常规连续控制系统的应用受到了极大的限制,已难以实现多变量复杂的控制,难以实现自适应控制。与连续控制系统相比,计算机控制系统除了能完成常规连续控制系统的功能外,还表现出如下一些独特的优点:

(1)运算速度快、控制精度高。

由于计算机的运算速度快、控制精度高,具有极强的逻辑判断功能和大容量的存储能力,因此能实现复杂的控制规律,如最优控制、自适应控制及自学习控制等,从而可达到较高的控制质量。

(2)性能价格比值高。

尽管一台计算机最初投资较大,但增加一个控制回路的费用却很少。对于连续系统,模拟硬件的成本几乎和控制规律复杂程度、控制回路多少成正比；而计算机控制系统中的一台计算机却可以实现复杂控制规律，并可同时控制多个控制回路，因此它的性能价格比值较高。

(3)可实现柔性控制。

由于计算机控制系统的控制规律是由软件实现的，并且计算机具有强大的记忆和判断功能，所以，极易实现工作状态的转换，实现不同的控制功能，因此它的适应性强，灵活性大。此外，计算机是一种可编程的智能设备，易于修改系统功能和特性，便于构成一种柔性（弹性）系统。

(4)体积小、重量轻、成本低。

随着微电子技术的发展，大规模集成电路的出现，计算机具有体积小、重量轻、成本低的特点。与连续控制系统相比，计算机控制系统也有一些缺点与不足。例如，抗干扰能力较差，特别是由于系统中插入数字部件，信号复杂，给设计实现带来一定困难。但全面比较起来，随着对自动控制系统功能要求的不断提高，计算机控制系统的优越性表现得越来越突出。现代的控制系统不管是简单的还是复杂的，几乎都是采用计算机进行控制的。

6.2 自动控制技术

6.2.1 PID 控制

1. 理想 PID 控制算法

在控制器中，设定值 r 与测定值 y 相比较，得出偏差 $e=r-y$，并依据偏差情况，给出控制作用 u。在时间连续类型中，理想 PID 常用表示形式为：

$$u = K_C\left(e + \frac{1}{T_i}\int_0^t e\mathrm{d}t + T_d\frac{\mathrm{d}e}{\mathrm{d}t}\right)$$

$$\text{或}\quad u(s) = K_C\left(1 + \frac{1}{T_i s} + T_d s\right)e(s) \qquad (6-1)$$

式中 K_C ——控制其比例增益；

T_i ——积分时间；

T_d ——微分时间。

在上述控制算法中，只包含第一项时，称为比例(P)作用；只包含第二项时，称为积分(I)作用；第三项称为微分(D)作用，但不采用，因为不能起到使被控变量接近设定值的效果；只包含第一、二项的是比例积分(PI)作用，只包含第一、三项的是比例微分(PD)作用；同时包含这三项的是比例积分微分(PID)作用。

在离散控制系统中，要把 PID 控制算式进行离散化处理，里边实现计算机控制。以为这里只能获得 $e(k)=r(k)-y(k)$ $(k=1,2,\cdots)$ 的信息，所以比例作用只能采样进行，积分作用须通过数值积分，微分作用须通过数值微分。

离散 PID 控制算法可分为三类：位置算法、增量算法、速度算法。

1)位置算法

理想 PID 控制位置算法很容易从式(6-1)得到：

$$u(k) = K_C e(k) + \frac{K_C}{T_i}\sum_{i=0}^{k} e(i)T_s + K_C T_d\frac{e(k)-e(k-1)}{T_s} \qquad (6-2)$$

或

$$u(k) = K_C e(k) + K_I \sum_{i=0}^{k} e(i) + K_D[e(k) - e(k-1)] \tag{6-3}$$

式中 $K_I = \dfrac{K_C T_s}{T_i}$——积分系数；

$K_D = \dfrac{K_C T_s}{T_i}$——微分系数；

T_s——采样周期。

式(6-2)和式(6-3)是理想 PID 位置算法，它的输出 $u(k)$ 与控制阀（或执行器）的开度（位置）是一一对应的。这种算法需要计算机重复计算每一刻区间阀位的绝对值。

2）增量算法

PID 控制增量算法为相邻两次采样时刻所计算的位置值之差，即：

$$\Delta u(k) = u(k) - u(k-1)$$

$$\Delta u(k) = K_C[e(k) - e(k-1)] + K_I e(k) + K_D[e(k) - 2e(k-1) + e(k-2)] \tag{6-4}$$

设 $\Delta e(k) = e(k) - e(k-1)$

则 $\Delta u(k) = K_C \Delta e(k) + K_I e(k) + K_D[\Delta e(k) - \Delta e(k-1)]$ (6-5)

式(6-4)或式(6-5)就是理想 PID 控制增量算法，其输出 $\Delta u(k)$ 表示阀量的增量，控制阀每次只按照增量大小动作。

3）速度算法

速度算法计算公式如下：

$$v(s) = \frac{\Delta u(s)}{T_s} = K_C \cdot \frac{\Delta e(k)}{T_s} + \frac{K_C}{T_i} \cdot e(k) + \frac{K_C T_d}{T_s^{\,2}} \cdot [\Delta e(k) - \Delta e(k-1)] \tag{6-6}$$

三种算法的选择，一方面要考虑执行器的形式，另一方面要分析应用时的方便性。

从执行器的形式看，位置算法的输出除非用数字控制阀可直接连接外，一般经过 D/A 转换为模拟量，并通过保持电路，把输出信号保持到下一个采样周期的输出信号到来时为止；增量算法的输出可通过步进电机等累积机构化为模拟量，而速度算法的输出须采用积分式执行机构。

从应用方面来看，采用增量算法和应用算法，手自动切换比较方便，因为他们可以从手动时的 $u(k)$ 出发，直接求取在投入自动运行时应该采取的增量 $\Delta u(k)$ 和变化速度 $\Delta u(k)/T_s$。同时，这两类积分算法不会产生积分饱和现象，因为他们求出的是增量和速度，即使偏差长期存在，$\Delta u(k)$ 一次次地输出，使执行器达到极限位置，但只要 $e(k)$ 换向，$\Delta u(k)$ 也即换向，输出立即脱离饱和状态。当然，加上一些必要的措施，手自动切换和积分饱和问题在位置算法中也可以解决。

2. 控制度和采样周期

离散的 PID 控制算法与模拟 PID 控制算法相比，有不少优点，例如，P，I，D 三个作用是独立的，可以分别整定，没有模拟控制器参数间的关联问题，用计算机实施时，等效的 T_i 和 T_d 可以在更大范围内自由选择：积分作用和微分作用的某些改进可以更为灵活多变。但是人们在实践中也发现，如果采用等效的 PID 参数，离散 PID 控制品质往往差于连续控制（如图 6-1 所示）。

设图 6－1 的曲线 1 是连续 PID 控制时的控制器输出，在同样偏差与 PID 参数下，离散 PID 输出如图 6－1 曲线 2 所示。图中曲线 2 可以通过个线段的中点的连线来近似，可以看出，它比连续控制要推迟一段时间 $1/2T_s$。这就是说，采用离散 PID 控制算法时，等效于在连续控制回路中串接了一个 $\tau = 1/2T_s$ 的时滞环节，这当然要使系统的品质变差。为此定义了控制度这个术语。

$$控制度 = \frac{[\min\int_0^\infty e^2 \mathrm{d}t]_{\mathrm{DDC}}}{[\min\int_0^\infty e^2 \mathrm{d}t]_{\mathrm{ANA}}} = \frac{\min(ISE)_{\mathrm{DDC}}}{\min(ISE)_{\mathrm{ANA}}} \tag{6-7}$$

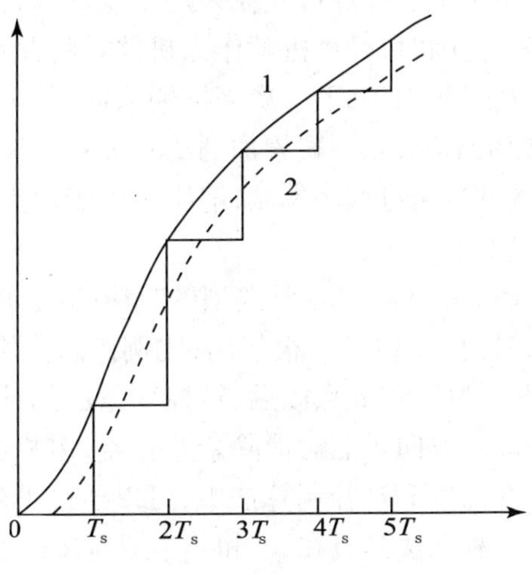

图 6－1 连续与离散控制比较

式(6－7)中的下标 DDC 和 ANA 分别表示离散控制和连续控制，min 项是指通过参数最优整定而能达到的平方积分鉴定值。

采样周期的选择十分重要，香农定理规定了采样周期的上限，采样不失真的条件是采样频率不小于信号中所含最高频率的两倍，这样才不会因为频谱重叠而引起畸变，因此，采样周期必须小于工作周期的一半。

一半应使控制度不大于 1.2(至少不超过 1.5)，为此通常选择：$T_s = (\frac{1}{6} \sim \frac{1}{15}) T_p$。

T_p 为工作周期，作为折中的选择，可取 $T_s = 0.1T_p$。各类控制系统的工作周期是不相同的，采样周期也就有差别。表 6－1 提供的数据可供参考。

表 6－1 各种控制系统的采样周期

被控变量	T_s 范围，s	常用 T_s 值，s
流量	1～5	1
压力	3～10	5
液位	5～8	5
温度	15～20	20
成分	15～20	20

3. 理想 PID 控制算法的改进

1)积分算法的改进

引入积分作用的目的是消除余差，离散 PID 控制算法中的积分控制作用有三点值得改进。

(1)圆整误差问题。

在位置算法中积分作用的输出为：

$$u_{\mathrm{I}} = \frac{K_{\mathrm{C}} T_s}{T_{\mathrm{i}}} \sum_{i=0}^{k} e(i) = K_{\mathrm{I}} \sum_{i=0}^{k} e(i) \tag{6-8}$$

在增量算法中积分作用的输出为：

$$\Delta u_{\mathrm{I}} = \frac{K_{\mathrm{C}} T_s}{T_{\mathrm{i}}} e(k) = K_{\mathrm{I}} e(k) \tag{6-9}$$

由于工业计算机往往采用定点计算，存在字长精度限制问题，当运算精度超过机器字长精度表示范围时，计算机就作为机器零将此数丢掉。当 $\Delta u_I(k)$ 出现机器零时，开始把 $e(k)$ 保留在累加单元内，到下一次采样输入时，把 $e(k+1)$ 与它相加起来，看 $\Delta u_I(k+1)$ 是否大于机器零，如仍不行，则一直累加到 $\Delta u_I(k+i)$ 不为零为止，此时将 $\Delta u_I(k+i)$ 输出，并把累加单元清零。这样，通过程序编制，解决了由于定点运算丢掉积分作用的问题。

(2)积分分离。

图 6-2(a)是一条典型的响应曲线，图 6-2(b)和图 6-2(c)分别画出采用连续 PI 控制算法时的 U_P 和 U_I。很显然，比例控制作用 U_P 和偏差 e 是同步的，而积分作用 u_I 却落后于1/4周期。例如，在 d 点以后，被控变量已回升，积分作用仍维持原来的方向，继续加强控制作用，这种动作方向虽然对消除余差有益，但相位滞后是加剧振荡的根源。

在离散 PID 控制算法中，可以通过下列途径改变这一情况：

一种办法是只在 u_P 和 u_I 同方向时，才把积分作用引入；而在 u_P 和 u_I 反方向时，把 u_I 切除，这在计算机上是很容易办到的。

由图 6-3 可见，采用积分分离算法时，在达到同样的衰减比下，显著的降低了被控变量的超调量，大大缩短了过渡过程时间，提高了系统的品质。

(3)数值积分的改进。

虽然 PID 控制算法中积分项对跳码和噪声的敏感性比微分项要小，但是如果采用梯形求积公式：$\sum \frac{e(k)+e(k-1)}{2}$ 代替矩形求积公式 $\sum e(k)$ 来进行数字积分，可提高积分计算的精度，且少受噪声的影响。当然，它要付出一定的代价，即要求增加计算时间和内存容量。

2)微分算法的改进

(1)微分先行。

微分先行只是对被控变量求导，而不对设定值求导。这样，在改变设定值时，输出不会突变，而被控变量的变化，通常是比较和缓的。设微分作用为 u_D 此时控制算法为：

$$\Delta u_D(k) = -K_D[y(k) - 2y(k-1) + y(k-2)] \tag{6-10}$$

微分先行的控制算法明显改善了随动系统的动态特性，而静态特性不会产生影响，所以这种控制算法在模拟式控制器中也在采用。

(2)不完全微分。

不完全微分是用实际的 PD 来代替理想的 PD 环节。这样，在偏差有较快变化以后，微分作用不会一下子太剧烈，但可保持一段时间，在模拟式控制器中就是这样做的。在离散 PID 控制算法中，P，I，D 三个作用是独立的，因此，可以整体地串接一个

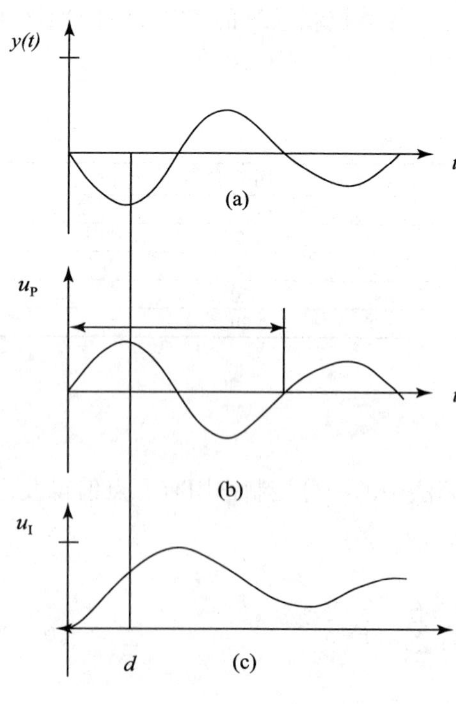

图 6-2 PID 控制过程一例

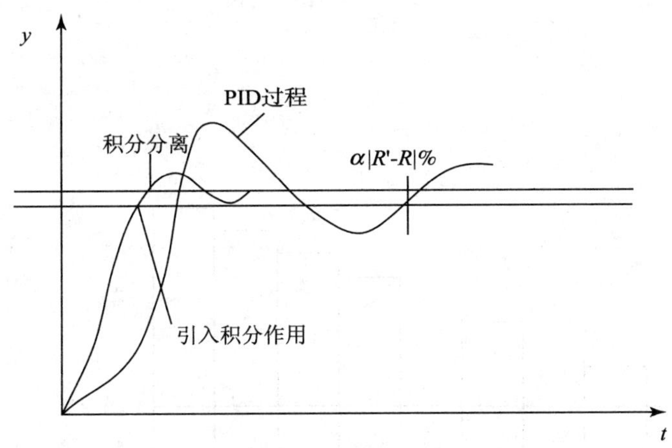

图6-3　具有积分分离的PID控制过程

$\dfrac{1}{\dfrac{T_d}{K_D}\cdot s+1}$环节，也就是说，串接一个低通滤波器，把它接在输入端比接在输出端更为合适，如图6-4所示。

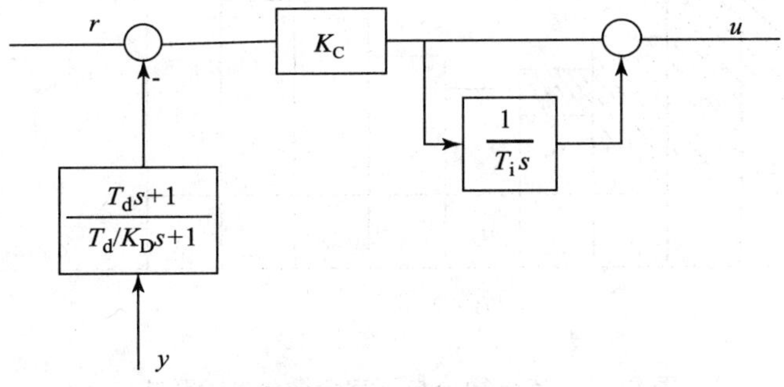

图6-4　微分先行

在同样阶跃输入下，采用同样PID参数，完全微分与不完全微分PID的输出如图6-5所示。

(3)四点中值差分法。

为了减少噪声的影响，输入滤波是必要的，上述不完全微分就是一种输入滤波。除此之外，应用很成功的一个方法就是采用四点中值差分(如图6-6所示)。把$e(k)$，$e(k-1)$，$e(k-2)$和$e(k-3)$四者的平均值作为偏差进行差分运算：

$$e(k)=\frac{1}{4}\sum_{i=0}^{3}e(k-i) \tag{6-11}$$

即取这四点$e\sim t$平面上与中点连线，求取各自的斜率，把这斜率的平均值作为$e(k)$的导数(见图6-6)，即：

$$\frac{\Delta\bar{e}(k)}{T_s}=\frac{1}{4}\left[\frac{e(k)-e(k-1)}{1.5T_s}+\frac{e(k-1)-\bar{e}(k)}{0.5T_s}+\frac{e(k-2)-\bar{e}(k)}{(-0.5T_s)}+\frac{e(k-3)-\bar{e}(k)}{(-1.5T_s)}\right] \tag{6-12}$$

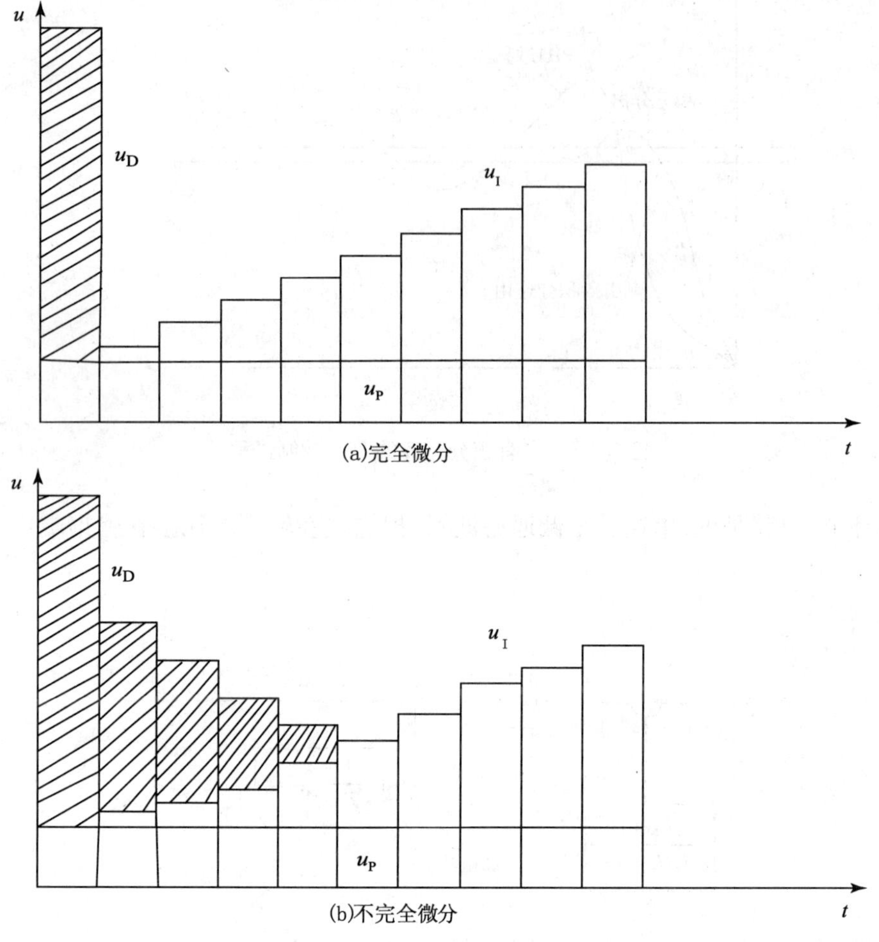

图6-5　完全微分与不完全微分的阶跃响应

整理上式可得：

$$\frac{\Delta\bar{e}(k)}{T_s}=\frac{1}{6T_s}[e(k)+3e(k-1)-3e(k-2)-e(k-3)] \tag{6-13}$$

如采用位置算法，就取 $\frac{\Delta\bar{e}(k)}{T_s}$ 值代替 $\frac{e(k)-e(k-1)}{T_s}$。如采用增量算法，取：

$$\frac{\Delta\bar{e}(k)}{T_s}-\frac{\Delta e(k-1)}{T_s}=\frac{1}{6T_s}[e(k)+2e(k-1)-6e(k-2)+2e(k-3)+e(k-4)] \tag{6-14}$$

3）带有不灵敏区的PID控制算法

对于某些要求控制作用尽量少变的场合，可以采用带有不灵敏区的PID控制算法，即：

$$\text{当}|r(k)-y(k)|=|e(k)|>B, u(k)=u(k)$$

$$\text{当}|r(k)-y(k)|=|e(k)|\leqslant B, u(k)=u(k-1) \tag{6-15}$$

式中 B 为不灵敏区；$u(k)$ 为控制器 k 时刻的输出，$u(k-1)$ 为控制器第 $(k-1)$ 时刻的输出。

4. 二维 PID 控制

为了使控制系统对设定值变化和扰动变化都有较好的控制品质,在集散控制系统中采用了两种形式的二维 PID 控制。

图 6-7(a)将 PID 作用于偏差和测量。为了消除余差,积分作用的输出应是偏差的函数;为了防止调整设定时输出不发生跳变,微分应先行,因此,微分作用输出应是测量的函数;比例作用是最基本的控制作用,应该是测量和偏差的函数。图中,设置了两个可调函数 α 和 β,当 $\alpha=\beta=0$ 时,得到常规的 PID 控制,即 PID 输出是偏差的函数;当 $\alpha=\beta=1$ 时,得到 I-PD 控制,即积分输出是偏差函数,比例微分输出时测量的函数。调整 α 和 β 可使控制系统在定值和随动控制时都有较好的控制品质。

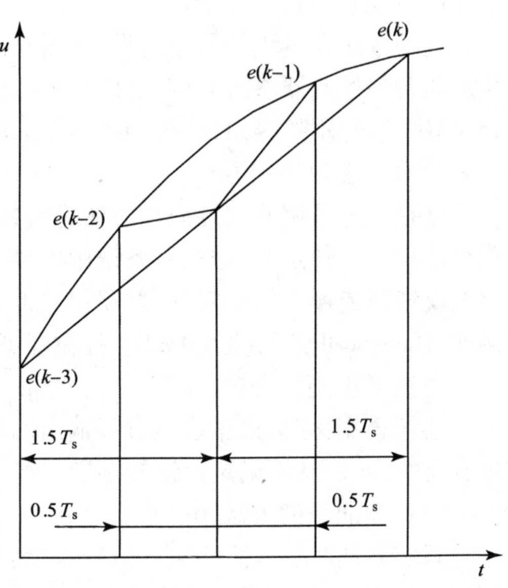

图 6-6 四点中值差分

图 6-7(b)将设定信号经滤波通道 $H(s)$ 后再与测量比较,得到偏差信号,有好多传递信号的形式,起滤波作用。工作原理是:定值控制时,调整 PID 参数,使系统有较好的控制品质;随动控制时,通过中滤波参数的调整,使设定值变化时,控制品质较好。在一些单回路控制器中已经提供这类控制功能模块,可直接使用。

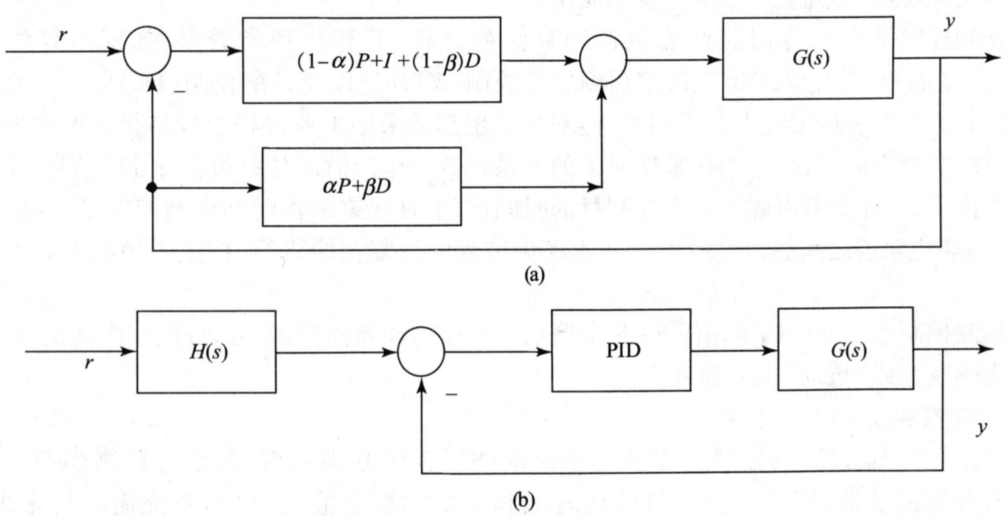

图 6-7 二维 PID 控制系统框图

5. 自调整控制

控制器的参数需要根据被控对象的特性调整。在集散控制系统中,由于控制回路较多,加上过程常是时变的,为此,集散控制系统也常提供控制器参数的自动调整。有多种方法进行控制器参数的自动调整。

1)辨识和控制相结合的方法

这种方法在过程变量超过设定的目标限值时，自动发出辨识信号，对过程模型进行辨识，并据此调整控制器参数。例如，Foxboro 公司的 760/761 和 762 控制器、横河公司的 YS－80 和 YS－100 系列控制器，ABB 公司的 Novatune 控制器等都采用了这种方法。

2)采用极限环的方法

这是一种采用非线性识别方法进行控制器参数设定的方法。通常采用继电反馈方式进行非线性识别。整定时，在控制系统中串接一个无滞环，无死区的继电特性的非线性环节，通过继电反馈形成稳定的极限环，并获得被控对象的模型参数，根据这些参数来设定控制器参数。例如，Honeywell 公司的 KMM211 控制器就采用了这种自整定方式。

3)波形识别的方法

在符合变化时，根据过渡过程输出的波形，检测其第一、二峰值及振荡周期等，计算其衰减度和有关参数，从而确定控制器参数。

4)反应曲线的方法

系统开环时加入阶跃输入信号，检测系统的输出反应曲线，自动计算被控对象的比例增益周期和响应时间，用反应曲线整定方法确定控制参数。

6.2.2 预测控制

预测控制是一种基于模型的计算机控制算法。它利用模型来预估过程未来的输出与设定值之间的偏差，据此采用“滚动式”的最优化策略计算当前的控制输入。它对数学模型的要求不高，具有良好的跟踪性能，并对模型误差等具有较强的鲁棒性。由于这些特点更加符合工业过程的实际要求，得到了广泛的重视和应用。

预测控制是一类特定的计算机控制算法的总称，其算法种类繁多，如模型算法控制(MAC)、动态矩阵控制(DMC)、模型预测启发控制(MPHC)以及预测控制(PC)等。虽然各类预测控制算法在表现形式上各不相同，但基本思想都是采用工业过程中较易得到的对象脉冲响应或阶跃响应曲线，把它们在采样时刻的一系列数值作为描述对象动态特性的信息，从而构成预测模型，这样就可以确定一个控制量的时间序列，使未来一段时间中被控变量与经过“柔化”后的期望轨迹之间的误差最小。上述优化过程的反复在线进行，构成了预测控制的基本思想。

预测控制系统的结构可用图 6－8 来概括。它包括预测模型、参考轨迹、在线校正、控制输入的优化及在线“滚动”地实现方式。

1. 预测模型

在预测控制算法中，需要一个描述系统动态行为的基础模型，称之为预测模型。它应该具有预测的功能，即能根据系统的现时刻和未来的控制输入，预测系统输出的未来值。在预测控制中，大多算法都是把脉冲响应或阶跃响应作为预测模型，这是由于这类非参数模型在实际工业过程中较易直接辨识。图 6－9 所示为单位阶跃输入下的响应曲线，一般可表示为：

$$y(k+1) = h_1 u(k) + h_2 u(k-1) + \cdots + h_N u(k+1-N) = \sum_{i=1}^{N} h_i u(k+1-i) \qquad (6-16)$$

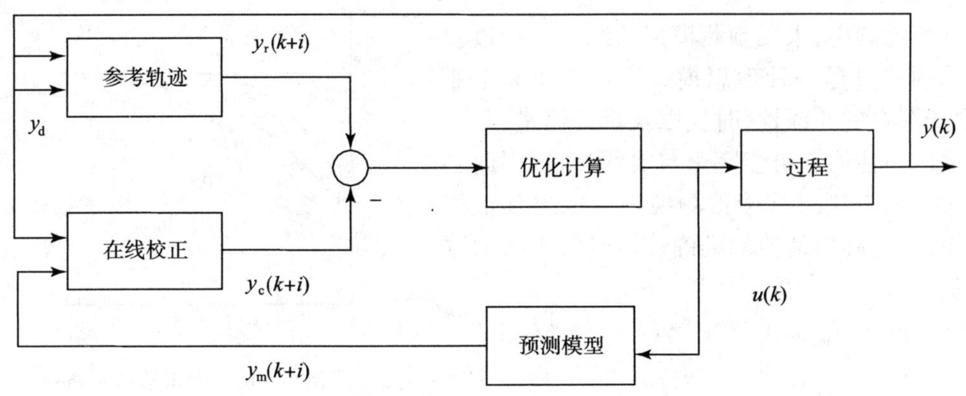

图 6－8 预测控制系统原理框图

式中 $h_i = a_i - a_{i-1}$——过程脉冲响应系数；

a——过程的阶跃响应系数；

N——一个较大的整数，能使过渡过程基本上得到完成，即 $h_N = 0$。

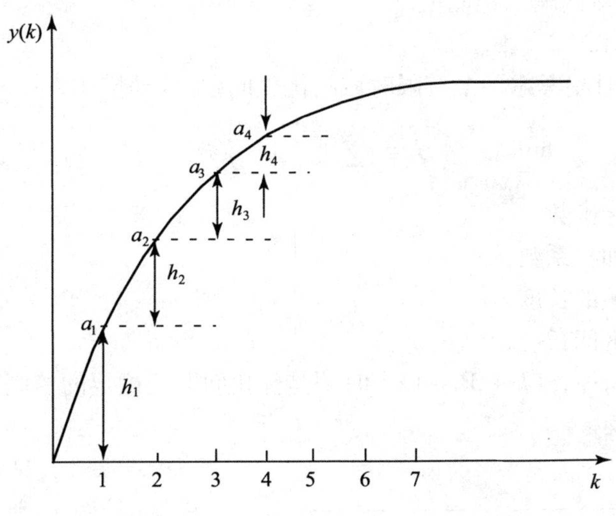

图 6－9 单位阶跃输入下的响应曲线

2. 参考轨迹

在预测控制算法中，考虑到过程的动态特性，为避免过程出现急剧变化的输入和输出，往往要求输出沿着一条所期望的平缓的曲线达到设定值，这条曲线通常称为参考轨迹，它是设定值经过在线“柔化”后的产物。目前最广泛采用参考轨迹为一阶：

$$y_r(k+i) = a^i y(k) + (1-a^i) y_d \quad (i = 1,2,\cdots,p) \tag{6-17}$$

式中 y_d——设定值；

$y_r(k+i)$——参考轨迹值；

$y(k)$——现时刻输出测定值；

a——参考轨迹中决定其收敛速度的系数。通常 $0 \leqslant a \leqslant 1$。参考轨迹的形状与 a 的关系如图 6－10 所示。

3. 在线校正

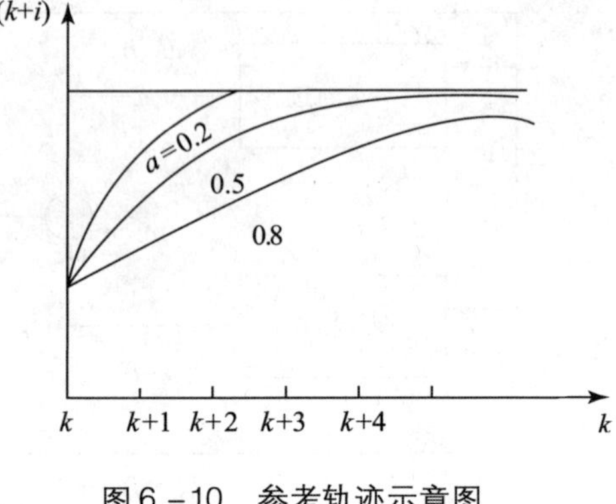

图6－10　参考轨迹示意图

在预测控制中,采用预测模型单纯地进行过程输出值的预估只是一种理想模式。对于实际工业过程,由于存在的非线性、时变以及扰动因素,基于模型的输出预估值不可能完全与实际相符,因此必须采用矫正的方法对基于预测模型的输出预估值进行修正,以提高预估值的准确性。经校正后的输出预估值 $y_c(k+j)$ 为:

$$y_c(k+j) = y_m(k+j) + [y(k) - y_c(k)] \tag{6-18}$$

式中　$y_m(k+j)$ ——基于预测模型的输出预估值,$y_m(k+j) = \sum_{i=1}^{N} h_i u(k+j-i)$,($j=1,2,\cdots,p$,其中,$p$ 为预估的区间长度);

$y_c(k)$ ——现时刻的预估值;

$y(k)$——现时刻的输出预测值。

4. 控制输入的优化

预测控制在每一时刻考虑一个有限时域的优化问题,数学描述为:

$$\min_{\underbrace{u(k),u(k+1),\cdots,u(k+M-1)}} J = \sum_{j=1}^{p} \| y_r(k+j) - y_c(k+j) \|^2 Q_i \tag{6-19}$$

式中　J——优化目标函数;

Q_i——非负的加权系数;

M——控制时域的长度。

p——预估计区间长度;

$[u(k),u(k+1),\cdots,u(k+M-1)]$ 时刻是优化问题要确定的控制输入。控制输入的优化方式如图6－11所示。

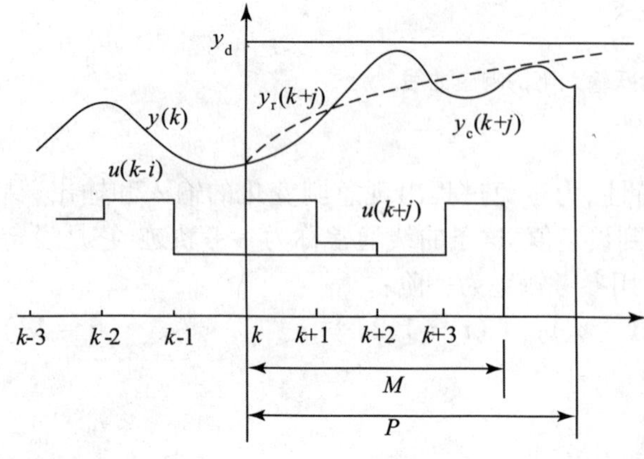

图6－11　控制输入的优化方式

5. 在线滚动实现方式

在预测控制中,通过求解优化问题,可以得到现时刻所确定的一组最优控制输入 $[u(k),u(k+1),\cdots,u(k+M-1)]$,然而对系统施加这组控制输入的方式有三种。其中之一是只施加第一个控制输入 $u(k)$,等到下一个采样时刻 $(k+1)$,再根据采样到的过程真正输出值 $y(k+1)$,重新进行优化,计算出新的一组最优控制输入,依此类推,滚动推进,是一种在线滚动式的实现方式。它可以有效地克服过程中一些不确定性因素,提高控制系统的鲁棒性。

预测控制在工业应用上颇为成功，在理论上也有特色，这类控制系统具有较好的鲁棒性，即使实际过程的特性与模型有一定程度的失配，仍能良好工作。这与其他按摩型来设计的系统相比有明显的优越性。这是由于预测控制采用了滚动的时域指标，通过当时的预测值来设计控制算法。优化目标随时间而推移，而不是一成不变。优化过程不是一次离线进行，而是反复在线进行。滚动优化目标有局限性，结果可能是次优的，但是却能顾及模型失配等不确定性。也有人认为采用内部模型是预测控制的精髓。预测控制系统也可画成图 6－12 所示的框图，该图说明了内部模型控制的特点。

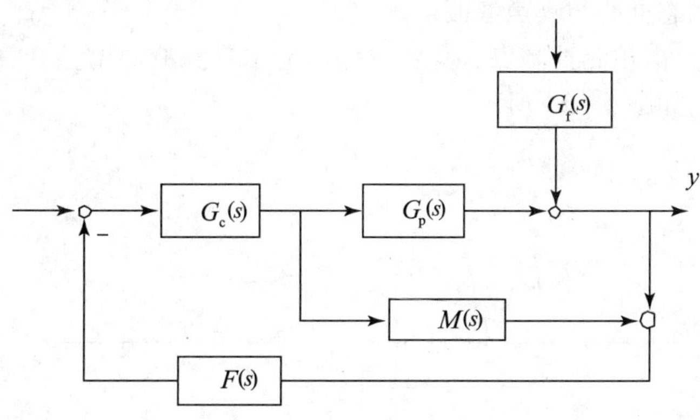

图 6－12　内模控制的方框图

图 6－12 中的 $G_p(s)$ 为广义对象，$G_c(s)$ 为控制器，与简单的反馈控制系统相比，这里增加了内部模型（或称内模）$M(s)$ 和滤波器 $F(s)$ 。在此，内模 $M(s)$ 实质上起着两方面作用，一是用以产生被控变量的预测值 $y_m(t)$ ，二是用以作为 $G_c(s)$ 设计的依据。

可以想见，如果模型 $M(s)$ 与对象 $G_p(s)$ 完全一致，而且扰动 $F(t)$ 为零，则两者输出的偏差 $e_m(t)$ 也将为零。设能达到这种理想的稳定，则这个闭环系统实质上与开环没有区别，要使 $y(t)$ 与设定值 $y_d(t)$ 完全一致，充分和必要条件是：$G_c(s)G_p(s)=1$，即：

$$G_c(s)=\frac{1}{G_p(s)}=\frac{1}{M(s)} \tag{6-20}$$

也就是说，应该取内模 $M(s)$ 的逆作为控制规律。

这当然是理想状态。第一，$M(s)$ 可能时滞，此时 $G_c(s)$ 岂不应有时间超前特性。事实上，我们不必要求 $y(t)$ 一开始就完全跟上 $y_d(t)$，而是容许有一定的时间间隔，而且容许有一定的滞后特性，这样 $G_c(s)$ 的物理实现就没有困难了。第二，$M(s)$ 可能与 $G_p(s)$ 不完全一致，模型与对象之间有失配量，这时候通过滤波器 $F(s)$ 的参数选择，可使系统仍有充分的稳定裕量。

总之，预测控制策略采用了双重的预测方式，即基于模型的输出预测和估计偏差的误差预测。闭环的反馈控制主要是针对后者进行的，也就是说，是在模型失配量和扰动作用的影响下进行的。至于控制作用的主体，则依据模型得出，接近于开环控制，对象参数的变化对稳定性的影响要比闭环时小得多。

预测控制方法问世不久，便在航空、石油工业中得到成功的应用。实用预测控制算法已引入 DCS 系统，其中最著名的是 IDCOM（Identification-command）控制算法软件包，广发地应用于实际工业过程，例如加氢裂化、催化裂化、常压蒸馏、石脑油催化重整、固定床加氢脱硫等。美国的 Setpoint 公司已经获得实用 IDCOM 控制技术合法权，并在日本、加拿大组建合资公司，并成功实用 29 种软件包,取得了明显经济效益。例如 IDCOM 用于乙烯装置,可以增加乙烯产量 3%~5%。图 6-13 所示为常规仪表和 IDCOM 软件包在控制精馏塔的输出响应曲线。显然 IDCOM 控制性能优越的多。

此外,还有霍尼韦尔公司开发了HPC,恒河公司的 PREDICTROL,山武霍尼韦尔公司在 TDC-300LCN 系统中的应用模块(AM)上开发了用卡尔曼滤波器的预测控制器。这类预测控制器既保持原来预测控制性能,又减少了测量噪声的影响。在这类预测控制器中,不是单纯地把卡尔曼滤波器置于以往预测控制之前进行噪声过滤,而是把卡尔曼滤波器作为最优状态推测器,同时进行最优状态推测与噪声滤波。

PREDIMAT 主要是由预测控制点、模型计算点、卡尔曼滤波器增益计算点、状态反馈增益计算点和仿真器构成,如图 6-14 所示。

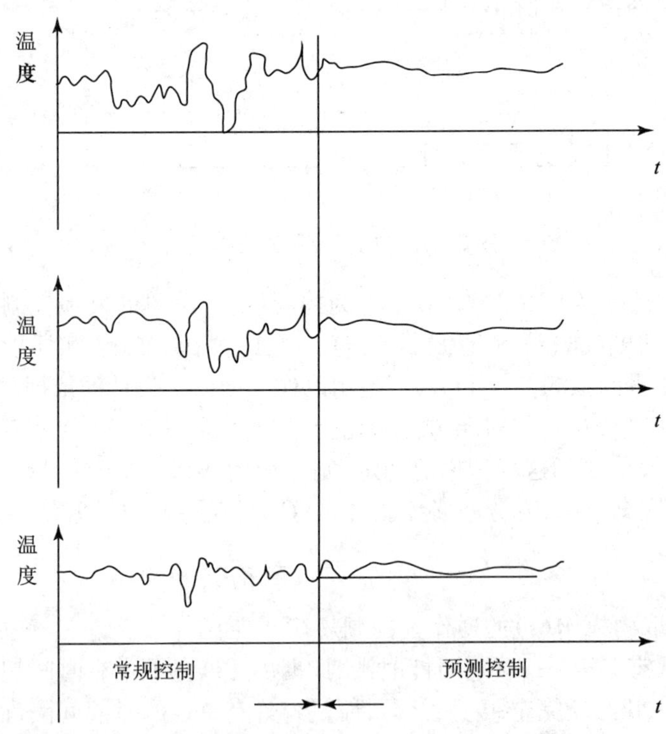

图 6-13 催化裂化装置中精馏塔的预测控制效果

预测控制点(PR-C):预测控制点是由卡尔曼滤波器和状态反馈部分组成的预测控制器的主体。其功能为消除实测值的测量误差。计算 *PV*(被控变量)推测值。根据装置响应模型,计算 *PV* 预测值。求设定值与 *PV* 预测值的偏差,对此偏差乘上反馈增益计算输出值;响应模型计算点(PR-B):根据设定的时间常数,计算阶跃响应时间序列,并将用于设定的阶跃响应模型转换成预测控制器中的脉冲响应模型;状态反馈增益计算点(PR-G):根据设定的加权系数,利用最优控制准则(这里采用线性二次型最优控制),计算状态反馈增益;仿真计算点:包括仿真点(SIM),利用各种预测控制器使用的模型及参数进行仿真。仿真用增益计算点(SIM-G)在仿真系统中,根据设定的加权系数计算反馈增益。

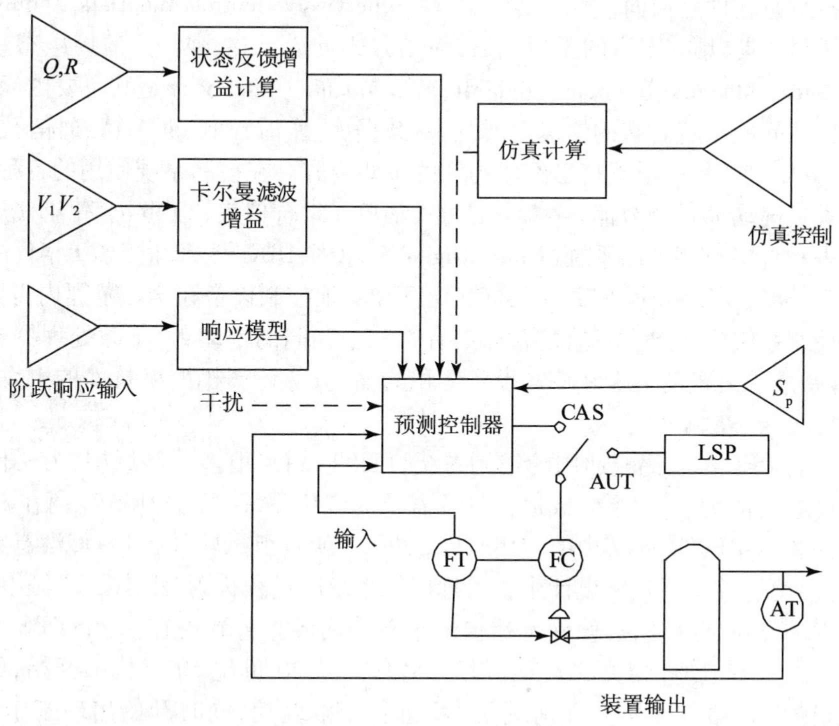

图6－14　PREDIMAT的结构功能

经过十多年的研究和应用,预测控制已经有了很大的发展。在模型的获取上,已不限于非参数模型的结构形式,提出了在辨识基础上建立的各种参数模型结构,例如,在广义预测控制(GRC)中采用了CARIMA模型。即使是非参数模型,也提出了建立模糊模型、表格模型、规则集模型的可能。另外,从控制算法看,也不同于初始的单一看法,根据各种不同的性能指标,如误差的二次函数目标、线性目标、无穷泛数目标或带状目标等,可以导出不同的控制算法。同时,在算法的模式上也有所突破,开始与自适应控制、鲁棒控制、非线性控制等结合起来。例如有一类自适应远程预测控制算法,它们以长时间多步优化取代了经典最小方差控制中的一步预测优化,从而可以方便地应用于大时滞和非最小相位系统,提高了系统的鲁棒性,改善了控制性能。

总之,随着预测控制在工业中的应用以及对其理论研究的深入,这种控制方法将会有更广泛的应用前景。

6.3　监控组态软件

6.3.1　监控组态软件及其发展

"组态"的概念是伴随着集散型控制系统的出现才开始被广大的生产过程自动化技术人员所熟知的。组态的概念最早来自英文Configuration,含义是使用软件工具对计算机及软件的各种资源进行配置,达到使计算机或软件按照预先设置,自动执行特定任务,满足使用者要求的目的。监控组态软件是面向监控与数据采集(Supervisory Control And Data Acquisition,SCADA)的软件平台工具,具有丰富的设置项目,使用方式灵活,功能强大。监控组态软件最早出现时,HMI(Human Machine Interface)或MMI(Man Machine Interface)是其主要内涵,即主要解决人机图形界面问题。随着它的快速发展,实时数据库、实时控制、SCADA、通信及联网、开放数据接口、对I/O设备的广泛支持已经成为它的主要内容。在控制系统使用的各种仪表中,早期的控制仪表是气动PID调节器,后来发展为气动单元组合仪表,20世纪50年代后出现电动单元组合仪表和直接数字控制系统(Direct Digital Control,DDC)。20世纪70年代中期随着微处理器的出现,诞生了第一代DCS。到目前,DCS和其他控制设备在全球范围内得到了广泛应用。计算机控制系统的每次大发展的背后都有着三个共同的推动力:①微处理器技术质的飞跃,促成硬件费用的大幅度下降和控制设备体积的缩小;②计算机网络技术的大发展;③计算机软件技术的飞跃。

由于每一套DCS都是比较通用的控制系统,可以应用到很多的领域中,为了使用户在不需要编代码程序的情况下,便可生成适合自己需求的应用系统,每个DCS厂商在DCS中都预装了系统软件和应用软件,而其中的应用软件,实际上就是组态软件,但一直没有人给出明确定义,只是将使用这种应用软件设计生成目标应用系统的过程称为"组态"或"做组态"。

随着技术的发展,监控组态软件不断被赋予新的内容。直到现在,每个DCS厂家的组态软件仍是专用的(即与硬件相关的),不可相互替代。从20世纪80年代末开始,由于个人计算机的普及,国内开始有人研究如何利用PC进行工业监控,同时开始出现基于PC总线的A/D,D/A、计数器、PID等各类I/O板卡。应该说,国内组态软件的研究起步是不晚的。当时有人在MS-DOS的基础上用汇编语言或C语言编制带后台处理能力的监控组态软件,有实力的研究机构则在实时多任务操作系统iRMX86或VRTX上做文章,均未形成有竞争力的产品。随着MS-DOS和iRMX86用户数量的萎缩和微软公司Windows操作系统的普及,基于PC的监控组态软件才迎来了发展机遇,以力控软件为代表的国内组态软件也经历了这一复杂的过程。世界上第一个把组态软件作为商品进行开发、销售的专业软件公司是美国的Wonderwar公司,它于20世纪80年代末率先推出第一个商品化监控组态软件Intouch。此后监控组态软件在全球得到了蓬勃发展,目前世界上的组态软件有几十种之多,总装机量有几十万套。伴随着信息化社会的到来,监控组态软件在社会信息化进程中将扮演越来越重要的角色,每年的市场增幅都会有较大增长,未来的发展前景十分看好。

表6-2列出了国际上比较知名的几种监控组态软件。

表6-2 知名监控组态软件

序号	公司名称	产品名称	国别
1	Intellution	FIX,iFIX	美国
2	Wonderware	Intouch	美国
3	National Instruments	LabView	美国
4	Rock-Well	RSView32	美国
5	通用电气	Cimplicity	美国
6	西门子	WinCC	德国

1. 监控组态软件成长的历史背景

监控组态软件是伴随着计算机技术的突飞猛进而发展起来的。20世纪60年代虽然计算机开始涉足工业过程控制，但由于计算机技术人员缺乏工厂仪表和工业过程的知识，导致计算机工业过程系统在各行业的推广速度比较缓慢。20 世纪 70 年代初期，微处理器的出现，促进了计算机控制走向成熟。首先，微处理器在提高计算能力的基础上，大大降低了计算机的硬件成本，缩小了计算机的体积，很多从事控制仪表和原来一直就从事工业控制计算机的公司先后推出了新型控制系统。这一历史时期较有代表性的就是 1975 年美国 Honeywell 公司推出的世界上第一套 DCS TDC－2000。而随后的 20 年间，DCS 及其计算机控制技术日趋成熟，得到了广泛应用，此时的 DCS 已具有较丰富的软件，包括计算机系统软件（操作系统）、组态软件、控制软件、操作软件以及其他辅助软件（如通信软件）等。

这一阶段虽然 DCS 技术、市场发展迅速，但软件仍是专用和封闭的，除了在功能上不断加强外，软件成本一直居高不下，造成 DCS 在中小型项目上的单位成本过高，使一些中小型应用项目不得不放弃使用 DCS。20 世纪 80 年代中后期，随着个人计算机的普及和开放系统（Open System）概念的推广，基于个人计算机的监控系统开始进入市场，并发展壮大。组态软件作为个人计算机监控系统的重要组成部分，比 PC 监控的硬件系统具有更为广阔的发展空间。这是因为，第一，很多 DCS 和 PLC 厂家主动公开通信协议，加入"PC 监控"的阵营。目前，几乎所有的 PLC 和一半以上的 DCS 都使用 PC 作为操作站。第二，由于 PC 监控大大降低了系统成本，使得市场空间得以扩大，从无人值守的远程监视（如防盗报警、江河汛情监视、环境监控、电信线路监控、交通管制与监控、矿井报警等）、数据采集与计量（如居民水电气表的自动抄表、铁道信号采集与记录等）、数据分析（如汽车和机车自动测试、机组和设备参数测试、医疗化验仪器设备实时数据采集、虚拟仪器、生产线产品质量抽检等）到过程控制，几乎无处不用。第三，各类智能仪表、调节器和 PC-based 设备可与组态软件构筑完整的低成本自动化系统，具有广阔的市场空间。第四，各类嵌入式系统和现场总线的异军突起，把组态软件推到了自动化系统主力军的位置，组态软件越来越成为工业自动化系统中的灵魂。

组态软件之所以同时得到用户和 DCS 厂商的认可，主要有以下两个原因：

（1）个人计算机操作系统日趋稳定可靠，实时处理能力增强且价格便宜。

（2）个人计算机的软件及开发工具丰富，使组态软件的功能强大，开发周期相应缩短，软件升级和维护也较方便。

目前，多数组态软件都是在 Windos3.1 或 3.2 操作系统下逐渐成熟起来的，国外少数组态软件可以在 OS/2 或 Unix 环境下运行。目前，绝大多数组态软件都运行在 Windows98/NT 环境下。较理想的环境是 Windows NT 或 Windows2000 操作系统，因为其内核是原来的 VMS 的变种，可靠性和实时性都好于 Windows98。

组态软件的开发工具以 C＋＋为主，也有少数开发商使用 Delphi 或 C＋＋Builder。一般来讲，使用 C＋＋开发的产品运行效率更高，程序代码较短，运行速度更快，但开发周期要长一些，其他开发工具则相反。

2. 监控组态软件的发展趋势

1）组态软件作为单独行业的出现是历史的必然

市场竞争的加剧使行业分工越来越细，"大而全"的企业将越来越少（企业集团除外），每个 DCS 厂商必须把主要精力用于他们本身所擅长的技术领域，巩固已有优势。如果他们还是软硬件一起做，就很难在竞争中取胜。今后社会分工会更加细化。表面上看来功能较单一的组态软件，其市场才刚被挖掘出一点点，今后的成长空间还相当广阔。

组态软件的发展与成长和网络技术的发展与普及密不可分。曾有一段时期，各 DCS 厂商的底层网络都是专用的，现在则使用国际标准协议，这在很大程度上促进了组态软件的应用。例如，在大庆油田，各种油气处理装置都分布在油田现场，总面积 $3000km^2$，要想把这些装置的实时数据进行联网共享，在几年前是不可想象的，而目前通过公众电话网，用 MODEM 或 ISDN 将各 DCS 装置连起来，通过 TCP/IP 协议完成实时数据采集和远程监控就是一种可行方案，力控组态软件已经在该项目中投用成功，成为国内规模最大的 HMI/SCADA 应用范例。

2）现场总线技术的成熟更加促进了组态软件的应用

应该说现场总线是一种特殊的网络技术，其核心内容一是工业应用，二是完成从模拟方式到数字方式的转变，使信息和供电同在一根双线电缆上传输，还要满足许多技术指标。同其他网络一样，现场总线的网络系统也具备 OSI 的若干层协议。在这个意义上讲，现场总线与普通的网络系统具有相同的属性，但现场总线设备的种类多，同类总线的产品也分现场设备、耦合器等多种类型，在未来几年现场总线设备将大量替代现有现场设备，给组态软件带来更多机遇。

3）能够同时兼容多种操作系统平台是组态软件的发展方向之一

可以预言，微软公司在操作系统市场上的垄断迟早要被打破，未来的组态软件也要求跨操作系统平台，至少要同时兼容 Win NT 和 Linux/Unix。

Unix 系统是计算机软件最早的程序开发环境，整个 Unix 系统可以粗略地分为三层：最下层是一个与具体硬件相联系的多进程操作系统内核；中间一层是可编程的 Shell 命令解释程序，它是用户与系统内核的接口，是整个 Unix 环境中灵活使用与扩展各种软件工具的工具；最外层是用户的实用工具，有多种程序语言、数据库管理系统及一系列进行应用开发的实用工具。

Unix 系统主要有以下六个特点：

（1）具有一组丰富的实用软件开发工具。

（2）具有方便装卸的分级结构树形文件系统。

（3）具有功能完备、使用简便灵活、同时可编程的命令解释语言 Shell。

（4）支撑整个环境的系统内核紧凑、功能强、效率高。

（5）整个系统不限定在某一特定硬件上，可移植性好。

（6）仍在发展中，不断完善实时控制功能。

Unix 是惟一可以在微、超微、小、超小型工作站和中大、小巨、巨型机上“全谱系通用”的系统。由于 Unix 的特殊背景，它强有力的功能，特别是它的可移植性以及目前硬件突飞猛进的发展形势，吸引了越来越多的厂家和用户。

Unix 在多任务、实时性、联网方面的处理能力优于 Win NT，但图形界面、即插即用、I/O 设备驱动程序数量方面赶不上 Win NT。20 世纪 90 年代以来，Unix 的这些缺点已得到改进，现在的 Unix 图形界面 Xwindow 和 Unix 的变种——Linux 已经具备了较好的图形环境。

4）组态软件在嵌入式整体方案中将发挥更大作用

前面已讲过，微处理器技术的发展会带动控制技术及监控组态软件的发展，目前嵌入式系统的发展速度极为迅猛，但相应的软件尤其是组态软件滞后较严重，制约着嵌入式系统的发展。从使用方式上把嵌入式系统分为两种：带显示器/键盘的和不带显示器/键盘的。

（1）带显示器/键盘的嵌入式系统。这种系统又可分为带机械式硬盘和带电子盘的嵌入式系统两种。

带机械式硬盘(如PC/104可外接硬盘)的嵌入式系统,可装Windows98/NT等大型操作系统,对组态软件没有更多的要求。

不带机械式硬盘(带电子盘)的嵌入式系统,由于电子盘的容量受限(也可以安装大容量电子盘,但造价太高),因此,此类应用只能安装Windows 3.2,Windows CE,DOS或Linux操作系统。目前支持Windows CE或Linux的组态软件很少,用户一般或自己亲自编程,或使用以前的DOS环境软件,但一般都存在2000年问题。力控已经支持Windows CE,Linux版力控也将推出。此类应用规模都不大,但数量却有很大潜力。另外,价格是一个重要因素,如果嵌入式系统的软硬件价格得到进一步降低,其市场规模将是空前的。

(2)不带显示器/键盘的嵌入式系统。这种嵌入式系统一般情况都使用电子盘,只能安装Windows3.2,Windows CE,DOS或Linux操作系统,此类应用有的会带外部数据接口(以太网、RS232/485等),目前,面向此类应用的组态软件市场潜力巨大。

5)组态软件在CIMS应用中将起到重要作用

美国的Harrington博士于1973年提出了计算机集成制造系统(Computer Integrated Manufacturing System,CIMS)的概念,主要内容有:企业内部生产各环节密不可分,需统筹协调;工厂的生产过程,实质就是对信息的收集、传递、加工和处理的过程。CIMS所追求的目标是使工厂的管理、生产、经营、服务全自动化、科学化、受控化,最大限度地发挥企业中人、资源、信息的作用,提高企业运转效率和市场应变能力,降低成本。CIMS的概念不仅适用于离散型生产流程的企业,同样适用于生产连续型的流程行业。在流程行业也有人叫做计算机集成流程系统(Computer Integrated Process System,CIPS)。

自动化技术是CIMS的基础,目前多数企业对生产自动化都比较重视,它们或采用DCS(含PLC)或采用以PC总线为基础的工控机构成简易的分散型测控系统。但现实当中的自动化系统都是分散在各装置上的,企业内部的各自动化装置之间缺乏互联手段,不能实现信息的实时共享,这从根本上阻碍了CIMS的实施。

组态软件在企业CIMS发展过程中能够发挥下面三方面的作用:

(1)充当DCS(含PLC)的操作站软件,尤其是PC-based监控系统。

(2)以往各企业只注重在关键装置上投资,引进自动化控制设备,而在诸如公用工程(如能源监测、原材料管理、产成品管理、产品质量监控、自动化验分析、生产设备状态监视等)生产环节则重视程度不够。这种一个企业内部各部门间自动化程度的不协调也影响CIMS的进程,受到损失的将是企业本身。组态软件在这方面,即技术改造方面也会发挥更大的作用,促进企业以低成本、高效率地实现全厂的信息化建设。

(3)由于组态软件具有丰富的I/O设备接口,能与绝大多数控制装置相联,具有分布式实时数据库,可以解决分散的“自动化孤岛”互联问题,大幅度节省CIMS建设所需的投资。伴随着CIMS技术的推广与应用,组态软件将逐渐发展成为大型平台软件,以原有的图形用户接口、I/O驱动、分布式实时数据库、软逻辑等为基础派生出大量的实用软件组件,如先进控制软件包、数据分析工具等。

6)信息化社会的到来为组态软件拓展了更多的应用领域

组态软件的应用不仅仅局限在工业企业,在农业、环保、邮政、电信、实验室、医院、金融、交通、航空等各行各业均能找到使用组态软件的实例。

随着我国社会进步和信息化速度的加快,组态软件将赢得巨大的市场空间。这将极大地促进国产优秀组态软件的应用,为国产优秀组态软件创造良好的成长环境,促进国产软件品牌的成长和参与国际竞争。

6.3.2 组态软件的设计思想及特点

1. 组态软件的特点

组态软件最突出的特点是实时多任务。例如,数据采集与输出、数据处理与算法实现、图形显示及人机对话、实时数据的存储、检索管理、实时通信等多个任务要在同一台计算机上同时运行。

组态软件的使用者是自动化工程设计人员。组态软件的主要目的是使使用者在生成适合自己需要的应用系统时不需要修改软件程序的源代码,因此,在设计组态软件时应充分了解自动化工程设计人员的基本需求,并加以总结提炼,重点、集中解决共性问题。下面是组态软件主要解决的问题。

(1)如何与采集、控制设备间进行数据交换。

(2)使来自设备的数据与计算机图形画面上的各元素关联起来。

(3)处理数据报警及系统报警。

(4)存储历史数据并支持历史数据的查询。

(5)各类报表的生成和打印输出。

(6)为使用者提供灵活、多变的组态工具,可以适应不同应用领域的需求。

(7)最终生成的应用系统运行稳定可靠。

(8)具有与第三方程序的接口,方便数据共享。

自动化工程设计技术人员在组态软件中只需填写一些事先设计的表格,再利用图形功能把被控对象(如反应罐、温度计、锅炉、趋势曲线、报表等)形象地画出来,通过内部数据连接把被控对象的属性与I/O设备的实时数据进行逻辑连接。当由组态软件生成的应用系统投入运行后,与被控对象相连的I/O设备数据发生变化会直接带动被控对象的属性变化。若要对应用系统进行修改,也十分方便,这就是组态软件的方便性。

从以上可以看出,组态软件具有实时多任务、接口开放、使用灵活、功能多样、运行可靠的特点。

2. 组态软件的设计思想

在单任务操作系统环境下(例如MS-DOS),要想让组态软件具有很强的实时性,就必须利用中断技术,这种环境下的开发工具较简单,软件编制难度大,目前运行于MS-DOS环境下的组态软件基本上已退出市场。

在多任务环境下,由于操作系统直接支持多任务,组态软件的性能得到了全面加强。因此组态软件一般都由若干组件构成,而且组件的数量在不断增长,功能不断加强。各组态软件普遍使用了"面向对象"(Object Oriented)的编程和设计方法,使软件更加易于学习和掌握,功能也更强大。

一般的组态软件都由下列组件组成:图形界面系统、实时数据库系统、第三方程序接口组件、控制功能组件。下面将分别讨论每一类组件的设计思想。

在图形画面生成方面,构成现场各过程图形的画面被划分成三类简单的对象:线、填充形状和文本。每个简单的对象均有影响其外观的属性。对象的基本属性包括:线的颜色、填充颜色、高度、宽度、取向、位置移动等。这些属性可以是静态的,也可以是动态的。静态属性在系统投入运行后保持不变,与原来组态时一致。而动态属性则与表达式的值有关,表达式可以是来自 I/O 设备的变量,也可以是由变量和运算符组成的数学表达式。这种对象的动态属性随表达式值的变化而实时改变。例如,用一个矩形填充体模拟现场的液位,在组态这个矩形的填充属性时,指定代表液位的工位号名称、液位的上下限及对应的填充高度,就完成了液位的图形组态。这个组态过程通常叫做动画连接。

在图形界面上还具备报警通知及确认、报表组态及打印、历史数据查询与显示等功能。各种报警、报表、趋势都是动画连接的对象,其数据源都可以通过组态来指定。这样每个画面的内容就可以根据实际情况由工程技术人员灵活设计,每幅画面中的对象数量均不受限制。

在图形界面中,各类组态软件普遍提供了一种类 Basic 语言的编程工具——脚本语言来扩充其功能。用脚本语言编写的程序段可由事件驱动或周期性地执行,是与对象密切相关的。例如,当按下某个按钮时可指定执行一段脚本语言程序,完成特定的控制功能,也可以指定当某一变量的值变化到关键值以下时,马上启动一段脚本语言程序完成特定的控制功能。

控制功能组件以基于 PC 的策略编辑/生成组件(也有人称之为软逻辑或软 PLC)为代表,是组态软件的主要组成部分。虽然脚本语言程序可以完成一些控制功能,但还是不很直观,对于用惯了梯形图或其他标准编程语言的自动化工程师来说,是太不方便了,因此,目前的多数组态软件都提供了基于 IEC 1131-3(IEC 1131 国际标准第 3 部分:可编程语言)的策略编辑/生成控制组件。它也是面向对象的,但不惟一地由事件触发,它像 PLC 中的梯形图一样按照顺序周期地执行。策略编辑/生成组件在基于 PC 和现场总线的控制系统中是大有可为的,可以大幅度地降低成本。

实时数据库是更为重要的一个组件。因为 PC 的处理能力太强了,因此实时数据库更加充分地表现出了组态软件的长处。实时数据库可以存储每个工艺点的多年数据,用户既可浏览工厂当前的生产情况,又可回顾过去的生产情况。可以说,实时数据库对于工厂来说就如同飞机上的"黑匣子"。工厂的历史数据是很有价值的,实时数据库具备数据档案管理功能。工厂的实践告诉我们:现在很难知道将来进行分析时哪些数据是必需的。因此,保存所有的数据是防止丢失信息的最好的方法。

通信及第三方程序接口组件是开放系统的标志,是组态软件与第三方程序交互及实现远程数据访问的重要手段之一。它有下面三个主要作用:

(1)用于双机冗余系统中,主机与从机间的通信。

(2)用于构建分布式 HMI/SCADA 应用时多机间的通信。

(3)在基于 Internet 或 Browser/Server(B/S)应用中实现通信功能。

通信组件中有的功能是一个独立的程序,可单独使用;有的被"绑定"在其他程序当中,不被"显式"地使用。

3. 对组态软件的性能要求

1)实时多任务

实时性是指工业控制计算机系统应该具有的能够在限定的时间内对外来事件做出反应的特性。在具体地确定这里所说的限定时间时,主要考虑两个要素:其一,根据工业生产过程出现的事件能够保持多长的时间;其二,该事件要求计算机在多长的时间以内必须做出反应,否则,将对生产过程造成影响甚至造成损害。可见,实时性是相对的。工业控制计算机及监控组态软件具有时间驱动能力和事件驱动能力,即在按一定的周期时间对所有事件进行巡检扫描的同时,可以随时响应事件的中断请求。

实时性一般都要求计算机具有多任务处理能力,以便将测控任务分解成若干并行执行的多个任务,加速程序执行速度。

可以把那些变化并不显著,即使不立即做出反应也不至于造成影响或损害的事件,作为顺序执行的任务,按照一定的巡检周期有规律地执行,而把那些保持时间很短且需要计算机立即做出反应的事件,作为中断请求源或事件触发信号,为其专门编写程序,以便在该类事件一旦出现时计算机能够立即响应。如果由于测控范围庞大、变量繁多,这样分配仍然不能保证所要求的实时性时,则表明计算机的资源已经不够使用,只得对结构进行重新设计,或者提高计算机的档次。

2)高可靠性

在计算机、数据采集控制设备正常工作的情况下,如果供电系统正常,当监控组态软件的目标应用系统所占的系统资源不超负荷时,则要求软件系统稳定可靠地运行。

如果对系统的可靠性要求得更高,就要利用冗余技术构成双机乃至多机备用系统。冗余技术是利用冗余资源来克服故障影响从而增加系统可靠性的技术,冗余资源是指在系统完成正常工作所需资源以外的附加资源。说得通俗和直接一些,冗余技术就是用更多的经济投入和技术投入来获取系统可能具有的更高的可靠性指标。

以力控 R 软件运行系统的双机热备功能为例,可以指定一台机器为主机,另一台作为从机,从机内容与主机内容实时同步,主机、从机可同时操作。从机实时监视主机状态,一旦发现主机停止响应,便接管控制,从而提高系统的可靠性。

实现双机冗余可以根据具体设备情况选择如下两种形式:

(1)采集、控制设备与操作站间使用总线型通信介质(如 RS485、以太网、CAN 总线等)。两台互为冗余设备的操作站均需单独配备 I/O 适配器,直接连入设备网即可,如图 6－15 所示。

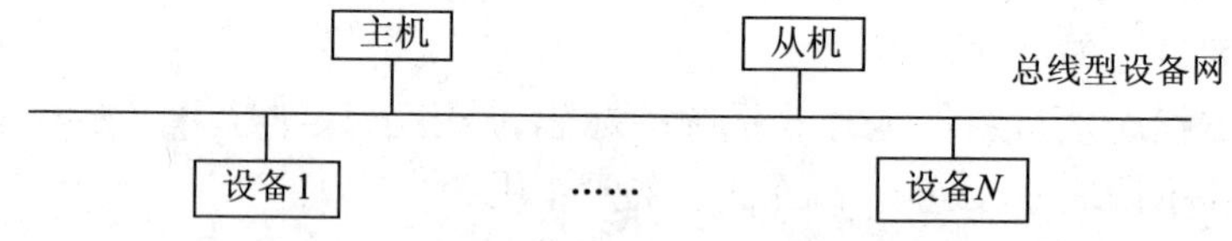

图 6－15 总线型设备网的双机热备系统

①开始运行时从机首先向主机数据库注册,向主机发送同步请求。

②当主机正常工作时,从机不断向主机发送请求。

③当主机正常工作时,从机不进行任何运算,I/O Server 不启动,但是可以接受用户操作,操作结果直接送往主机。

④当主机在一定时间内(超时时间)不响应从机的同步请求时,从机便接管控制,停止向主机发送同步请求,启动 I/O Server。这时从机将变为主机。

⑤当故障的主机重新启动后,发现从机已经转为主机,将自行转为从机,并以从机方式工作,也可以手工切换回主机方式。

(2)采集、控制设备与操作站间通信使用非总线型通信介质(如 RS232)。在这种情况下,一方面可以用 RS232/RS485 转换器使设备网变成总线型网,前提是设备的通信协议与设备的地址、型号有关,否则,当向一台设备发出数据请求时,会引起多台设备同时响应,容易引起混乱。在这种情况下,软件结构依旧使用上面的方式,如图 6-16 所示。

另一方面,也可以在 I/O 设备中编制控制程序。如果发现主机通信出现故障,马上将通信线路切换到从机,如图 6-17 所示。

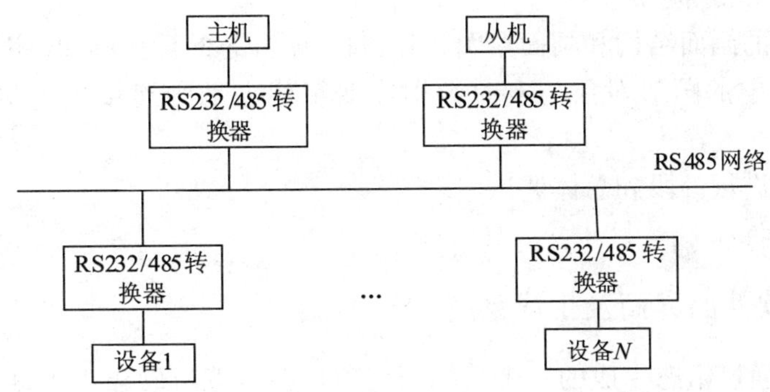

图 6-16　RS232 设备网的双机热备系统

3)标准化

尽管目前尚没有一个明确的国际、国内标准用来规范组态软件,但国际电工委员会IEC 1131-3开放型国际编程标准在组态软件中起着越来越重要的作用。IEC 1131-3 提供用于规范 DCS 和 PLC 中的控制用编程语言,它规定了四种编程语言标准(梯形图、结构化高级语言、方框图、指令助记符)。

此外,OLE(目标的连接与嵌入)、OPC(过程控制用 OLE)是微软公司的编程技术标准,目前也被广泛地使用。

TCP/IP 是网络通信的标准协议,被广泛地应用于现场测控设备之间及测控设备与操作站之间的通信。

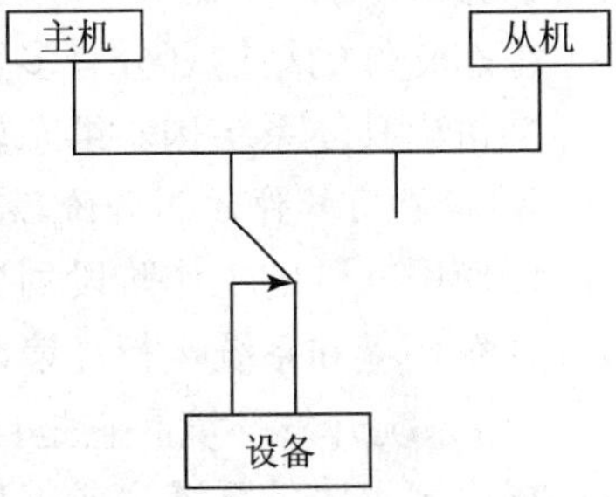

图 6-17　有设备来切换通信线路的双机热备系统

每种操作系统的图形界面都有其标准,例如 Unix 和微软的 Windows 都有本身的图形标准。组态软件本身的标准尚难统一,其本身就是创新的产物,处于不断的发展变化之中。由于使用习惯的原因,早一些进入市场的软件在用户意识中已形成一些不成文的标准,成为某些用户判断另一种产品的“标准”。

6.3.3　使用组态软件的一般步骤

根据数据流程,需要就具体的工程应用在组态软件中进行完整、严密的组态,组态软件才能够正常工作。下面列出了典型的组态步骤:

(1)将所有 I/O 点的参数收集齐全,并填写表格,以备在监控组态软件和 PLC 上组态时使用。

(2)搞清楚所使用的 I/O 设备的生产商、种类、型号,使用的通信接口类型,采用的通信协议,以便在定义 I/O 设备时做出准确选择。

(3)将所有I/O点的I/O标识收集齐全,并填写表格,I/O标识是惟一地确定一个I/O点的关键字,组态软件通过向I/O设备发出I/O标识来请求其对应的数据。在大多数情况下I/O标识是I/O点的地址或位号名称。

(4)根据工艺过程绘制、设计画面结构和画面草图。

(5)按照第1步统计出的表格,建立实时数据库,正确组态各种变量参数。

(6)根据第1步和第3步的统计结果,在实时数据库中建立实时数据库变量与I/O点的一一对应关系,即定义数据连接。

(7)根据第4步的画面结构和画面草图,组态每一幅静态的操作画面(主要是绘图)。

(8)将操作画面中的图形对象与实时数据库变量建立动画连接关系,规定动画属性和幅度。

(9)对组态内容进行分段和总体调试。

(10)系统投入运行。

6.3.4 监控组态软件的界面及生成系统

在组态软件中,通过组态生成的一个目标应用项目在计算机硬盘中占据惟一的物理空间(逻辑空间),可以用惟一的一个名称来标识,就被称为一个应用程序在同一计算机中可以存储多个应用程序,组态软件通过应用程序的名称来访问其组态内容,打开其组态内容进行修改,或将其应用程序装入计算机内存投入实时运行。

组态软件的结构划分有多种标准。这里以使用软件的工作阶段和软件体系的成员构成两种标准讨论其体系结构。组态软件的结构划分:

1. 以使用软件的工作阶段划分

以使用软件的工作阶段划分。也可以说是按照系统环境划分,从总体上讲,组态软件是由系统开发环境和系统运行环境两大部分构成的。

(1)系统开发环境。它是自动化工程设计工程师为实施其控制方案,在组态软件的支持下进行应用程序的系统生成工作所必须依赖的工作环境。经过建立一系列用户数据文件,生成最终的图形路标应用系统,供系统运行环境运行时使用。系统开发环境由若干个组态程序组成,如图形界面组态程序、实时数据库组态程序等。

(2)系统运行环境。在系统运行环境下,目标应用程序被装入计算机内存并投入实时运行。系统运行环境由若干个运行程序组成,如图形界面运行程序、实时数据库运行程序等。组态软件支持在线组态技术,即在不退出系统运行环境的情况下可以直接进入组态环境并修改组态,使修改后的组态直接生效。

自动化工程设计工程师最先接触的一定是系统开发环境,通过一定工件量的系统组态和调试,最终将目标应用程序在系统运行环境投入实时运行,完成一个工程项目。

2. 按照成员构成划分

组态软件因为其功能强大,而每个功能相对来说又具有一定的独立性,因此其组成形式是一个集成软件平台,由若干程序组件构成。

组态软件必备的典型组件包括如下六个部分:

(1)应用程序管理器。应用程序管理器是提供应用程序的搜索、备份、解压缩、建立新应用等功能的专用管理工具。在自动化工程设计工程师应用组态软件进行工程设计时,经常会遇到下面一些烦恼:经常要进行组态数据的备份;经常需要引用以往成功应用项目中的部分组态成果(如画面);经常需要迅速了解计算机中保存了哪些应用项目,虽然这些要求可以用手工方式实现,但效率低下,极易出错。有了应用程序管理器的支持。这些操作将变得非常简单。

(2)图形界面开发程序。它是自动化工程设计工程师为实施其控制方案,在图形编辑工具的支持下进行图形系统生成工作所依赖的开发环境。通过建立一系列用户数据文件,生成最终的图形目标应用系统,供图形运行环境运行时使用。

(3)图形界面运行程序。在系统运行环境下,图形目标应用系统被图形界面远行程序装入计算机内并投入实时运行。

(4)实时数据库系统组态程序。有的组态软件只在图形开发环境中增加了简单的数据管理功能,因而不具备完整的实时数据序系统。目前,比较先进的组态软件(如力控等)都有独立的实时数据库组件,以提高系统的实时性、增强处理能力。实时数据库系统组态程序是建立实时数据库的组态工具,可以定义实时数据库的结构、数据来源、数据连接、数据类型及相关的各种参数。

(5)实时数据库系统远行程序。在系统运行环境下,目标实时数据库及其应用系统被实时数据库系统运行程序装入计算机内存,并执行预定的各种数据计算、数据处理任务。历史数据的查询、检索、报警的管理都是在实时数据库系统运行程序中完成的。

(6)I/O 驱动程序。它是组态软件中必不可少的组成部分,用于和 I/O 设备通信,互相交换数据。DDE 和 OPC Client 是两个通用的标准 I/O 驱动程序,用来支持 DDE 标准和 OPC 标准的 I/O 设备通信,多数组态软件的 DDE 驱动程序被整合在实时数据库系统或图形系统中,而 OPC Client 则多数单独存在。

3. 组态软件扩展可选组件包括

(1)通用数据库接口(ODBC 接口)组态程序。通用数据库接口组件用来完成组态软件的实时数据库与通用数据库(如 Oracle, Sybase, Foxpro, DB2, Infomix, SQL Server 等)的互连。实现双向数据交换。通用数据库既可以读取实时数据,又可以读取历史数据;实时数据库也可以从通用数据库实时地读入数据。通用数据库接口(ODBC 接口)组态环境用于指定要交换的通用数据库的数据序结构、字段名称从属件、时间区段、采样周期、字段与实时数据库的对应关系等。

(2)通用数据库接口(ODBC 接口)运行程序,已组态的通用数据库连接被装入计算机内存。按照预先制定的采样周期,对规定时间区段按照组态的数据库结构建立起通用数据库和实时数据库间的数据连接。

(3)策略(控制方案)编辑组态程序。策略编辑生成组件是以 PLC 为中心实现低成本监控的核心软件。具有很强的逻辑、算术运算能力和丰富的控制算法。策略编辑生成组件以 IEC 1131 - 3 标准为使用者提供标准的编程环境。共有四种编程方式:梯形图、结构化编程语言、指令助记符、模块化功能块。使用者一般都习惯于使用模块化功能块,根据控制方案进行组态。结束后系统将保存组态内容并对组态内容进行语法检查、编译。编译生成的目标策略代码既可以与图形界面同在一台计算机上运行,也可以下装到目标设备(PC 104, Windows CE 系统等 PC-based 设备)上运行。

(4)策略运行程序。组态的策略目标系统被装入计算机内存并执行预定的各种数据计算、数据处理任务，同时完成与实时数据库的数据交换。

(5)实用通信程序组件。实用通信程序极大地增强了组态软件的功能，可以实现与第三方程序的数据交换，是组态软件价值的主要表现之一。实用通信程序具有以下功能：

①可以实现操作站的双机冗余热备用。

②实现数据的远程访问和传送。

③通信实用程序可以使用以太网、RS485，RS232，PSTN 等多种通信介质或网络实现其功能。实用通信程序组件可以划分为 Server 和 Client 两种类型，Server 是数据提供方，Client 则是数据访问方。一旦 Server 和 Client 建立起了连接，二者间就可以实现数据的双向传送。

6.4 集散控制系统

6.4.1 集散控制系统的发展及现状

自从 1975 年美国 Honeywell 公司推出了世界上第一套 DCS 后，至今已有四代 DCS 问世，经历了四个发展阶段。

第一代主要包括过程控制站、现场监视站、CRT 操作站和数据高速公路等，功能比较简单。代表产品有：Honeywell 公司的 TDC - 2000；Yokogawa 公司的 CENTUM；Foxboro 公司的 SPECTRUM 等。为了进行集中的监视和操作，有的系统还配备上层的监督控制计算机。

20 世纪 80 年代中期，第二代产品问世。它配置了多功能的过程控制站、增强型的操作站、局部网络、门径单元和系统管理模件，其特点是采用了标准化和模块化设计，实现了更彻底的分散控制，增强了抗干扰的能力，通用性、安全性和可靠性提高，功能更加丰富。尤其值得一提的是，这一代产品在系统的建立和生成中，最先引入了组态的概念。设计人员和工程人员再不必为编程而烦恼，大大提高了工程化的程度和工作效率。这一代的产品有：Honeywell 公司的 TDC - 3000；Yokogawa 公司的 CEN - TUN - V；Fisher 公司的 PROVOX；Taylor 公司的 MOD300 等。

由于微处理机技术的飞速发展和企业对信息的迫切需要，第三代 DCS 在 20 世纪 80 年代末应运而生，并迅速发展和完善。硬件采用 32 位高档微处理机和表面安装技术，缩小了体积、提高了可靠性；在软件方面，控制软件更加丰富、先进和灵活，对过程的反应更迅速；提高和增加了图型显示、窗口技术和触屏功能，简化了操作；采用了 CAD 设计组态，简化了组态工作、节约了时间；特别是通讯的开放性，向上能与上位机或更高一级的管理系统相连，向下能与其他过程监控设备相连，称之为综合控制系统。这一代的产品有：Yokogawa 公司的 CENTUM - CS；Honeywell 公司的 TDC - 3000^{X}/HPM；Foxboro 公司的 I/A Series 和 Bailey 公司的 INFI - 90 Open 等。

20 世纪 90 年代，计算机网络技术飞速发展，现场总线技术逐渐成熟，智能仪表和现场总线仪表相继问世。企业对信息集成要求更加迫切。为了适应这种形势的发展，DCS 进入了第四代，也就是目前所用的 DCS。代表产品有：Fisher - Rosemount 公司的 PLANT，WEB，Delta V；Honeywell 公司的 TPS；Yokogawa 公司的 CS - 3000；Foxboro 公司的 I/A S(CP60)。其特点如下：

(1)开放性所使用的设备采用通用产品，特别是计算机和网络。高性能的工业微机、工作站被大量使用,通用网络产品取代了专用网络,网络通信规约向得到普遍承认的国际或行业标准靠拢。

(2)分散化和智能化智能仪表、智能电子设备及现场总线仪表被大量采用,DCS 体系结构进一步走向分散化,直接数字控制深入到每一个控制回路、现场设备和工位点。

(3)系统构成的多样化现在几乎看不到传统意义上的 DCS 了,目前所说的 DCS 是一种广义的概念,其中包括了传统 DCS 制造厂家推出的新一代系统,也包括了 PLC、高速总线网和专业厂家的组态软件所构成的系统,在不同的应用领域其构成也各有不同。

(4)综合自动化 DCS 系统不能是孤立的过程控制系统。它的功能更为丰富,它的应用范围更为扩大,它能够实现企业信息集成的要求,有相应的硬件和软件支撑,而且,它能够与 Internet 和 Intranet 进行集成。

(5)标准化在开放的同时,必然更注重标准的使用。无论是操作系统,还是计算机硬件,以及网络通信和接口,趋于更通用、更一致。

国内从 20 世纪 70 年代开始,在 DCS 的研究和产品开发方面,始终紧跟世界潮流,也有一些不俗的成绩。但是,由于各种条件的限制,国产化的产品无法与国外一流产品抗衡。20 世纪 90 年代以来,我国在这个方面已经取得了突破性的发展,不但可靠性有了很大的提高,某些性能也达到国外第四代 DCS 的水平。因此,应用的领域不断扩大,由过去为数不多的小装置应用组件向中等及大型装置发展,形成了与国外产品竞争的局面。主要产品有:浙大中控自动化有限公司的 JX-300X、北京和利时系统工程股份有限公司的 HS-2000、MACS 以及上海新华控制工程有限公司的 XDPS-400 等。

6.4.2 国外最新集散控制系统

1. 美国霍尼威尔(Honeywell)TPS/HPM 系统

1)TPS/HPM 系统的特点

(1)TPS 系统重新定义了自动化系统的应用范围,实现了信息域与控制域的统一。

(2)TPS 系统不只是工业方面的最先进的开放的自动化系统,还为工厂自动化和企业优化提供了广泛的解决方案。

(3)Honeywell 公司著名的"开放、但仍然安全"策略上至开放的信息和应用环境,下至现场环境,都得到了扩展和贯彻。

(4)为开放应用提供了两种应用节点。一是 TPS 特点应用节点系列,与特点高级应用捆绑在一起;二是应用过程平台,APP 节点,它是强大的用户开发平台。每种节点都使用 Windows NT 作为平台,带有 Honeywell 优化控制软件、高性能 DCS 连接处理器、Honeywell 应用模件(AM)功能。高级控制软件与硬件捆绑在一起。

(5)TP 系统可以在多个应用之间自由交换数据,同时又在控制域和应用中提供必要的保护。

(6)TPS 系统为 OPC 接口标准提供了全面的客户和服务器支持,这样在应用和系统组件间可以进行更为有效的通讯。

(7)TPS 系统的人机界面全方位用户操作站(GUS)是基于 Windows NT 的操作站,是新一代的人机界面。

(8)TPS 系统中高性能过程管理器(HPM),是一种先进、可靠、灵活、强大的控制平台,适合于连续、批量以及离散的过程控制。

(9)TPS 系统可以在过程区域或其附近远程安装 I/O 和控制器,大大减少现场及仪表接线的费用。

(10)与以往系统的兼容性。TDC - 3000 系统的节点都可以在 TPS 上运行。

2)TPS/HPM 的系统配置及功能

如图 6 - 18 所示,TPS 系统的网络由两个控制网和一个管理网组成。两个控制网是 LCN 网和 UCN 网,一个管理网是 PIN 网。PIN 网上可挂 PC 机,LCN 上可挂 GUS,HM,NIM 等,它们称为 LCN 节点。UCN 上可挂 HPM,FSC 等,它们称为 UCN 节点。UCN 节点通过 NIM 与 LCN 上的节点进行通讯。工艺过程的控制在 UCN 上的 HPM 中进行,而操作在 LCN 上的 GUS 中进行。

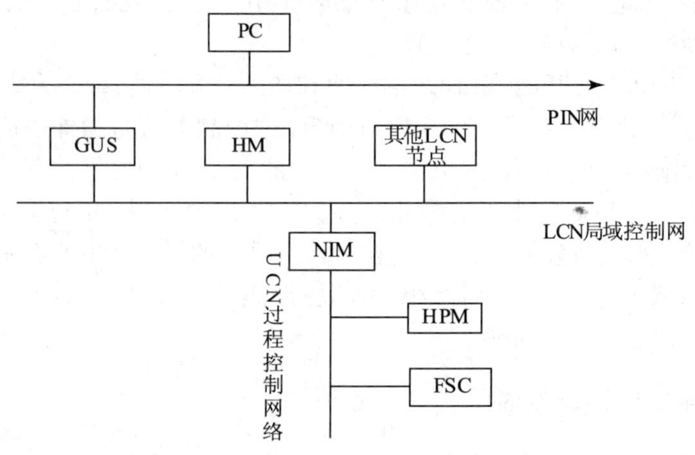

图 6 - 18　TPS/HPM 系统配置

(1)LCN 网——局域控制网(Local Control Network)。

LCN 网是 TPS 系统的主干网,在 LCN 网上可挂上具有不同功能的 LCN 网络模件,如 US,HM,AM,NIM,GUS 等,可实现对现场控制过程的监控、文件管理、历史数据采集、检测存档,同时也可实现与其他计算机网络的通讯,是开放性系统。

节点类型:

GUS:Global User Station 全方位用户工作站。

HM:History Module 历史模件。

NIM:Network Interface Module 网络接口模件。

(2)UCN 网——万能控制网络(Universal Control Network)。

UCN 网络是面对过程控制的网络,在 UCN 网上可挂 HPM,APM,PM,LM 等过程控制装置,可实现对压力、温度、流量等控制,进行数据采集和先进控制。

UCN 网络节点包括:

HPM:High-Performance Process Manager 高性能过程管理器。

LM:Logic Manager 逻辑管理器。

FSC:Fail Safe Controller 故障安全控制器。

(3)GUS——全球用户站(Global User Station)。

GUS是一个基于Windows NT的开放操作系统环境,有强大的工程师能力,有向下兼容、向上不断发展的用户界面。

(4)NIM——网络接口模件(Network Interface Module)。

实时数据服务器,管理UCN上所有位号,为LCN节点快速提供所需实时数据,LCN/UCN网络协议的转换,全冗余配置。

(5)HM历史模件。

存储过程历史数据、事件及操作状态、系统组态文件、静态文件等。

(6)HPM——高性能过程管理器(High-Performance Process Manager)。

提供了灵活和功能强大的数据采集和控制功能。采用先进的多处理器结构技术,用不同的处理器完成不同的任务。HPM包括高性能过程管理站模件(HPMM)和I/O子系统,可用于连续控制、批量控制、离散控制。HPMM由高性能通信和控制卡(带两个68040芯片)、链路接口卡和UCN网络接口等部分组成。整个HPMM可选冗余。高性能的通信处理器经过优化设计,具有很强的网络通信能力,能完成诸如网络数据存取、对等通信等功能,同时能对现场过程控制器产生的报警进行精确的时间标记。高性能的控制处理器专门完成常规控制、逻辑控制、顺序控制的功能,同时为用户提供无与伦比的编程工具。I/O链路接口卡也具有自己的处理器。它是HPMM与I/O子系统的接口。I/O子系统包括冗余的输入输出链路(总线)和多达40对冗余的I/O处理卡。这些I/O处理卡完成所有现场I/O信号的数据采集和控制功能。

智能变送器接口卡与智能变送器之间可以进行完全的双向数字通信,通过它可以对变送器进行组态,并且提高了数据的精确性。采用冗余的光纤电缆I/O链路扩展器,可以将I/O卡安装在远离HPM机柜8km外的地方,实现远程输入输出。I/O处理器(IOP)和现场接线端子(FTA)的功能是对现场输入输出信号进行扫描和处理。输入输出的处理与控制功能的处理是完全分开的,因而扫描速度完全独立于数量、控制器的负载大小、处理能力和报警处理等因素。

可以带以下类型的10P:

高电平模拟输入(HLAI)16点

低电平模拟输入(LLAI)8点

低电平模拟输入(多路扫描)(LLAIM)32点

智能变送器接口(ST1)16点

模拟输出(AO)8点

模拟输出(AO)16点

串行设备接口(SDI)16点

串行接口(SI)32个数组点,2个通信接口

脉冲输入(PI)8点

开关量输入(DI)32点

24VDC开关量输入(DI)32点

事件系列开关量输入(SOE DI)32点

开关量输出(DO)16点

开关量输出(DO)32 点

(7)FSC——故障安全控制器(Fail Safe Controller)。

提供了容错的、高可靠性的过程安全保护,以确保工厂能达到最佳安全状态,使过程控制得到正常运行。能连续监控关键过程的变量,随时检查到超出安全运行界限的偏差,一旦发现问题,会立即将过程强制到安全状态。FSC 的自检电路连续不断地进行自我检查,以确保内部不会出现妨碍正常运行的故障。冗余配置可以防止因安全系统自身的故障而导致的不必要的过程停车。

(8)系统软件包。

基本软件包、最新版本 R610,PHD 软件,OPC,DDE 软件、特点应用节点系列软件(Profit 鲁棒多变量预估控制、Profit Optimizer 效益优化控制等。

(9)LCN 其他节点。

APP(Application Procession Platform)是开放的,基于微软标准的应用平台。Honeywell 安全的应用环境。硬件为双处理器 OPC/HCI 服务器,带 LCNP4 的应用节点。任何与 OPC 兼容的应用程序均可在上运行。PHD(Plant History Databace)在 LCN 与以太网之间安置,硬件为 OPC/HCI 服务器。适合全厂数据管理。

3)主要技术性能指标

(1)LCN 网:通讯协议,符合 IEEE 802.4 开放系统互联模型标准、总线拓扑结构、广播式的通讯方式及令牌存取通信控制。串行传输信号 5MB/s;通讯电缆为 75Ω 同轴电缆,75Ω 终端电阻,冗余设置。一段 LCN 同轴电缆的最大长度为 300m,其上可挂 40 个节点,用光缆和 LCNE 卡扩展。一段光缆最大长度为 2km,一条 LCN 网络最长可扩展到 4.9km,最多可挂 64 个节点。

(2)UCN 网:与 MAP 和 IEEE 802.4 及 ISO 标准通信协议相兼容的令牌传送,载带总线网络;串行通讯信号 5MB/s 的传输速率;通讯电缆 75Ω 同轴电缆,75Ω 终端电阻,冗余设置;可带 32 对冗余装置(64 个物理设备);支持 Peer TO Peer 的通讯;一条 LCN 可挂 20 条 UCN 网络。

(3)GUS——人机界面:双处理器,双操作系统 32 位结构;Pentium 11 300MHz 512KB ECC CACHE,64MBECC RAM,AGP W/4MB VIDEO RAM Windows 操作系统和 68040 MEM 16MB RNOS 实时网络操作系统;可向下兼容,上联以太网,下联 TPN 网(LCN),使用 HCI/OPC 实现 TPS 与其他系统的集成;21 in SVGA 监视器(1024 × 1280 分辨率)4GB SCSI 硬盘驱动器;新的 NT 流程图画面替代了 TDC 的流程图画面、支持多幅流程图。

(4)HM 历史模件:CPUM68040;8MB 内存;1.8GB 硬盘驱动器(单或冗余)。

(5)NIM 网络接口模件:CPUM68040;8MB 内存;LCN/UCN 通讯软件。

(6)控制站 HPM:800PU/s;扫描速率:1s,1/2s,1/4s;250 个 RC 点、125 个 RPV 点(不包括数据采集点);999 个离散组合点、400 个设备控制点、400 个逻辑控制器;250 个顺序控制程序、20000 个内存单元;UCN 网上其他设备进行对等通讯,1000 个参数/s;CPU 运行分为时间片,时间片运行一个算法,最大不超过 60% CPU 负荷;NIM,UCN,I/O 为 1∶1 冗余;CPU、双 68040,32 位;可提供 8000 个位号。

(7)环境指标:HPM 环境条件如表 6-3 所示。

表 6-3 HPM 系统环境条件指标

参数		参考值	正常范围	操作及存储范围	运输范围
环境温度①②范围变化速率		(25±1)℃ 不等	0~50℃ ≤0.25℃/min	0~50℃ ≤1℃/min	-40~80℃③ ≤5℃/min
相对湿度④		15%~55%	15%~70%	10%~90% (不确定)	5%~95%
振动(3个主轴)	频率		10~60Hz	10~60Hz	0~60Hz
	加速度		0.1g 最大	0.5g 最大	1g 最大
	位移		0.08mm	0.25mm	0.25mm
机械冲击	加速度		1g 最大	5g 最大	20g 最大
	持续时间		30ms 最大	30ms 最大	30ms 最大
巴氏大气压高度		海平面	+3000/-300m	+3000/-300m	任何高度
腐蚀性①		—	Class G1	Class G1	Class G1
电磁干扰①		—	15V/m	15V/m	
静电①		——	IEC 801-2 15kV 20xonce/5s	IEC 801-2 15kV 20xonce/5s	
抗冲击能力		—	IEEE/ANSI C37.90.1-1989		

①这些指标是当 HPM 机柜门关闭时,机柜外的环境条件。

②HPM 电路板正常的温度指标为 0~70℃。当机柜外的温度为 0~50℃时,机柜内的温度允许上升 15℃。

③后备蓄电池的运输和存储的温度为 -40~85℃。

④温度为 40℃时的最大相对湿度。温度为 50℃时,为维持恒温,相对湿度指标应修改为 55%。

2. RS3 系统

1)RS3 系统概述

集散型过程控制系统 RS3 是 ROSEMOUNT SYSTEM3 的简称。图 6-19 是该系统的结构图,系统包括硬件和软件,真正突出了危险分散化,可以自由地配置系统,以适应油田生产过程的需要,而不必强制地使生产过程适应 RS3 系统。

RS3 系统具有多种故障自诊断功能,并可在线修理和随时更换故障电路板,从而大大减少故障造成的停机情况。

2)RS3 系统的组成

RS3 系统的组成包括系统硬件、系统软件和系统寻址。

(1)系统硬件。

①控制文件柜:控制文件柜(如图 6-20 所示)内装有一些能监视生产过程和控制回路以及为其他设备提供数据的电路卡件。一个控制文件柜由控制处理器卡、支持卡组成。支持卡包括:PEERWAY 通讯缓冲器卡、电源调节卡、协处理卡、驻留式存储器卡等,支持卡的功能如图 6-21 所示。

②操作台(CONSOLE):操作台给用户提供了一个 RS3 控制系统接口。RS3 控制系统也根

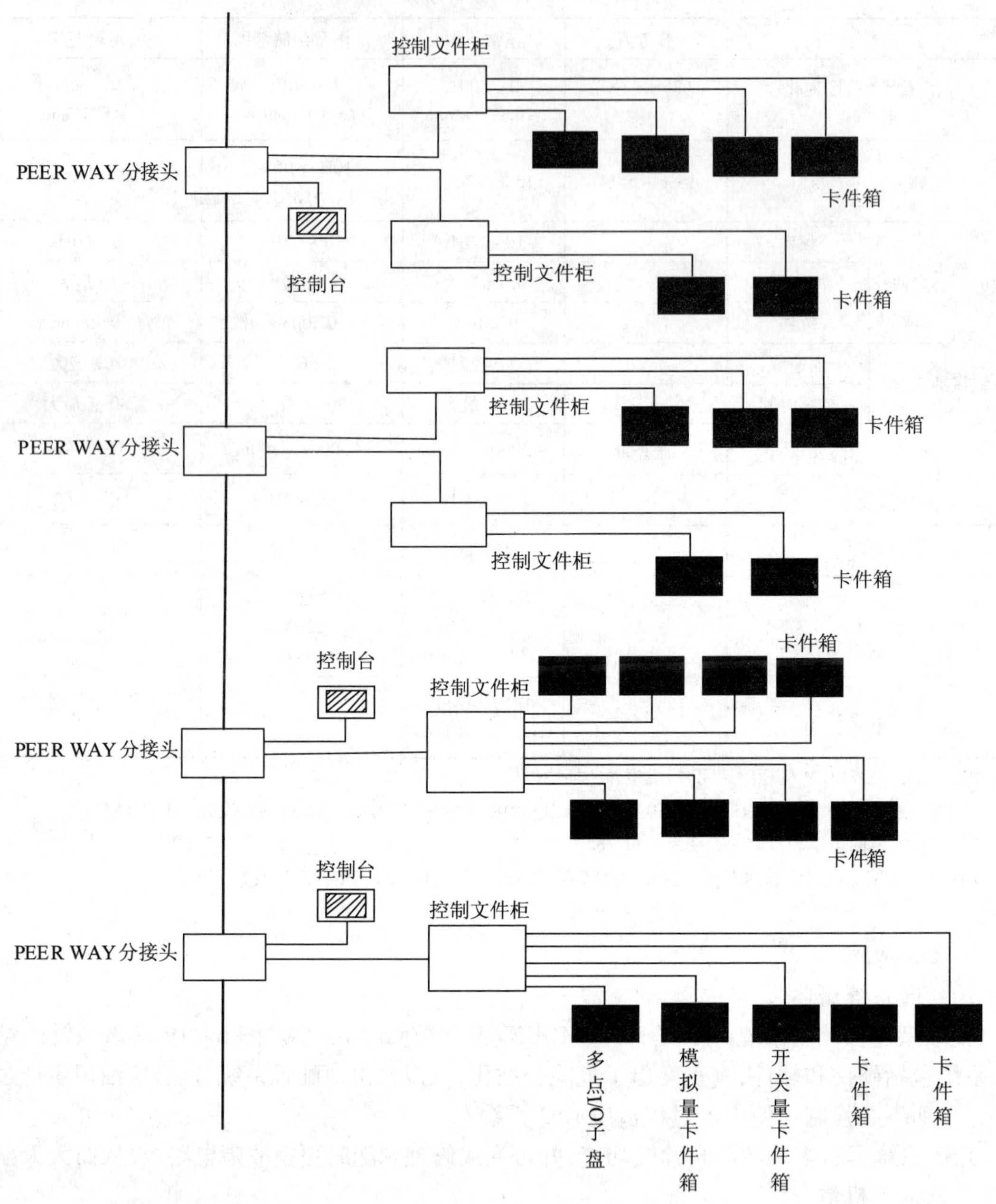

图6－19　RS3系统结构图

据各种系统和操作条件提供了各种操作接口。

③通讯总线：是RS3系统所有设备进行内部连接的主要通讯通道。它包括一组互为冗余的屏蔽双股电缆或光导纤维缆，也可以是这两种类型的结合。

④现场接口卡（FIC）：现场接口卡FIC的作用是将控制系统与工艺输入输出点相连，并对现场设备I/O信息进行隔离和转换。一个控制处理器卡能够配置一个和多个卡件箱，或多路输入输出端子柜。根据I/O类型的不同，现场接口卡件箱可配置成模拟I/O卡件箱、开关量

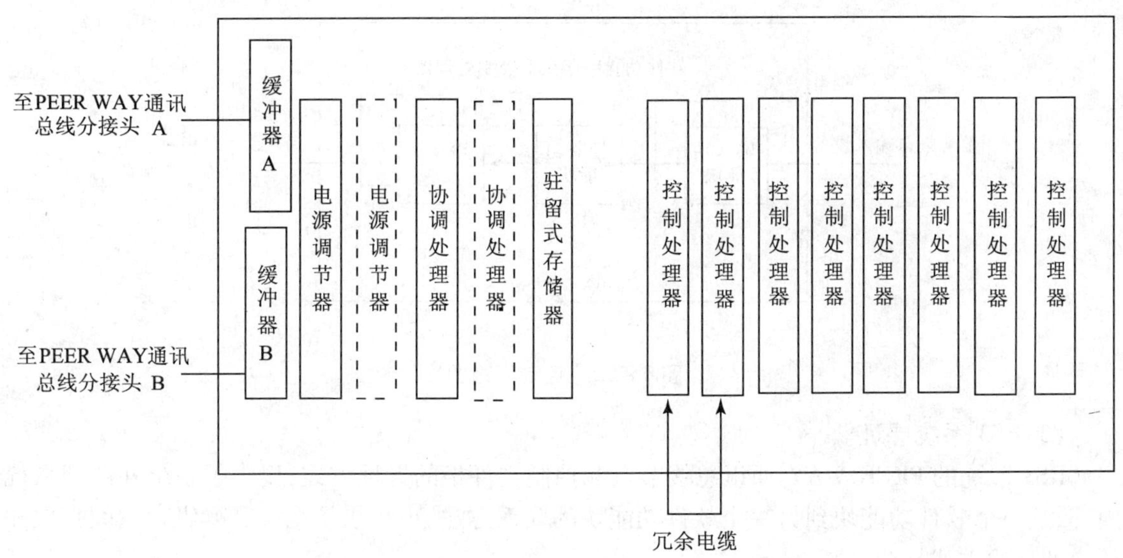

图6－20　控制文件柜结构图

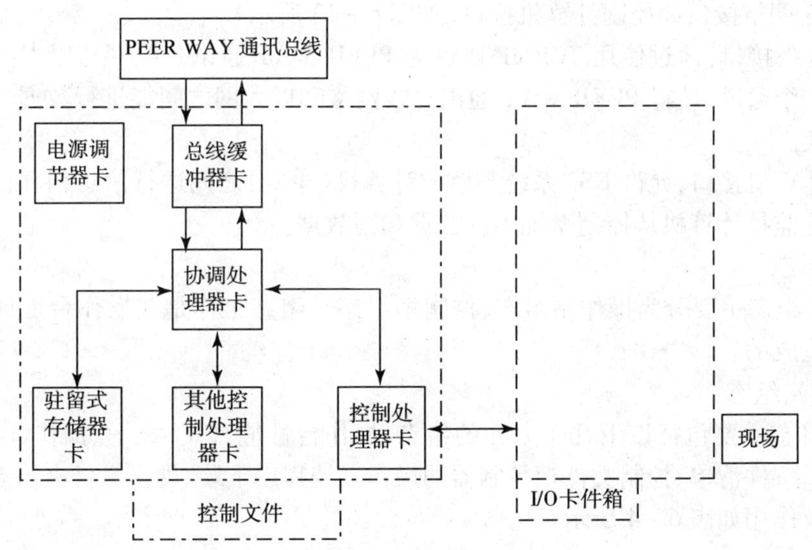

图6－21　支持卡功能方块图

I/O卡件箱、数据采集 I/O 卡件箱、I/O 卡件箱等。

（2）RS3 系统软件。

RS3 系统提供了 I/O 功能块和控制功能块这两种类型的软件功能块。I/O 功能块用来处理数据输入和输出方面的问题；控制功能块是将输入数据经公式计算得出连续或离散的输出量。一个控制功能块和至少一个 I/O 功能块组成一个控制回路。控制文件柜的控制处理器是控制回路的核心，控制功能块与 I/O 功能块放在其中。控制功能块、I/O 功能块和现场接口卡一起可组成控制回路（如图 6－22 所示）

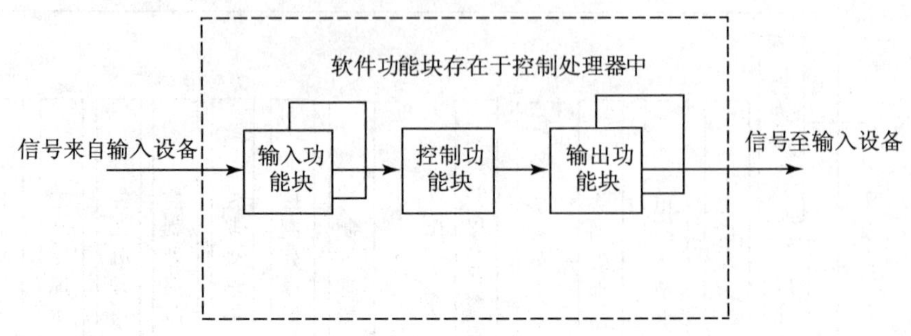

图 6－22 控制回路图

(3)RS3 系统寻址。

RS3 系统的 PEER WAY 通讯总线节点和控制文件柜的寻址方式,提供了系统外部到系统内部,从一个软件功能块到另一个软件功能块的联系方法,也提供了系统和操纵台之间存放和传递数据的方式。

(4)RS3 系统接口。

系统接口设备可以为 RS3 控制系统和其他计算机之间提供连接点。现有的这些系统接口设备有 RS3 网络接口和控制计算机接口(如图 6－23 所示)。

①RS3 网络接口:通过使用 TCP/IP 协议为 PEER WAY 通讯总线网与以太网之间的通讯联系提供了一个通道,使得 PEER WAY 通讯总线网络和以太网之间能进行数据、控制、报警信息的相互交换。

②监控计算机接口:允许 RS3 系统与监控计算机(主机)之间进行信息相互传递。监控计算机接口能使监控计算机从控制系统中读数据和写数据。

3)系统组态

RS3 软件组态主要分为操作站组态、控制柜组态。组态工作是在操作台上使用标准计算机键盘输入完成的。

(1)操作站组态:

操作站组态主要包括以下几个方面的组态:操作台性能、CRT 显示、操作画面、键盘按键的定义、报警、事件清单、控制文件柜控制器的操作系统程序下装、硬盘文件夹组态等。操作站组态的类型及作用如表 6－4 所示。

表 6－4 操作站组态的类型及作用

组态类型	作用
操作台性能组态	定义打印机接口、节点所有权、装置单元和操作台切换
显示颜色组态	主颜色选择画面是用来组态用于系统范围的前景色和背景色组合;颜色组态画面是用来指定系统显示划分的颜色组合
操作画面组态	每个操作块都配有连续量面板和离散量面板用于帮助操作者控制并监视生产过程。操作显示画面将代表控制回路的控制功能块操作面板组合起来用于提供装置的信息

续表

组态类型	作用
调用键与显示键组态	调用键组态画面由调用键画面和声光报警画面组成。调用键画面只显示调用键的组态结果，组态工作在声光报警画面上进行；显示键画面是用来组态操作台显示键的指令的。显示键与调用键的功能是相同的
报警清单和事件清单组态	用于记录和打印系统信息。事件是在输入/输出功能块和控制功能块的逻辑步中组态。所有的报警清单和事件清单在操作台重新启动时均被清除
信息对组态	每个操作台存储着称做标准信息和用户信息的文字条目。信息对是用在整个系统范围内表示离散信息的状态。标准信息和用户信息是配成一对使用的信息对
趋势组态	趋势数据存储在任一操作台内。趋势信息是以趋势文件存储在操作台硬盘内。趋势文件确定了频率、间隔、数据类型以及其他有关趋势的信息。趋势内的功能块变量可以在趋势组显示画面中组态
向导式工艺过程图形组态	工艺过程图形显示实质是工艺状态的图形表示。工艺过程图形显示画面还允许操作员直接在画面上输入数据，改变控制器工作状态，并执行其他的功能。图形画面以文件方式储存在操作台硬盘的工艺流程图形文件夹内。图形画面有两种显示方式，监控方式和组态方式。监控方式是为操作显示图形用的，组态方式是为生成或修改图形用的。用[EXCH]键可相互切换
报表组态	报表是用户将工艺过程变量做适当组合的画面显示，报表通常组态成可打印的报表，但也常组态成只在操作台上显示的报表。一份报表能在其产生时自动打印，也可储存在磁盘上，在操作员需要时打印出来

(2)控制柜组态：

①输入/输出、控制功能块在控制回路中的作用及相互关系。

RS3 系统的控制功能是在控制柜中的控制处理器卡上实现的。控制处理器卡包括输入/输出功能块和控制功能块。如图 6 - 23 所示，现场变送器的测量信号经过系统 FIC 卡、FEM(多路采集卡)通道进入控制柜控制处理器卡内，经运算处理产生输出信号并通过 FIC 卡某输出通道送至现场。

输入/输出功能块记忆相应信号端子的地址，并对信号做滤波、报警检查、发出事件信息等信息处理。输入功能块将来自现场的输入信号送至控制功能块，控制功能块执行计算和逻辑运算功能。控制功能块是执行连续(模拟)运算功能还是离散功能取决于组态者所选的控制功能。模块量输出和离散量输出可连接至模块量输出功能块和离散输出功能块并输出至现场。控制功能块也可连接到其他控制功能块上。

②现场传回的参数在控制文件柜中的数据转换。

在图 6 - 24 所示的控制回路中，数据传送时的刻度如下所示：FIC 卡或 FEM 将 4 ~ 20mA 信号转换成 0 ~ 1 之间的刻度数值。RS3 系统各功能块之间的数据传送都是以 0% ~ 100% 所表示的值传送的，且所有的 I/O 功能块和控制功能块的运算都以这个数值运算。输出功能块的运算后的 0% ~ 100% 的数值经 FIC 卡转换成 4 ~ 20mA 信号输出。实际上控制功能块和输入输出功能块上的数据有两种刻度：一是内部刻度值，是用于控制系统内部转换运算使用的；另一种称为显示刻度值，是与内部刻度值相对应的，用于显示的数值，该刻度根据油田现场的需要，可以由仪表人员进行组态，如在输入/输出功能块和控制功能块的连接画面上的参数刻度下限和上限。

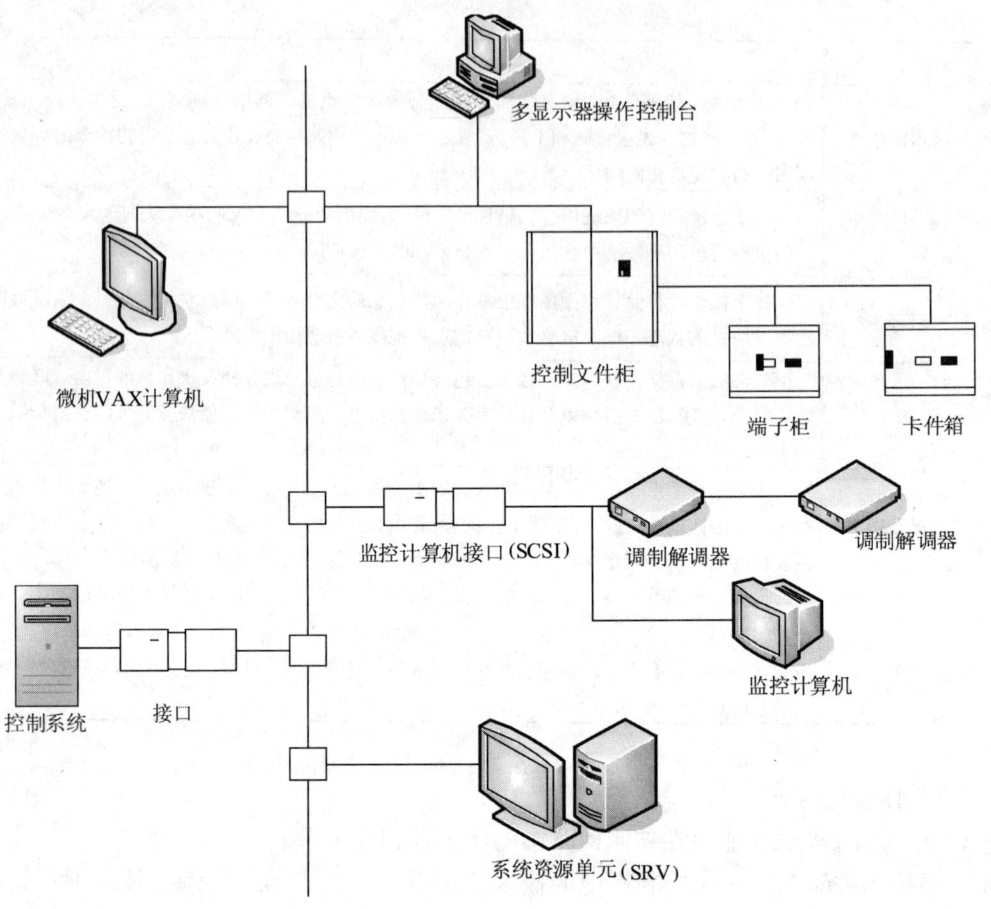

图 6-23 RS3 网络接口和控制计算机接口

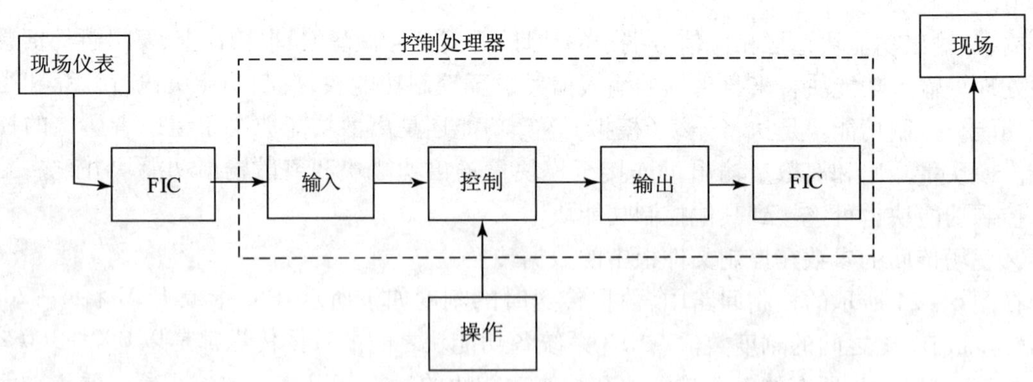

图 6-24 控制处理卡的功能方框图

③输入/输出功能块类型及组态的作用。

输入/输出功能块类型及组态作用如表 6-5 所示。

④控制功能块(CB)类型及组态的作用。

控制功能块是做算术运算和逻辑运算功能的功能块。每个控制功能块可以接受系统内任何地方的最多15个连续量输入和15个离散量输入,执行一个主功能和16个辅助的逻辑及算术运算,并产生一个模拟输出和16个离散输出。任何输入和输出都可与系统内的其他控制功能块相连接。即控制功能块可以连接到其他控制功能块上,以便数据可以在功能块之间传递。来自其他功能块的连续量和离散量输入可以连接到该控制功能块并在该功能块中运算。控制功能块运算完成后,将结果输出至其他控制功能块或I/O功能块。

表6-5　输入/输出功能块类型及组态作用

输入/输出功能块类型	组态作用
模拟输入功能块(AIB)	AIB接受一个通过模拟输入现场接口卡(FIC)的模拟量,并为系统后续处理准备数据。AIB做模拟输入信号的标地址、信号处理、趋势记录及报警等工作
输出功能块(AOB)	输出功能块是将指定的模拟量输出至现场。做模拟输出信号的储存、标地址和正反作用选择等工作
脉冲输入/输出功能块(PIOB)	PIOB接收经脉冲输入/输出FIC卡的现场脉冲信号,将指定脉宽或脉冲数的脉冲输出至现场。PIOB做脉冲输入信号标地址、信号处理、脉冲输出信号储存和脉冲输出标地址
温度输入功能块(TIB)	接在RS3的温度FIC卡的热电阻信号或热电偶信号通过TIB进入系统,TIB功能块组态也是在输入/输出功能块组态画面上做的
开关量输入功能块	接收通过光电隔离器和开关FIC卡的现场开关信号,并为系统后面的环节提供数据。CIB为开关信号做标地址、信号处理、事件记录和报警设定等工作
开关量输出功能块	开关量输出功能块将某指定的开关量输出至现场
多路采集输入功能块(MIB)	用于接收通过巡检卡的模拟现场输入信号和为系统准备数据
PLC功能块	PLC功能块可将某个PLC积存器内容读出并输进PLC系统,也可将某控制功能块通过PLC功能块输出至某PLC存储器

控制功能块可以是PID控制器、电机控制器或阀门控制器;也可以是堆栈式积算器、信号选择器或其他信号转换器;还可以是运算功能块或离散功能块。控制功能块可以执行报警检测并产生报警信号。

控制功能块的主功能是在控制功能块连续面板画面上组态的。如果将某控制功能块选为连续量主功能,则控制功能块连续面板画面作为主功能。如果选为离散量主功能,则控制功能块离散面板画面作为主功能。

控制功能块(CB)类型及组态的作用如表6-6所示。

表6-6　控制功能块(CB)类型及组态的作用

组态类型	作用
连续面板组态	控制功能块连续面板画面用于组态功能块的主功能,连续面板、输出高低限位和其他信息
离散面板组态	控制功能块离散面板画面是用来组态离散面板的,离散面板用于显示控制功能块的输入和输出

续表

组态类型	作用
功能块的连接	所谓的连接是指两个或两个以上的软件功能块之间的信息传递通道。RS3 系统的连接是在目的功能块(控制、输入输出功能块)上组态的。功能块的某个变量可连接到多个功能块上
连续量框图画面的组态	主要用于每个连续输入的报警的设定
控制功能块 PID 组态	PID 控制功能块执行比例、积分、微分调节的一些组合功能,这些组合(P,PI,PID,IB,PD,ID,D)可在组态中指定
其他连续功能的控制功能块组态	为纯滞后、超前/滞后、手动、运算、折线线性内插法、多限式、比值/偏置等控制功能块进行组态
逻辑步组态	每个控制功能块都有 16 个离散输出,每个离散输出也称为一个逻辑步,这是因为用该输出可以组态成一个逻辑序列中的一步
离散功能组态	对电机的启停和阀门的开关等控制功能进行预组态

6.4.3 国内最新集散控制系统

1. 浙大中控自动化有限公司 JX-300X

1)系统的特点

JX-300X 覆盖了大型集散系统的安全性、冗余功能、网络扩展功能、集成的用户界面及信息存取功能,除了具有模拟量信号输入输出、数字量信号输入输出、回路控制等常规 DCS 的功能,还具有高速数字量处理、高速顺序事件记录(SOE)、可编程逻辑控制等特殊功能。它不仅提供了功能块图(SCF-BD)、梯形图(SCLD)等直观的图形组态工具,又为用户提供了开发复杂高级控制算法(如模糊控制)的类 C 语言编程环境 SCX。系统规模变换灵活,可以实现从一个单元的过程控制,到全厂范围的自动化集成。系统的主要特点如下:

(1)高速、可靠、开放的通讯网络 SCnetⅡ。

JX-300X 系统控制网络 SCnetⅡ连接工程师站、操作站、控制站和通讯处理单元。通讯网络采用总线形或星形拓扑结构、曼彻斯特编码方式,遵循开放的 TCP/IP 协议和 IEEE 802.3 标准。

SCnetⅡ采用 1:1 冗余的工业以太网,TCP/IP 的传输协议辅以实时的网络故障诊断。其特点是可靠性高、纠错能力强、通信效率高。通讯速率为 10MB/s。

SCnetⅡ真正实现了控制系统的开放性和互连性。通过配置交换器(SWITCH),操作站之间的网络速度能提升至 100MB/s,而且可以接多个 SCnet II 子网,形成一种组合结构。每个 SCnetⅡ网理论上最多可带 1024 个节点,最远可达 10000m。目前已实现的网络可带载 15 个控制站和 32 个其他站。

(2)分散、独立、功能强大的控制站。

控制站通过主控制卡、数据转发卡和相应的 I/O 卡件,实现现场过程信号的采集、处理、控制等功能。根据现场要求的不同,系统配置规模可以从几个回路、几十个信息量到 1024 个控制回路、6144 个信息量。在一个控制站内,通过 SBUS 总线可以挂接 6 个 I/O 或远程 I/O 单元,一个 I/O 单元又可以带 16 个 I/O 卡件。I/O 卡件可对现场信号进行预处理。

主控制卡可以冗余配置,保证实时过程控制的完整性,尤其是主控制卡的高度模件化结构，可以用简单的配置方法，实现复杂的过程控制。

(3)多功能的协议转换接口。

在JX-300X系统中还增加了与多种现场总线仪表、PLC以及智能仪表通信互连的功能，可方便地完成对它们的隔离配电、通讯、修改组态等，如Rosemount公司、ABB公司、上海自动化仪表公司、西安仪表厂、川仪集团等著名企业的产品以及浙大中控开发的各种智能仪表和变送器，实现系统的开放性和互操作性。

(4)全智能化设计。

控制站的所有卡件，按智能化要求设计，即均采用专用微处理器，负责该卡件的控制、检测、运算、处理以及故障诊断等工作，在系统内部实现了全数字化的数据传输和数据处理。在此基础上，还实现了万能模拟信号输入功能，能自动根据用户的设置采样电压、电流、热电阻、热电偶、毫伏信号等多种模拟量信号，有效减少系统维护中备品备件的数量。

(5)任意冗余配置。

JX-300X控制站的所有卡件(如主控制卡、各类I/O卡)均可按不冗余和冗余的要求配置，从而在保证系统可靠性和灵活性的基础上，降低用户的费用。

(6)简单、易用的组态手段和工具。

JX-300X组态工作是通过组态软件SCKey来完成的。该软件用户界面友好，功能强大，操作方便，充分支持各种控制方案。SCKey组态软件是基于中文Windows NT/98/95操作系统开发的，全面支持系统各类控制方案的组态。

软件体系运用了面向对象的程序设计(OOP)技术和对象链接与嵌入(OLE)技术，可以帮助工程师们系统有序地完成信号类型、控制方案、操作手段等的设置。同时，系统还增加和扩充了上位机的使用和管理软件Advantrol-PI，开发了SCX控制语言(类C语言)、梯形图(Ladder Diagram)、顺序控制语言(Sequential Function Chart)、功能块(Function Block Diagram)等算法组态工具，完善了诸如流程图设计操作、实时数据库开放接口、报表、打印管理等附属软件。

(7)丰富、实用、友好的实时监控界面。

实时监控软件AdvanTrol是基于中文Windows NT/98/95开发的应用软件，支持实时数据库和网络数据库，用户界面友好，具有分组显示、趋势图、动态流程、报警管理、报表及记录、存档等监控功能。

操作站可以是一机配多CRT，并配有薄膜键盘、触摸屏幕、跟踪球等输入方式。操作员通过丰富的多种彩色动态画面，可以在这个窗口上进行过程的一切监视、操作功能。

(8)事件记录功能。

JX-300X提供了功能强大的过程顺序事件记录、操作人员的操作记录、过程参数的报警记录等多种事件记录功能，并配以相应的事件存取、分析、打印、追忆等软件。JX-300X系统具有最小事件分辨间隔(1ms)的事件序列记录(SOE)卡件，可以通过多卡时间同步的方法，同时对256点信号进行高速顺序记录。

(9)安装方便，维护简单，产品实现多元化、正规化。

2)系统配置及主要技术指标

(1)系统主要设备。

JX-300X系统有如下类型的节点：现场过程控制设备节点；操作监视设备节点；智能设备的通信接口节点；工程师站；用于过程控制，实现物理位置、控制功能都相对分散的主要硬件设备称为控制站（简称 CS）。通过不同的硬件配置和软件设置，可构成不同功能的控制站，分别是过程控制站（PCS）、逻辑控制站（LCS）和数据采集站（DAS）。在控制站中，以高性能微处理器为核心，能进行多种过程控制运算和数字逻辑运算，并能通过下一级通讯总线获得各种 I/O 卡件交换信息的智能卡件，称为主控制卡或 CPU 卡；而相应的下一级通讯总线称之为 SBUS。

控制站提供常规回路控制的所有功能和顺序控制方案，控制周期最小可达 0.1s。过程控制站最大负荷为 128 个控制回路（AO）、256 个模拟量输入（AI）、1024 个开关量（DI/DO），512KB 控制程序代码，512KB 数据存储器。对于回路控制和模拟量信号输入输出，信号处理的周期为 0.1～5s（可选），而对逻辑控制和数字量输入输出，处理的周期为 0.05～5s（可选）。用于实现工艺过程监视、操作、记录等功能，以工业 PC 机为基础的人机接口设备称为操作站，简称 OS。JX－300X 系统的整体结构如图 6－25 所示。

用于实现 JX－300X 系统与其他计算机、各种智能控制设备（如 PLC）接口的硬件设备为通讯接口单元（简称 CIU）或通讯管理站。

用于控制应用软件组态、系统监视、系统维护的工程设备为工程师站（简称 ES）。

用于工艺数据的实时统计、性能运算、优化控制、通讯转发等特殊功能的工程设备统称为多功能站（简称 MFS）。

为了保护用户的投资和系统的向上兼容，用于联结不同网络版本 JX 系列 DCS 系统的设备可采用 MFS。用于实现系统各节点间相互通讯，将控制站、操作站、通讯接口站等硬件设备构成一个完整的分布式控制系统的通讯网络为 SCnetⅡ过程控制网，简称 SCnetⅡ。JX－300X 系统采用的是冗余 10MB/s（局部可达 100 MB/s）的工业以太网。系统主要卡件见表6－7。

表 6－7　JX－300X 系统主要卡件一览表

型号	卡件名称	性能及输入、输出点数
SP243X	主控制卡（SCnet Ⅱ）	负责采集、控制和通讯等，10MB/s
SP244	通讯接口卡（SCnet Ⅱ）	RS232/RS485/RS422 通讯接口，可以与 PLC、智能设备等通讯
SP233	数据转发卡	SBUS 总线标准，用于扩展 I/O 单元
SP311	万能模拟信号输入卡	2 路输入，可配电
SP313	电流信号输入卡	4 路输入，可配电，0～10mA，4～20mA
SP314	电压信号输入卡	4 路输入，电压信号
SP315	应变信号输入卡	2 路输入，应变信号
SP316	热电阻信号输入卡	2 路输入，热电阻
SP318	HART 接口卡	4 路数字信号输入，HART 仪表
SP322	模拟信号输出卡	4 路输出，0～10mA，4～20mA
SP361	八点电平型开入	8 路输入，统一隔离
SP362	八点晶体管接点开出	8/7 路输出，统一隔离
SP363	八点触电型开入	8 路输入，统一隔离
SP335	脉冲量输入卡（10kHz）	4 路输入
SP334	SOE 信号处理卡	4 路输入
SP341	位置调节输出卡（PAT 卡）	1 路模入，2 路开出、2 路开入

（2）过程控制网络 SCnetⅡ。

JX－300X 系统采用了双高速冗余工业以太网 SCnetⅡ作为其过程控制网络。它直接连接了系统的控制站、操作站、工程师站、通讯接口单元等，是传送过程控制实时信息的通道，具有很高的实时性和可靠性。通过挂接网桥，SCnetⅡ可以与上层的信息管理网或其他厂家设备连接。

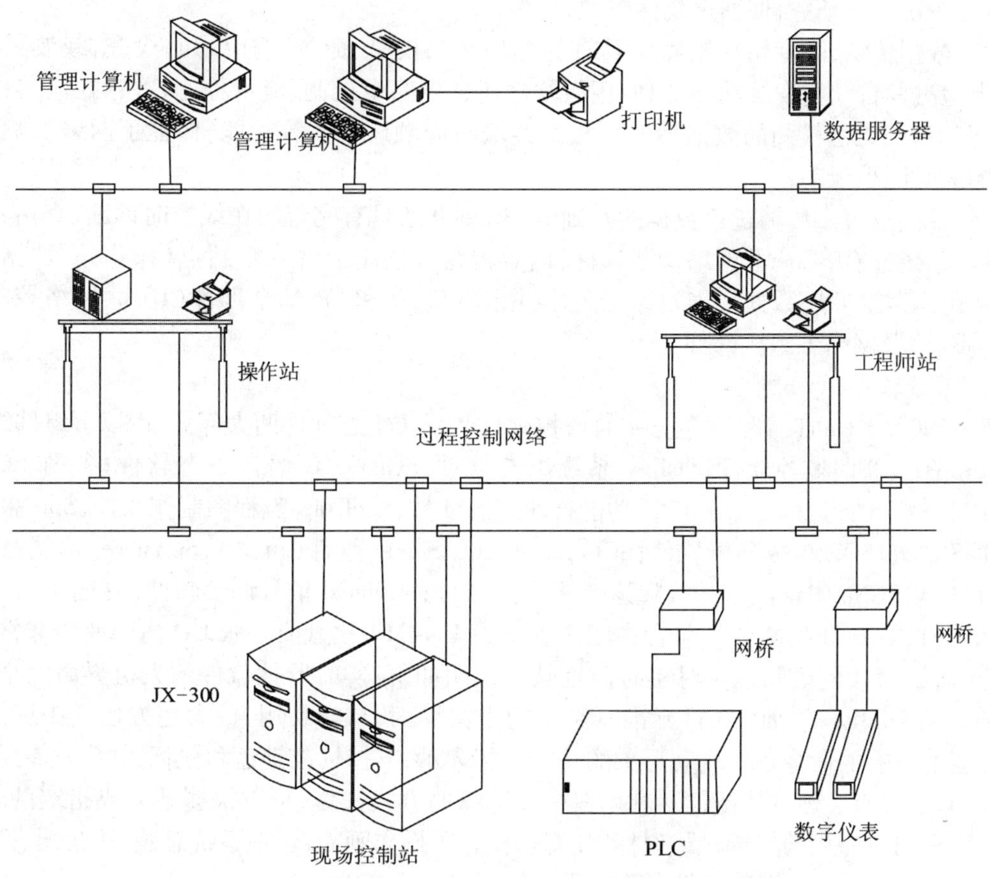

图6-25　JX-300X体系结构

过程控制网络SCnetⅡ是在10base Ethernet基础上开发的网络系统。各节点的通讯接口均采用了专用的以太网控制器,数据传输遵循TCP/IP和UDP/IP协议。根据过程控制系统的要求和以太网的负载特性,网络规模受到了一定的限制,基本性能指标如下:

拓扑规范:总线形结构,或星形结构。

传输方式:曼彻斯特编码方式。

通讯控制:符合TCP/IP和IEEE 802.3标准协议。

通讯速率:10MB/s,100MB/s等。

节点容量:最多15个控制站,32个操作站、工程师站或多功能站。

通讯介质:双绞线,RC-58细同轴电缆、RG-11粗同轴电缆、光缆。

通讯距离:最大10km。

JX-300X SCnet Ⅱ网络采用双重化冗余结构。在其中任一条通讯线发生故障的情况下,通讯网络仍保持正常的数据传输。

SCnetⅡ的通讯介质、网络控制器、驱动接口等均可冗余配置。在冗余配置的情况下,发送站点(源)对传输数据包(报文)进行时间标识,接收站点(目标)进行出错检验和信息通道故障判断、拥挤情况判断等处理。若校验结果正确,按时间顺序等方法择优获取冗余的两个数据包中的一个,而滤去重复和错误的数据包。而当某一条信息通道出现故障,另一条信息通道将负责整个系统通讯任务,使通讯仍然畅通。

对于数据传输,除专用控制器所具有的循环冗余校验、命令/响应超时检查、载波丢失检查、冲突检测及自动重发等功能外,应用层软件还提供路由控制、流量控制、差错控制、自动重发(对于物理层无法检测的数据丢失)、报文传输时间顺序检查等功能,保证了网络的响应特性,使响应时间小于1s。

在保证高速可靠传输过程数据的基础上,SCnetⅡ还具有完善的在线实时诊断、查错、纠错等手段。系统配有SCnetⅡ网络诊断软件,内容覆盖了网络上每一个站点(操作站、数据服务器、工程师站、控制站、数据采集站等)、每个冗余端口(0和1)、每个部件(HUB、网络控制器、传输介质等)及网络各组成部件。

(3)系统软件。

JX-300X AdvanTrol软件包分实时监控软件和系统组态软件两大部分,由以下组件组成:

AdvanTrol实时监控软件;SCKey系统组态软件;SCLang C语言组态软件(简称SCX语言);SCLD梯形图组态软件;SCFBD功能模块组态软件;MfcDraw流程图制作软件;Sprt报表制作软件;SCSOE SOE事故分析软件;SCConnect OPC Server软件(可选);SCViewer离线察看器软件(可选);SCNetDiag测试和故障诊断软件(可选);SCSignal信号调校软件(可选)。

JX-300X AdvanTrol软件包含在四张容量为1.44MB软盘或一张CD内。使用非常灵活方便,无需编写任何语句。仅对实时监控软件说明如下:实时监控软件的人机界面完全符合Windows的图形用户界面(GUI)标准。真正的中文界面,易学易用,极大地方便了中国用户。人机界面上所有的命令都以直观形象的功能图标表示,支持标准键盘和鼠标,并配置专用操作员键盘,其上设有灵活的快捷键。利用鼠标+键盘的方式操作,可以快速地完成指定的任务。操作员可以通过专用薄膜键盘或鼠标,任意切换各种操作画面,包括系统总貌、流程图、控制分组、调整画面、趋势图、报警一览、数据一览、故障诊断等,极为方便。

(4)系统环境指标。

①工作环境如表6-8所示。

②电源性能:

控制站:双路供电,85~264V(AC),47~400Hz,最大600W,功率因素校正操作站、工程师站和多功能站:200~250V(AC),50Hz,最大500W。

③接地电阻:

在普通场合接地电阻不大于4Ω,在变电所、电厂及有大型用电的场合接地电阻不大于1Ω。

表6-8 工作环境

工作温度	0~50℃
存放温度	-40~70℃
湿度	50℃时,5%~95%
高度	可达海拔4000m
振动(工作)	0.1″振幅,5~17Hz;2.5G峰值冲击17~500Hz
振动(不工作)	0.2″振幅,5~17Hz;3G峰值冲击,17~500Hz

④运行速度：

采样和控制周期:0.050～5.0s(逻辑控制),0.10～5.0s(回路控制)。

⑤双机切换时间：<0.1s;双机冗余同步速度:1MB/s

2. 北京和利时系统工程股份有限公司 MACS™

北京和利时系统工程股份公司在成功地开发并应用了 HS1000 系统和 HS2000 系统之后，总结了行业用户的意见和建议,综合了计算机技术、网络技术、应用软件技术、信号处理技术等最新技术,历时近三年时间推出了和利时第三代 DCS 系统——MACS™(Meet All Customers Satisfaction)系统。MACS™系统的特点如下：

1)以实现全厂综合自动化为目标,MACS™可实现管控一体化

具体功能包括:DAS 数据采集系统;CS/MCS 机炉协调控制,模拟量控制系统;SCS 顺序控制系统(含 ECS:电气控制系统);FSSS 锅炉安全保护系统;DEH 汽轮机电液调节;MEH 给水泵小汽机控制;BPS 旁路控制系统;MIS 厂级管理网通讯; ETS 汽机保护。还可轻松接入和利时 ERP 系统 Realmis,使整个企业的信息系统完整,满足更多的决策需求。

2)MACS™系统结构具有开放性和合理性,可扩展性强

MACS™系统采用"域"概念的分"域"结构,根据被控对象的流程特点,把整个大型控制系统用高速实时冗余网络分成若干相对独立的分系统,一个分系统构成一个域,是一个功能完整的 DCS 系统。多台机组可用多域独立运行,各域又可共享管理和操作数据。对于中小型控制,可用一个域即实现所有的控制和操作管理功能。系统采用国际性的开放的现场总线标准。为适应 FCS 的发展,MACS™系统的控制站采用标准的现场总线 PROFIBUS－DP 和 CAN 及其他总线,将高性能的冗余主控单元与可分布在现场的信号处理模块、回路控制模块、其他智能设备连接起来,共同构成系统。

(1)标准的 Client/Server 结构。

MACS™系统的操作层采用 Client/Server 结构,保证操作数据(特别是历史数据)的一致性、安全性。双冗余的系统服务器将用来存储系统所有的实时数据、历史数据、操作记录、事件记录、日志记录等。而各种功能的单元,如操作站、工程师站、先进控制计算站、分析站、现场控制站等构成不同功能的客户机,真正实现了功能分散。

(2)开放的网络结构。

在 MACS™系统中,为了确保系统的开放性,完全采用标准的开放网络:冗余的 100MB/s 以太网、标准的 RS485,RS232 通信协议(MODBUS 协议)、FF 协议的现场总线接口和无线通信规约。

(3)开放的操作系统。

Windows NT 操作系统,提供 ODBC 和 OPC 接口。系统的控制站采用成熟的实时多任务操作系统 QNX,以确保控制系统的实时性、安全性和可靠性。控制站的软件固化在半导体盘中,而实时数据存储在带掉电保护的 SRAM 中,可满足控制系统可靠、安全和实时性要求。

(4)标准的控制组态工具。

系统采用 IEC 1131－3 标准的控制组态工具,可为用户提供 SFC(顺序流程图)、FBD(功能块图)、LD(梯形图)、ST(结构文本)等方式进行控制组态。系统本身提供绝大部分常用的控制算法。此外,系统还提供方便的用户自定义模块功能。用户可以自己根据需要,采用以上四种语言编制自己特殊需要的复杂控制模块并嵌入系统。

3)性能先进,应用方便

MACS™系统以其强大的网络体系和处理硬件,支持非常强大的软件功能,几乎可以满足所有用户的要求。

(1)高速的网络体系。

管理网络和系统操作层、控制层网络速率为100MB/s;现场信号处理网络速率为12MB/s。

(2)强大的硬件处理能力。

服务器选择高性能的IPC:CPU主频大于600MHz,内存大于256MB,硬盘大于10GB;操作员站和工程师站:CPU采用Pentium Ⅲ 以上芯片,主频450MHz以上,内存大于128MB,硬盘大于10GB,显示器分辨率1600×1280;控制站主控单元:CPU采用Pentium Ⅱ 以上芯片,带32MB内存,配有2MB为显存;各I/O信号处理单元全部为智能结构;系统处理能力:一套系统可支持8个域,每个域的处理能力物理I/O点达10000点,控制回路数量达1000个。

(3)用户满意的系统性能。

模入处理:每路一个A/D转换器,16位分辨率。信号处理精度:大信号不大于0.1%,小信号不大于0.2%;巡检周期可调,最小50ms;模出处理:每路一个12位D/A转换器,精度不大于0.2%;关量输入/输出处理:SOE分辨率为1ms,带SOE信号消抖处理;统控制回路周期:一般模拟回路125ms,采用回路控制模块可达20ms,逻辑回路为50m;系统图形画面分辨率为1600×1280,响应时间<1s,数据刷新时间<1s。

(4)软件应用方便。

MACS™系统强大的组态软件功能,几乎可以实现任何要求,比如:丰富的全汉字图形组态:可以实现复杂漂亮的图形界面,并支持动画技术、图形缩放技术、多级窗口技术、各种数据、曲线、棒图、各种仪表盘等的实时显示;功能强大的控制组态:可实现各种批处理流程、PID回路、复杂回路、逻辑回路、混合回路以及先进控制、算法和特殊的配方控制等;报表组态与Excel相互转换:可以支持各种报表和图形打印功能;丰富的历史记录分析和处理:日志记录处理、报警记录的统计报告、事故追忆的统计分析报告等;强大的系统逐级自诊断功能与故障报警功能:支持SQL Anywhere,Oracle数据库等。

4)系统可靠性高

MACS™系统继承了HS2000系统的可靠性技术,而且在以下方面进行了改进。

(1)系统硬件可靠性。

除在电路设计、器件的选择、单元级冗余设计、网络冗余等方面继承了HS2000系统的所有可靠性措施外,MACS™系统在硬件上有如下可靠性措施:在I/O处理单元上采用小模块结构(模拟量8点,开关量16点),在A/D处理上采用每路一个A/D转换器,使危险进一步分散;具有控制回路模块,包含4路AI,2路AO,6路DI,2路DO,可实现两路HD控制、串级控制、补偿控制、快速动作回路等;每路信号在接口处都增加了多重过压和过流保护措施,使得各板在大信号干扰下不损坏;每个模块都可以带电插拔,更换方便;模块和底座之间采用欧式外形连接器,保证连接可靠;小模块结构和工业化设计,适应-20~+65℃的工业环境。

(2)系统软件可靠性。

MACS™系统在软件可靠性方面参照核电安全计算机系统设计标准,采取了大量的措施确保软件可靠性,包括:操作站等采用Windows NT操作系统,控制站则采用QNX,以确保控制站的可靠性和实时性;整个软件系统设计完全采用模块化结构,层次清晰,并使用面向目标的技术编程;系统提供丰富的自诊断显示信息;网络通信协议和接口驱动程序采用国际标准协议,如 TCP/IP,Profibus 等;支持 Internet。

5)工艺合理,安装方便

MACS™系统采用国际最新的计算机芯片技术,采用德国西门子的 SMT 表面贴装工艺和多层板结构,实现 I/O 模块的微型化,所有模块采用阻燃塑料外壳,工艺美观。同时,具有以下优点:模块信号处理和 I/O 接线,由两个分离部件组成,更换模块无须动信号线部分;现场模块供电和网络线在底板上,模块对接即可连接;模块底座部件应用标准导轨卡装,安装极为方便。

6)节省投资

MACS™系统在体系结构、硬件性能、软件功能和性能等方面都有很大提高。在设计该系统时,由于采取了各种措施和最新技术以降低成本,该系统不仅本身价格没有提高,还可保证用户在以下方面降低费用:系统每个控制站容量增大,可以减少控制站的台数,降低公共费用;系统模块可靠性进一步提高,损坏率降低;各 I/O 模块可以分散安装在现场,节省大部分的信号电缆和施工费用;公司提供多种工业系统的控制设计模式和基础组态,可以缩短工程周期和费用;系统提供强大的 ERP 管理功能,可以方便地实现控制—管理一体化系统方案,节省二次投资;系统扩充极其灵活,在系统扩充和修改功能时,投资很少;经过培训,用户可以全面掌握系统的组态和维修。

第7章　特高含水期油田仪表技术

7.1　油田控制系统仪表综述

7.1.1　油田控制系统仪表概述

油田控制系统所使用的仪表种类繁多，按其功能一般可分为两大类：测量仪表和控制仪表。

1. 测量仪表

根据测量的参数可划分为：

(1)压力测量仪表。

(2)温度测量仪表。

(3)流量测量仪表。

(4)液位测量仪表。

测量仪表虽然琳琅满目、多种多样，但就其组成来看，基本上由三部分组成，即检测环节、传送放大环节和显示部分。如图7－1所示，检测环节直接感受被检测信号，并将它变换成模拟或数字信号，经传送、放大环节，将信号进行放大、传送，最后由显示部分进行指示或记录。

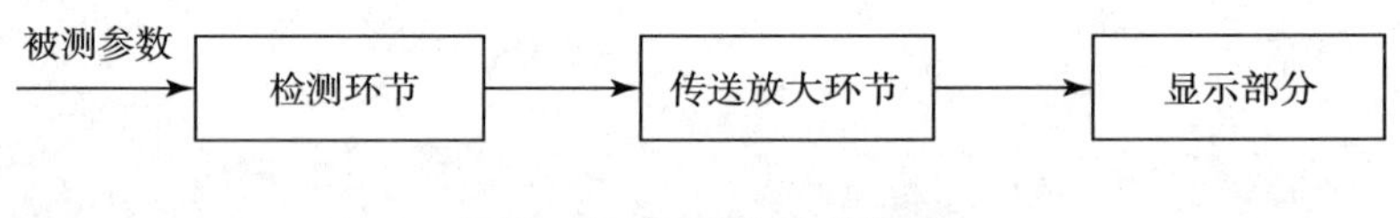

图7－1　测量仪表的组成

这类仪表虽然应用的测量方法很多，但从测量过程的实质来看，相同之处在于被测参数都要经过一次或多次测量信号的能量形式转换，由指针位移或数字形式来表示。在油田，测量仪表应用的相当广泛，尤其在自动化程度不高的情况下，大量被用来显示生产过程的参数指导生产操作，保证安全生产。

2. 控制仪表

控制仪表是实现生产过程自动化的重要工具。在自动化系统中，检测仪表将被控参数转换成测量信号，除了送显示仪表进行显示或记录外，还需送给控制仪表，以便控程的正常运行，使被控参数达到预期的要求。这里所指的控制仪表包括：在自动化广泛应用的调节器、变送器、运算器、执行器及各种新型控制仪表和装置。

常用的控制仪表有气动控制仪表和电动控制仪表。气动控制仪表的发展和应用已有数十年的历史，其特点是结构简单，价格便宜，可靠性高，且安全防爆，但其信号传输、放大、变换、处理比较困难，制约了此类仪表的进一步发展，目前，在油田主要应用的气动控制仪表为气动薄膜调节阀和电气阀门定位器。电动控制仪表虽然发展较晚，但由于电子工业的迅速发展，特别是计算机技术在自动化系统的应用，这类仪表的应用越来越广泛。电动控制仪表由于采用了安全火花防爆措施，得到了良好的解决，同样可应用于易燃易爆的危险场所。

3. 仪表特征

在油水处理、油气集输过程中，需要连续检测各种基本的过程变量，以便为安全、平稳、经济和自动化的生产及管理提供可靠的依据，检测仪表是实现油田自动化的基础。应用于油田泵站的检测仪表及执行机构应满足油田泵站生产技术条件的要求。油气是易燃易爆物品，因此，要求仪表必须符合防爆等级要求；油气成分复杂，有些成分具有腐蚀性，因此，要求所用仪表有相应的耐腐蚀性，如采用不锈钢、合金铜等材质制作传感器；油田泵站生产过程要求平稳，但有时会发生较高的压力波动，所以要求仪表有较高的承压能力和较好的动态工作特性。

油田泵站常用检测仪表和执行机构主要有温度、压力、液位、油水界面、含水、流量、电动阀门、气动阀门等。

检测仪表一般均由传感器、变送器、显示部分三大功能部件及传输通道组成。现代的智能仪表已将微处理器结合进来，使仪表具有智能化，如自动补偿、自动校正、编码、数字通信等功能。

无论选用哪种类型的仪表，在油田泵站油气加工处理过程中，仪表符合防爆要求是最为重要的。防爆的要求即"安全火花"要求，所谓"安全火花"是指该火花的能量不足以对其周围可燃介质构成点火源。对正常状态或事故状态产生的"火花"均为"安全火花"的仪表，称为安全火花型防爆仪表。安全火花型防爆仪表从电路设计开始就考虑防爆，把电路在短路、开关及误操作等各种状态下可能发生的火花都限制在防爆性气体的点火能量之下，是从爆炸发生的根本原因上采取措施解决防爆问题，因而安全火花型防爆仪表也称"本质安全仪表"，它可用于易燃、易爆气体的危险场所。

油田泵站仪表的选择应按照 GB 3836.1《爆炸性气体环境用防爆电气设备　第1部分：通用要求》标准确定。爆炸危险场所等级的划分参照国际电工委员会（IEC）或美国石油学会（API）的有关标准进行。

7.1.2 油田仪表应用现状

油田油气集输自动化的发展经历了一个从无到有、逐渐改造的过程。以胜利油田某采油厂为例，该厂各站仪表自控系统从20世纪90年开始改造。期间采用了多种型号的检测仪表和工控机。在不断的使用中又逐渐淘汰、更新，形成目前生产中所使用的主流仪表，然而，即使是这些主流仪表，在生产使用中也暴露出一些较大的问题。

1. 外输液计量

外输液计量用于采油矿对小队的生产管理中，它是考核小队生产情况的主要依据。它的计量仪表有两类：外输液体积计量仪表和密度计。

为了满足外输液体积计盘的要求，一直采用 LL 型腰轮流量计，该流量计属于容积式流量计，流量计转子在流量计入口流体压力作用下转动，转子和流量计壳体之间形成一定的容积空间。随着转子的转动，把这部分流体送向流量计出口。故流出来的流体总体积为转子和流量计之间形成的空间的容积与转子旋转次效的乘积。这种流量计具有结构简单、工作可靠、牢固耐用、测量精度高等优点，曾一度能够满足外输计量需要，但由于以下原因，致使腰轮流量计平均故障率提高。

(1)大部分站的综合含水已达85%，而且外轴油水混合液不均匀，有时含水率达95%以上，使石墨轴承达不到有效润滑，磨损加剧，使用寿命大大降低，造成腰轮流量计故障率上升。

(2)已建站的液量不断上升，当液量接近或超过腰轮流量计的工作范围时，石墨轴承加速磨损，严重时造成轴承卡死、断脱。一旦流量计出现故障，常需要较长的修理、标定时间，造成站外输液流量计量长时间中断，给矿上的日常管理带来很大的不便。

2. 供热污水计量

各站的供热计量目前普遍采用的是WBT型可拆式流量变送器。这种表主要用于油井掺水热洗和计量间的供热污水体积计量，基本上满足了计量需要。这种仪表的计量原理是当流体流过变送器时，变送器内叶轮借助流体的流动而产生旋转，叶轮上安有磁双稳元件，产生大于1V的正脉冲，该信号直接送给二次仪表。在测量范围内，叶轮的转速可看成与流量成正比，而脉冲数与叶轮数同步。

3. 天然气计量

在外输天然气和自耗气计量上，通常采用孔板流量计和旋进漩涡流量计。孔板流量计属于节流流量计。节流装置测量的流量在设计规定的条件下使用，流量方程中各系数保持常数。孔板流量计受自身特性和伴生湿气的物理性质限制，在使用中存在着许多问题。

(1)由于湿气中含有大量的水蒸气，温度下降时水蒸气会在天然气管道中析出，使孔板计量的对象变为气液两相流。尤其当油气分离器分离效果不好时，湿气中便会带有许多小油滴和其他污物，这些小油滴和污物附着在直管段和孔板上，更加降低计量精度。

(2)由于管理不善使孔板流量计长期得不到检查、清洗、标定。

(3)孔板流量计标准状态的流量计算过于复杂，虽采取了一些办法，仍然不便掌握。

4. 温度、压力检测

在自控系统中使用量较大、品牌较杂的两种表是温度变送器和压力(压差)变送器。由于质量原因，使这两种表存在的主要问题有：零点漂移；变送器模块易烧坏。

这两种表的标定维护工作量很大，由于使用者的技术力量有限，许多表长期得不到标定、维护、更新，使表的精度下降，漂移严重，甚至报废，从而造成许多生产管理人员不相信也不敢相信二次表或微机显示。

5. 油水界面检测

用于检测界而的油水界面仪，其指示值为探头位置的含水率，探头位置固定后，界面仪测量值为容器内一点的含水率，受干扰影响大；而且，其输出特性曲线为非线性，在工作点附近，变化比较大，就会造成调节阀动作频繁，影响控制精度和控制质量，系统稳定性差。

6. 二次仪表的使用情况

各站使用的二次表有：温度、流量显示仪，闪光信号报警器，可燃气体报警器的表头部分。与一次表一样，各站使用的二次仪表的型号较多，存在的问题也主要是管理、维护工作跟不上。

7.2 压力检测仪表

压力(或压强)是指气体或液体垂直地作用于单位面积上的力。压力是油田泵站生产过程中最重要的参数之一,在每个生产环节上设备及管道的运行压力是有严格要求的,只有压力符合要求,才能保证生产效率和安全。油田泵站的生产要求压力必须稳定控制,并实现联锁保护。

7.2.1 概述

压力(包含差压和真空度)是工业生产中最重要的参数之一。它决定着生产过程能否正常进行,关系到设备和人身的安全等。另外,有些物理量,如液位、流量、温度等常常是通过压力来间接进行检测。

1. 压力的定义及单位

工程上的压力与物理学上的压强具有相同的概念,即垂直作用在物体单位面积上的力称为压力。

在国际单位制中其单位为牛[顿]每平方米,即帕[斯卡],其表示符号为 Pa。Pa,kPa,MPa 是法定压力计量单位。在工程中常用单位还有千克力每平方厘米(kgf/cm^2)、标准大气压(atm)、约定毫米汞柱(mm Hg)、约定毫米水柱(mm H_20)、磅力每平方英寸(lbf/in^2)、巴(bar)等,它们之间的换算见表 7-1。

表 7-1 各压力单位间的换算表

压力单位	千克力每平方厘米 kgf/cm^2	约定毫米汞柱 mm Hg	约定毫米水柱 mm H_2O	标准大气压 atm	帕 Pa	巴 bar	磅力每平方英寸 lbf/in^2
kgf/cm^2	1	0.73556×10^3	1.0000×10^4	0.9678	0.9807×10^5	0.9807	1.4224×10
mm Hg	1.3595×10^{-3}	1	1.3595×10	1.316×10^{-3}	1.332×10^2	1.332×10^{-3}	1.934×10^{-2}
mm H_2O	1.0000×10^{-4}	0.73556×10^{-1}	1	0.9678×10^{-4}	0.9807×10	0.9807×10^{-4}	1.4223×10^{-3}
atm	1.0332	760	1.0332×10^4	1	1.01325×10^5	1.01325	1.4696×10
Pa	1.0197×10^{-5}	0.75×10^{-2}	1.0197×10^{-1}	0.9869×10^{-5}	1	1×10^{-5}	1.4503×10^{-4}
bar	1.0197	0.75×10^3	1.0197×10^4	0.9869	1×10^5	1	1.4503×10
lb/in^2	0.703×10^{-1}	51.715	0.703×10^3	0.6805×10^{-1}	0.6895×10^{-4}	0.6895×10^{-1}	1

2. 压力的表示方法

在压力检测中,压力常分为表压、绝对压力、负压或真空度和差压,差压和真空度是相对大气压力而言的。大气压力即地球表面空气柱重量所产生的压力;被测介质作用在容器表面积称上的全部压力称为绝对压力;在工业上所用的压力指示值常为表压,表压是当绝对压力高于大气压力时,绝对压力和大气压力之差;真空度是当绝对压力小于大气压力时,大气压力和绝对压力之差;差压力是任意两个压力相比较时的差值。它们之间的关系如图7-2所示。

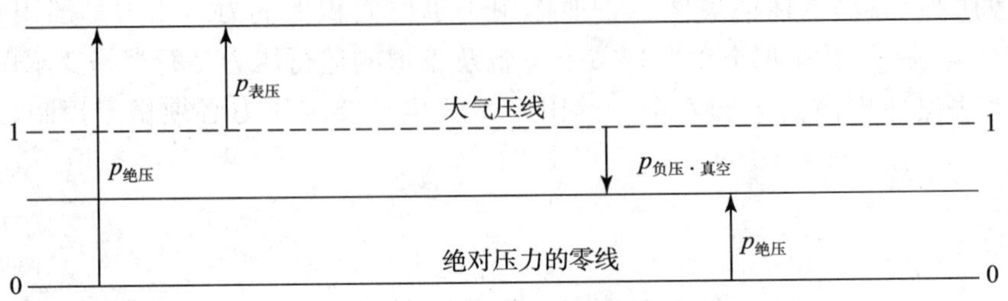

图7-2 各种压力间的关系

3. 压力检测方法

压力的检测方法多种多样,通常采用弹性变形法测压、活塞测压、液柱测压和电测法测压。在海洋采油中主要采用弹性变形和电测法测量压力。用弹性变形法测量压力时,当被测压力作用于弹性元件时,弹性元件便产生相应的形变,根据形变的大小便可测出压力的大小。常用的弹性元件有三类:薄膜式、波纹管式和弹簧管式。电测法测量压力是通过转换元件直接把被测压力转换成电信号。它可以通过某些机械的和电气的元件来实现这一转换,如电磁式、电压式、电容式、电感式和电阻应变式等。

7.2.2 压力表

由于弹簧管受压后其形变位移和受力的大小具有比例关系。因此生产中,大多采用弹簧管作为弹性元件来测压,经常使用单弹簧管和多弹簧管,以单弹簧管应用为最多。弹簧管压力表是工业生产应用最为广泛的一种测压仪表。

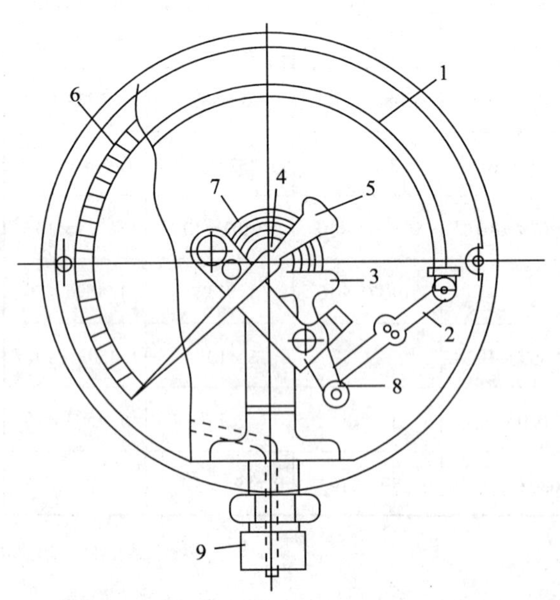

图7-3 弹簧管压力表

1—弹簧管;2—拉杆;3—扇形齿轮;4—中心齿轮;5—指针;6—面板;7—游丝;8—调整螺钉;9—接头

1. 弹簧管的测压原理

单弹簧管是弯成圆弧形的空心管子,其截面积呈扁圆形或椭圆形。被测压力由弹簧管的固定端引入,由于椭圆形截面积在压力作用下会趋向圆形,因此弹簧管的自由端就产生一定的位移。弹簧管就这样把压力转变为位移。但是,弹簧管输出位移很小,因此一般都选用各种杠杆式或齿轮式的传动放大机构,把微小位移放大并转换成角位移传送给显示部分。由于弹簧管自由端的位移与被测压力的大小具有比例关系,因此弹簧管压力表的刻度标尺是线性的。

2. 弹簧管压力表的结构

弹簧管压力表的结构如图7-3所示。被

测压力由接头9传入,迫使弹簧管1的自由端向上方扩张。自由端的弹性变形位移由拉杆2使扇形齿轮3做逆时针偏转,于是指针5通过同轴的中心齿轮4的带动而做顺时针偏转,从而在面板6的刻度尺上显示出被测压力的数值。由于自由端的位移与被测压力之间具有比例关系,因此弹簧管压力表的刻度标尺是线性的。游丝7是用来克服因扇形齿轮和中心齿轮的间隙所产生的仪表变差的。改变调整螺钉8的位置(即改变机械传动的放大系数),可以实现压力表量程的调整。

弹簧管的材料,因被测介质的性质、被测压力的高低而不同。但是,使用压力表时,必须注意被测介质的化学性质。例如,测量氨气压力必须采用不锈钢弹簧管,而不能采用铜质材料。测氧气压力时,则严禁沾有油脂,以确保安全生产。

7.2.3 压力变送器

以上介绍的是就地显示的压力计,即压力表。在生产中,我们还需要将压力转换成气动信号或电动信号进行控制和远传,把压力转换成气动信号或电动信号的设备就是压力变送器。常见的压力变送仪表主要有力电容式压力变送器、扩散硅式压力变送器以及电容式差压变送器等。下面分别介绍。

1. 电容式压力变送器

电容式压力变送器是一种位移式变送器,它是将压力的变化转换为电容量的变化,然后进行测量。这类变送器的精度较高,由于它的结构特点,使其能够经受振动和冲击,稳定性、可靠性好,也常用来测量差压。

1)工作原理

电容式压力变送器有一可变电容敏感元件,它能将测量膜片与电容极板之间的电容差转换成二线制4~20mA(DC)输出信号。

其原理根据下列关系式:

$$p = K(C_H - C_L)/(C_H + C_L) \tag{7-1}$$

式中 p ——被测流程压力;

K ——常数;

C_H——高压侧极板和测量膜片之间的电容;

C_L——低压侧极板和测量膜片之间的电容。

图7-4所示方块图为变送器工作原理图。

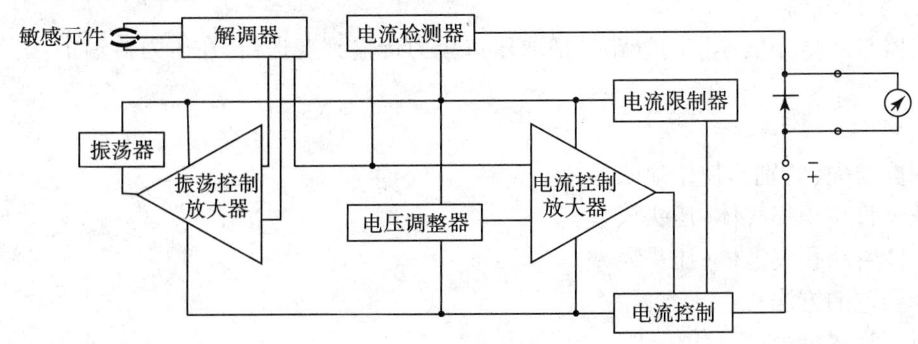

图7-4 电路方块图

2）安装

（1）概述。

压力测量的准确与否在很大程度上取决于变送器和引压管的正确安装。考虑到工艺流程和经济因素，流量和液位变送器经常安装在恶劣环境中，所以，压力变送器应尽量安装在温度梯度和温度波动小的地方，同时要避免振动和冲击。

（2）安装。

如果变送器直接安装在测量点上，可由连接管支撑，也可安装在表盘上或者用安装支架把它装在2in管子上。拧下法兰接头的螺顶，变送器很容易从流程管道上拆下。变送器本体可在法兰里转动，只要保持法兰是垂直的，活动变送器本体不会引起零点变化。如果水平安装法兰，液头压力将引起微小零位压力变化（0.0021MPa）。量程在0～0.12～0.70MPa内的变送器都应再调零。

（3）引压管。

变送器相对流程管道的正确位置取决于被测介质，为了选定最佳安装位置，应考虑下面几点：

①腐蚀或过热的介质不应与变送器接触。

②防止渣子在引压管内沉积。

③引压管尽可能短。

④引压管应安装在温度梯度和温度波动小的地方。

测量液压时，取压口必须装到流程管道的侧面以避免渣子沉积。变送器要装在侧边或取压口下方，以便气体排入流程管道。

测量气体压力时，取压口应装在管道的顶部或侧面，变送器应装在侧面或取压口的上方，以便液体排入流程管道。

测量蒸气压力时，引压管应装在管道侧面，而变送器应装在取压口的下方，以便冷凝液流入引压管。

使用侧面有排气/排液阀的变送器，取压口要装到流程管道的侧面。被测介质为液体时，排气/排液阀在上面，以便排除气体；被测介质为气体时，阀在下部，以便排放积液。法兰转动180°，侧面排气/排液阀就从上部转到下部。注意测量蒸气或其他高温介质时，变送器的温度不应超过极限。

测量蒸气时，引压管要充满水，防止蒸气直接同变送器接触。因变送器的容积变化量很小，故不需要冷凝器。

变送器与测量介质连接的管路是把取压口压力传输到变送器，在压力传输中，引起误差的原因如下：

①泄漏。

②摩擦损失（特别是使用喷吹系统）。

③液体管路积集气体（压头误差）。

④气体管路积集液体（压头误差）。

减少误差的方法：

①引压管尽量短。

②液体或蒸气测量，引压管路要向上连接到流程管道。

③对于气体,引压管要向下连接。

④液体流程管道的测量点应低些,气体管道测量点应高些。

⑤为避免摩擦的影响,引压管要采用足够大的口径。

⑥确保所有的气体从液体引压管中排出。

⑦在高压测量时,引压管要有足够的强度耐高压。

3)校验

(1)量程调整范围。

通常,所有的电容式压力变送器可在最大量程和最大量程的1/6范围内连续调整。例如,1151变送器的量程在0~6.35~38.10kPa之间连续可调。

(2)零点调整范围。

正负迁移可以达到上述最大迁移量,但被测压力不得超过量程压力的极限。例如,原量程为0~25.40kPa,不能迁移为25.40~50.80kPa,由于50.80kPa超过了量程38.10kPa的压力极限。

为了达到大迁移量,需要改变装在放大器板元件侧的迁移插座位置。该插座有三个位置,中间位置为无迁移位置,为了达到大的正、负迁移,需把插座插到正迁移或负迁移位置,变送器可以调校在跨零的量程上(如:从-19.05~+19.05kPa),但这会使变送器的线性特性稍微降低。

(3)零点和量程调校步骤。

零点调整和正负迁移对量程几乎没有影响。然而,调整量程则会影响零点,无迁移时影响较小,量程调整影响零点变化量和量程调整量的百分比大致相同。因此,变送器应先调到实际量程,然后调零(如果需要,还要换插正负迁移插座),达到需要的正负迁移量。

例如(H51GP4):

变送器原量程为6.35~31.75kPa(0~25.40kPa量程,正迁移了6.35kPa)。

变送器需改调量程为31.75~38.10kPa(0~6.35kPa量程,正迁移为31.75kPa)。

①调整零点,消除原有正负迁移量。

变送器输入压力为零,顺时针调整零点螺钉,使输出为4mA。这时变送器的量程是0~25.40kPa。

②调整量程到需要值。

输入压力为零,顺时针转动量程调整螺钉,缩小量程,直到其输出等于:4mA×(原有量程/所需量程)=4×(25.40/6.35)=16mA。

注:要量程从6.35kPa增加到25.40kPa,输入压力为6.35kPa,反时针转动量程调整螺钉,直到其输出等于20mA×(原有量程/所需量程)=20×(6.35/25.40)=5mA。

③输入压力为零,反时针调整零点螺钉,使输出值回到4mA,这时变送器的调校量程接近0~6.35kPa。

④检查满量程输出,必要时,微调量程和零点。

必须说明的是,零点调整不影响量程,但量程调整会影响零点。调整量程影响零点的量,为量程调整量的1/5。为了补偿这种影响,最简单的方法是超调25%。例如,在第③步骤完成之后,在6.35kPa压力下,变送器的输出读数若为19.900mA。将量程电位器顺时针转动,使输出读数为20.025mA。19.900+(20.000-19.900)×1.25=19.900+0.125=20.025。

由于量程调整影响零点量为量程调整量的1/5，即量程增加0.125mA，则零点增加0.025mA。输入6.35kPa，反时针方向调零使输出为20mA，这时变送器量程即到了0～6.35kPa。

⑤正迁移变送器的高压侧加31.75kPa的压力，反时针调零点螺钉使输出为4mA。有时转动调零螺钉不能达到4mA，如果发生这种情况，则要切断电源，拔下放大板，改变接插件位置到“正迁移”(S)的位置上，装上放大板，完成零点调校。如果负迁移调整，方法相同，只是顺时针调零，迁移插座插到“负迁移”(E)的位置。值得注意的是迁移插件在放大器板元件侧，必须把板拔下才能换插。

⑥再检查量程和零点，必要时进行微调。

在零点和量程调整中有机械间隙、改变调整方向时会出现死区。对于机械间隙，最简单的办法是反向调整之前有意超调。

(4)线性调整。

除零点和量程调整器外，放大板的焊接面还有一个线性调整器，一般不在现场调整。如果要求某一特定的测量范围有好的线性特性，应按下述步骤进行调校。

①输入所调量程压力的中间值，记下输出信号的理论值和实际值之间的误差。

②用6乘量程下降系数再乘偏差值，量程下降系数＝最大允许量程/调校量程。

输入满量程的压力，调整标有“线性”的微调器。若为负的偏差值，则从满量程输出减去这个值。例如，量程下降系数为4，量程中点输出电流偏差值为－0.05mA时，调整线性微调器，使满量程输出增加1.2mA(0.05mA×6×4＝1.2mA)。

③重调量程和零点。

(5)阻尼调整。

4～20mA输出的放大器板焊接面有一微调阻尼器。阻尼器用来抑制由被测压力引起的输出快速波动，其时间常数在0.2s(正常值)和1.87s之间。出厂时阻尼器调整到逆时针极限位置上，时间常数为0.2s，最好选择最短的时间常数，时间常数调节不影响变送器，所以可在现场进行阻尼调整，顺时针转动阻尼器可达到实际需要的阻尼值。

注意，电位器两端有止挡，强拧电位器，会损坏阻尼调整器，卸开电路板侧的盖，可调整阻尼和线性。

2. *扩散硅压力变送器*

1)工作原理

扩散硅压力变送器由于采用先进的半导体电子技术和集成电路技术，工作原理和结构都十分简单，如图7－5所示。

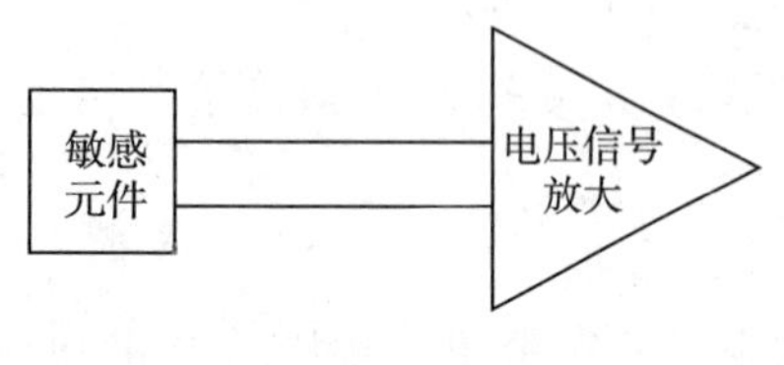

图7－5 原理框图

扩散硅压力变送器是依据半导体的应变电阻效应原理制作的传感器，压力改变时，半导体应变片的电阻改变，通过测量电桥检测。这类变送器具有稳定性好、滞后小、频率响应高等优点，但扩散硅传感器，由于P－N结层在温度升高时电阻会明显降低，所以不适于高温下使用，一般在100℃左右。

变送器的核心部件是隔离式传感器组件。该组件的敏感元件是利用单晶硅的压阻效应。在单晶硅膜片上扩散一个惠斯登电桥，被测压力通过隔离膜片和灌充的硅油传送到敏感元件上，由于压阻效应，四个桥臂电阻的阻值发生变化，电桥失衡，敏感元件输出端就有一个对应于压力变化的电信号输出。此信号经由 IC 放大电路，输出一个标准的 4～20mA 二线制电流信号。

2）特点

（1）体积小、重量轻。

由于该系列变送器采用了隔离式传感器组件及可靠的模拟处理电路，使其体积只有电容式变送器的 1/3。

（2）稳定性好。

满度、零位长期稳定性，可达 0.2% FS/年。在补偿温度 0～70℃ 范围内，温度漂移可达 0.2% FS，在整个允许工作范围内，可达 0.75% FS。

（3）响应速度快。

扩散硅技术的优越性就在于响应速度高于电容式压力变送器 10 倍以上。

（4）先进的膜片/充油隔离技术。

该系列压力变送器采用了先进的膜片/充油技术，充油总量极小，保证了很好的性能，提高了抵御极限破坏压力的能力，同时也提高了防腐蚀的能力，介质压力可以连续加至超过额定工作压力两倍而不损坏传感器膜片。

（5）反向保护，限流保护。

该系列变送器，装有反向保护、限流保护电路，在安装时如果正负极接反也不要紧，加反压 45V 也安全（非防暴型），如果电路短路造成电流过大，此时变送器会自动限流 26mA 以内。

（6）大量程调节。

可通过内部量程调节电位器和拨动开关在最大额定量程范围内迁移 500%，零点最大可迁移至最大额定量程的 80%。

（7）高精度。

具有 0.2% FS 的高精度，并可提供 0.1% FS 精度的变送器。

（8）安装方便。

采用直接安装方式省去引压管，避免了由于引压管而产生的附加影响。

3）技术特性

输出信号：两线制 4～20mA。

被测介质：液体、气体、蒸气。

测量范围：非隔离式 0.500kPa～0.7MPa。隔离式 0.7kPa～0.60MPa。

电　　源：24V（DC）（标准）。在满足负载曲线要求下可工作于 12～36V（DC），本安防爆型经安全栅供电。

危险场所安装：本安型 iaCT5。

量程、零点：外部连续可调。

正迁移：零点正迁移后的测量上限值不得超过最大测量范围的上限值。

量程调节：额定量程内 5:1。

4）安装

使用扩散硅压力变送器对压力进行测量，很大程度上取决于变送器的正确安装，考虑到工艺流程和经济因素，压力变送器经常安装在恶劣环境中，因而，压力变送器应尽量安装在温度梯度和温度波动小的地方,同时要避免振动和冲击。

变送器可直接安装在测量点上,相对流量管道的正确安装取决于被测介质,考虑下面的情况可决定最好的安装位置。

(1)强腐蚀性的或过热的介质不应与变送器接触。

(2)防止渣子在引压管内沉淀。

(3)引压管应装在温度梯度和温度波动小的地方。

应注意,测量蒸气或其他高温介质,不应使变送器的工作温度超过极限。用于蒸汽测量时,引压管要充满水,以防止变送器与蒸气直接接触。变送器与测量介质连接管路是为了把取压口介质压力传输到变送器,在压力传输中可能引起误差的原因主要有:泄漏、摩擦损失(特别使用喷吹系统时)、液体管路集气体、气体管路集液体。

5)调校

(1)零点迁移范围。

零点迁移量通常较大,KYB600G 系列变送器零点迁移量为最大极限量程的 80%。

(2)量程调整范围。

变送器量程调节范围大,KYB600G 系列变送器量程调节为极限量程内 500%。例如:极限压力为 6MPa 的 KYB600G 变送器,其零点可迁移至 4.8MPa,量程可在 1.2 ~ 6MPa 内任意调节。

(3)零点和量程调校方法。

一般按最大测量范围调校,即零压对应 4mA,量程上限值对应 20mA。

在 IC 电路板上,有三个调节电位器,其中 P1 用于调节传感器的供电电流,出厂时已调整好,与其他元件一起焊接在比电路板的正面,P2 为调零电位器,调整范围为 0 ~ 80% URV(迁移),P3 为满度调节电位器,可以在小范围对满度进行调节,P2,P3 及拨动开关配置在 IC 电路板背面。

6)维修

变送器无机械传动部件,几乎不需要维修,变送器的量程改变方法及调校在前面已做了叙述。该变送器结构简单,拆卸方便,基本组成部分为:敏感部件、电路处理板、电子外壳。

(1)敏感部件的检查。

敏感部件在现场不可修理,拆下连接头后,如发现损伤(如隔离膜片损坏或漏油),必须更换。

(2)电子外壳只要换用备用板即可。

①接线端子位于有穿线孔的电子外壳一侧,拧下端盖,即可看见电源信号端子,端子永久固定在壳体上,不能拆卸,否则,壳体两侧间密封被破坏,使壳体防爆结构失效。

②电路板位于接线端子后侧的电子外壳内,拧下端盖,再拧下电路固定螺钉,即可取出。

3. 电容式差压变送器

1)工作原理

流程压力通过隔离膜片和灌充液传递到可变电容敏感元件室的中心测量膜片上,比较压力以同样的方式传递到测量膜片的另一侧。测量膜片的位置由测量膜片的电容极板检测出来。测量膜片和两个电容极板之间的电容值均约为 150Pf。电容检测部分由振荡器驱动,其频率大约为 32kHz,$V_{pp} \approx 30$V。电容式差压变送器就是通过测量膜片与电容极板之间的电容差,将其转换成二线制 4 ~ 20mA(DC)信号输出,来达到测量的目的的。原理图如图 7 - 6 所示。

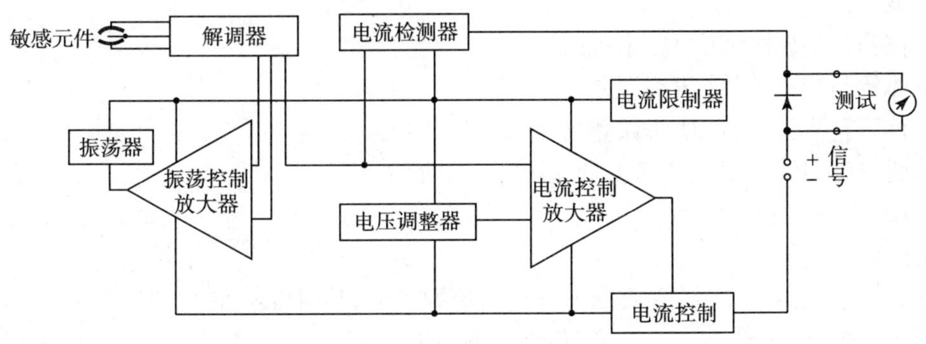

图7 -6　变送器工作原理

2)安装

(1)概述。

流量或液位测量的质量,很大程度取决于变送器和引压管的正确安装,对于流量测量精度,正确安装一次元件也是重要的。

考虑到工艺流程和经济因素,流量和液位变送器经常安装在恶劣环境中。因而,差压变送器应尽量安装在温度梯度和温度波动小的地方,同时要避免振动和冲击。

(2)引压管。

变送器相对流程管道的正确安装取决于被测介质。送器应尽量安装在温度梯度和温度波动小的地方,同时要避免振动和冲击。考虑下面的情况可确定最好的安装位置。

①腐蚀性的或过热的介质不应与变送器接触。

②防止渣子在引压管内沉淀。

③两引压管里的液压头应保持平衡。

④引压管应尽可能短些。

⑤引压管应安装在温度梯度和温度波动小的地方。

测量液体流量:取压口应开在流程管道的顶部或侧部,以免渣子沉淀。变送器应装在侧面或取压口的下方,以便气体排入流程管道。

测量气体流量:取压口应开在流程管道的顶部或侧面,变送器应装在侧面或取压口的上方,以便液体排入流程管道。

测量蒸气流量:取压口应开在流程管道的侧面,而变送器则装在取压口的下方,以便冷凝液流入引压管。

使用侧面有排气/排液阀的变送器时,取压口应开在流程管道的侧面。工作介质为液体时,排气/排液阀在上面,以便排除气体;工作介质为气体时,阀应在下面,以便排放积液。将法兰转动 180°,可以改变排气/排液阀的上下位置。

应注意,测量蒸气或其他高温介质时,不应使变送器的工作温度超过极限。用于蒸气测量,引压管要充满水,以防变送器与蒸气直接接触。由于变送器的容积变化量很小,故不需要冷凝器。

变送器与测量介质连接管路是把取压口压力传输到变送器，在压力传输中，可能引起误差的原因如下：

①泄漏。

②摩擦损失（特别使用喷吹系统时）。

③液体管路积集气体（压头误差）。

④气体管路积集液体（压头误差）。

⑤两引压管间温差引起的密度变化（压头误差）。

减少误差的方法：

①引压管尽量短。

②液体或蒸气测量，引压管要向上连接到流程管道，其斜度不小于 1/12。

③对于气体，引压管要向下连接，其斜度不小于 1/12。

④液体流程管道的测量点要低些，气体管道测量点要高些。

⑤两引压管要保持相同的温度。

⑥为避免摩擦影响，引压管要有足够大的口径。

⑦确保所有的气体从液体引压管中排出。

⑧使用隔离液体时，两引压管液位要相同。

⑨采用喷吹系统时，喷吹系统应尽量靠近流程管道取压口，净化流体经过大小相同长度一样的管路到变送器，要避免喷吹流体通过变送器。

3）校验

（1）量程调整范围。

几乎所有变送器可在最大量程和最大量程 1/6 范围内连续调整。例如，变送器的量程 4，在 0 ~ 6. 35 ~ 38. 10kPa 之间连续可调，如图 7 -7 所示。

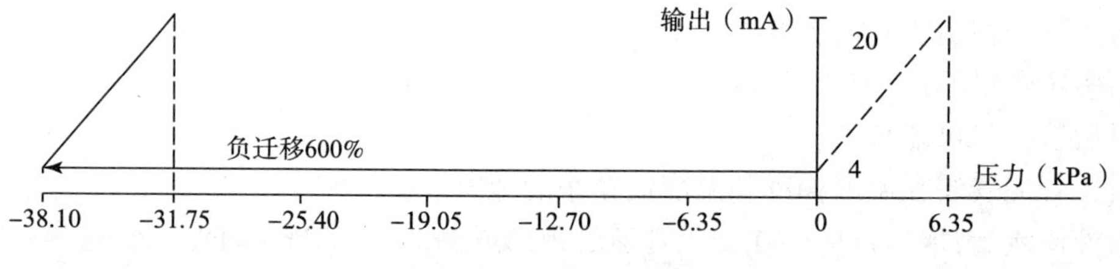

图 7 -7　量程调整范围

（2）零点调整范围。

正负迁移可以达到上述最大迁移量，但被测压力不得超过量程的压力极限。例如，量程 4 的变送器，原量程为 0 ~ 25. 40kPa，不能迁移为 25. 40 ~ 50. 80kPa（虽然正迁移量仅为 100%），由于 50. 80kPa 超过了量程 4 的 38. 10kPa 的压力极限。

为了达到大迁移量，需要改装在放大器板元件侧的迁移插座位置。中间位置为无迁移位置。为了达到大的正、负迁移，需把插座插到正迁移或负迁移位置，变送器可以调校在跨零的量程上（如：从 - 19. 05 ~ + 19. 05kPa），但这会使变送器的线性特性稍微降低。

（3）零点和量程调校步骤：

通常零点和量程调整螺钉在变送器电气壳体铭牌的后面，移开铭牌即可进行调校。顺时针转动螺钉使变送器输出增大。零点调整和正负迁移对量程几乎没有影响，然而调整量程则会影响零点,无迁移时影响较小,量程调整影响零点变化量和量程调整的百分比大致相同。因此,变送器应先调为零到实际量程,然后调零。压力为零点值时,调整变送器输出使其为4mA;压力为满量程值时,变送器输出为20mA,如果有达不到的现象,查看一下量程板的跨接位置是否正确。

例:(1151DP4)压力变送器。变送器原量程为6. 35 ~ 31. 75kPa,0 ~ 25. 40kPa 量程,正迁移了6. 35kPa)。现要将变送器的量程改为 - 19. 05 ~ - 6. 35kPa(0 ~ 12. 70kPa 量程,负迁移了19. 05kPa)。

①调整零点,消除原有的正负迁移量。

变送器输入压力为零,顺时针调整零点螺钉,使输出为4mA,这时的变送器量程是0 ~ 25. 40kPa。

②调整量程到需要值。

输入压力为零,顺时针转动量程螺钉,缩小量程,直到其输出等于:4mA ×(原有量程/所需量程) = 4 × (25. 40/12. 70) = 8mA。需要说明的是,要量程从12. 70kPa 增加到25. 04kPa。输入压力为12. 70kPa,反时针转动量程调整螺钉,直到其输出等于:20mA ×(原有量程/所需量程) = 4 × (12. 70/25. 05) = 10mA。

③输入压力为零,反时针调整零点螺钉,使输出值回到4mA。这时变送器的调校量程接近0 ~ 12. 70kPa。

④检查满量程输出,必要时,还要微调量程和零点。

值得注意的是,调零点不影响量程,但调量程会影响零点。调量程影响零点的量,为量程调整量的1/5。为了补偿这个影响,最简单的方法就是超调25%。例如,第3 步完成之后,变送器在12. 70kPa 压力下,输出读数为19. 900mA,这时,将量程调整出来顺时针转动,使输出读数为20. 025mA。19. 900 + (20. 000 - 19. 900) × 1. 25 = 19. 900 + 0. 125 = 20. 025。由于量程调整影响零点量为量程调整量的1/5,即量程增加0. 125mA,则零点增加0. 025mA。输入12. 70kPa,反时针调零,使输出读数为20. 000mA,这时变送器量程即调到了0 ~ 12. 70kPa。

⑤负迁移。

在变送器的高压侧加 - 19. 05kPa 的压力,顺时针调零,直到输出读数为4mA。有时转动调零螺钉不能达到4mA,如果出现这种情况,切断电源,拔下放大板,改变插座的位置到“负迁移”(E)的位置上,将放大板插上,再完成零点调整。如果正迁移,进行相同的步骤,只是反时针调零,迁移插座插到“正迁移”(S)的位置。

⑥再检查量程和零点,必要时进行微调。

在零点和量程调整中,有机械间隙,改变调整方向时会出现死区。对于机械间隙最简单的办法是反向调整之前有意超调。

(4)线性调整:

除零点和量程调整外,放大器板的焊接面还有一个线性调整器。一般出厂已调整到最佳状态。

(5)阻尼调整:

放大器板焊接面有一微调阻尼器,用来抑制由被测压力引起的输出快速波动。其时间常数在0. 2s(正常值)和1. 67s之间。出厂时阻尼调整到逆时针极限位置上,时间常数为0. 2s,最好选择最短的时间常数,时间常数调节不会影响变送器,所以可在现场进行阻尼调整。注意，电位器两端有止挡，强拧电位器，会损坏阻尼调整器。

7.2.4 压力检测仪表选型原则

1. 量程的选择

测量稳压时，最大量程应选择接近而又大于正常值的1.5倍。测交变压力时最大量程应选择接近而又大于正常值的2倍。往复泵出口压力测量的最大量程应选择在接近而又大于往复泵出口的最大压力。真空表不受此限。上述选择是由于测量时稳定压力常使用在分度上限值的1/3～2/3处，交变压力不大于分度上限的1/2。对于瞬间测量，允许使用至分度上限的3/4，这样可以保持弹簧管长时期的弹性不变形。

2. 精度的选择

精度的选择要以经济、实用为原则。一般油田用1.5级、2.5级已经足够，在科研、精密测量和校验压力表时，则需要使用0.4级或0.25级以上的精密压力表和标准压力表。校验测量上限为0.25MPa以内的0.16级、0.25级标准压力表和真空表或其他类似仪器可使用双活塞真空压力计；校验0.25MPa以上的同样精度的标准压力表可用活塞式压力计。

3. 使用环境和介质性能的考虑

(1)腐蚀性稀硝酸、乙酸、氨类及其他一般腐蚀介质，用耐酸压力表、精密压力表、氨用压力表、不锈钢为膜片的膜片压力表。

(2)易结晶、黏性强时，用膜片压力表。

(3)爆炸性环境、远传和带调节采用气动仪表，用电动仪表时需用防爆型。

(4)机械震动强的场合需用船用压力表。测脉动压力时需装螺旋形减震器和阻尼阀。

(5)带粉尘气体的测量需装除尘器。

(6)强腐蚀性含固体颗粒、黏稠液的介质，以及稀盐酸、盐酸气、重油类及其类似介质可用吹气法、冲液法或制造隔离膜盒和冲隔离液测量。隔离膜盒中的膜片材质为四氟橡胶或四氟塑料。隔离测量又可采用将隔离液直接注入测量管或隔离灌两种方法，前者多用于平稳压力测量，后者多用于交变压力测量。采用全氟三丁胺(相对密度1.856)做隔离液，取得了很好的效果。用于测量温度大于80℃的蒸气或介质的压力表需装螺旋形或U形弯管。

4. 工艺要求

对于现场指示，在0.06MPa以下非危险性介质的压力、真空、差压测量时，用玻璃管压力计或膜盒式微压计；0.06MPa以上用一般弹簧管压力表，不需要就地指示的可用压力变送器。

5. 仪表外形的选择

在经济、使用的基础上应考虑便于安装、使用等因素。一般盘装易用矩形压力表；多圈螺旋管压力表、波纹管压力表；与远传压力表和压力变送器配用的二次表；轴向有边(尾注ZT型)或径向有边(尾注T型)的弹簧管压力表(ZT型常用，T型不常用)。盘装时弹簧管压力表直径为ϕ150mm。

6. 现场安装

几乎所有压力表均可用于现场安装，而弹簧管压力表用表面直径100mm，在照明条件差、标高较高、示值不容易看清楚的场合用表面直径200mm～250mm。

7. 压力调节系统的选用

压力调节系统可选用位移平衡式仪表，也可选用压力变送器和单元组合二次仪表配套使用。位移平衡式仪表一般作为基地式指示(或记录)调节,具有结构简单、价格便宜、安装和维护方便等优点。对在仪表室内需要观察工艺参数的调节系统。对 -0.1~0.2MPa 范围内的压力需高灵敏度测量时,可用差压变送器代替压力变送器。

7.3 温度检测仪表

7.3.1 概述

温度是一个重要的物理量,它是国际单位制(SI)7 个基本物理量之一,也是在油田生产过程中主要的工艺参数之一。油田的各个系统的许多生产环节都与温度有关,很多重要的过程只有在一定的温度范围内才能有效进行。因此,对温度进行准确测量和可靠控制,在油田生产中具有重要的意义。

1. 温标

显然,从温度的概念并没有给出温度数值化的方法。为了进行定量的分析,为了使温度检测的结果准确一致,必须给出温度数值的大小,给物体或系统的冷热程度以定量的描述,温标就是为此目的服务的。

简而言之,温标就是温度数值化的标尺。它给出了温度数值化的一套规则和方法,并明确了温度的测量单位。

常用的温度单位有摄氏度(℃)、华氏度(°F)和开尔文(K)。

2. 温度检测原理及仪表分类

温度是表征物体及系统冷热程度的物理量,从宏观上,它表征了一个物体或系统是否处于热平衡状态,在微观上,它反映了一个物体或系统的分子无规则热运动的剧烈程度。温度不能直接测量,只能借助于冷热不同的物体间的热交换以及物体的某些物理性质随温度不同而变化的特性间接测量。

温度检测仪表是用来进行温度数值定量的测量仪表。它有简单的也有复杂的,但是它们均是由传感器、变换器、显示器及传输通道四部分组成。

温度检测的目的就是要准确地获得反映物体或系统热平衡状态的特征参数——温度的定值信息。根据热平衡的观点,为了检测某个系统或物体(被测对象)的温度,必须是温度检测仪表的某个部位(如传感器)作为一个系统,与被测系统直接或间接地达到平衡,使传感器与被测介质的温度一致或有一定关系。然后再根据温度检测仪表的输出信号确定被测对象的温度,这就是基于热平衡观点的温度检测的基本原理。

从原理上讲,凡是随温度变化而变化的一些物理参数或物质属性均可作为温度检测仪表工作的依据,这些随温度变化而变化的物质,原理上都可用来制作温度的传感器。但实际上,并非所有上述物质均可用来测温,必须加以适当选择。由于与温度变化有关的物质属性很多,故温度检测方法与仪表的种类也多种多样,现将在长期实践中经常使用的,较精确的、方便的测温原理与方法归纳如下:

(1)利用物体的电气参数,如电阻、电势等随温度变化的特性来检测温度,如常用的热电阻温度计和热电偶温度计。

(2)利用物体热膨胀的原理来测量温度,如水银温度计、压力式温度计和双金属温度计等。

(3)利用物体表面热辐射强度与温度的关系来检测温度,如辐射式温度计、光学温度计、比色温度计等。

(4)根据温度传感器是否与被测对象接触,温度检测仪表可分为接触式和非接触式两大类。通常来说接触式测温仪表比较简单、可靠,测量精度较高;但因测温元件与被测介质需要进行充分的热交换,则需要一定的时间才能达到热平衡,所以存在测温的延迟现象,同时受耐高温材料的限制,不能应用于很高的温度测量。非接触式仪表测温是通过热辐射原理来测量温度的,测温元件不需与被测介质接触,测温范围广,不受测温上限的限制,也不会破坏被测物体的温度场,反应速度一般也比较快;但受到物体的发射率、测量距离、烟尘和水气等外界因素的影响,其测量误差较大。本节将介绍几种常用的测温方法和仪表。

7.3.2 热电偶温度计

热电偶温度计属于接触式测温计,它的测温范围很广,可以测量生产过程中 0~600℃范围内液体、蒸气和气体介质以及固体表面温度,较适用于测量 500℃以上的较高温度。这类仪表结构简单、使用方便、测温准确可靠,便于远传、自动记录和集中控制,是温度测量中应用最普遍的测温器件。

1. 测温原理

热电偶温度计的测温原理是基于热电效应。将两种不同的导体或半导体连成闭合回路,当两个接点处的温度不同时,回路中将产生热电势。这种现象称为热电效应,又称塞贝克效应。如图 7-8 所示。

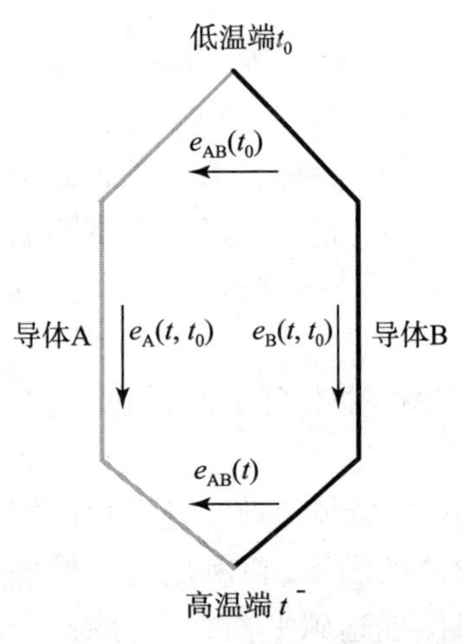

图 7-8 热电效应原理图

热电偶测温系统主要由三部分组成:热电偶、导线和仪表。热电偶是由两种材料不同的导体焊接而成,焊接的一端(称为热端或高温端)插入被测介质中感受被测温度,另一端与导线连接称为冷端(低温端)。由物理学可知,两种不同的金属电子密度不同,当这两种金属接触时,由于电子的扩散作用,在接触面上形成接触电势。当两种金属的材料确定时,接触点电势仅和接触点温度有关,故称为热电势。所以只要测量出热电势的大小就能判断测温度。此外,仪表必须解决冷端补偿问题,以保证测温的准确。图 7-9 是一个最简单的热电偶测温系统。

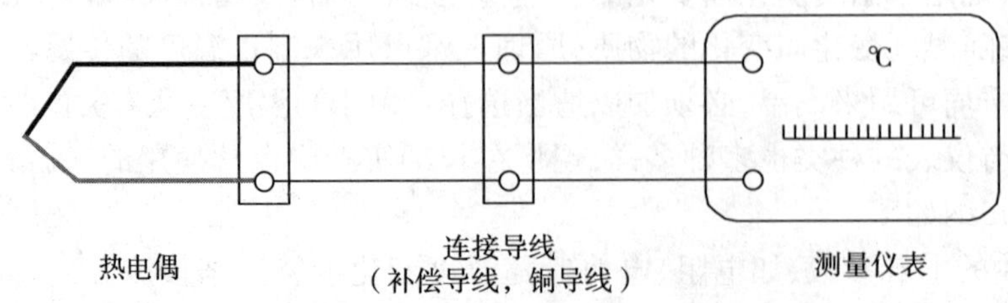

图 7-9 最简单的热电偶测温系统

具体来说,闭合回路中产生的热电势有两种电势组成:温差电势和接触电势。温差电势是指同一导体的两端因温度不同而产生的电势,不同的导体具有不同的电子密度,所以它们的温差电势也不一样。接触电势是指两种不同的导体相接触时,因各自的电子密度不同而产生的电子扩散,当达到动态平衡后所形成的电势,接触电势的大小取决于两种不同导体的性质和接触点的温度。

综合两种电势,在闭合回路中产生的总热电势为:

$$E_{AB}(t,t_0) = \int_{t_0}^{t} S_{AB}\mathrm{d}t = e_{AB}(t) - e_{AB}(t_0) \tag{7-2}$$

其中,t,t_0 分别为两个接点的温度,$t > t_0$;S_{AB} 称为塞贝克系数,其值随热电极材料和接点温度而定。

当热电极材料 A 和 B 确定后,t_0 一定时,$e_{AB}(t_0)$ 等于常数 C,则对于确定的热电偶,其热电势只与温度 t 成单值函数关系,即

$$E_{AB}(t,t_0) = e_{AB}(t) - C \tag{7-3}$$

2. 热电偶的应用定则

1)中间温度定律

热电偶 A 和 B 在接触点温度 t,t_0 时的热电势等于该热电偶在接触点温度 t,t_n 与 t,t_0 时的热电势之和。即:

$$E_{AB}(t,t_0) = E_{AB}(t,t_n) + E_{AB}(t_n,t_0) \tag{7-4}$$

如 t_n 为变值,而测得 $E_{AB}(t,t_n)$ 后,将 $E_{AB}(t,t_0)$ 做修正值,用上式求得 $E_{AB}(t,t_0)$ 值,这样可将热电偶分度表的 t_0 取做定值,即 $t_0=0$。对任何 $E_{AB}(t,t_n)$ 均用统一表求得。$E_{AB}(t,t_0)$ 称做非标准冷端的补偿值。

应用热电偶实际测温时,工作端和参考端有时会很长。根据中间温度定律,可以用补偿导线连接加长热电偶。

在一定范围内(0~150℃),补偿导线具有和所连接热电偶相同的热电性质。

若热电偶与动圈仪表配套使用时,如果冷端温度比较恒定,测量精度要求不高时,可将动圈仪表的机械零点调至热电偶冷端温度,这相当于在输入电势之前就给仪表输入一个补偿热电势。

2)均值导体定律

一种导体组成的闭合回路,无论其是否存在温度梯度,均不能产生热电势。

公式推导如式(7-5):

$$\begin{aligned} E_{AA}(t,t_0) &= e_{AA}(t) + e_{A}(t,t_0) - e_{AA}(t_0) - e_{A}(t,t_0) \\ &= e_{AA}(t) - e_{AA}(t_0) \\ &= \frac{Kt}{e} \cdot \ln\frac{N_{At}}{N_{At}} - \frac{kt_0}{e} \cdot \ln\frac{N_{At_0}}{_{At_0}} \\ &= 0 \end{aligned} \tag{7-5}$$

式中 N_{At},N_{At_0} ——导体 A 在温度 t 和 t_0 时单位体积内的电子数,如图 7-10 所示;

E_{AA} ——导体 A 与 A 之间的总热电势;

e_A ——导体 A 上的热电势;

e_{AA} ——导体 A 与 A 之间在一定温度下的热电势。

这一定则说明，一种匀质材料不能构成热电偶。由两种不同材料组成的热电偶则要求材质的均匀性要好，否则热电极的温度分布将会对热电势值产生影响。热电极材料的均匀性是衡量热电偶质量的重要指标之一。

3）中间导体定律

回路中加入第三种导体，只要加入的导体两端温度相同，则对回路的热电势没有影响。即：

$$\begin{aligned} E_{ABC}(t,t_0) &= e_{AB}(t) + e_A(t,t_0) + e_B(t,t_0) - e_{AC}(t_0) - e_A(t,t_0) \\ &= e_{AB}(t) + e_B(t,t_0) - e_{AB}(t_0) - e_A(t,t_0) \\ &= E_{AB}(t,t_0) \end{aligned} \tag{7-6}$$

利用中间导体定律，可在回路中引入各种仪表和各种连接导线，使热电偶测温成为可能。如图 7－11 所示。

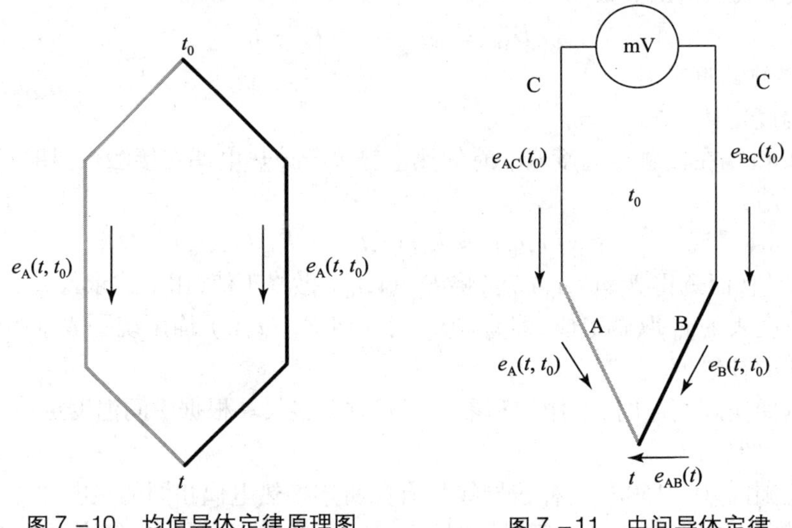

图 7－10　均值导体定律原理图　　图 7－11　中间导体定律

根据中间导体定律，可以用开路热电偶对液态金属或金属壁面测温。如图 7－12 所示。

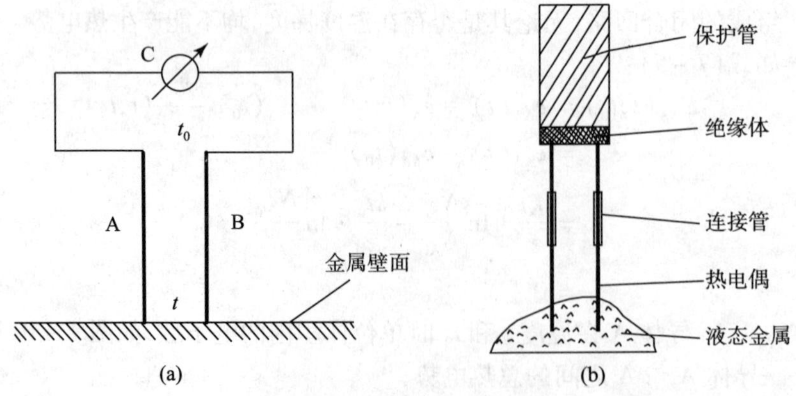

图 7－12　开路电偶的使用

7.3.3 热电阻温度计

1. 热电阻材料

热电阻大都由纯金属材料制成，目前应用最多的是铂和铜，此外，现在已开始采用镍、锰和铑等材料制造热电阻。

热电阻温度计是利用热电阻具有的电阻值随温度变化而改变的特性进行温度测量的，热电阻温度计对300℃以下中、低温度的测量精度较高，是中低温区最常用的一种温度检测器。

它的主要特点是测量精度高，性能稳定。其中，铂热电阻的测量精确度是最高的，它不仅广泛应用于石油工业测温，而且被制成标准的基准仪。

一般来说，电阻值随温度变化的关系为式(7-7)和式(7-8)所示：

$$R_t = R_0[1 + \alpha(t - t_0)] \tag{7-7}$$

或

$$\Delta R_t = \alpha R_0 \Delta t \tag{7-8}$$

式中 R_t——温度为 t ℃的电阻值；

R_0——温度为 t_0 ℃（一般为0℃）时电阻值；

α ——电阻温度系数；

Δt——温度的变化量；

ΔR_t——温度改变 Δt 时电阻的变化值。

2. 工作原理

热电阻温度计就是将温度变化所引起导体电阻的变化，通过测量电桥转换成电压或电流信号，然后送至显示仪表显示或记录被测温度。常用的热电阻是铂电阻和铜电阻。

3. 热电阻的结构

(1)普通型热电阻。

从热电阻的测温原理可知，被测温度的变化是直接通过热电阻阻值的变化来测量的，因此，热电阻体的引出线等各种导线电阻的变化会给温度测量带来影响。

(2)铠装热电阻。

铠装热电阻是由感温元件（电阻体）、引线、绝缘材料、不锈钢套管组合而成的坚实体，它的外径一般为2~8mm。与普通型热电阻相比，它有下列优点：

①体积小，内部无气隙，热惯性小，测量滞后小。

②机械性能好、耐振，抗冲击。

③能弯曲，便于安装。

④使用寿命长。

(3)端面热电阻。

端面热电阻感温元件由特殊处理的电阻丝材绕制，紧贴在温度计端面。它与一般轴向热电阻相比，能更正确和快速地反映被测端面的实际温度，适用于测量轴和其他机件的端面温度。

(4)隔爆型热电阻。

隔爆型热电阻通过特殊结构的接线盒，把其外壳内部爆炸性混合气体因受到火花或电弧等影响而发生的爆炸局限在接线盒内，生产现场不会引起爆炸。隔爆型热电阻可用于具有爆炸危险场所的温度测量。

7.3.4 ROSEMOUNT3144 和 3244M 智能型温度变送器

1. 温度变送器的结构

ROSEMOUNT3144 和 3244M 智能型温度变送器的结构如图 7－13 所示，温度变送器主要由变送部分和探头部分组成。

2. 温度变送器的安装

温度变送器的安装主要分为两步：机械安装和电气安装。

1）机械安装

（1）把温井安装在管线或容器上。

（2）把探头（即温度传感器）安装在温井上。

（3）把探头导线穿入变送器内，并把变送器安装在温井上。

2）电气安装

（1）检查。对所要安装的变送器首先检查是否已经标定，标定后才能安装，否则应先进行标定。

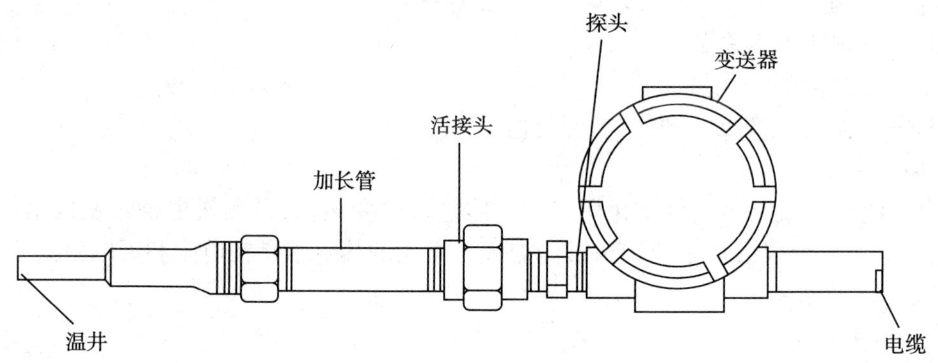

图 7－13 ROSEMOUNT3144 和 3244M 智能型变送器的结构图

（2）输入连接。温度变送器的传感器常用的是 RTD 即热电阻及热电偶。如果探头是热电阻，一般是将探头的导线按四线制连接在变送器的接线室内的接线端子上；如果探头是热电偶，则将探头的导线按两线制连接在变送器的接线室内的接线端子上。

（3）输出连接，也称为电源连接。将电源线或者说信号线连接在温度变送器的接线室的电源接线端子上。

（4）最后检查。对变送器重新进行极性和连接正确性检查。

3. ROSEMOUNT3144 和 3244M 智能型温度变送器的校验

温度变送器的校验主要是校验变送部分，传感器部分一般由专门机构来标定。

调校这些型号的变送器时，需要用到 HART 通信仪，通信仪与变送器连接如图 7－14 所示。一般新的变送器在使用前都需要检查量程和零点的设置是否正确，有没有标定过传感器是否正确。如果量程和零点设置不对或没有标定过，需要重新校验。使用中的变送器也要定期进行校验。校验步骤如下：

（1）单位设定：设定变送器单位时，HART 通信仪的快捷键是 1，3，2。当用 HART 通信仪与变送器通信上后，按上面的快捷键，就可进入单位设定窗口，可选单位有摄氏度、华氏度、欧姆及毫伏，按照要求选择合适的单位。

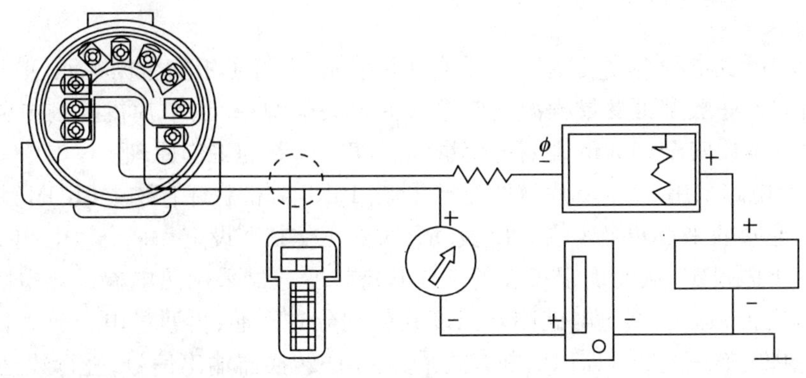

图 7 -14　HART 通信仪与变送器连接图

(2)零点量程设定:零点量程设定时,HART 通信仪的快捷键是 1,3,3。当用 HART 通信仪与变送器通信上后,按上面的快捷键,就可进入零点量程设定窗口。其中 LRV 代表量程最低点即零点,URV 代表量程最高点即量程。需要更改量程和零点时,只需按要求更改 LRV 和 URV 的值即可。

(3)探头类型选择:探头类型选择时,HART 通信仪的快捷键是 1,3,4。当用 HART 通信仪与变送器通信上后,按上面的快捷键,就可进入探头类型选择窗口。这主要是用于选择探头的类型和探头的连线数。ROSEMOUNT3144 和 3244M 智能型温度变送器可与 Pt100,Pt200,Pt500,RTD 和 B,E,J,N,R,S,T 等型号的热电偶相连。

7.3.5　SBW 型可变量程温度变送器

1. 概述

SBW 型可变量程温度变送器是以 8031 单片微处理器作为控制电路的核心,再配合外围构成的全电子固态化新型智能温度变送仪表。它采用热电偶或热电阻将温度信号变换为毫伏信号,再通过电子放大后送入 A/D 转换器,8031 单片微处理器采集 A/D 转换器输出信号,并进行数据处理、线性化处理、故障自诊断等,并通过光电耦合器实现隔离输出。其上、下限在测量范围内可由用户设定,且热电偶温度变送器可在分度号为铂铑—铂(S 型)、镍铬—镍铝(K 型)、镍铬—康铜(E 型)、铁—康铜(J 型)等四种规格中选择、设定,热电阻温度变送器可在分度号为 Pt100,Cu100,Cu50 等三种规格中选择、设定。

2. 主要技术指标

(1)结构型式:架装式。

(2)供电电源:24V(DC) ±10%;消耗功率:不大于 5W。

(3)防爆类型:等级(ib)ⅡC 75。

(4)防爆额定电压:220V(AdC/DC)。

(5)输入信号。

电阻体:Pt100,Cu100,Cu50;

热电偶:S,K,E,J。

(6)输出信号:1 ~5V(DC)和 4 ~20mA(DC)。

(7)基本误差:量程的 ±0.5%。

3. 工作原理

本质安全型可变量程温度变送器由开关电源单元、内端子板安全栅单元、单片机控制电路单元三部分组成。一般型可变量程温度变送器由开关电源单元、单片机控制电路单元两部分组成。这里仅以本质安全型为例说明可变量程温度变送器的工作原理。

变送器控制电路采用8031单片微处理器,外接16KB外部程序存贮器(ROM)用于存贮固定程序和分度表,它接收来自两个4位DⅡP拨动开关的工作状态设定和来自六个BCD拨动开关的测量范围的上、下限设定,从而确定仪表的工作状态。变送器采用热电偶或热电阻检测现场温度,采用集成温度传感器检测热电偶冷端温度并分别分时选通,再通过电子放大器放大后送入A/D转换器。8031单片微处理器以中断方式采集A/D转换器输出信号,进行数据处理、热电偶冷端补偿处理或热电偶导线补偿处理、线性化处理、故障自诊断等,并以串行输出方式通过光电耦合器送入D/A转换器,实现隔离输出标准的1~5V(DC)和4~20mA(DC)信号。

4. 调整与校验

1)调校接线图

仪表调校接线图如图7-15所示。

2)调校项目及方法

(1)仪表工作状态设定。

仪表的工作状态由单片机控制电路单元中的4位DⅡP拨动开关S1和S5设定。功能定义见图7-16和图7-17,详细设定方法见表7-2。

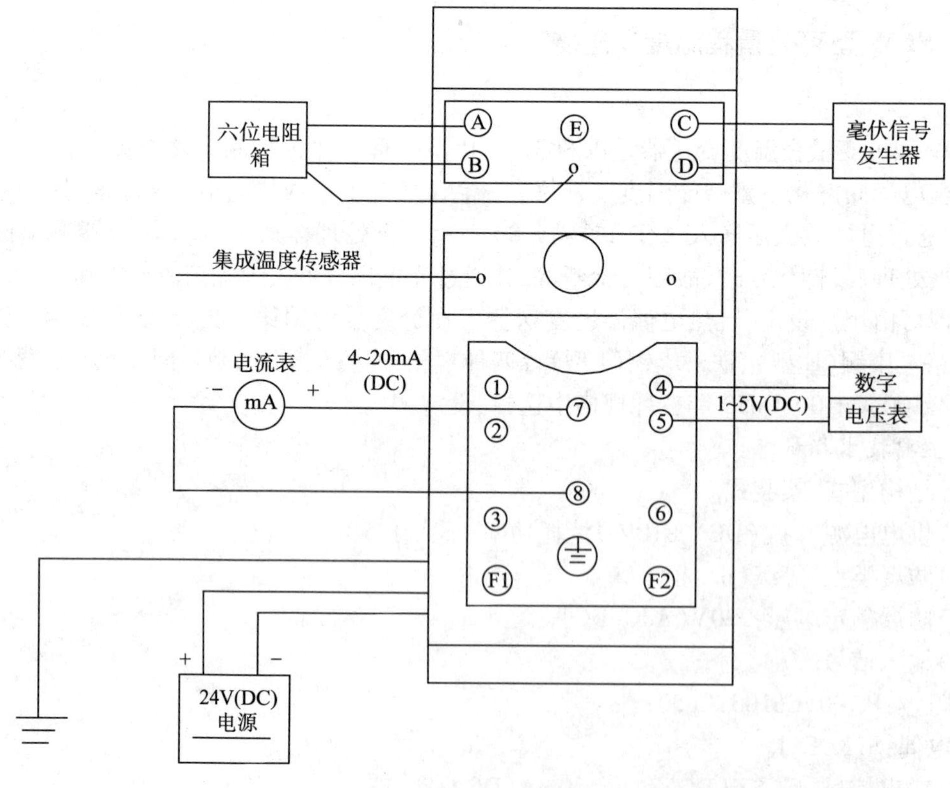

图7-15 可变量程温度变送仪表调校接线图

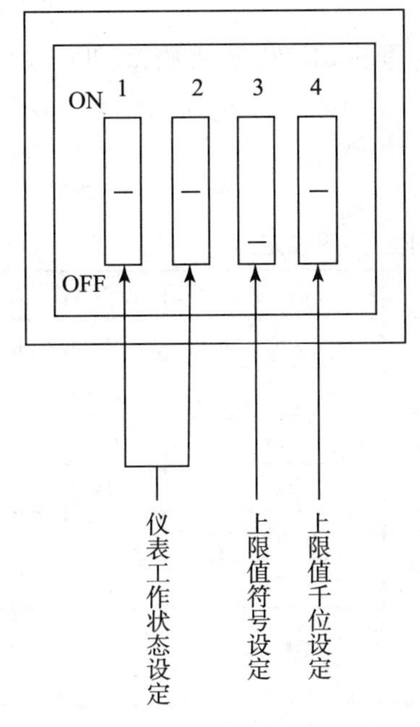

图7-16　可变量程温度变送仪表功能图

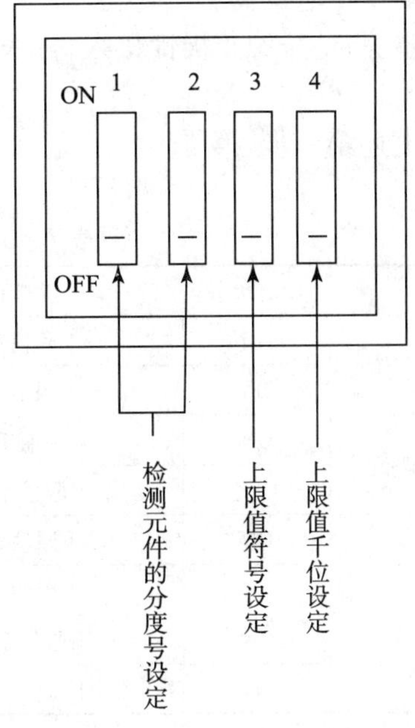

图7-17　DⅡP拨动开关S5功能图

表7-2　DⅡP拨动开关S1和S5状态设定

开关位 设定状态		DⅡP拨动开关S1		开关位 测温元件的分度号		DⅡP拨动开关S5	
		1	2			1	2
热电偶	带冷端补偿	OFF	OFF	热电偶	镍铬—镍铝(K型)	OFF	OFF
	校验冷端补偿	OFF	OFF		铂铑—铂(S型)	OFF	ON
	不带冷端补偿	ON	OFF		镍铬—康铜(E型)	ON	OFF
					铁—康铜(J型)	ON	ON

(2)测量范围上、下限设定。

仪表在调校和投入实际应用前应在测量范围内预先设定上、下限值，设定单位为℃。上限值由DⅡP拨动开关S1的第三及第四位和BCD拨码开关S2，S3和S4设定，下限值由DⅡP跟动开关S5的第三及第四位和BCD拨码开关S6，S7和S8设定。见表7-3测量范围上、下限设定。

(3)时基电路。

用频率计测量A/D转换器量ⅡCPL7135的第22脚(时钟频率输入端)，时钟频率应为125kHz。否则，调整电位器R66。

(4)热电偶温度变送器输出调校。

按表7-2和表7-3将仪表设定为热电偶去掉补偿方式，分度号为K型，上限为40℃，下限为0℃。

第一步：将信号源反极性接入，输入超过满量程的1/20的毫伏数，此时输出应为0.800V

(DC),否则调整电位器。

第二步:将信号源正极性接入,输入超过满量程的21/20毫伏数,5.200V(DC),否则调整电位器。

重复上述第一步、第二步。

表7-3 测量范围上、下限设定

开关		设定状态	功能说明	开关	设定状态	功能说明
S1	第三位	ON	上限值为负值	S2	0~9	上限值百位
		OFF	上限值为正值	S3	0~9	上限值十位
	第四位	ON	上限值千位为1	S4	0~9	上限值个位
		OFF	上限值千位为0	S6	0~9	下限值百位
S5	第三位	ON	下限值为负值	S7	0~9	下限值十位
		OFF	下限值为正值	S8	0~9	下限值个位
	第四位	ON	下限值千位为1			
		OFF	下限值千位为0			

(5)热电偶输入调校(按表7-4所述的要求进行校验)。

第一步:热电偶温变输入零点调校。将仪表上限设定为40℃,下限为0℃。当输入信号为0mV(0℃)时,输出应为1V(DC),否则调整电位器。

第二步:热电偶温变放大倍数调校。将仪表上限设定为1300℃,下限为1260℃。当输入信号52.398mV(1300℃)时,输出应为5.000V(DC),否则调整电位器。

重复上述第一步、第二步。

表7-4 本质安全性能的校验表

校验项目		检查要领	合格标准
本质安全	回路断开	(1)供电后,在端子A—F间或C—D间接数字电压表,测量其开路电压	开路电压:4V(CD)以下
	回路闭合	(2)供电后,在端子A—F间或C—D间接电流表,测量其电流	短路电流:100mA(CD)以下
	短路电流	(3)供电后,和(1),(2)一样测量端子B—F、A—B间的开路电压和短路电流	开路电压:4V(CD)以下;短路电流:100mA(CD)以下
绝缘电阻		断开仪表电源,用500V兆欧表分别测量端子A,B,C,D,F与接地端子间绝缘电阻	不小于100M
绝缘强度		(1)断开仪表电源,用绝缘强度测试仪分别在安全火花端子A,B,F,C,D和接地端子间加交流500V,历时1min。 (2)同样,分别在输出端子4和5,电源端子L1,L2与接地端子间加交流1500V,历时1min。	应无击穿现象

(6)基本误差校验。

用毫伏信号发生器给出与输出信号范围的20%,40%,60%,80%相当的输入毫伏值读取电压表和电流表的数值,其各点误差皆应在规定的精度范围以内。

(7)热偶冷端补偿调校。

按表7－2和表7－3将仪表设定为热电偶带冷端补偿方式,分度号为K型,上限为40℃,下限为0℃使之运行,此时输出应与室温值相对应,否则调整R61。

(8)热电阻调校。

除(7)外,以Pt100为基本调校,其他步骤与热电偶调校方法相同,只调整相应电阻值。

(9)按本质安全性能的校验。

5. 安装

仪表安装接线如图7－18所示。

本质安全回路的接线(输入信号线)和非本质安全回路的接线必须使用带有绝缘套或屏蔽层的导线,以免互相接触。接线时应先接非本质安全回路,后接本质安全回路,拆线时与此相反。本质安全回路的接线从上面布线,非本质安全回路的接线从下面布线,这两种线不可避免地在一起布线时,必须都使用绝缘屏蔽线。值得注意的是,本质安全回路的接线应正确无误。

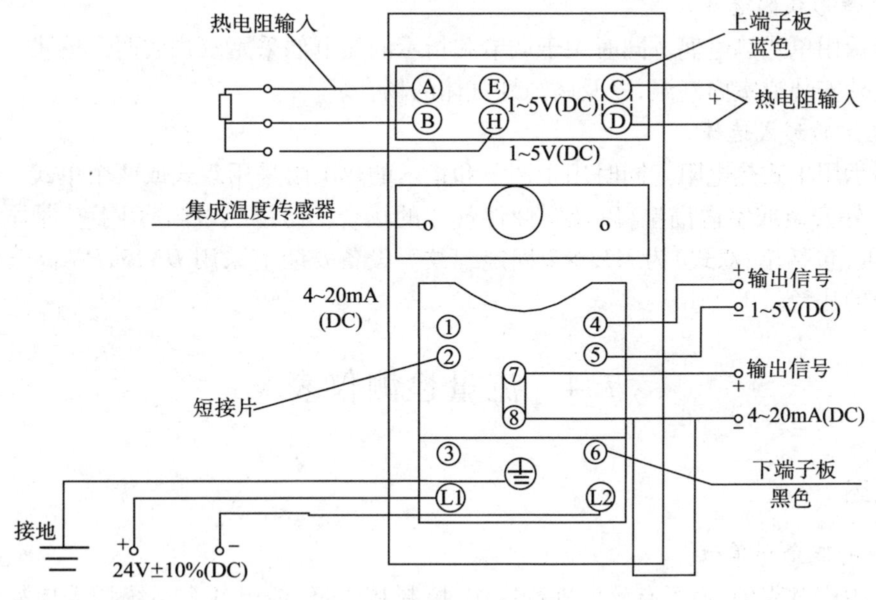

图7－18 可变量程温度变送器接线图

7.3.6 温度检测仪表选型原则

在选择温度测量仪表时,一般考虑以下几个方面。

1. 工艺角度

为满足工艺过程对温度测量的要求,在选择时应主要考虑温度测量范围、测量准确度要求、操作条件要求(就地、远传)、测量对象条件(管道、反应器、炉管、炉膛等)、工艺介质、场所条件(振动、防爆)、维护方便、可靠性等内容。

2. 测量范围

温度仪表测量范围必须使正常温度在刻度的30% ~70%之间,最高温度不得超过刻度的90%。

3. 测量元件的插入深度

对于管道,插入管中心附近或中心线5 ~10mm。对于容器等设备,一般热电偶插入400mm,热电阻插入500mm。侧线处塔盘温度测量点在降液盘下部液相,插入深度根据具体情况而定。加热炉炉膛:一般插入深度≤600mm,当插入深度≥1000mm时应设支架。炉烟道:<500mm。炉回弯头:150mm。对于催化裂化反应沉降器、再生器、烧焦罐等,一般插入900 ~1000mm。贮油罐一般插入500mm ~1000mm左右。热电阻插入深度,应考虑将全部电阻体浸没在被测介质中。双金属温度计浸入被测介质中的长度,必须大于感温元件的长度。

4. 测温元件的保护套管材质及耐压等级

无腐蚀介质,选用20号碳钢保护套管,使用温度≤450℃;一般腐蚀性介质,例如H_2S等,选用1Cr1Ni9Ti不锈钢;含氢氟酸介质,选用蒙乃尔(MONEL)合金;高温介质选用Cr25Ti不锈钢,使用温度≤1000℃;高温轻腐蚀介质,选用Cr25Ni20不锈钢,使用温度≤1000℃;高温微压或常压介质,选用钢玉,使用温度≤1600℃。

5. 热电偶形式的选择

一般指示用单式热电偶。同时用于调节和指示的热电偶采用双式或两个单式。防水式接线盒用于室外安装或室内潮湿,以及腐蚀性气体的场合。

6. 热电阻的形式选择

一般指示用单式热电阻。同时用于调节和指示的热电阻采用双式或两个单式。防水式接线盒用于室外安装或室内潮湿,以及腐蚀性气体的场合。防爆热电阻,用于有爆炸危险的场合,一般电阻(包括单、双式)为M33 ×2固定螺纹。设备安装上采用*DN*25,*PN*高于或等于设备压力等级的法兰。

7.4 流量检测仪表

7.4.1 概述

1. 流量的概念和单位

在油田生产过程中,为了有效地进行操作、控制和监督,油田各个系统均需要检测各种流体的流量。流量测试仪表是发展生产,节约能源,提高油田经济效益和管理水平的重要工具。

流体的流量是指在短时间内流过某一流通截面的流体数量和通过时间之比,该时间足够短以至可认为在此时间内的流动是稳定的。此流量又称瞬间流量,流体数量以体积表示称为体积流量,流体数量以质量表示称为质量流量。

流量的表达式见式(7 -9)和式(7 -10):

$$q_v = \frac{dV}{dt} = vA \tag{7-9}$$

$$q_m = \frac{dM}{dt} = \rho v A \tag{7-10}$$

式中 q_v ——体积流量，m^3/s；

q_m——质量流量，kg/s；

V ——流体体积，m^3；

M ——流体质量，kg；

t ——时间，s；

ρ ——流体密度，kg/m^3；

v ——流体平均流速，m/s；

A ——流通截面面积，m^2。

体积流量与质量流量的关系见式(7－11)：

$$q_m = \rho q_v \tag{7-11}$$

流体在流通截面上各点的速度是不均匀的。存在一定的速度分布，所以上式中流体平均速度 v 的概念只有一个数学定义。即式(7－12)所示：

$$v = \frac{q_v}{A} = \frac{\int_A^{v'} dA}{A} \tag{7-12}$$

式中 v'——流体在流通截面上个点的流速。

在某段时间内流体通过的体积或质量总量称为累积流量或流过总量，它是体积流量或质量流量在该段时间中的积分，表示为式(7－13)，式(7－14)：

$$v = \int_t q_v dt \tag{7-13}$$

$$M = \int_t q_m dt \tag{7-14}$$

式中 v ——体积总量；

M——质量总量；

t ——测量时间。

流量的单位就是体积或质量的单位。

2. 流量检测方法及流量计分类

流量检测方法可归为体积流量检测和质量流量检测两种方式，前者测得流体的体积流量值，后者可以直接测得流体的质量流量值。

测量流量的仪表称为流量计，测量流体总量的仪表称为计量表或总量计。流量计通常由一次装置和二次仪表组成。一次装置安装于流道的内部或外部，根据流体与之相互作用关系的物理定律产生一个与流量有确定关系的信号，这种一次装置亦称流量传感器。二次仪表则给出相应的流量值大小。

流量计的种类繁多，从检测的原理、方法分类可将流量计分为以下几种。

1)体积流量计

差压式流量计：常用的节流元件有标准节流装置，如孔板、喷嘴、文丘利管等。

容积式流量计：常见的有椭圆齿轮流量计、腰轮流量计、刮板式流量计、旋转活塞流量计等。

速度式流量计：广泛利用的有电磁流量计、涡轮流量计、超声波流量计、涡街流量计等。

流体动量式流量计：受欢迎的有把式流量计、转子流量计。

2）质量流量计

（1）直接式质量流量计：常见的有热式流量计、冲量式流量计、科里奥利流量计等。

（2）推导式质量流量计：体积流量经密度补偿或温度、压力补偿求的质量流量等。

油田常用到的流量计有：差压式（节流）流量计、转子流量计、涡轮流量计、容积式流量计、质量流量计、超声波流量计、把式流量计等。本节将介绍几种常用的流量计。

7.4.2 涡轮流量计

涡轮流量计是近30年发展起来的速度式测量仪表。涡轮流量计具有测量精度高、测量范围广等优点；但由于涡轮必须安装在管道内，对被测流体的清洁度要求较高；流体的温度、黏度、密度对测量精度影响较大；转动部件会带来轴承的磨损，影响传感器的使用寿命。

1. 涡轮流量计的工作原理

管道中心安放一个涡轮，两端由轴承支撑。当流体通过管道时，冲击涡轮叶片，对涡轮产生驱动力矩，使涡轮克服摩擦力矩和流体阻力矩而产生旋转。在一定的流量范围内，对一定的流体介质黏度，涡轮的旋转角速度与流体流速成正比。由此，流体流速可通过涡轮的旋转角速度得到，从而可以计算得到通过管道的流体流量。

涡轮的转速通过装在机壳外的传感线圈来检测。当涡轮叶片切割由壳体内永久磁钢产生的磁力线时，就会引起传感线圈中的磁通变化。线圈将检测到的磁通周期变化信号送入前置放大器，对信号进行放大、整形，产生与流速成正比的脉冲信号，送入单位换算与流量积算电路得到并显示累积流量值；同时亦将脉冲信号送入频率电流转换电路，将脉冲信号转换成模拟电流量，进而指示瞬时流量值。涡轮流量计总体原理框图见图7－19所示。

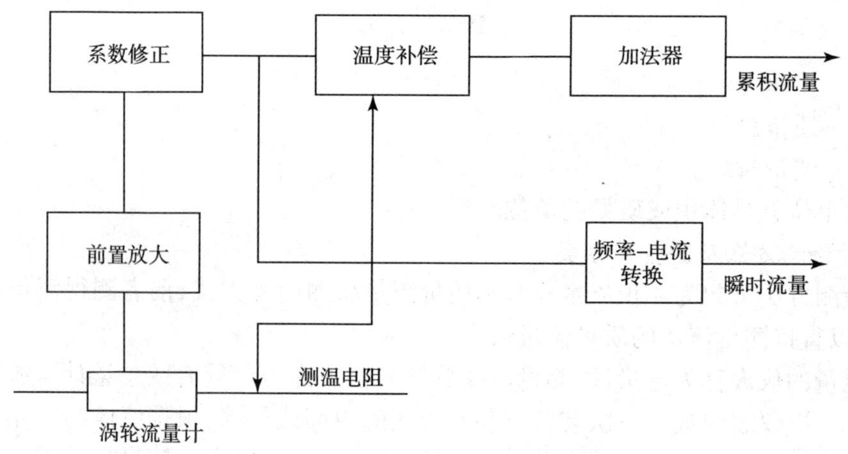

图7－19　涡轮流量计总体原理框图

2. 涡轮流量计的构成

涡轮流量计由传感器和显示仪表组成。传感器主要由磁电感应转换器和涡轮组成（图7－20）。流体流过传感器时，先经过前导流件，再推动铁磁材料制成的涡轮旋转。旋转的涡轮切割固壳体上的磁电感应转换器的磁力线，磁路中的磁阻便发生周期性的变化，从而感应出交流电信号。信号的频率与被测流体的体积流量成正比。传感器的输出信号经前置放大器放大后输至显示仪表,进行流量指示和计算。涡轮转速信号还可用光电效应、霍耳效应等转换器检出。

流体从机壳的进口流入。通过支架将一对轴承固定在管中心轴线上,涡轮安装在轴承上。在涡轮上下游的支架上装有呈辐射形的整流板,可对流体起导向作用,以避免流体自转而改变对涡轮叶片的作用角度。在涡轮上方机壳外部装有传感线圈,接收磁通变化信号。

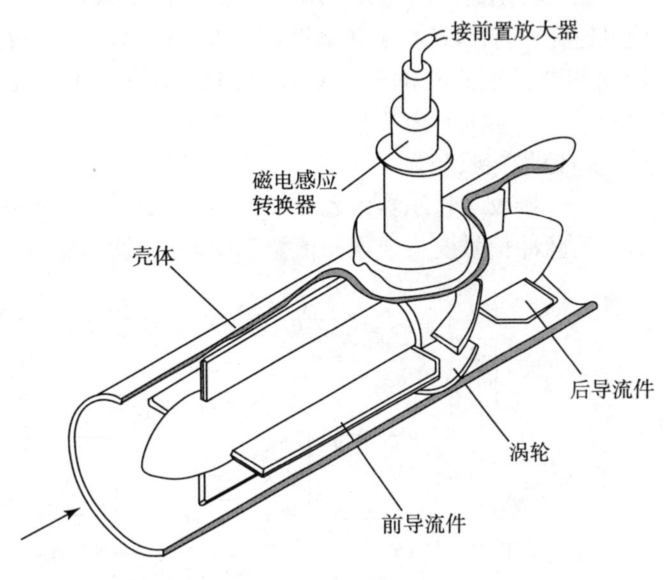

图 7-20　涡轮流量计

1)涡轮

涡轮由导磁不锈钢材料制成,装有螺旋状叶片。叶片数量根据直径变化而不同,2~24 片不等。为了使涡轮对流速有很好的响应,要求质量尽可能小。

对涡轮叶片结构参数的一般要求为:叶片倾角 10°~15°(气体),30°~45°(液体);叶片重叠度 P 为 1~1.2;叶片与内壳间的间隙为 0.5~1mm。

2)轴承

涡轮的轴承一般采用滑动配合的硬质合金轴承,要求耐磨性能好。

由于流体通过涡轮时会对涡轮产生一个轴向推力,使轴承的摩擦转矩增大,加速轴承磨损,为了消除轴向推力,需在结构上采取水力平衡措施,这方法的原理见图 7-21 所示。由于涡轮处直径 D_H 略小于前后支架处直径 D_s,所以,在涡轮段流通截面扩大,流速降低,使流体静压上升 p,这个 p 的静压将起到抵消部分轴向推力的作用。

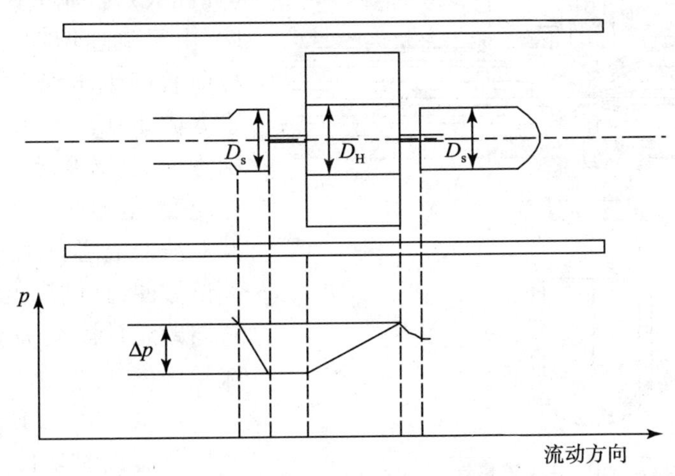

图 7-21　水力平衡原理示意图

3）前置放大器

前置放大器由磁电感应转换器与放大整形电路两部分组成，示意图见图7－22所示。

磁电转换器国内一般采用磁阻式，它由永久磁钢及外部缠绕的感应线圈组成。当流体通过使风轮旋转时，叶片在永久磁钢正下方时磁阻最小，两叶片空隙在磁钢下方时磁阻最大，涡轮旋转，不断地改变磁路的磁通量，使线圈中产生变化的感应电势，送入放大整形电路，变成脉冲信号。

4）信号接收与显示

信号接收与显示器由系数校正器、加法器和频电转换器等组成，其作用是将从前置放大器送来的脉冲信号变换成累积流量和瞬时流量并显示。

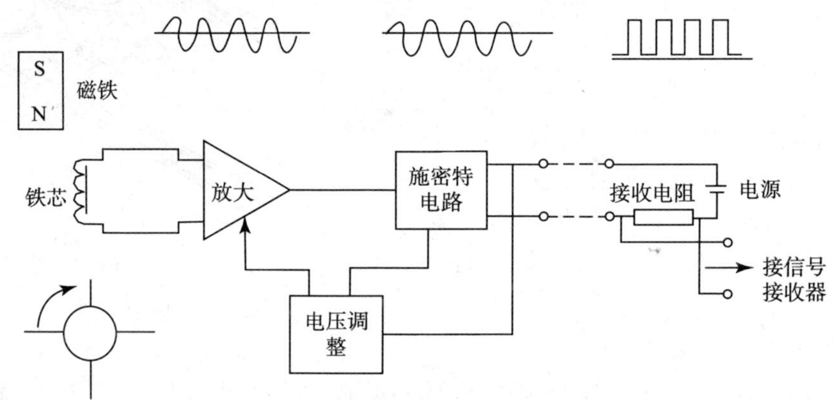

图7－22　涡轮流量计前置放大器原理图

7.4.3　差压式流量计

差压式流量计是应用非常广泛的一类流量测量仪表，约占流量测量仪表总数的70%。它由节流装置和差压计两部分组成（图7－23）。充满圆管的流体流经节流件（如孔板）时，流束在孔板处形成局部收缩，由于流速增加、静压力降低而在孔板前后产生压差。这一压差与流量的平方成正比。对于节流装置已制定有国际标准（ISO5167）。测量压差的仪表有应变、电容和振弦式等差压变送器以及双波纹管差压计等类型。这类仪表调试方便，且已规范化。只要将节流装置与差压计配套就可用于测量流体的流量。

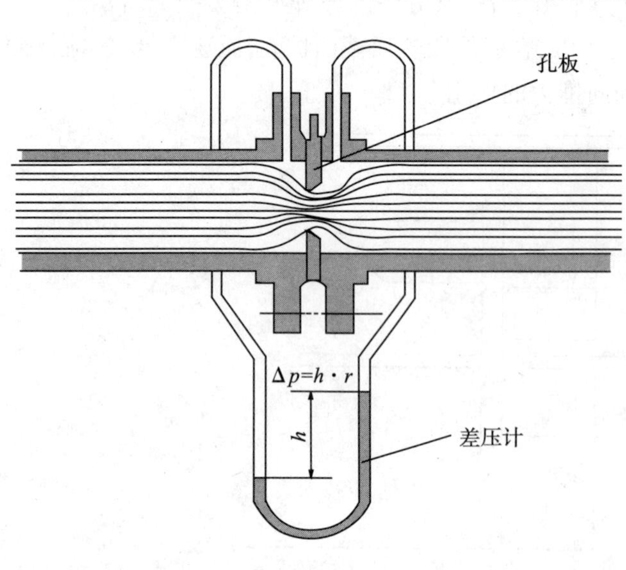

图7－23　差压流量计

1. 差压式流量传感器工作原理

差压式流量传感器工作原理是利用当流体流过内置于管道中的节流件

时，其前后会出现一个与流量有关的压力差值，通过测量压差值就可获得流量值。充满管道的流体，当它流经管道内的节流件时，流速将在节流件处形成局部收缩，因而流速增加，静压力降低，于是在节流件前后便产生了压差。流体流量愈大，产生的压差愈大，这样可依据压差来衡量流量的大小。这种测量方法是以流动连续性方程（质量守恒定律）和伯努利方程（能量守恒定律）为基础的。压差的大小不仅与流量还与其他许多因素有关，例如当节流装置形式或管道内流体的物理性质（密度、黏度）不同时，在同样大小的流量下产生的压差也是不同的。

差压式流量传感器生产历史较长。应用十分广泛，生产已标准化，种类也很多。通常以检测件形式对差压式流量计分类，如孔板流量计、文丘里流量计、均速管流量计等。差压式流量计的检测件按其作用原理又可分为：节流装置、水力阻力式、离心式、动压头式、动压头增益式及射流式几大类。

其特点是节流件的机加工精度高，安装要求严格，其前后必须有足够长的直管道，保证流体流态稳定；流体压损大；对于低流速流体，产生的压差小，误差增大；不适于脉动的流体测量。

2. 流量方程

如式（7－15），式（7－16）所示：

$$q_m = \frac{C}{\sqrt{1-\beta^4}}\varepsilon\frac{\Pi}{4}d^2\sqrt{2\Delta p\rho_1} \tag{7-15}$$

$$q_v = q_m/\rho \tag{7-16}$$

式中 q_m ——质量流量，kg/s；

q_v ——体积流量，m^3/s；

C ——流出系数；

ε ——可膨胀性系数；

β ——直径比，$\beta = d/D$；

d ——工作条件下节流件的孔径，m；

D ——工作条件下上游管道内径，m；

Δp——压差，Pa；

ρ_1 ——上游流体密度，kg/m^3。

由上式可见，流量为 $C,\varepsilon,d,\rho,\Delta p,\beta(D)$ 6 个参数的函数，此 6 个参数可分为实测量［$d,\rho,\Delta p,\beta(D)$］和统计量（C、ε）两类。

1）实测量

（1）d,D。式（7－15）中 d 与流量为平方关系，其精确度对流量总精度影响较大，误差值一般应控制在 ±0.05% 左右，还应顾及工作温度对材料热膨胀的影响。标准规定管道内径 D 必须实测，需在上游管段的几个截面上进行多次测量求其平均值，误差不应大于 ±0.3%。除对数值测量精度要求较高外，还应考虑内径偏差会对节流件上游通道造成不正常节流现象所带来的严重影响。因此，当不是成套供应节流装置时，在现场配管应充分注意这个问题。

（2）ρ。ρ 在流量方程中与 Δp 是处于同等位置，亦就是说，当追求差压变送器高精度等级时，绝不要忘记 ρ 的测量精度亦应与之相匹配。否则 Δp 的提高将会被 ρ 的降低所抵消。

（3）Δp。压差 Δp 的精确测量不应只限于选用一台高精度差压变送器。实际上差压变送器能否接受到真实的差压值还决定于一系列因素，其中正确的取压孔及引压管线的制造、安装及使用是保证获得真实差压值的关键，这些影响因素很多是难以定量或定性确定的，只有加强制造及安装的规范化工作才能达到目的。

2)统计量

(1)C。统计量 C 是无法实测的量(指按标准设计制造安装,不经校准使用),在现场使用时最复杂的情况出现在实际的 C 值与标准确定的 C 值不相符合。它们的偏离是由设计、制造、安装及使用一系列因素造成的。应该明确,上述各环节全部严格遵循标准的规定,其实际值才会与标准确定的值相符合,现场是难以完全满足这种要求的。

应该指出,与标准条件的偏离,有的可定量估算(可进行修正),有的只能定性估计(不确定度的幅值与方向)。但是在现实中,有时不仅是一个条件偏离,这就带来非常复杂的情况,因为一般资料中只介绍某一条件偏离引起的误差。如果许多条件同时偏离,则缺少相关的资料可查。

(2)ε。可膨胀性系数 ε 是对流体通过节流件时密度发生变化而引起的流出系数变化的修正,它的误差由两部分组成:其一为常用流量下 ε 的误差,即标准确定值的误差;其二,由于流量变化 ε 值将随之波动带来的误差。一般在低静压高差压情况,ε 值有不可忽略的误差。当 $\Delta p/p \leqslant 0.04$ 时,ε 的误差可忽略不计。

7.4.4 科里奥利质量流量计

目前,直接式质量流量计较为常用的由两种:科里奥利流量计(CMF)和热式质量流量计(TMF),下面选取 CMF 做简单介绍。

科里奥利流量计(CMF)在一个旋转系内作朝向或远离旋转中心的运动时,将产生一惯性力,原理如图 7-24 所示。当质量为 δ_m 的质点以匀速 v 围绕一个固定点 P 并以角速度 ω 旋转的管道内移动时,这个质点将获得两个加速度分量:

(1)法向加速度 a_r(向心加速度),其量值等于 $\omega^2 r$,方向朝向 P 点;

(2)切向加速度 a_t(科里奥利加速度),其量值等于 $2\omega v$,方向与 a_r 垂直。

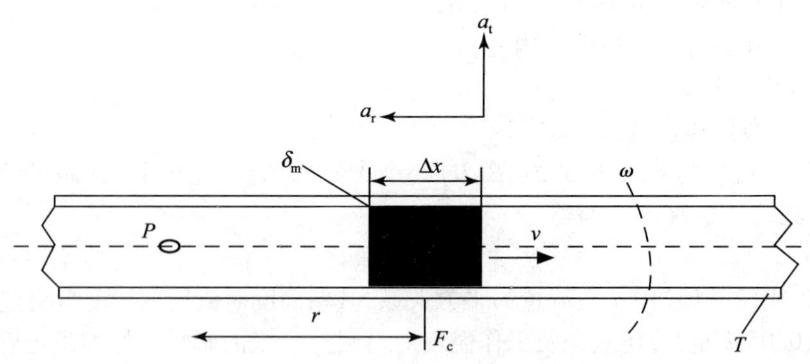

图 7-24　CMF 基本原理图

根据牛顿第二运动定律(力 = 质量 × 加速度),产生科里奥利加速度 a_t,必定在 a_t 的方向上施加一个相应的力,其大小等于 $2\omega v\delta_m$,这个力来自向上转动的管道。反向作用于管道上的力就是科里奥利力 $F_c = 2\omega v\delta_m$(简称科氏力)。从图 7-24 中可见,当密度为 ρ 的流体以恒定速度 v 向前流动时,任何一段长度为 Δx 的管道都将受到一个大小为 ΔF_c 的切向科氏力,其表达式如式(7-17)所示。

$$\Delta F_c = 2\omega v\rho A\Delta x \qquad (7-17)$$

式中 A——管道内截面积。

设质量流量为 δ_m，则 $\delta_m = v\rho A$，故

$$\Delta F_c = 2\omega\delta_m\Delta x \tag{7-18}$$

对于特定的旋转管道，其频率特性是一定的，ΔF_c 仅取决于 δq_m。因此，直接或间接测得在旋转的管道中流动的流体所施加的科氏力就可以测得质量流量。这就是科里奥利质量流量计的基本原理。

对商品化科里奥利质量流量计设计，通过旋转运动产生惯性力是不切合实际的，而代之以使管道振动产生所需的力。当充满流体的管道以等于或接近其自然频率振动时，维持管道流动所需的驱动力是最小的。在多数科里奥利质量流量计中，流体管道的两侧被固定，并在两个固定点的中间位置上振动，这就使管道的两个半段以相反的方向振动旋转。当无流量时，在检测点相对位移的相位是相同的；当有流动时，科氏力所产生的附加的扭曲振动使得在检测点的相对运动有一个很小的相位差，这一相位差同质量流量成正比。

7.4.5 流量仪表选型原则

1. 选型步骤

各类流量仪表都有各自的特点，选型的目的就是在众多品种中扬长避短，选择最适宜的仪表。要正确的选择流量测量方法和仪表，必须熟悉仪表和被测对象两方面的情况。

首先是要确认是否真的需要安装流量测试仪表，如果仅需要知道流体是否在管道中流动和大致的流量值，则采用价格便宜的流量指示器即可。

确定必须安装流量测试仪表后，首先要按照流体特点和应用范围初选流量测量仪表和测量方法。提出显然不合适的仪表和方法，余下的几种方案再进行下一步深入的分析比较。分析主要从下面五个方面进行，即仪表性能方面，流体特性方面，安装条件方面，环境方面和经济因素方面。

选型大致步骤为：

(1)根据流体种类及五个方面因素初选可用以表类型；

(2)根据用户要求逐步淘汰，余下按仪表类型排出次序；

(3)按五个方面因素再次进行仔细比较，最后确定仪表类型。

2. 安装条件方面

各种类型的流量计对安装的要求差异很大。例如有些仪表(如差压式和涡街式)需要长的上游直管段，以保证检测件进口段为充分发展的管流，而另一些仪表(如容积式和浮子式)则无此要求或要求很低。流体流动特性主要取决于管道安装状况，而流体流动特性是影响流量测量的主要因素之一，故选型时应弄清所选仪表对流动特性的要求。

安装条件考虑的因素有仪表的安装方向，流动方向，上下油管道状况，阀门位置，防护性附属设备，非定常流(如脉动流)情况，振动，电气干扰和维护空间等。

(1)对于推理式流量计，上下游直管段长度的要求是保证测量准确度的重要条件，目前许多流量计要求的确切长度尚无可靠依据，在仪器选用时可根据权威性标准(如国际标准)或向制造厂咨询决定。

(2)管道中非定常流(脉动流)对仪表特性有复杂的影响，至今全部流量计的标准皆要求在稳定流中测量，因为校准流量计实验室的工作条件是稳流的，如果流量计工作于非定长流

(非稳流)条件下即使能够使用,其仪表系数的偏离也会使得测量误差增大,因此在安装流量计时最好选择管流较稳之处。

(3)管道振动对流量计的影响亦是不可忽视的因素,大部分流量计皆要求无振动场所使用。但是现场绝对不振动的情况较少,这就要求采取一些措施,如管道加固支撑,加装减震器,以降低其影响。

(4)此外,防备电磁干扰亦是安装中应予考虑的重要方面。

7.5 液位检测仪表

7.5.1 概述

1. 液位测量在油田中的应用

作为油田生产监控的重要手段,液位测量技术对于保证石油生产过程中各种装置的正常运转非常关键。准确的液位测量能够指导生产,提高生产效率、降低成本消耗。同时通过准确的液位测量能及时监控生产现场各种装置的液位动态,保证安全生产,提高产品质量。在油田各个系统中液位是重要的过程变量之一。

通常原油在初加工过程中,油水混合物在游离水脱除器的重力沉降脱水和化学脱水过程中,油水分离效果较好。由于原油中含水较高,混合介质处于"水包油"状态,分离后界面比较清晰,一般的检测仪表基本能满足检测和控制的要求。在(复合)电脱水器中的油水混合物含水在10% ~20%之间,混合介质处于油包水状态,原油脱水主要依靠高压电场的作用,由于处理时间的限制,在脱水器中会形成较宽的乳化带,即过渡界面,如图7-25所示。过渡界面油水分层呈模糊不清的状态,所以必须准确的检测和控制乳化带的位置。乳化带过高会接触脱水器上部电极板,造成断路,破坏脱水电场,乳化带过低又会使油水混合物从放水管线放掉,造成放出的污水含油超标,增加污水处理环节的负担,再将污水站的原油回收处理,造成了重复生产,浪费能源。所以,必须使油水界面保持在某一相对稳定的位置,并保持乳化带不能过宽,才能保证脱水电场稳定。多年来,油田设计中采用了多种类型的仪表来检测油水界面。

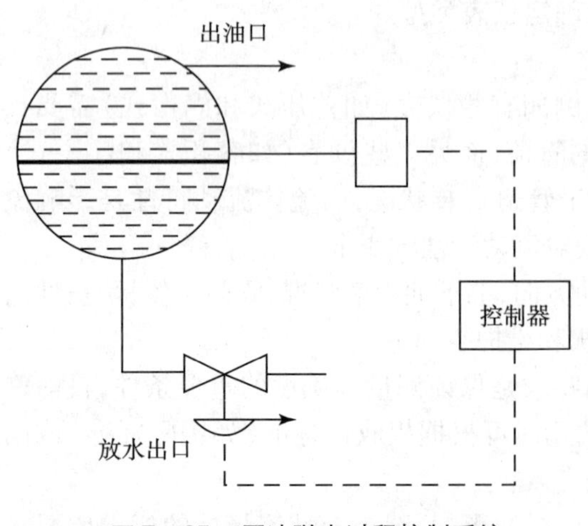

图7-25 原油脱水过程控制系统

2. 液位检测仪表的分类

液位检测仪表按测量方式分可分为连续测量和定点测量两大类。连续测量方式能持续测量液位的变化。定点测量方式则只检测液位是否达到上限、下限或某个特定的位置。

按照工作原理分类液位检测仪表有直读式液位计、差压式液位仪表、浮力式液位计、电容式液位仪表、声波式液位仪表和核辐射液位仪表。此外,还有电触点式、翻板式和机械叶轮探测式等液位测量仪表。

(1)直读式液位计是将指示液位用的玻璃管或特制的玻璃板接于被测容器,根据连通管原理,从玻璃管或玻璃板上的刻度读出液位的高度。直读式液位计结构简单、直观,但只能就地读数,不能远传。

(2)差压式液位仪表是假定物料的重度为恒定值,容器中液体或固体物料堆积的高度与它在某测试点所产生的压力成正比,因而可用测压的方法来测量液位。测量压力可用压力表、压力传感器和压力变送器等。

(3)浮力式液位计。浮力式液位计是根据液位变化时,漂浮在液体表面的浮子随之同步移动的原理工作的。

①恒浮力式液位计:

恒浮力式液位计是依靠浮标或浮子浮在液体中随液面变化而升降,它的特点是结构简单、价格较低,适于各种贮罐的测量;

②变浮力式液位计:

变浮力式亦称沉筒式液位计,当液面不同时,沉筒浸泡于液体内的体积不同,因而所受浮力不同而产生位移,通过机械传动转换为角位移来测量液位。此类仪表能实现远传和自动调节。

(4)电容式液位仪表的工作原理是把液位的变化,变换成相应电容量的变化,测量此电容量的变化从而得到液位变化的。电容式液位仪表用于测量导电、非导电液体或固体物料的液位、料位或相界面位置,可供连续测量和定点监控之用。

用于测量液位的压力变送器是测量液压头,相对密度,而与容器的容积或形状无关。这个压力等于取压口上方的液面高乘以液体的相对密度。

在开口容器里,装在靠近容器底部的压力变送器用来测量取压口处液体压力,变送器的高压侧装连接管,而低压侧则通大气。

如果被测液位的下限高于变送器量程下限,变送器必须进行正迁移。

例如液位测量如图 7-26 所示。

设:X 为被测的最低和最高液位之间的垂直距离(12700mm)。

Y 为变送器测量点与被测最低液面之间的垂直距离(2540mm)。

SG 为液体的相对密度(0.9)。

h 为被测的最大压力,单位为 kPa。

e 为 Y 产生的压力,单位为 kPa。

测量范围从 e 至($e+h$)。

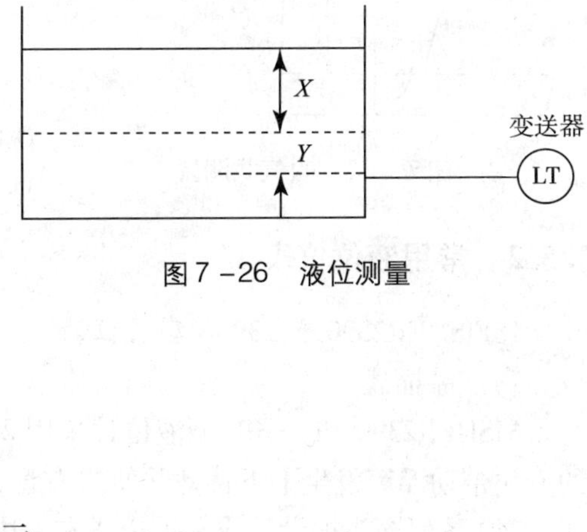

图 7-26 液位测量

其中:$h = X \times SG = 127 \times 0.9 = 114.30\text{kPa}$,

$e = Y \times SG = 25.40 \times 0.9 = 22.86\text{kPa}$。

测量范围为 22.86 ~ 137.16kPa。如图 7-27 所示

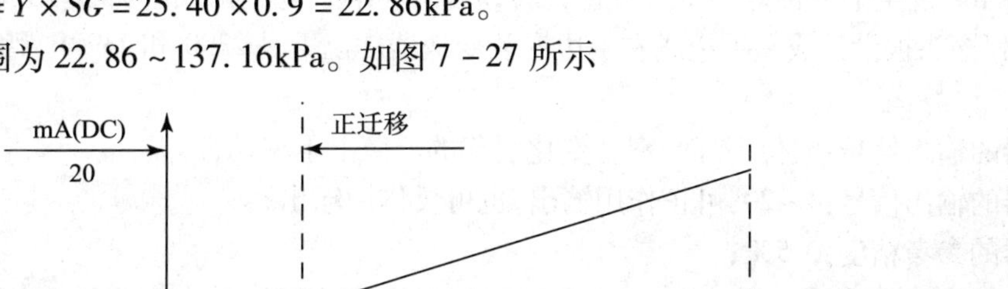

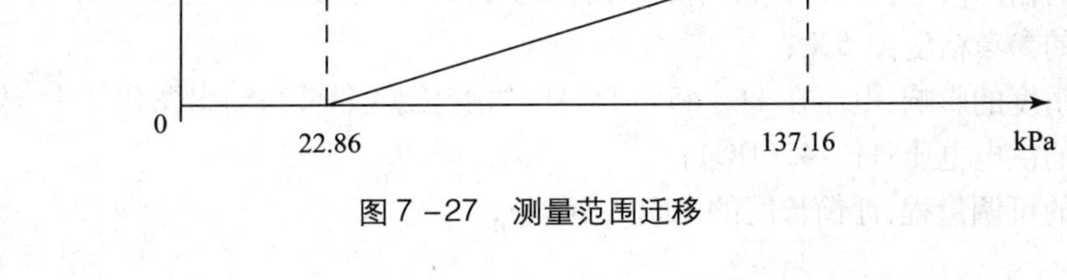

图 7-27 测量范围迁移

(5)声波式液位仪表一般分为利用声波阻断原理和利用声波反射原理两类。声波阻断式液位仪表在液位升高而阻断从发射换能器到接收换能器的声束时,接受换能器接受到的声能会产生突变,并发出突变的开关信号;声波反射液位仪表是根据声波从发射换能器到液面或料面,再从这一表面反射回到接收换能器的时间间隔,来测出液位的。

(6)核辐射液位计是通过放射源发出射线,穿过被测物料后由探测器接收。当液位改变时,由于被测物料的吸收剂量改变,而使探测器接受到的辐射强度改变,再转换为电信号的变化,经放大后送给显示仪表连续显示液位。核辐射液位仪表的特点是:射线能穿透很厚的壁以实现不接触测量,因而可用于高压、高温和有毒的密封容器的液位或料位测量,且不受周围电磁场、烟气和灰尘等影响,但使用时须注意保护。

(7)吹气式液位计。

吹气式液位测量用于开口容器,变送器装在容器的上方。整个装置由气源、压力调节器、流量计、变送器和插入容器下部的管路织成。

气体以稳定的流速通过管子,保持气流的压力等于管子出口的压力,其值为管子插入液体的垂直深度乘以液体相对密度。

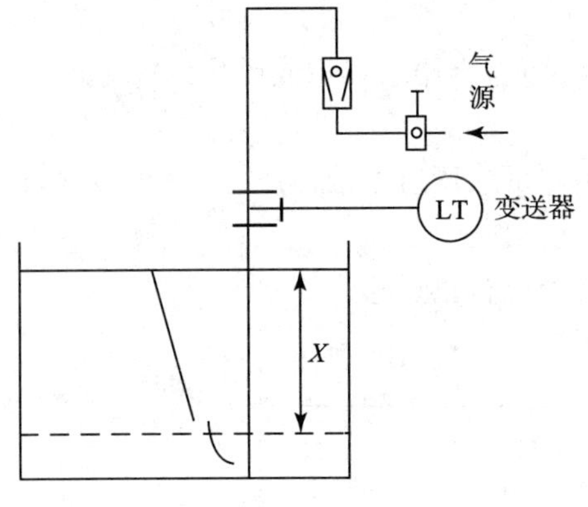

图7-28 吹气式测量

吹气式测量举例,如图7-28所示。

设:X 为被测的最低与最高液位的垂直距离(2540mm)。

SG 为液体的相对密度(1.1)。

h 为被测的最高压力,单位是kPa。量程为0~h。

$h=X\times SG=25.40\times1.1=27.94$kPa。

量程为0~27.94kPa。

常用于测量液位的液位计有连通器式、吹泡式、差压式、电容式等,测量液位的有超声波液位计和放射性液位计等。

7.5.2 常用液位仪表

1. FISHER2390和2390B型液位计

1)产品描述

FISHER2390和2390B型液位计采用249系列探头来探测液位和界面的变化。液位或界面的变化带动浮筒发生上下移动并使扭力管旋转,转动的角度作为输出信号送到变送器或显示单元。249系列探头被设计成左手边或右手边安装变送器。以下是2390和2390B型液位计的主要技术指标:

变送器的输入信号:液位、界面、密度变化引起的浮筒上下移动;

变送器的输出信号:4~20,可正作用输出,也可反作用输出;

变送器的参考精度:0.5%;

电压对精度的影响:电压在11~45V(DC)间每变化1V(DC),输出变化低于±0.002%;

变送器的供电电压:11~45(DC);

变送器的可调量程:浮筒长度的10%~100%;

变送器的可调零点：浮筒长度的100%。

2）变送器的左手边安装和右手边安装

为适应安装位置的要求，2390和2390B液位变送器既可安装在探头左手边也可安装在探头右手边。

3）变送器与249系列探头的连接

在安装变送器之前，要确认变送器的作用方向是正作用还是反作用，然后按下列步骤将变送器安装到探头上：

(1)取下放空口的螺钉，用内六角扳手松开轴夹。

(2)从安装螺栓上取下内六角螺母。

(3)放空口朝下把变送器放好。

(4)轻轻移动，把安装螺栓插入探头的安装孔，直到变送器和探头都牢固地靠在一起。

(5)重新装上内六角螺母并紧固好。

4）变送器和249系列探头的匹配调整

无论是2390和2390B液位变送器新组装、更换探头或变送器之后都必须进行变送器和探头的匹配（调校），也称为零点和量程的调整，具体做法如下：

(1)打开变送器侧边的校验门，并取下红色运输螺钉。按正常校验仪表的方法给变送器供电，接好测量仪表。

(2)确认仪表的作用方向，并打开零点和量程调整螺钉上的小盖。把量程调整螺钉逆时针满旋之后，再顺时针转两圈。

(3)顺时针旋转刻度尺到0位置（依左手安装还是右手安装），松开静量程旋钮上的设定螺钉。在保持静量程旋钮不动时顺时针转动刻度直到停止，记下读数，然后逆时针旋转到停止，并记下读数，取两数的平均值，然后把刻度转到该位置，紧固设定螺钉。

(4)转动静量程旋钮到0，把浮筒放到最低位置，把弹簧放到R位置，紧固轴夹，然后把弹簧打到中间。

(5)把静量程旋钮打到AUTO位置，调整零点或量程调整螺钉，使输出电流为4mA或20mA。如表7-5所示。

(6)转动静量程旋钮直到输出读数为表7-5中静量程的值。如果静量程读数变化在±5%之内，进行(8)步；否则，记下读数按下面步骤再调。

表7-5　静量程旋钮调节数值表

项目	中转站1	中转站2	中转站3	中转站4
掺水温度75℃的管网散热损失，MJ/t	292.62	546.88	477.84	379.87
掺水温度55℃的管网散热损失，MJ/t	246.57	471.52	415.04	329.63
掺水温度75℃时所需掺水量，L/h	48.2	47.1	81.3	77.7
掺水温度55℃时所需掺水量，L/h	97.4	93.2	161.8	155.8
降低掺水温度减少散热损失，MJ/t	46.05	75.36	62.80	50.24
下降温度，%	7.64	8.82	8.57	7.74

(7)松开扭力管轴夹螺钉，把弹簧移到R位置，依下式计算出新的连接点：

(新的连接点)% =(-1)[在第(6)步中静量程读数]

把静量程旋钮设到新的连接点,上紧轴夹螺钉,并把弹簧放在中间位置上。

(8)松开刻度上的设定螺钉,保持静量程旋钮不动,把刻度转到 +1%(右手边安装)或 -1%(左手边安装)的位置。如果不行就返回到(5)步。

(9)把静量程旋钮打到 AUTO(位置,向浮筒中注入满量程的水,用零点或量程调整螺钉调整输出电流为 4mA 或 20mA,然后把浮筒复位。

(10)把弹簧打到一位置,转动静量程旋钮直到输出电流为 20mA,在刻度尺上记下这个位置,此位置即为对应的量程输出点。

5)校验

完成探头和变送器的匹配工作后,就可以按以下步骤对仪表进行校验。

(1)打开校验门,松下运输螺钉,按图 7 -29 接线。

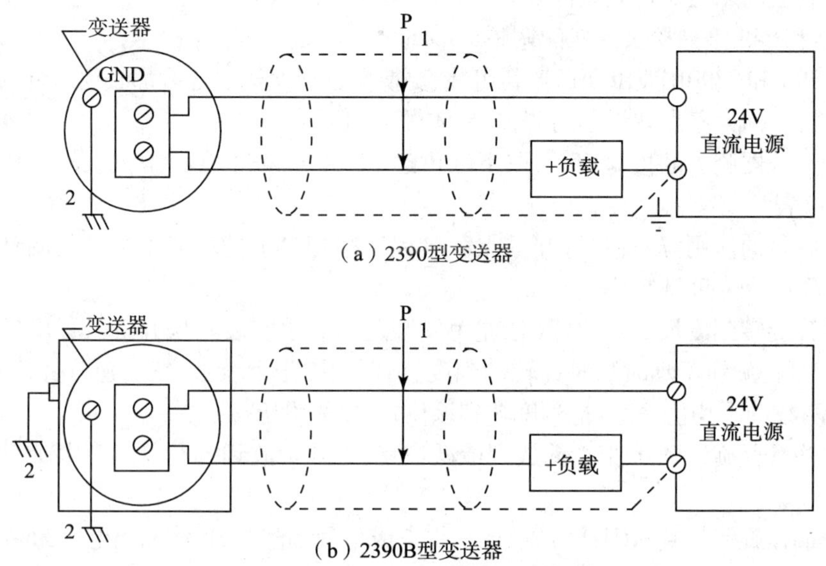

图 7 -29　2390 型变送器和 2390B 型变送器校验接线图

(2)把弹簧打到 R 位置。

(3)把零点和量程调整螺钉上的盖子打开。

(4)正作用时,把静量程旋钮打到 0 位置,然后调整零点直到输出为 4mA;反作用时,把静量程旋钮打到下一步量程输出点位置,然后调整零点直到输出为 4mA。

(5)计算量程输出点(按照匹配调整时的方法)。

(6)正作用时,把静量程旋钮转到上一步计算得到的量程点,然后调节量程调节螺钉,使输出为 20mA;反作用时,把静量程旋钮转到,并调整量程调整螺钉,使输出为 20mA。

(7)将弹簧打到中间位置。

(8)拆下校验装置,关上校验门。

2. MAGNETROL 浮筒式液位开关

1)工作原理

液位开关的内部结构如图 7 -30 所示。该浮筒液位计由比被测液体密度稍大的两个相连的浮子、支撑弹簧、小圆形磁铁 C、不导磁外套 D、旋转磁铁 C 和开关 F 构成。

如图 7－30 所示，当液位由低升到高 B 时，浮子受到的浮力增大，弹簧收缩并向上移动位移 A，同时与浮子相连的 9 也随之向上移动位移 A，并靠近旋转磁铁 E。由于磁铁磁力的作用，磁铁 E 带动开关 F 动作。

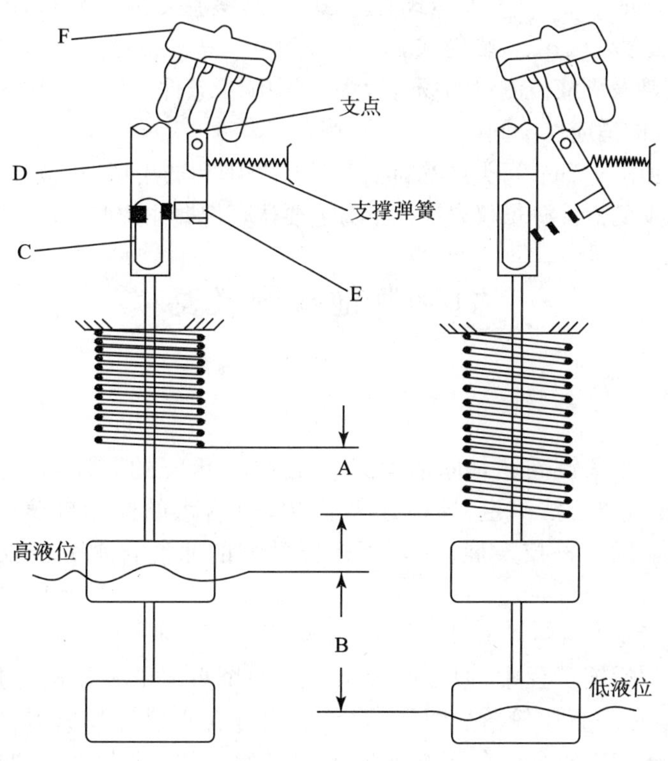

图 7－30　液位开关内部结构图

2）安装

依照激励液位开关动作时的液位来调整两个浮子系在浮筒挂线上的位置，调好后把浮子挂在弹簧下面，再连同上面的法兰和开关盒一起安装回去。

将液位开关安装在罐体外时必须保证液位开关垂直，以便浮子能自由上下浮动。如果是易凝固液体，液位开关外面必须加伴热电缆和保温层。

7.5.3　液位仪表选型原则

液位仪表的选型应从使用和经济两个方面来考虑。根据被测介质的物理性能（温度、压力、黏度、颗粒、粉尘）、化学性能（易燃、易爆、易腐蚀）和具体的工作条件（敞口、密闭、振动）及应用要求、测量参数（计量、控制、检测、液位）等选择。

1. 按准确度、工作条件、测量范围选择

目前液位计量中，计量准确度要求较高时，多采用高准确度液位仪表，如磁致伸缩液位计、雷达液位计、矩阵涡流液位计等。

2. 按工作条件选择

恶劣——核辐射式；

较差——电容式、矩阵涡流式；

一般——一般液位计。

3. 按测量范围选择

2m 以下：高温（450℃以下）黏性介质——内浮球式。

2m 以上：一般介质差压式——差压式、雷达式、矩阵涡流式、磁性液位计；

特殊介质——法兰差压式、核辐射式。

在实际生产中，涉及到液位测量的场合很多，其中测量条件的好坏对仪表的测量准确度有很大的影响。不同仪表的适应性不同。

液位仪表没有通用的产品，每类产品都有其适应范围和选用场所，也各有局限性。同时，测量方法也在发展中，新的液位测量仪表层出不穷。要认真把握住选型要点，选准、选好。

7.6 其他检测仪表

7.6.1 原油含水检测仪表

泵站计量中的一个关键问题是原油中的水分测定，传统的原油含水测量方法主要是人工取样，采用蒸馏法或离心法测定，这种方法不能实现含水的连续自动计量，存在取样代表性问题和人为因素。随着科技发展，出现了多种类型的原油含水分析仪，实现了含水在线连续测量。

1. 智能含水分析仪

在原油的生产与运输工程中，原油的含水量是一个重要的控制与品质指标。然而长期以来，含水测量自动化一直比较落后，虽然目前国内外含水仪种类繁多，但在工业现场的表现均不尽人意。美国 DE 公司在含水方面做了大量的工作，并在含水测量与控制中迈出了一大步。

美国 DE 公司含水仪 CM3 采用该公司射频导纳专利技术，该技术曾广泛地用于液态、固态的料位界面测量控制，取得了非常好的效果。该项技术应用于含水仪，亦增色不少。能防止挂料，也不怕挂料结蜡，不受管道中压力影响。应用范围广，工艺性好。再辅以本安设计和严格的 ISO 9001 质量保证体系，CM3 在含水仪竞争中取得了明显的优势。射频导纳含水仪中导纳的含义为电学中阻抗的倒数，它由电阻性成分、电容性成分、感性成分综合而成，而射频即高频无线电谱，所以射频导纳可以理解为用高频无线电波测量导纳。

该单元是根据电桥原理工作的。其内部有一高频正弦振荡器用来提供稳定的测量信号源，它是用于测量传感元件上的电容或导纳。射频导纳系列产品具有经改进的线性及防挂料（Cote－shield）性能。它也同时在输入/输出两接线上具有内置的 RFI（射频干扰）防护装置以及内置的可调延时装置和探头火花防护装置。此外，该设备可与传感元件整体或分体安装。

以下简要介绍一下 CM3 含水仪的原理：

含水仪在安装以后，其探头与输油管道形成了一个如图所示的同心圆电容，一个极是探头，一个极是管壁（图 7－31），而且在理论上其电容公式如式（7－19）所示：

$$C = \frac{L \cdot A \cdot K}{\lg(D_2/D_1)} \tag{7-19}$$

式中 C——电容；

L——有效探头长度；

A——一个恒定系数；

K——原油的介电常数；

D_2、D_1——分别为管道内壁直径和探头直径。

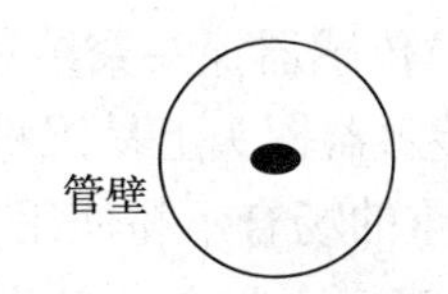

图7-31 管壁探头示意图

在室温下，水的介电常数 $K=80$，而大多数石油材料的 K 值仅为2～2.9，所以原油整体介电常数因水分子的加入而大幅度增加，因此可以利用这种特性来判断含水量的多少。原油的介电常数 K（或电容）在实际中有如图7-32所示的关系，其中在 A 点以下，即25%含水以下，K 与含水存在一定线性关系。CM3通过测电容而得到 K 的变化，通过曲线可得原油的含水量。若管道中积累了大量的气体，将会影响测量，因此要求CM3安装在向上的油流当中，这样可以避免集气。

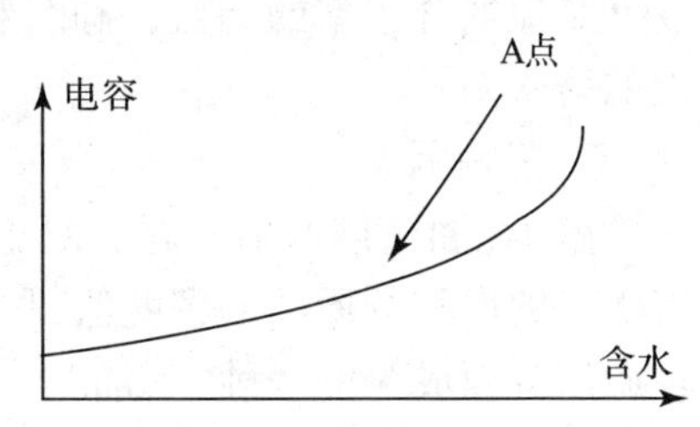

图7-32 电容含水关系图

当CM3直接安装在管道上，可以完成在线测量而不需要加装其他工艺管线。在上图曲线中，当含水在25%以下，可以看成一个直线段，此时不需线性补偿即可达到较高精度，而在25%以上可以通过曲线校正来达到测量精度要求。CM3在单一区块的油田应用中最高可以达到0.01%含水的分辨率。

2. 电学特性原油含水率测量仪表

电学特性测量原理的仪表主要有电容式、微波式、短波法等方法。

1）工作原理

用电学特性测量原油含水率的基本原理是基于可以在两相系统即液体-水系统，用数学手段建立介电常数与含水量影响的确定关系。原油和水的混合物，可以是水包油型也可以是油包水型，并且在一定的成分比例下可以发生相转变。油水乳化液中由于油的介电常数和水的介电常数相差很大，一般水的介电常数为80，油的介电常数是2～2.7。当原油乳化液流过一个灵敏的电特性检测仪表时，可以检测出由于介电常数的变化而引起的电容、电感等的变化，从而利用数学公式确定出油中的含水率。

2）影响因素

影响两相系统中的介电常数的因素很多，如相转变、温度、游离气的存在、传感器探头聚结等，这些因素都直接影响仪表的正确使用和含水率测量准确度。

（1）相转变对测量的影响。原油乳化液在油水变化达到一定比例时，会发生相转变。相变一般发生在含水为50%～60%范围内，也可能更大。当发生相转变时，原来乳化液是油连续相介质，仪表的含水测量是准确的。当乳化液变为水连续相介质时，仪表的含水测量值就不可靠了，会出现大的误差。因此，当油中含水率在50%～60%以下时应用较好。

（2）温度变化对测量的影响。液体的介电常数受温度影响很大，当温度升高时，介电常数变小。而且各种油品介电常数的温度系数也不相同。由于实际工况测量条件与校准时的条件不同，会导致介电常数变化，从而引起测量含水的误差。

（3）游离气对测量的影响。小气泡的介电常数为1，被测介质中存在游离气时就会以气泡的形式存在，从而改变液体的介电常数，使含水测量值偏低。所以仪表应安装在没有压力明显变化的地方，否则不可能得到可信的测量结果。

(4)传感器探头聚结对测量的影响。电学特性测量仪表属于接触式测量方法,长时间使用后,传感器探头上易沉积水、蜡或垢,这都将引起测量误差。因此,应定期进行清蜡,除垢,在结垢严重的场合不易使用。

3. 密度法含水率测量仪表

1)工作原理

原油含水率不同,其密度也不同,当确定了含水原油的密度后,即可以根据纯油密度和纯水密度计算出原油含水率。密度法测原油含水的仪表就是根据这一原理设计的。应用这个方法测量原油含水率时,应预先知道纯油和纯水的密度值,将其作为已知量,这时,原油混合液密度就是原油含水率的函数,因此,利用在线密度测量仪表测出油井产液的密度值就可以求出该液的含水率。

2)影响因素

(1)纯油密度取值问题。对于纯油密度取值应该是在工况条件下的压力和温度下的含有溶解气的饱和的原油的密度值,称之为“活油”密度,而不是取样原油在常压下,失去溶解气和轻质组分而成为的一种“死油”。

(2)密度计的温度、压力补偿。密度计检定通常是在标准状态下进行的,而应用中温度、压力与检定状态相差很大,当振动管内液体的温度和压力发生变化时,振动管的几何尺寸将会发生变化,从而影响密度计的振动和频率的变化。因此,在实际应用中,需根据介质的工作温度和压力对密度计测量进行补偿。

(3)游离气的影响。在密度计工作过程中,游离气对其含水测量有较大影响。当存在游离气时,会使振动管振动减弱,周期增大,从而造成被测流体密度值增大,使含水偏高。

(4)密度计振动管内壁结垢问题。密度计内壁结蜡、结垢使振管振动周期增大,测量的密度值偏高,计算的含水率增高,直接影响着纯油计算准确度。因此,在密度计应用中,应对其内壁定期冲洗。

4. 同位素法含水测量仪表

放射性同位素放射出的γ射线,当它通过介质时,其强度要衰减,且衰减的大小随介质的不同而不同,即取决于介质对γ射线的质量吸收系数和介质的密度。对于多相介质,介质对γ射线的吸收而带来的γ射线强度的变化除了与介质种类有关,也与组成介质的各种组份所占的比份有关。因此通过测量通过介质的γ射线的强度的变化,便可以得到组成介质的各种组份的含量,可用下列方程表示:

$$\ln(N_x/N_o) = (1-\eta)(A+B\alpha) \tag{7-20}$$

$$\ln(M_x/M_o) = (1-\eta)(a+B\alpha) \tag{7-21}$$

式中 N_o,M_o——空管道时透射和散射计数;

N_x,M_x,——管道里有混合介质时的透射和散射计数;

A,B ——与被测介质有关的常数;

a,b 为与介质及散射角有关的常数。

所以,只要分别测出N_o,M_o,N_x,M_x,解方程组即可求出α(含水率)和η(含气率)。方程中的有关常数A,B,a,b对确定的油品,只需标定一次。

该方法的特点:

(1)不受油水状态及相变的影响。

(2)属于非接触式测量,探测器不直接接触原油介质,适于在高温、高压、高腐蚀环境和条件下工作。

(3)测量范围宽,可做到全量程测量。

(4)测量精度高,计量精度达到0.5级。

7.6.2 电参数检测仪表

油田是一个大而全的综合性企业,用电系统很多,其主要的耗电项目集中在机采、注水、集输、电力系统等。随着“节约型企业”的大力开展,节能降耗成为当前油田工作的重点。如何及时、方便、准确的掌握这四大系统的节能效果,成为我们开发节能潜力的关键。

电参数测试仪表用于测量油田供电系统的电压、电流、有功功率、无功功率、视在功率、有功电量、无功电量、功率因数、频率、电能质量参数、不平衡度、谐波数值、谐波总量、电压、电流偏差等电参数。目前电参数测试仪表种类繁多,下面将主要介绍智能三相电参数采集(EDA9033E)模块。

智能三相电参数采集模块:

EDA9033E模块是一智能型三相电参数数据综合采集模块,采用电磁隔离和光电隔离技术,电压输入、电流输入及输出三方完全隔离,能准确测量三相三线制或三相四线制交流电路中的三相电流、三相电压(真有效值)、有功功率、无功功率、功率因数、频率、正反向有功电度、正反向无功电度等电参数。

其输入为三相电压(0~500V)、三相电流(0~1000A),输出为RS-485或RS-232接口的数字信号,支持的通讯规约有3种:(ASCII码)研华ADAM兼容通讯协议、十六进制LC-02协议、MODBUS-RTU。

EDA9033E模块是一款高性价比的智能电参数变送器,能替代过去的电流、电压、功率、功率因数、电量等一系列变送器及测量这些变送器标准输出信号的模入模块,可大大降低系统成本,方便现场布线,提高系统的可靠性。其485总线输出与兼容于NuDAM、ADAM等模块的ASCII码指令集,使其可与其他厂家的控制模块挂在同一485总线上,且便于计算机编程,轻松地构建分布式测控系统,广泛应用于各种工业控制与测量系统及各种集散式/分布式电力监控系统。

1. 主要功能与技术指标

1)输入信号

三相交流50/60Hz电压、电流。输入频率:45~75Hz。

电压量程(相电压):10V,20V,50V,60V,100V,200V,250V,300V,400V,500V可选。

电流量程:1A,2A,3A,5A,10A,20A,(50A,100A,200A,500A,1000A)等可选。

信号处理:16位A/D转换,6通道,每通道均以4kHz速率同步交流采样,模块实时数据为1s的真有效值(每秒刷新1次)。

过载能力:1.4倍量程输入可正确测量;瞬间(10周波)电流5倍,电压3倍量程不损坏。

2)通讯输出

输出数据:三相相电压U_a,U_b,U_c;三相电流I_a,I_b,I_c;有功功率P、无功功率Q、功率因数$\cos\varphi$、频率f、各相有功功率P_a,P_b,P_c;各相无功功率Q_a,Q_b,Q_c;正向有功电度、反向有功电度、正向无功电度、反向无功电度等电参数。

输出接口：RS－485 二线制 ±15kV ESD 保护、或 RS－232 三线制 ±2kV ESD 保护。

通讯速率(Bps)：1200，2400，4800，9600，19.2K。

通讯协议：(ASCII 码)研华 ADAM 兼容通讯协议、十六进制 LC－02 协议、MODBUS－RTU。

3)测量精度

电流、电压：0.2 级；其他电量：0.5 级。

4)参数设定

模块地址、通讯速率、通讯协议、电压变比、电流变比、有功无功电量底数均可通过通讯接口设定。

5)模块供电电源

＋5V ±10%，＋8～30V，AC60～265V 可选其一。

6)隔离电压

输入/输出：1000VDC。电流输入、电压输入、AC 电源输入、通讯接口输出之间均相互隔离。

7)仪表规格

外型尺寸：122mm×69mm×73mm；安装方式：DIN 导轨卡装。

8)工作环境

工作温度：－20℃～70℃；存储温度：－40℃～85℃；相对湿度：－5%～95%不结露。

2. 外形图及端子定义

EDA9033E 模块外形结构尺寸图如图 7－33 所示，模块端子定义见表 7－6。

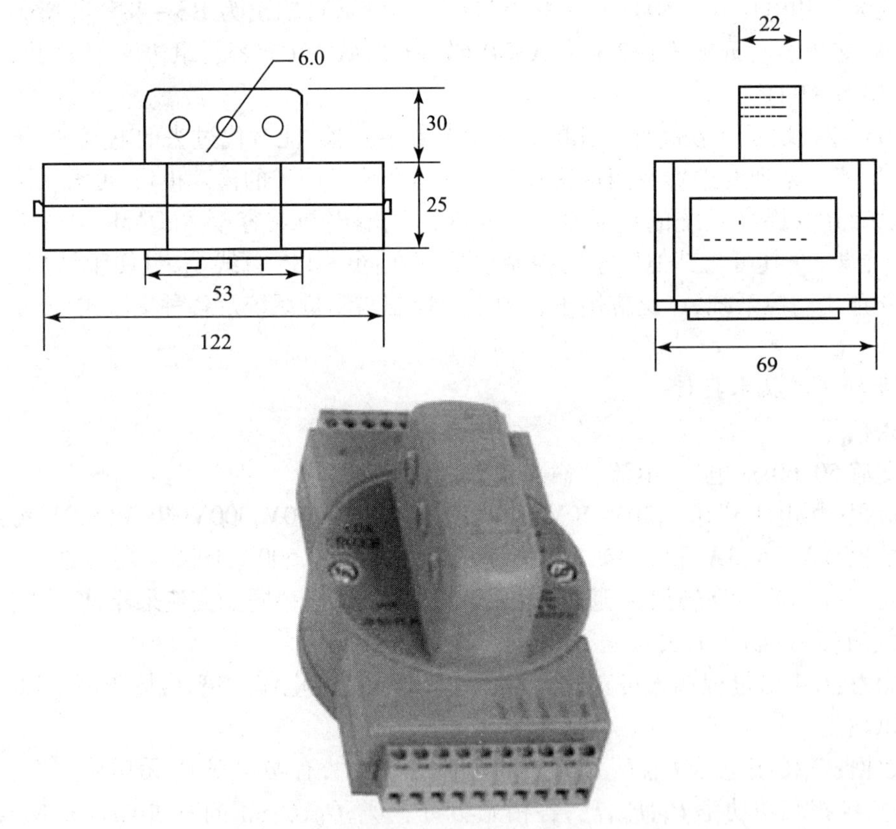

图 7－33 模块外形及尺寸

表7－6　模块端子定义

端子符号	含义
IA＋	外置互感器时,A 相电流互感器输出信号＋端接至此引脚
IB＋	外置互感器时,B 相电流互感器输出信号＋端接至此引脚
IC＋	外置互感器时,C 相电流互感器输出信号＋端接至此引脚
IGND	外置互感器时,接 A、B、C 电流互感器输出信号负端,此教与 UGND 相连
XOUT	显示数据驱动接口,接至 EDA90－X 系列电参数显示表
DATA＋	RS－485 接口至信号正,A
DATA－	RS－485 接口至信号负,B
TXD	RS－232 接口数据输出
RXD	RS－232 接口数据输入
TTL	TTL 电平,表示 232 接口的 TXD、RXD 为 TTL 电平,可与单片机直接连接
VCC	直流正电源输入,＋8V～＋30V
＋5V	直流＋5V 电源输入
GND	直流电源输入地,也为 RS－232、RS－485 的信号地
UGND	测量电压输入地,与电源地(GND)隔离
UA	A 相测量电压输入
UB	B 相测量电压输入
UC	C 相测量电压输入
AC1	交流供电电源输入 N
AC2	交流供电电源输入 L
IA←	A 相电流输入及通过互感器的穿心方向
IB←	B 相电流输入及通过互感器的穿心方向
IC←	C 相电流输入及通过互感器的穿心方向

3. 模块应用说明

EDA9033E 模块能连接到所有计算机和终端并与之通讯。出厂时,已经过校准及高低温老化测试,地址设定为 01 号,波特率为 9600bps,电压变比、电流变比为 1。

模块地址从 0～255(00～FFH)可随意设定;波特率有 1200,2400,4800,9600,19200bps 五种可使用。模块地址与波特率等参数修改后,其值存于 EEPROM 中。

波特率设置:BaudRate 通讯波特率,其值为 03～07,对应波特率见表 7－7。

表7－7　波特率代码对应表

波特率代码	波特率,bps
03	1200
04	2400
05	4800
06	9600
07	19200

RS－485 网络：最多可将 64 个 EDA9033E 挂于同一 485 总线上，但通过 RS－485 中继器，可将多达 256 个模块连接到同一网络上，最大通讯距离达 1200m。主计算机通过 EDA485（RS－232/RS－485）转换器用一个 COM 通讯端口连接到 485 网络。

配置：将 EDA9033E 安装入网络前，须对其配置，将模块的波特率与网络的波特率设为一致，地址无冲突（与网络已有模块的地址不重叠）。

数据采集：将模块正确连接，主机发读数据命令，模块便将采集的数据回送主机。EDA9033E 模块内数据每 1s 更新一次。电量为从上电后一直累加，掉电 10 年内不丢失，收到电量底数设定指令后重设定电量底数。电量一直累计 15 年不会溢出。

量程选择：可根据实际测量需要选择电压量程（10～500V）与电流量程（1～1000A）。EDA9033E 模块可正确测量满量程 1.4 倍的电流、电压输入信号，超过满量程 1.4 倍的输入会逐渐饱和，测量值偏小，不能准确测量。不超过 3 倍满电压量程与 10 倍满电流量程的瞬时（<0.1s）输入信号不会导致模块的损坏，但要注意电源不要接反或接错。数据以标准满量程的百分数形式输出。ASCII 码协议下电流、电压等参数的数据格式为 1 位符号位 + 或 －，5 位数据位和 1 个小数点，其转换公式如下所示：

设标程电压量程 U_o，电流量程为 I_o，则：

相电压 U = 输出数据 $U \cdot U_o$ V

电流 I = 输出数据 $I \cdot I_o$ A

单相有功功率 P_a = 输出数据 $P_a \cdot U_o \cdot I_o$ W

有功功率 P = 输出数据 $P \cdot U_o \cdot I_o \cdot 3$ W

单相无功功率 Q_a = 输出数据 $Q_a \cdot U_o \cdot I_o$ var

无功功率 Q = 输出数据 $Q \cdot U_o \cdot I_o \cdot 3$ var

功率因数 $\cos\varphi$ = 输出数据 $\cos\varphi$

电量（kW·h）= 电量输出数据 /(10000/9) $U_o \cdot I_o$/(3·1000·3600)

各线电压的计算：

$$U_{ab} = \sqrt{U_a^2 + U_b^2 + U_a \cdot U_b} \tag{7-22}$$

$$U_{bc} = \sqrt{U_b^2 + U_c^2 + U_b \cdot U_c} \tag{7-23}$$

$$U_{ca} = \sqrt{U_c^2 + U_a^2 + U_c \cdot U_a} \tag{7-24}$$

各相视在功率：

$$S_a = U_a \cdot I_a \tag{7-25}$$

$$S_b = U_b \cdot I_b \tag{7-26}$$

$$S_c = U_c \cdot I_c \tag{7-27}$$

总视在功率：

$$S = \sqrt{P^2 + Q^2} \tag{7-28}$$

4. 命令集

EDA9033E 命令集如表 7－8 所示。

表 7－8　EDA9033E 命令集

命令语法	命令响应	功能	说明
$ (ADDR)M <CR>	! (ADDR)(9033E) <CR>	读模块名	查找模块
$ (ADDR)2 <CR>	! (ADDR)(00)(BPS)(00) <CR>	读配置	读地址、波特率
% (ADDR) (NEWADDR) (00) (BPS)(00) <CR>	! (ADDR) <CR>	写配置	该地址、波特率
$ (ADDR)3 <CR>	! (ADDR) <U0>(I0)(UBB)(IBB) <CR>	读模块参数	读电压、电流的量程、变比
%(ADDR)(UBB)(IBB) <CR>	! (ADDR) <CR>	设置模块参数	设置电压、电流变比
#(ADDR)A <CR>	>(DATA) <CR>	读数据	读电流、电压功率等测量值
#(ADDR)P <CR>	>(DATA) <CR>	读数据	读各项有无功功率、频率值
#(ADDR)W <CR>	>(DATA)(CHK) <CR>	读电量数据	读取正反向有无功总电量
&(ADDR)(DATA)(CHK) <CR>	! (ADDR) <CR>	配置电量底数	配置正反向有无功总电量

注：(ADDR)：地址，00～FF(两位 ASII 码表示的十六进制数)。

$,% ,&, !, >：为定界符。

M,2,3,A,P,W：为度参数或读数据命令。

(BPS)：表示波特率 03～07 表示 1200bps～192000bps。

<CR>：回车(ODH)。

数据格式为：1 位起始位 0，8 位数据位，1 位停止位 1。

若模块收到的地址不符、命令错、或校验和(带校验和的)错等，则没有回答。

7.7　执行单元仪表

7.7.1　概述

执行单元是构成控制系统不可缺少的重要组成部分。任何一个简单的控制系统也必须由检测环节、调节环节及执行单元组成。执行单元的作用就是根据调节器的输出，直接控制被控变量所对应的某些物理量，例如温度、压力和流量等参数，从而实现对被控对象的控制目的。因此完全可以说执行单元是用来代替人的操作的，是工业自动化的“手脚”。

由于执行器的原理比较简单，操作比较单一，因而人们常常会轻视这一重要环节。事实上执行器大多都是安装在生产现场，长年与生产中各种介质直接接触，并工作在高温、高压、深冷、强腐蚀等恶劣环境，要保持其安全运行远不是一件容易的事，因而也常常是控制系统中最薄弱的环节。

1. 执行其基本构成及工作原理

执行器一般由执行机构和调节机构两部分组成。执行机构是执行器的推动装置，它可以按照调节器的输出信号量，产生相应的推力或位移，对调节机构产生推动作用；调节机构是执行器的调节装置，最常见的调节机构是调节阀，它受执行机构的操纵，可以改变调节阀阀芯与阀座间的流通面积，以达到最终调解被控介质的目的。

常规执行器的结构如图 7 - 34 所示，无论是气动执行器还是电动执行器，首先都需要接受来自调节器的输出信号，以作为执行器的输出信号即执行器动作依据；其差值作为执行机构执行机构的输入，以确定执行机构的作用方向和大小；执行机构的输出结果在控制调节器的动作，以实现对被控介质的调节作用；其中执行机构的输出通过位置发生器可以产生其反馈控制所需的位置信号。

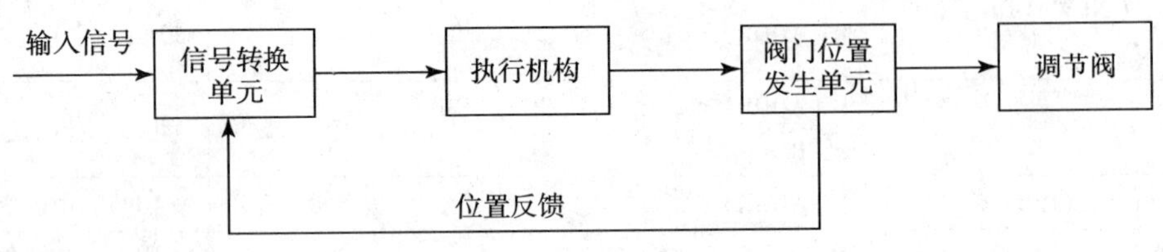

图 7 -34　执行器工作原理

显然，执行机构的动作构成了负反馈控制回路，这是提高执行器调节精度，保证执行器工作稳定的重要手段。

2. 执行器的分类与比较

根据所使用的能源种类，执行器可分为气动、液动和电动三种。常规情况下三种执行其主要特性比较如下：

（1）气动执行器是以压缩空气为动力能源的一种自动执行器。它接受调解器的输出控制信号，直接调节被控介质（如液体、气体、蒸汽等）的流量，使被控变量控制在系统要求的范围内，以实现生产过程的自动化、气动执行器具有结构简单、工作可靠、价格便宜、维护方便和防火防爆的优点，在石油控制中应用最为广泛。

（2）电动执行器时以电动执行机构进行操作的。它接受来自调节器的输出电流 0 ~ 10mA 或 4 ~ 20mA 信号，并转换为相应的输出轴角位移或直线位移，去控制调节机构已实现自动调节。电动执行器的优点则是采用方便，信号传输速度快，传输距离远，但其结构复杂、推力小、价格贵和且只使用在防爆要求不高的场所的缺点，大大限制了其在石油领域的广泛应用。

（3）液动执行器最大的特点是推力大，但在实际油田中应用较少。因此本节重点讨论气动执行器和电动执行器。

7.7.2　气动执行器

1. 气动执行器的基本构成

气动执行器由气动执行机构和调节机构两部分组成，根据应用的需要，也可能配上阀门定位器或电气转换器等附件，完整的气动执行器的工作原理图如图 7 - 35 所示。

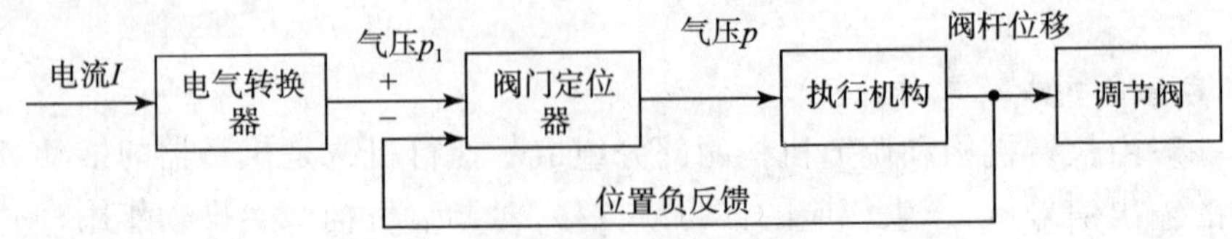

图 7 -35　气动执行器工作原理

气动执行器接受调节器的输出电流信号 I,由电气转换器转换成气压信号 p,然后由气动执行机构按一定的规律转换成推力,是执行机构的推杆产生相应的位移,以带动调节阀的阀芯动作并产生位置反馈信号,最后再由调节阀根据阀杆的位移程度,实现对被控介质的控制作用。

目前使用的气动执行机构主要有薄膜式和活塞式两大类。气动薄膜式执行机构使用弹性膜片将输入气压转变为推力,由于汽缸允许压力较高,可获的较大的推力,因而常可制成长行程的执行机构。

典型的薄膜式气动执行器如图 7-36 所示。它分为上下两部分,上半部分时产生推力的薄膜式执行机构,下半部分是调节阀。薄膜式执行机构主要有弹性薄膜、压缩弹簧和推杆组成。当气压信号 p 进入薄膜气室时,会在薄膜上产生向下的推力,以克服弹簧反作用力,使推杆产生位移,直到弹簧的反作用力与薄膜上的推力平衡为止。因此,这种执行机构属于比例式作用特性,即平衡时推杆位移与输入气压大小成比例。

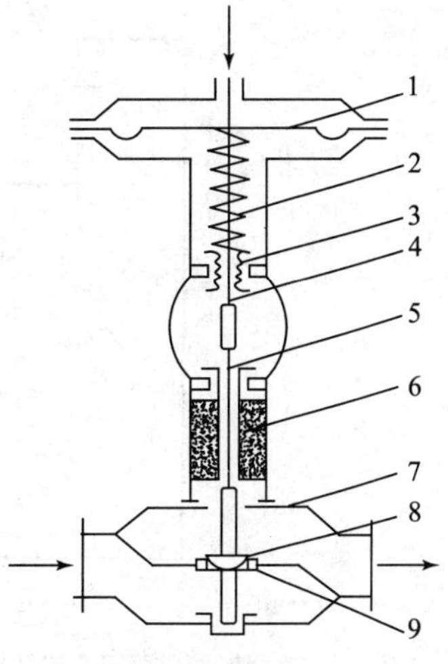

图 7-36 薄膜式气动执行器结构

1—薄膜;2—弹簧;3—调零弹簧;4—推杆;5—阀杆;6—填料;7—阀体;8—阀芯;9—阀座

典型的活塞式气动执行器如图 7-37 所示。它也分为上半部分的活塞式执行机构和下半部分的调节阀。活塞式执行机构在结构上是无弹簧的汽缸活塞式系统,允许操作压力为 0.5MPa。且无弹簧反作用力,因而输出推力较大,特别适用于高静压、高压差、大口径的场合。它的输出特性有比例式和两位式两种。两位式操作模式是活塞根据其两侧操作压力的大小而动作,活塞由高压侧向低压侧移动,使推杆由一个极端移到另一个极端位置。其行程可达 25~100mm,主要适用于双位调节的控制系统。

2. 阀门定位器

阀门定位器时气动执行器的辅助装置,与气动执行机构配套使用。它主要用来克服流过调节阀的流体作用力,保证阀门定位在调节器输出信号要求的位置上。

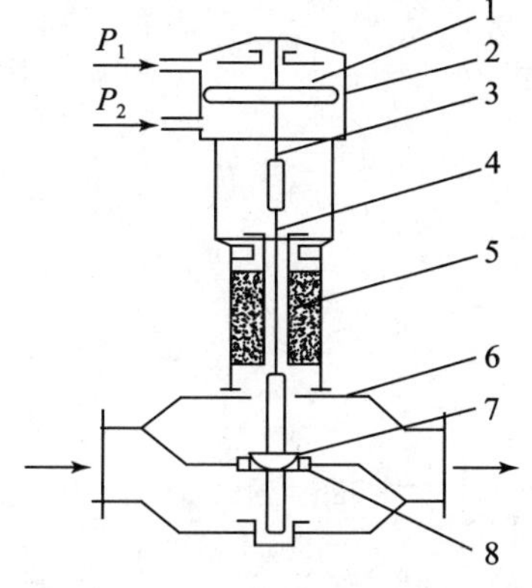

图 7-37 活塞式气动执行器结构

1—活塞;2—汽缸;3—推杆;4—阀杆;5—填料;6—阀体;7—阀芯;8—阀座

定位器与执行器之间的关系如同一个随动驱动系统。定位器接受来自调节器的控制信号和来自执行器的位置反馈信号,对两者进行比较,当两个信号不相对应时,定位器以较大的输出驱动执行机构,直至执行机构的位移输出与来自调节器的控制信号相对应。

此外,配置阀门定位器可增大执行机构的输出功率,减少调节信号的传输滞后,加快阀杆的移动速度,提高位置输出的线性度,从而保证调节阀的正确定位。

图 7-38 给出了与薄膜执行机构配套使用的气动阀门定位器的工作原理,它是按力矩平衡的方式进行工作的。从调节仪表来的控制信号首先送入波纹管内,当信号压力增大时,主杠杆绕支点偏转,致使挡板接近喷嘴;喷嘴背压经放大器放大后,送至薄膜室,以推动推杆下移,并带动反馈杆绕支

点转动；反馈凸轮跟着作逆时针转动，通过滚轮使副杠杆绕支点顺时针转动，拉伸反馈弹簧。当弹簧对主杠杆的拉力与信号压力通过波纹管对主杠杆的力达到力矩平衡时，杠杆停止运动，定位器处于相对稳定状态，此时阀门位置与信号压力相对应。

显然，改变反馈凸轮的几何形状，可以改变输入信号与阀杆位移的对应关系，从而无须改变调节阀阀芯形状即可改变调节阀的流量特性。

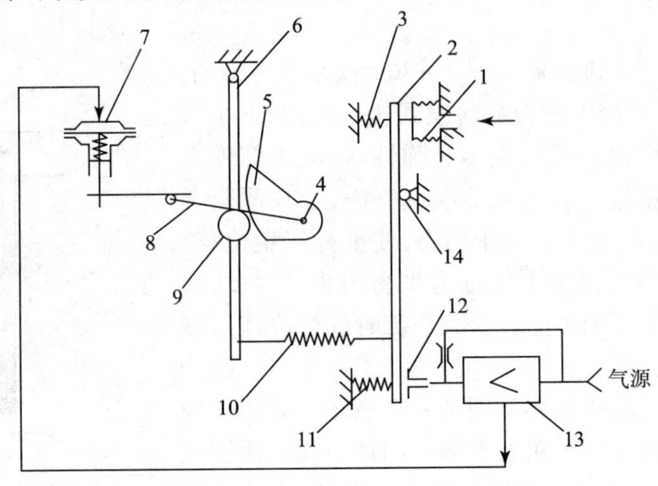

图 7－38　气动阀门定位器结构示意图

1—波纹管；2—主杠杆；3—弹簧；4，14—支点；5—凸轮；6—副杠杆；7—薄膜气室；8—反馈杆；9—滚轮；10—反馈弹簧；11—调零弹簧；12—喷嘴；13—放大器

阀门定位器有正作用与反作用之分，只要将定位器的结构作少量调整，即可获得不同的作用方式。

将电气转换器与阀门定位器相结合，即形成了电气阀门定位器。此时可将调节器的输出信号直接输入到定位器，而不再需要电气转换器。电气阀门定位器的工作原理与气动阀门定位器基本相同，只是输入信号与其作用形式不同。在启动定位器的基础上，对波纹管部分做一定的调整即可形成如图 7－39 所示的电气阀门定位器。

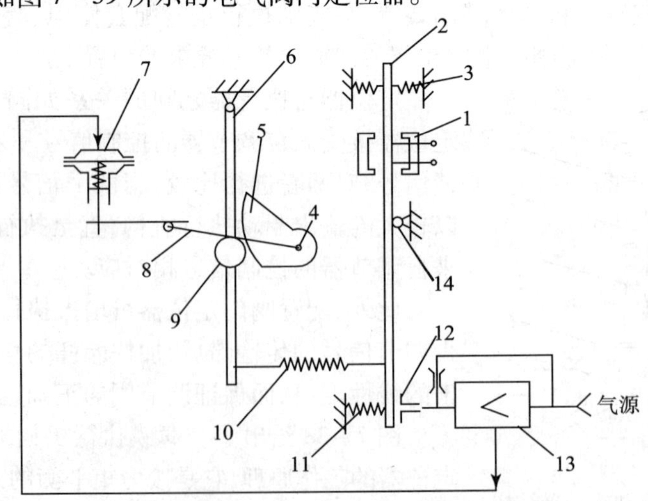

图 7－39　电器阀门定位器结构示意图

1—电磁线圈；2—主杠杆；3—弹簧；4，14—支点；5—凸轮；6—副杠杆；7—薄膜气室；8—反馈杆；9—滚轮；10—反馈弹簧；11—调零弹簧；12—喷嘴；13—放大器

7.7.3 电动执行器

电动执行器由执行机构和调节机构两部分组成。其中调节阀部分通常与气动执行器通用,不同的只是电动执行器使用电动执行机构。

在防爆要求不高且无合适气源的情况下,可使用电动执行器作为调节机构的推动装置。电动执行器有角行程和直行程两种,其电气原理完全相同,只是输出机械的传动部分有区别。

电动执行器接受调节器送来的0～10mA或4～20mA的直流电流信号,并转换成对应的角位移或直线位移,以操纵调节机构,实现对被控变量的自动调节。以角行程的电动执行器为例,用 I_i 表示输入电流, θ 表示输出轴转角,则两者存在如下线性关系如式(7-29):

$$\theta = KI_i \tag{7-29}$$

式中, K 是比例系数。由此可见,电动执行器实际上相当于一个比例环节。

为保证电动执行器输出与输入之间呈现严格的比例关系,采用比例负反馈构成闭环控制回路。图7-40给出了以角行程电动执行器为例的电动执行器工作原理图。它由伺服放大器和执行机构两大部分组成。

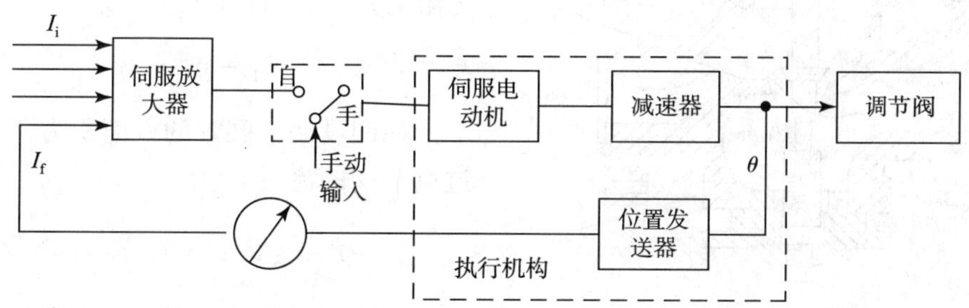

图7-40 电动执行器工作原理示意图

伺服放大器由前置磁放大器、可控硅触发道路和可控硅交流开关组成,如图7-41所示。伺服放大器将输入信号 I_i 与位置反馈信号 I_f 进行比较,其偏差经伺服放大器放大后,控制执行机构中的两相伺服电动机做正、反转动;电动机的高转速小力矩,经减速后变为低转速大力矩,然后进一步转变为输出轴的转角或直行程输出。位置发送器的作用是将执行机构的输出转变为对应的0～10mA反馈信号 I_f ,以便与输入信号 I_i 进行比较。

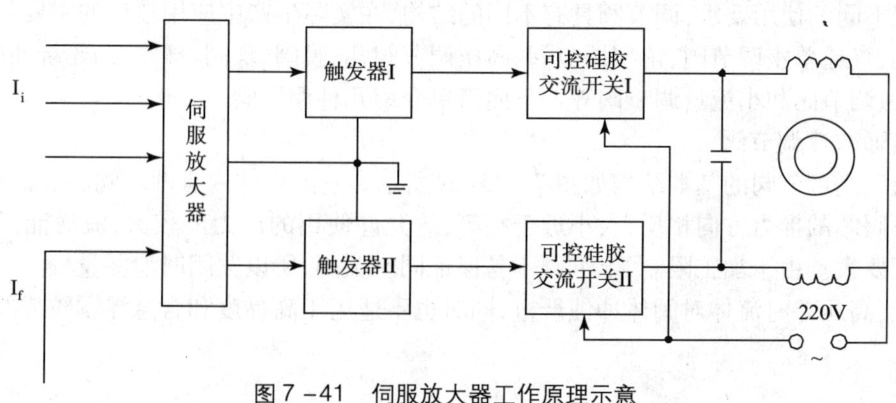

图7-41 伺服放大器工作原理示意

由图 7 -40 可知,电动执行 41 器还提供手动输入方式,以在系统掉电时提供手动操作途径,以保证系统的调节作用。

7.7.4 调节阀

1. 调节阀的工作原理

调节阀是各种执行器的调节机构。它安装在流体管道上,是一个局部阻力可变的节流元件,其典型的直通单座调节阀的结构如图 7 -42 所示。

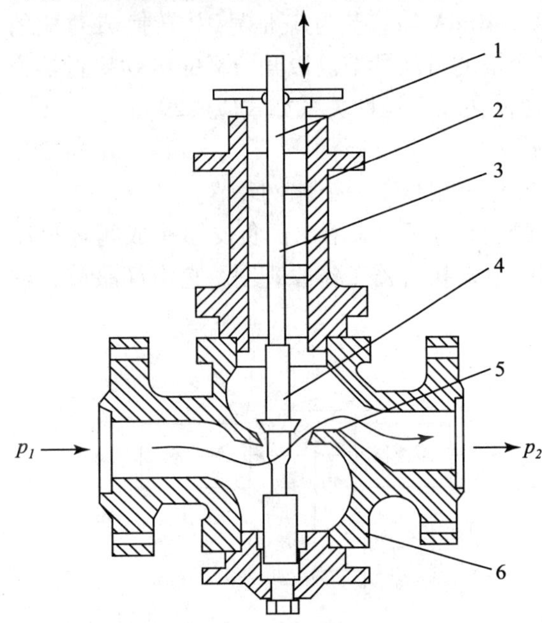

图 7 -42 直通单座调节阀结构图

1—阀杆;2—上阀杆;3—填料;4—阀芯;5—阀座;6—阀体

考虑流体从左侧进入调节阀,从右侧流出。阀杆的上端通过螺母与执行机构的推杆连接,推杆带动阀杆及其下端的阀芯上下移动,使阀芯与阀座间的流通截面积产生变化。

当不可压缩流体流经调节阀时,由于流通面积的缩小,会产生局部阻力并形成压力降。如 p_1 和 p_2 分别是流体在调节阀前后的压力,ρ 是流体的密度,W 为接管处的流体平均速度,ζ 为阻力系数,则存在如下关系:

$$p_1 - p_2 = \zeta\rho\frac{W^2}{2} \qquad (7-30)$$

如假设调节阀管的截面积为 A。则流体流过调节阀的流量 Q 为:

$$Q = AW = A \cdot \sqrt{\frac{2(p_1 - p_2)}{\zeta\rho}} \qquad (7-31)$$

显然,由于阻力系数 ζ 与阀门结构形式和开度有关,因而在调节阀截面积 A 一定时,改变调节阀的开度即可改变阻力系数 ζ,从而达到调节介质流量的目的。

2. 调节法结构及分类

调节阀的种类很多。根据上阀盖的不同结构形式可分为普通型、散热片型、长颈型以及波纹管密封型,分别适用于不同的场合。

根据不同的使用要求,调节阀具有不同的结构,在实际生产中应用较广的主要包括直通双座调节阀、直通单座调节阀、角型调节阀、高压调节阀、隔膜阀、蝶阀、球阀、凸轮绕曲阀、套筒调节阀、三通调节阀和小流量调节阀等。下面简单介绍几种调节阀。

1) 直通双座调节阀

直通双座调节阀的基本结构如图 7 -43(a)所示。它的阀体内有两个阀芯和两个阀座,流体对上下阀芯的推力方向相反,大小近于相等,故允许使用的压力差较大,流通能力也比同口径单座阀要大。由于加工限制,上下阀不易保证同时关闭,所以关闭时泄漏量较大。另外阀内流路复杂,高压差时流体对阀体冲蚀严重,同时也不适用于高黏度和含悬浮颗粒或纤维介质的场所。

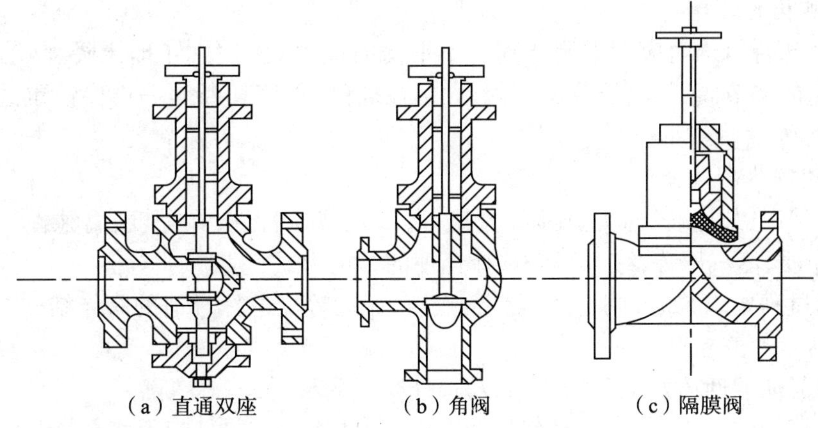

图 7-43 几种调节阀示意图
(a)直通双座(b)角阀(c)隔膜阀

2)直通单座调节阀

直通单座调节阀的基本结构如图 7-42 所示,其特点是关闭时的泄漏量小,是双座阀的十分之一。由于流体压力差对阀芯的作用力较大,适用于低压差和对泄漏量要求严格的场合,而在高压差时应采用大推力执行机构或阀门定位器。调节阀按流体方向可分为流向开阀和流向关阀。流向开阀是流体对阀芯的作用促使阀芯打开的调节阀,其稳定性好,便于调节,实际中应用较多。

3)角型调节阀

角型调节阀除阀体为直角外,其他结构与直角单座调节阀相似,其结构如图 7-43(b)所示。阀体流路简单且阻力小,适用于高黏度和含悬浮颗粒的流体调节。调节阀流向分底进侧出和侧进底出两种,一般情况下前种应用较多。

4)隔膜阀

隔膜阀,如图 7-43(c)所示,其结构简单,流阻小,关闭时泄漏量极小,适用于高黏度、含悬浮颗粒的流体;其耐腐蚀性强,适用于强酸、强碱等腐蚀性流体。由于介质用隔膜与外界隔离,无填料,流体不会泄漏。阀的使用压力、温度和寿命受隔膜和衬里材料的限制,一般温度小于 150℃,压力小于 1.0MPa。此外,选用隔膜阀时执行机构需有足够大的推力。当口径大于 *D*g100mm 时,需采用活塞式执行机构。

7.7.5 执行器选型原则

1. 执行器结构形式而选择

一般选择执行器时,应考虑以下几点:

(1)根据工艺条件,选择合适的阀的结构形式和材质;

(2)根据工艺对象的特点,选择合适的流量特性;

(3)根据工艺操作参数,选择合理的阀尺寸;

(4)根据阀杆受力大小,选择足够推力的执行机构;

(5)根据工艺过程的要求,选择合适的辅助装置。

2. 执行机构的选择

一般选择执行机构时应考虑调节阀的不平衡力或力矩的大小(即压降、阀芯直径等),对某些特殊用途的调节阀,如高压降调节阀、大口径蝶阀、单座切断阀等都要慎重选择足够推力的执行机构。

3. 调节阀阀体的选择

(1)根据状况,如温度、压力、压降、流速等,以及流体特性,如黏度、腐蚀性、毒性、含悬浮物或含纤维介质、蒸汽压等,综合考虑选择合理的结构形式;

(2)根据过程要求,如可调比、泄漏量、噪声、振动等。选择合适的阀体结构或采取相应的措施;

(3)根据流体的性质及工艺操作参数,选择合适的材质;

(4)调节阀的使用十分广泛,系列品种有繁多,具体的工艺过程也复杂,因此选用时,参考现场的使用经验也是不容忽视的一个重要因素。

4. 阀芯的选择

阀芯按结构分为三种类型。

平板型:具有结构简单、快开特性,适用于紧密切断。

柱塞性:轴向推力大,适用于高黏度和脏的流体,可做成直线特性、等百分比特性、抛物线特性。目前,国产直通单座、双座、角型等等调节阀都采用这种阀芯。

开口型:通过开口型阀芯的流体易分散,冲击力较大,易发生振动、涡流、旋转,易磨损,但流通能力较柱塞型大,本身可起导向作用。目前国产三通调节阀都采用这种阀芯。

5. 有关调节阀选择的几个问题

1)防止调节阀的噪声

防止调节阀的噪声应从三个方面入手:防止振动噪声、防止气体动力学噪声、防止液体动力学噪声。

2)高黏度、含悬浮颗粒物、纤维状的流体对阀体的要求

当处理高黏度、含悬浮颗粒物、纤维状的流体等难以处理的流体时,一般要求调节阀的线路简单,或具有流线型流路,防止高黏度、含悬浮颗粒物、纤维状的流体等难以处理的流体在阀体的死角处形成凝固而堵塞阀体。

3)可调比

最大可控流量与最小可控流量之比称为可调比、其大小一般与阀芯阀座的结构、系统压降、流量特性有关。系统压降所占比例越大,可调比越小。选用时,可调比不宜过大,否则影响调节质量。对于一个重要的调节系统,如果可调比较大,建议并联安装两个调节阀。

4)泄漏量

在一定温度、压力下,在规定时间内,通过关闭的阀的总流量,称为泄漏量。对于一般调节阀,泄漏量不影响调节品质。当调节阀后式高温介质、真空、或易挥发的低分子气体时,要考虑采用泄漏量极少的调节阀,或分别选用一个调节阀和一个切断阀。

在阀芯或阀座上堆焊高温硬质合金,泄漏量也能做到较小。

5)调节阀的允许压降

关于隔膜阀,阀芯所受的不平衡力随着阀芯直径的增大,不平衡力也越大。所以,对于 Dg100 以上的隔膜阀,均采用活塞式执行机构。

关于角型高压调节阀，对于流向关的高压降角阀，不平衡力的方向是使阀芯关闭的方向。此时应考虑执行机构的刚度和不平衡力的变化关系。

6）执行机构与调节阀的组合

正、反作用的执行机构与调节阀个中流向组合时，一般流向开是稳定的，流向关或在接近关闭位置时是不稳定的。此时需要加阻尼机构或提高执行机构的刚度。

7）材质的选择

选择阀体和阀内组件的材质时，一般根据流体的温度、压力、腐蚀性，以及在工作条件下气蚀的可能性，同时还要考虑经济上的合理性。

第8章　特高含水期油田节能技术应用

8.1　机采系统节能技术应用

8.1.1　双驴头抽油机

1. 节能原理及特点

双驴头抽油机是目前机械采油生产部门首选的节能型抽油机。该抽油机以常规游梁式抽油机为基础，应用变矩节能原理将常规机上游梁与横梁的铰接，改为变径圆弧形的后驴头、钢丝绳与横梁的软连接，这种设计使得曲柄轴净扭矩波动小，扭矩峰值低，减速器功率配置比同型号常规抽油机小，电动机装机功率降低近50%。这种抽油机已在全国各油田大面积推广近10000台，取得了良好的节能效果。这种抽油机结构简单、工作可靠平稳、牢固耐用、无特殊易损件、维护操作方便、维修费用低，节电效果显著。如图8－1所示。

图8－1　双驴头抽油机

2. 节能效果举例

(1)某油田节能示范区在1996—1999年共安装了双驴头抽油机89台。经生产实践证明，该机的节能效果明显。与常规机比较，电动机装机功率大幅度下降，10型机的装机功率由原来的45～55kW下降到22kW或18.5kW;通过其中9台装前、装后的对比测试,输入功率平均由9.28kW·h降低到6.86kW·h,平均节电率达到26%。此外这种抽油机动载小、工作平稳,从而改善了井下杆、管的工作状况,彻底解除了杆管断脱的现象。

(2)将常规游梁抽油机改造成双驴头抽油机,有明显的节能效果。常规游梁抽油机改造前后的电动机参数进行了测试。结果如表8－1所示。

对比测试结果表明,改造后抽油机电动机装机功率降低了45%,有功节电率平均达到了22.9%,节能效果显著。

表8－1 常规机改造前后节电情况

	电动机型号	容量,kW	有功电量,kW·h/h	节电率,%
改造后	Y250M－8	30	6.53	24.3
	Y250M－8	30	9.53	25.9%
	Y250M－8	30	6.52	18.4%
改造前	Y250M2－8－C	55	8.63	—
	YCY280M－6	55	12.86	—
		55	7.99	—

(3)华北油田、大港油田分别对双驴头抽油机与常规机进行了同井试验,试验结果如表8－2所示。

表8－2 双驴头抽油机与常规抽油机同井试验对比结果

地域	井号	抽油机	电动机功率,kW	日产量,kW	吨液电耗,kW	节电率,%
华北油田	J252	常规	30	41	3.86	24.9
		双驴头	7.3	40.9	2.90	
	R51	常规	40	135	2.67	46.4
		双驴头	22	142	1.43	
	R345	常规	45	43	19.1	51.3
		双驴头	22	69	9.3	
大港油田	Q650	常规	37	42.9	3.22	28
		异形	22	41.3	2.32.	
	Q665	常规	28	23.2	8.18	55.5
		双驴头	22	44.6	3.64	

由表8－2可以看出,采用双驴头抽油机,装机功率可大幅度降低,节电率达24%～55%,节电效果明显。

3. 效益及投资回收期

双驴头抽油机与同一规格型号的常规游梁式抽油机价格完全相同。对于同一口油井,如果常规抽油机使用的电动机实耗功率按15kW,每天工作时间按24h,年工作天数按300d,使用双驴头抽油机的平均节电率按 30%，电费按 0.4 元/(kW·h)计算，则与使用常规机相比，年节电费用 S 为：

$$S=15\times0.30\times24\times300\times0.4=12960(\text{元})$$

因为双驴头抽油机与同型号的常规机价格基本相同，但节能效果显著，双驴头抽油机产生的节能效果则可给用户带来长期的经济效益。因此新井投产时，根据井况应优先选择双驴头抽油机。

如果常规抽油机井转上双驴头抽油机，则要考虑投资回收期的问题。

以 10 型抽油机为例，10 型双驴头抽油机(最大冲程 5m)装机功率 22kW，价格为 16.5 万元。10 型常规抽油机(最大冲程 3m)价格为 15 万元。假设换下的常规游梁式抽油机闲置入库。如果该抽油机井的电机实耗功率按 20kW 计算，与常规机相比，使用双驴头抽油机的节电率按 30% 计算，则年节电 $S=20\times0.30\times24\times300\times0.4=17280$(元)，则投资回收期 T 为：$T=165000/17280=9.5$(年)。

如果换下的 10 型常规抽油机价值为原机价格的一半，即 7.5 万元，则投资回收期 T 为：$T=(165000-75000)/17280=5.2$(年)。

8.1.2 抽油机变频控制器

1. 节能原理及特点

油田抽油机井闭环控制增产节能增效装置，具有温度控制、工频、变频互换、过流、过压、欠压、超温、缺相、过载等保护功能，能有效降低电动机温升，使电动机故障率降低。抗干扰性极强的可编程控制器及继电单元系统可安全可靠地工作。该控制器特点如下：

(1)该装置可实现零启动、软启动功能，可降低抽油机井变压器的装机容量 50% 以上，降低了抽油机电动机的启动电流，由此减小了对电网的冲击，增大了电网电压的稳定度，提高了配电变压器的使用容量及效率。

(2)该装置能以 $5000s^{-1}$ 的速度自动调整加在电动机定子绕组上的电压，以实现最小电流、最低电压、最小功率的运行状态。使用该装置能够提高功率因数，保证功率因数在 0.85 以上。

(3)该装置可根据需要在一定范围内改变抽油机的冲次[冲次$(1\sim20)/min^{-1}$连续可调]和分别设定同冲次中的上下冲程速度，从而减小提升中的漏失和动载。

(4)闭环控制增产节能增效装置可取代原有的任何控制柜、启动器、补偿器，使控制系统趋向一体化。

(5)该装置可适应不同地域、气候条件、地质条件、工作条件的油井，适合高温、严寒、风沙、雨雪、粉灰等场合，可在野外全天候运行。

(6)该装置一次性投资回收期短，生产状况正常的油井，一般为 3 个月左右。

2. 节能效果举例

油田抽油机闭环控制增产节能增效装置，已分别成功地在大庆油田、辽河油田、华北油田、中原油田、胜利油田、青海油田等油田的下属采油厂安装使用，收到良好效果，平均节电 30% 左右，单位时间产液量增加 20% 以上。

部分使用闭环控制增产节能增效装置油井的节能、增产情况如表 8-3 所示。

表 8-3 闭环控制增产节能增效装置节能效果一览表

井号	安装日期	测试时间	平均增油率,%	平均节电率,%
辽河油田勘测局锦州采油厂锦 45-27-321	1994.9.19	1994.9.19—1994.10.10	30	38
中原石油勘测局采油一厂采油三区 15-15#、15-84#	1999.11.7	1999.11.7—2000.1.13	33	33.87
华北石油管理局采油二厂 48-119,48-117,C53,31-113,31-106 共有五口油井	1999.7.26	1999.7.26—1999.8.20	20	20 以上
大庆油田管理局采油二厂三矿 531 斜 730,540-2130		1998.11.20	14.5	20
胜利石油管理局纯梁采油厂一矿 C5-22,69-16	1998.12.5	1998.12.5—1999.12.16	13.85	20
胜利油田孤东采油三矿 36-4275 等 14 口油井	2000.12.1	2000.12.1—2001.1.10	37.18	18.92

3. *效益及投资回收期*

以辽河石油勘探局某采油厂的应用为例,该采油厂的油井均为抽油机井,其中稠油井数占总油井数的 70% 左右。多年来,由于稠油黏度大等原因,使得抽油泵泵效低,抽油机启动负荷较大,造成抽油机电动机配备功率过大,效率低,耗电量大。针对这种情况,于 1994 年 9 月应用智能型高效节能增产装置,主要使用装置的变频调速功能。油井工作参数为:冲程 3m,冲次 $6min^{-1}$,泵径 56mm,,配备电动机功率为 33kW。分三步进行了对比试验:

(1)工作参数不变,即在冲次 $6min^{-1}$、冲程 3m 的工作状态下生产,但改变抽油机电动机的上下冲程的输入频率(上行 55Hz,下行 45Hz)生产,使抽油机的上行速度加快(4.5s),下行速度减慢(5.5s)(不使用变频器时,抽油机上下行程时间均为 5s),在这两种工作制度下分别量油进行数校对比,平均日增油 4t,油井泵效提高 7 个百分点。

(2)7d 后,由于泵效提高,使油井的抽汲参数相对增大,油井产液量下降较快,因此把抽油机的冲次改为 $5min^{-1}$,并且使上行程 40Hz(上行时间 5.4s),下行 32Hz(下行时间 6.6s)。结果平均日增油 5t,与前一个工况相比,泵效平均提高 19 个百分点。

(3)1994 年 10 月又进行了与上一个工况相反的试验,上行 32Hz,下行 40Hz,抽油机的冲次仍是 $5min^{-1}$(在每一冲次内,上行时间为 6.6s,下行时间是 5.4s),在这种工作参数下运行,增油效果更加明显,平均日增油 6t,与上一个工况相比,泵效提高了 12 个百分点。

在试验过程中,对设备的节电效果进行了监测,节电率为 38%。

对各种工况的增油效果的分析认为,使用上行速度快、下行速度慢的工作参数油井能够增油是因为抽油机上行时速度变快,使游动阀快速关闭,减少泵的漏失量和漏失时间,提高了泵效,增加了产量;使用上行速度慢,下行速度快的工作参数后,因抽油机上行速度慢,抽油机在上行过程中,抽油泵处于吸油状态,因而吸油时间相对延长,提高了泵的充满系数,同时也提高了泵效,达到了增产的目的。

对于这口油井,经估算,年增油产值和年节电价值 503453 元,采用智能型高效节能增产装置的一次性投资包括设备费和土建费共93300元，设备维护费及设备折旧费为每年5600元，年利润为：年增油产值和年节电价值－设备维护与设备折旧费＝497853元。则投资回收时间＝一次投资/利润＝0.19年＝70d。即一次性投资可在2.5个月全部回收。

上面对智能型高效节能增产装置投资回收期的估算，是在不考虑税金的情况下进行的。如果考虑纳税问题，则装置回收期可能要更长一些。

8.1.3 抽油机高效永磁同步电动机

1. 节能原理及特点

抽油机高效永磁同步电动机是根据油田抽油机的特殊运行工况开发研制的。这种新型节能电动机具有比普通同步电动机更为优良的性能、与一般异步电动机相同的结构，而且还具有体积小、重量轻、高效节能等一系列优点，非常适合于抽油机的运行工况，是目前抽油机用异步驱动电动机较理想的节能更新换代产品。

抽油机高效永磁同步电动机除具有永磁同步电动机高效节能的全部优点，而且在国内首次提出了能够获得最佳节能效果的抽油机用永磁同步电动机的设计指导思想，通过优化效率和功率因数曲线以及起动转矩倍数，不但可以降低电动机本身的运行损耗，还可以通过提高功率因数降低配电网的损耗，国内第一台油田抽油机专用钕铁硼永磁同步电动机于1995年12月研制成功，目前基本形成了与抽油机配套的系列产品。该电动机具有与一般异步电动机相同的结构，比普通同步电动机更为优良的性能。

2. 节能效果举例

经中国石油天然气集团公司油田节能监测中心在大庆油田现场测试，与抽油机用异步电动机相比，平均运行电流可降低50%以上，自然平均运行功率因数由0.4左右提高到0.95以上，无功节电率达85%以上，有功节电率达20%，节电效果明显。目前已在大庆、胜利、冀东、河南、辽河、新疆、华北等油田推广应用，已累计推广应用近1000台，并发展到第五代产品，取得了较好的经济效益和社会效益。部分该电动机的节能效果如表8－4所示。

表8－4 抽油机使用高效永磁同步电动机节电效果一览表

测试地点	测试井数	平均有功功率			平均无功功率			平均运行电流			平均功率因数	
		异步	永磁	下降%	异步	永磁	下降%	异步	永磁	下降%	异步	永磁
大庆油田五厂一矿	9	5.69	4.46	21.66	9.63	1.43	86.96	30.65	14.21	53.64	0.51	0.95
大庆油田五厂二矿	8	9.34	7.26	22.27	10.5	1.2	88.57	44.38	20.38	54.09	0.64	0.98
辽河油田曙光、高升采油厂	4	10.83	9.08	16.53	32.78	6.30	73.88	48.5	16.42	60.73	0.342	0.784
华北油田	2	9.02	6.66	20.4	19.8	3.92	80.6	32.77	11.71	63.79	0.397	0.799

3. 效益及投资回收期

以大庆某油田为例。该油田变电所的运行记录显示:1613 和 1614 两条机采线路更换永磁电机前的 1996 年 1 ~7 月份累计 7 个月的有功电量为 373×10^4kW·h,无功电量为 157×10^4kvar·h;更换永磁同步电动机后的 1996 年 10 月份 ~1997 年 4 月份在产量基本相同的条件下累计 7 个月有功电量为 332×10^4kW·h,无功电量为 42×10^4kvar·h。据此推算全年可累计节省有功电量 69×10^4 kW·h,无功电量 269×10^4kvar·h,折算成有功电量为 27×10^4kW·h,合计节电量为 96×10^4 kW·h,折合人民币 38 万元,平均每台永磁同步电机节电近 8000 元。而这两条线路只更换了 42% 的永磁电机,若全部换成永磁电机,则节能效果必将更为明显。

经过近 7 年的运行实践,抽油机应用抽油机高效永磁同步电动机有以下几方面的效益。

1)降低电耗

根据中国石油天然气集团公司油田节能监测中心的测试报告,每台 37kW 永磁电机平均综合节电 2.82kW,年可节电 2×10^4kW·h(按年运行时间 8000h 计算),折合人民币 9040 元(电价按 0.4 元(kW·h)计算);每台 22kW 永磁电机平均综合节电 1.888kW,年可节电 1.5×10^4kW·h,折合人民币 6000 元。

2)节省补偿电容器投资

采用永磁电机可解决油田抽油机采油系统配电网的无功补偿问题。应用永磁电机后,可省去补偿电容器及更新和维护费用。一般补偿电容器平均每 3 年就要更换一次,据此估算,每台永磁电机可节省无功补偿一次性投资 500 ~2000 元。在电机寿命内,每台永磁电机可节省无功补偿投资 1500 ~6000 元。

3)降低线损

永磁电机应用后,单井平均运行电流下降 50% 以上,考虑配电网的无功电流潮流,大约可使配电网的线损降低 50% 以上,对于实现油田配电网的优化运行具有十分重要的意义。

4)挖掘电网潜在容量

永磁电机应用后,电机的视在功率降低了 50% 以上。也就是说,相当于电网的供电能力提高了 1 倍,有一半左右的电网容量被重新开发出来了。这部分容量可以用来为加密井等新的产能建设项目供电,极大提高电网的利用率,充分挖掘电网的潜在容量。

按照每月 10 元/kV·A 的基本电费,若将变压器也更换为抽油机专用节能型变压器,则每口井可降低变压器装机容量 25kV·A,节约电费近 3000 元。同时,所开发的电网容量折合成变电所建设费用相当于每台电机几万元。

对于新投产的抽油机井,采用抽油机高效永磁同步电动机不必再配无功补偿装置、节能控制器或变频调速器,可节省配电箱或变频调速器投资,而这两项与异步电机的投资和都高于永磁电机的投资,且可以避免谐波问题,大大提高运行功率因数,同时节能效果更好;由于运行电流的下降,可以减小电网导线的截面积,节省线路投资;由于视在功率的下降,可以降低变电所主变容量和相应的土建费用,也可以适当降低配电变压器的容量,节省电网建设投资,且可以减少电网容量的收费。因此,采用抽油机高效永磁同步电动机的系统投资一般不会高于采用普通异步电机的系统投资,而产生的节能效益则可给用户带来长期的经济效益。如果抽油机上的异步电机更换成永磁电机,则要考虑投资回收期的问题。

每台可用于取代 55kW 异步电动机的 37kW 永磁电动机价格为 17000 元,每台可用于取代30 kW异步电机的22kW水磁电机约12000元，与普通异步电机的差价仅为几千元。因此，只计其节省电耗一项，不到1年即可收回比普通异步电机增加的投资，不到2年即可收回全部投资。若再考虑其他几项效益，则投资回收期将更短。

8.1.4 基于GPRS的杆式抽油机节能监控系统

目前，我国油田有油井20万口，其中游梁式抽油机油井占80%左右，年耗电量达到270×10^8kW·h，占整个油田能耗的56%。随着石油行业的发展，全国每年新增机械采油油井5000口以上，用电持续紧张，能耗逐年加大的状况日趋严重。油田的采油井、输油管和储油罐大都分布在野外，抽油机连续不断的正常运行、输油管线与储油罐的安全运行与企业的经济效益息息相关。对采油井、输油管和储油罐工作状态的实时监控一直是生产作业单位一项重要和困难的工作，但目前已经安装自动化设备的油井不到5%，大多数数据采集依靠人工完成，大量参数需要报交技术人员进行分析判断得出相应结论。然而，在工作期间设备故障（比如空抽、泄漏、断杆、脱杆等）是随时可能发生，稍有偏差就会造成巨大经济损失，有些时候还可能危及工作人员的生命安全。目前油井采油生产中主要的问题有：

（1）游梁式抽油机采用杠杆式游梁和曲柄平衡方式，使负载在减速机轴上的力矩成为一交变的非正弦变化曲线，而曲柄配重的力矩却是正弦曲线，因此，无法拟合全冲程过程中相对稳定的平衡点，运转中出现减速机较高的峰值和较深的谷值（负值）扭矩。同时曲柄配重形成几何偏心，转动惯量极大，为启动势必要配大容量电机，运转时又是“大马拉小车”，造成很大的低功率因数空载电能损耗。

（2）油井一般较为分散，分布范围广，地区偏远，对油井出现的异常情况不能及时发现、及时采取措施，从而导致原油产量降低，设备使用寿命减短，能耗增加，有时甚至会造成严重的经济损失，降低了经济效益。

（3）油井管理中的大量生产数据靠人工采集，耗费大量的人力和物力，而数据的准确性和实时性太差。采集的数据为非连续数据，因而对油井的真实工作状况无法清楚地了解，导致对油井的诊断时间长，从而降低生产效率，增加采油成本。

（4）目前功图诊断技术在以功图形状、几何特征为主要研究对象的故障判断方面准确度较低，主要以人工相面法为主，太多依赖技术人员的经验，缺乏自动识别诊断的方法，同时缺乏比较准确的功图快速处理方法。

从以上问题可以看出尽快提高机采系统管理水平、降低油井能耗是油井采油工作的重中之重。综合考虑了油井数据采集处理监测领域的国内外现状及发展趋势，利用先进的软硬件技术，开发出一套具有自主知识产权的油井远程自动监控系统，能进行实时诊断，及时发现故障并报警，能远程控制抽油机的启停、随时查询油井运行参数并实现参数远传和数据资源共享，真正实现了无人值守，节省大量投资，提高了油井采油系统效率，达到了节能降耗的目的。

1. 系统架构

该系统基于工业控制网络、Internet/Intranet技术、无线通讯技术，推出了油田数字化的全新理念，提出基于无线的抽油机监控数字化解决方案。整个监控管理系统由现场监控终端、GPRS网络、监控中心服务器和外部数据网四部分组成。该抽油机监控数字化解决方案是以控制中心服务器机组为核心的多级分布式系统。服务器机组负责数据的处理与监控、发布，为系统控制级别；客户机群通过Web网站形式或桌面软件形式进行数据监控，为操作控制级别，支持远程控制。分布于现场抽油机站的 DTU 和采集模块主要负责数据采集和抽油机以及计量站设备的控制操作,为过程控制级别。多级系统通过可靠的中国移动 GPRS 网络构成了完整的 SCADA 监控系统。系统整体框架如图 8-2 所示。

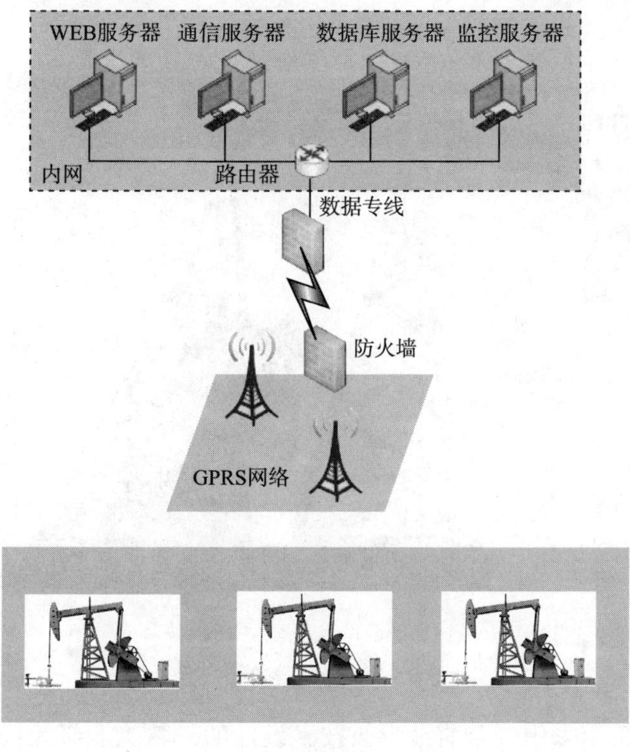

图 8-2　系统总体结构图

该系统总体上分为四层结构,系统各层及其功能如下;

(1)数据采集底层:采集底层由分布在现场的各类采集终端模块组成,负责抽油机和计量站相关参数数据的采集任务。

(2)通讯层:本层由服务器群组的 Ethernet 通讯资源子网和 GPRS 数据传输网组成,负责服务器群组数据交流以及现场采集的实时数据传输。

(3)业务处理层:本层主要由控制中心服务器机组构成。控制中心服务器机组完成业务处理、数据备份、信息发布任务。业务处理主要负责实时数据的采集,数据分析处理,信息发布以友好方法显示给用户:基于 Windows 的桌面软件和基于 Web 的应用程序。数据备份主要是保证重要数据的不丢失。

(4)用户应用层:本层主要给用户提供友好界面接口,使用户远程浏览现场数据,控制现场设备。本层为用户提供两种接口:桌面软件和 Web 应用程序。

2. 系统软硬件平台

现场监控终端:包括井口参数传感器、采集控制器和 GPRS 传输硬件。安装位置如图 8-3 所示。

井口参数传感器选择通用的电量、载荷、位移等传感器组件。数据采集控制器部分,主要有 PLC、采集卡、RTU 数据采集模块。PLC 虽然稳定性好,技术最成熟,但价格昂贵;数据采集卡使用时需要安装在计算机主板的扩展槽中,由于很难管理和代价方面的原因,为每口油井安装计算机不现实;RTU 模块是单片机控制的具有数据采集功能的模块,通过内置的协议和上位机通信完成数据采集。本系统采用自主开发的抽油机专用监测终端作为抽油井现场数据采集和控制器件。

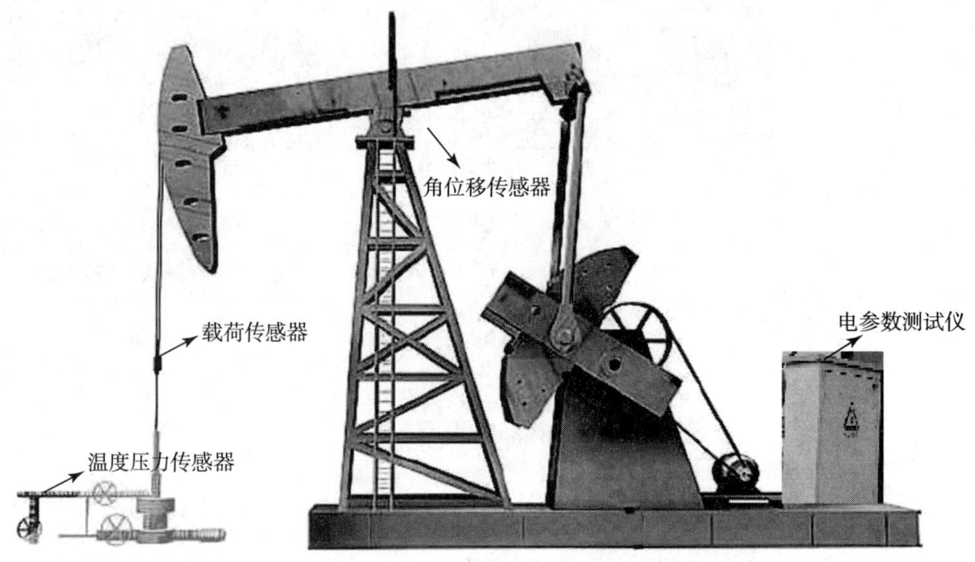

图 8 -3　传感器安装位置

GPRS 传输硬件部分采用当今前沿内核技术设计的一款工业级无线通讯终端产品,为用户提供高速、永远在线、透明数据传输通道。现场监控终端安装位置如图 8 -4 所示:

监控中心:包括服务器、工控机、无线 Modem、移动 APN 专线、交换机以及 UPS。

图 8 -4　监控终端现场安装

系统软件平台：软件配置包括操作系统、应用开发工具和数据库管理系统的选择。其中操作系统采用 Windows 系列平台，在服务器端使用 Windows 2000 Server，在客户端使用 Windows XP/Windows 2000 Pro；上位机应用开发工具我们选用 Borland 公司新一代面向对象、可视化应用程序开发环境的 Delphi 7；DTU 模块开发选用嵌入式开发系统环境；数据库管理系统选用 Microsoft SQL Server 2000 系统。

3. 系统功能

系统软件架构如图 8－5 所示，系统可实现以下功能：

（1）数据采集：终端可采集抽油机三相电压、电流、有功功率、功率因数、日用电量、累计电量、油井井口回压、井口温度、停机等参数，并进行相应的数据处理和存储。通过 GPRS 方式传递到中心主站。

（2）状态报警：对抽油机井停机、参数越限、抽油杆断脱、抽油杆卡死等异常状况给出报警信息。

（3）具有数据掉电保护功能，可长期保存设定参数及历史数据。远程实现对抽油机的负荷超限停机控制，定时启动控制。

（4）自动记录抽油机工作过程，开机时间和停机时间累计，保存历史信息。

（5）具有静态数据浏览和编辑等功能：包括抽油机型号、配置电机型号、油井井号、冲程、线路名称、量程、报警上、下限、油井井况等方面的数据，并能添加新开油井、删除停产油井、修改作业井的基本数据。

（6）具有示功图、电流、电压、温度、压力等参数的实时趋势、历史趋势监视功能，可方便地了解长时间的参数变化情况，方便快速分析。

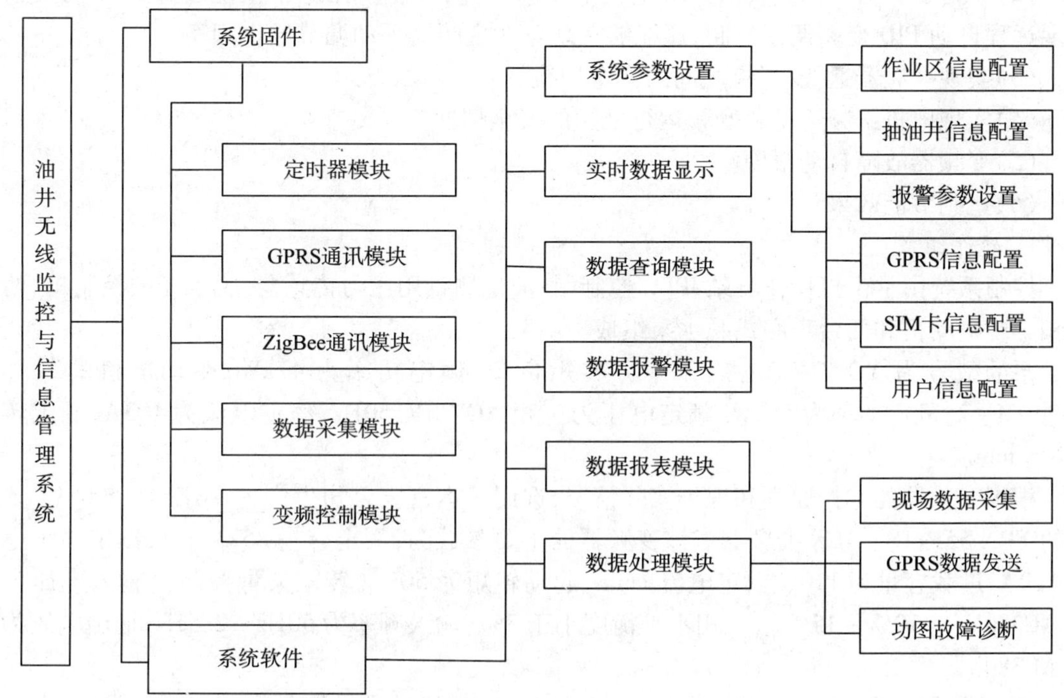

图 8－5　系统软件架构

(7)多种友好运行方式:支持完全控制功能的桌面软件和 Web 应用程序。可远程实现对监控终端的参数配置和超限值的设定。

(8)扩展功能:系统留有扩展口,可根据客户需求动态添加油井及测量信号。

(9)强大的权限管理功能,完整的日志功能。

8.2 集输系统节能技术应用

8.2.1 脱水泵变频控制

在联合站开式生产流程中,二次沉降罐对从一次沉降罐分离出的原油进行第二次沉降脱水,进一步减少原油的含水量,而从二次沉降罐分离出的原油通过脱水泵进入原油加热炉,到稳定塔进行轻组分分离。在生产流程中二次沉降罐的液位是主要的控制参数,将液位控制在适当的高度既保证了后续工艺的连续进行,又避免出现液位过高以致发生原油冒顶的重大事故。采取对液位实施连续动态监测,通过变频器实现对驱动脱水泵电机转速的调节,如果液位高于设定值,则加大变频器输出频率,使电机转速加大,增加脱水泵的送油量,如果液位低于设定值,则减小变频器输出频率,使电机转速减小,减少脱水泵的送油量,从而达到控二次沉降罐液位的目的。

控制系统的设计要求:

(1)实时采集二次沉降罐或缓冲罐液位信号,通过 PID 调节控制在设定值附近,并由上位机实时显示。

(2)一台变频器可以实现对两台电机的变频调速,一备一用。不仅能通过 PLC 对变频器实现远程自动 PID 变频调速控制,还能够在现场对变频器手动调节输出频率。

(3)实现变频器远控/近控之间的安全切换。

(4)实现电机工频运行和变频运行之间的安全切换。

(5)变频器故障自动报警。

(6)达到节能效果。

1. 硬件组成

控制系统由上位机操作员站、PLC 控制站、液位测量用压力传感器、脱水变频控制柜、两台三相异步电动机和两台离心式脱水泵组成。

泵的型号为 YDl50 - 30,属于平方转矩负载,额定功率为 47kW;驱动电机的型号为 YB250M -2,额定功率为 55kW,额定电压为三相 AC380V,50Hz,额定电流为 103A,额定转速 2970r/min。

根据变频器的选择原则和现场实际情况,选用日本富士公司生产的 FRENIC 5000P11S 系列的 FRN 55P11S -4CX 变频器。该变频器的主要参数为:额定容量 85kV · A,额定输出电流为 112A,过载容量为 110% 额定电流 1min,起动转矩为 50%(转矩矢量控制),输入电压为三相 AC380V(+10% ~15%),三相不平衡度小于 3%,输入频率为 50Hz ±2.5Hz,输出电压为三相 AC380V。

变频器采用 PWM 方式的交—直—交型逆变器,采用动态转矩矢量控制,高速计算电机负载所需功率,最佳控制电压和电流矢量,最大限度发挥电机输出转矩,能配合负载实现在最短时间内平稳地加减速。具有电机过流、过压、欠压和缺相等保护功能,并能在面板上显示和确认运行状态、输入/输出状态和跳闸时的详细参数,较易进行异常原因分析和提出对策。变频器操作简单,可以由远程或本地进行频率设定。

脱水变频控制柜上有两个转换开关:远控/近控切换开关 HKl 和变频/工频运行切换开关 HK2。HKl 实现对变频器现场手动调节和远程计算机调节之间切换,TS_YK_JK 信号接在远控档上,当 HKl 切换到远控档,I: 3/2 位导通,表示将由 PLC 执行变频 PID 调节程序:当 HKl 切换到近控档,则改用手动调节变频控制柜上的电位器来实现变频调速,PLC 不执行调节程序。HK2 是一个三挡转换开关,中间挡为工频运行,左右挡分别为 1#电机变频运行和 2#电机变频运行。TS_YXl 信号接在 1#电机变频挡的常开辅助触点上,TS_YX2 信号接在 2#电机变频挡的常开辅助触点上,PLC 检测到 I: 3/3 或 I: 3/5 位导通后,执行变频 PID 调节程序控制该台电机的转速。TS_FW 信号接在变频控制柜的复位按钮上。TS_FK 接收变频器的频率反馈信号,变频器 FMA 和 11 端子输出一个 0 ~ 10V(DC)信号,对应 0 ~ 50Hz,该信号通过一个电量隔离器转换成 4 ~ 20mA(DC)信号送给 PLC。TS_GD 接在变频器 12 和 11 端子上,由 PLC 的 PID 调节算法输出一个 4 ~ 20mA(DC)信号,通过一个电量隔离器转换成 0 ~ 10V(DC)的信号给变频器,实现输出频率的 PID 调节。TS_GZ 位 I: 3/1 接变频器故障端子 30A 和 30C,PLC 扫描此位时如果该位导通,立即置位 TS_KZ 位 O: 10/14,中间继电器 ZJl0 的常闭主触点断开,使串接在 ZJ10 主触点回路中的变频器电源输入交流接触器线圈 CJl0 失电,变频器输入电源断开,停止变频器的运行。

2. 脱水泵电机工频变频运行主电路设计

主电路包括对变频器和电动机的配线。考虑到一台变频器对两台电机实现变频控制,电动机工频、变频电路的切换,以及电机的降压启动,脱水泵电机运行的主电路设计如图 8 -6 所示。

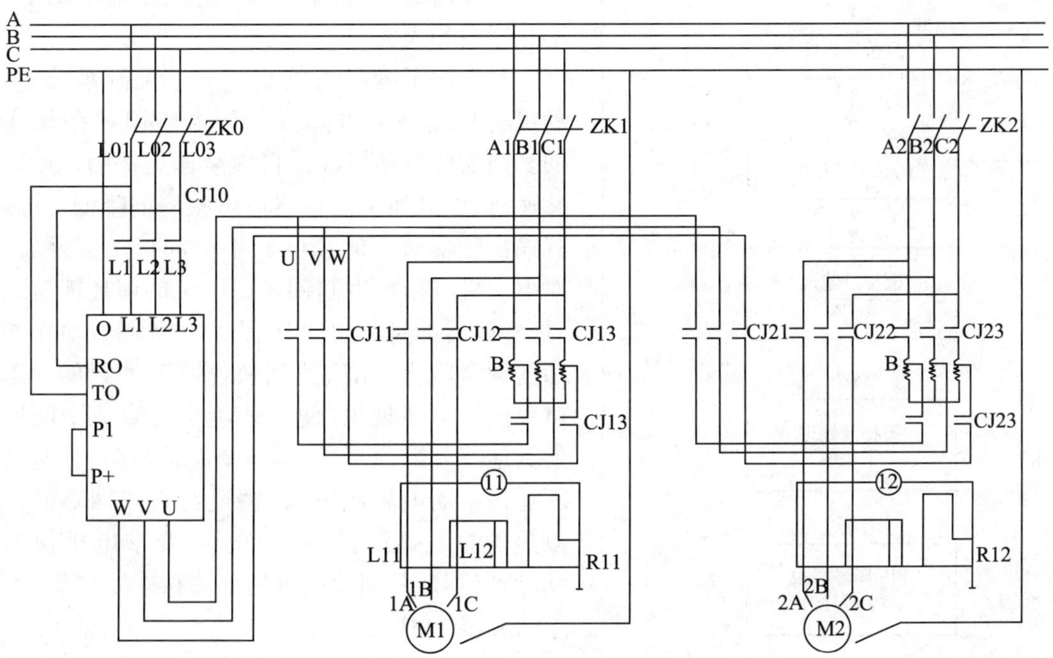

图 8 -6 脱水泵电机主电路设计图

该图是电机变频和工频运行主电路，由变频器、电机、隔离开关、交流接触器和热继电器组成。图中ZK0、ZK1、ZK2是隔离开关，分别配送对变频器、1#电机和2#电机工频运行的电源输入，实现漏电保护。CJ10～CJ23是交流接触器（电磁接触器），CJ10实现对变频器的故障保护，当变频器的总报警端子30A、30C输出时，PLC将断开CJ10的主触点。CJ11和CJ21分别控制两台电机的变频运行。CJ12和CJ13是1#电机降压启动工频运行主电路，CJ22和CJ23是2#电机降压启动工频运行主电路。RJ1和RJ2是热继电器，接在电机运行电流检测回路中。

主电路电源端子L1，L2，L3通过线路保护用断路开关ZK0接至三相交流电源，不考虑连接相序。为使变频器保护功能动作时能切除电源和防止故障扩大，电路中连接一个交流接触器CJ10。变频器运行和停止使用控制电路端子FWD和CM进行控制，一般不用ZK0的ON/OFF方式。

变频器输出端子（U，V，W）按正确相序接至三相电动机，如电动机旋转方向不列，交换其中任意两相的连接。考虑到变频器的输出端到电动机的配线总长相加小于100m，可以不考虑线间分布电容产生的高频电流。如果配线很长时，高频电流可能造成变频器过电流跳闸，则要在距变频器5m以内连接输出侧OFL滤波器。

控制电源辅助输入（RO、TO）连接至主电路电源。当变频器保护功能动作时，变频器电源侧的交流接触器断开，变频器控制电路将不会失电，总报警输出（30A，30C）仍能保持，键盘面板还可以显示。

直流电抗器连接端子［P1、P（+）］是为了改善系统的功率因数和实现变频器驱动系统与电源之间的匹配。对于小于75kW的变频器，该端子可以直接短接。

变频器的接地端子（G）连接至电源的零线，防止触电和火灾。

在采用了变频器的交流调速控制系统中，电动机的减速是通过降低变频器输出频率而实现的。当需要电动机以比自由减速更快的速度进行减速时，可以加快变频器输出频率的降低速度，使其输出频率对应的速度低于电动机的实际转速，对电动机进行再生制动。当电机的馈还能量过大时，变频器本身的过电压保护电路将会动作并切断变频器输出，无法达到快速减速的目的。为了避免出现上述现象，使上述能量在直流中间回路的其他部分消耗，常外接一个制动电阻，使直流电压通过制动电阻放电，将馈还给直流回路的能量以热能的形式消耗掉。由于不要求电机快速制动，所以不涉及制动电阻的计算和连接。

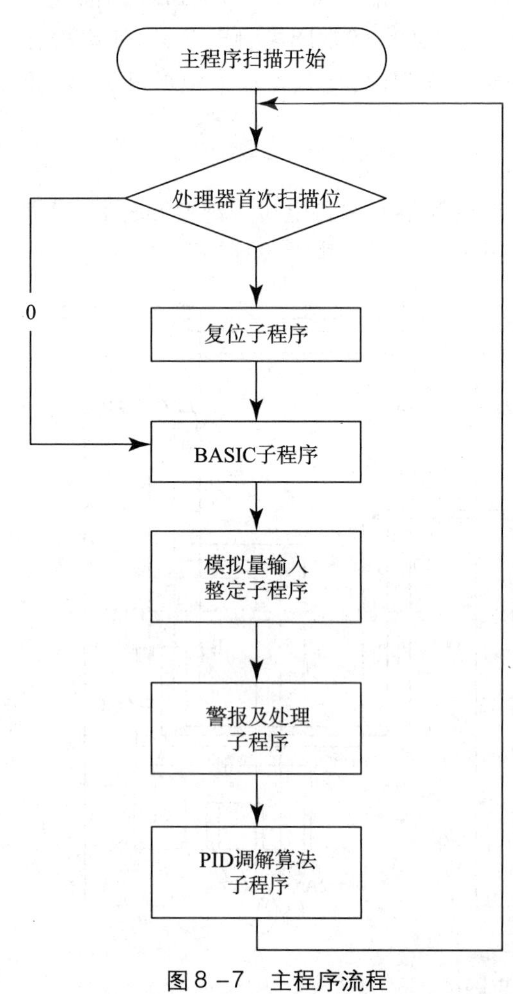

图8－7　主程序流程

3. 主程序流程

主程序是程序的主体，每一个项目都必须并且只能有一个主程序。主程序流程如图8－7所示。在主程序中可以调用子程序和中断程序。主程序通过指令控制整个应用程序的执行,每次处理器扫描都要执行一次主程序。RSLogix 500 的程序编辑器窗口的程序目录用来选择不同的程序。

本方案的主程序结构由主程序、复位子程序、BASIC 子程序、模拟量输入整定子程序、报警及处理子程序、PID 调节算法子程序组成。

每部分功能设计如下:

复位子程序:在处理器首次扫描时由主程序调用,清除故障位。置位算术溢出选择位,设定可选定时中断(STI)的扫描时间和时基。

BASIC 子程序:采用 DH485 通讯协议采集天然气流量计、外输油流量计的瞬时流量和累计流量信号并进行计算处理。

模拟量输入整定子程序:扫描模拟量输入通道,将 4 - 20mADC 输入信号整定为温度、压力、液位等工程变量,将整定后的值存入整数文件,由上位机处理,或作为 PID 的过程变量实现 PID 调节算法。

4. 脱水泵变频 PID 调节程序流程

PID 调节算法流程如图 8 - 8 所示,说明如下:

由于两套流程可以互换,首先用梯形图程序中的位文件 B3:0/0 进行判断,1 为开式流程。0 为闭式流程。开式流程 PID 控制块的入口地址是 N10:0,将 2#罐液位测量值写入过程变量字 NlO:23;闭式流程 PID 控制块的入口地址是 N11:0,将缓冲罐液位测量值写入过程变量字 N11:23。

扫瞄 PLC 数字量输入通道 1:3.2 的状态,判断脱水变频器远控,近控工作方式。近控方式下由现场操作员调节电位器实现变频器输出控制:远控方式下程序执行 PID 指令。

扫描 PID 指令控制参数设置中的手动或自动方式位。手动方式下 PID 算法不计算控制变量的值,由上位机输入设定。自动方式下由 PID 指令控制输出,并使用输出限制。输出频率上限 50Hz,对应的输出整定值为 26400,下限 26Hz,对应的输出整定值为 13600。

比例增益的设定:范围是从 0.1 到 25.5,当积分增益和比率项被设置为零时,凭经验可设置该增益为引起输出振荡所需值的一半。

积分增益的设定:范围是从 0.1 ~25.5min 每循环。凭经验可设置积分时间为比例增益在标定时测定的自然周期。

微分项的设定:范围是从 0.0l ~2.55min。凭经验该值为上述积分时间的 1/8。

该系统具有以下优点:

首先,集成设计的方法,将各个不同厂家的成熟技术和产品应用于同一个监控系统中充分发挥了各个厂家的各自技术优势。系统方案中采用美国 A. B 公司的可编程序控制器(PLC)作为系统的数据监控处理中心,保证了整个系统的性能可靠、技术先进、运算处理能力快、稳定性好等特点。

第二,现场监测设备都采用性能价格比很高的国内外先进的一次仪表、二次仪表,既有检测、变换功能,又有运算、显示和报警功能,一机多用,在技术先进、性能可靠的前提下降低成本,测量实时性也得到了提高。

第三,在传统的自动控制系统中引入变频器改变了原来的控制模式,使运行更加平稳、可靠,并能够提高系统控制精度,而且采用变频调速装置后,节电率达 31%,系统节能效果显著。

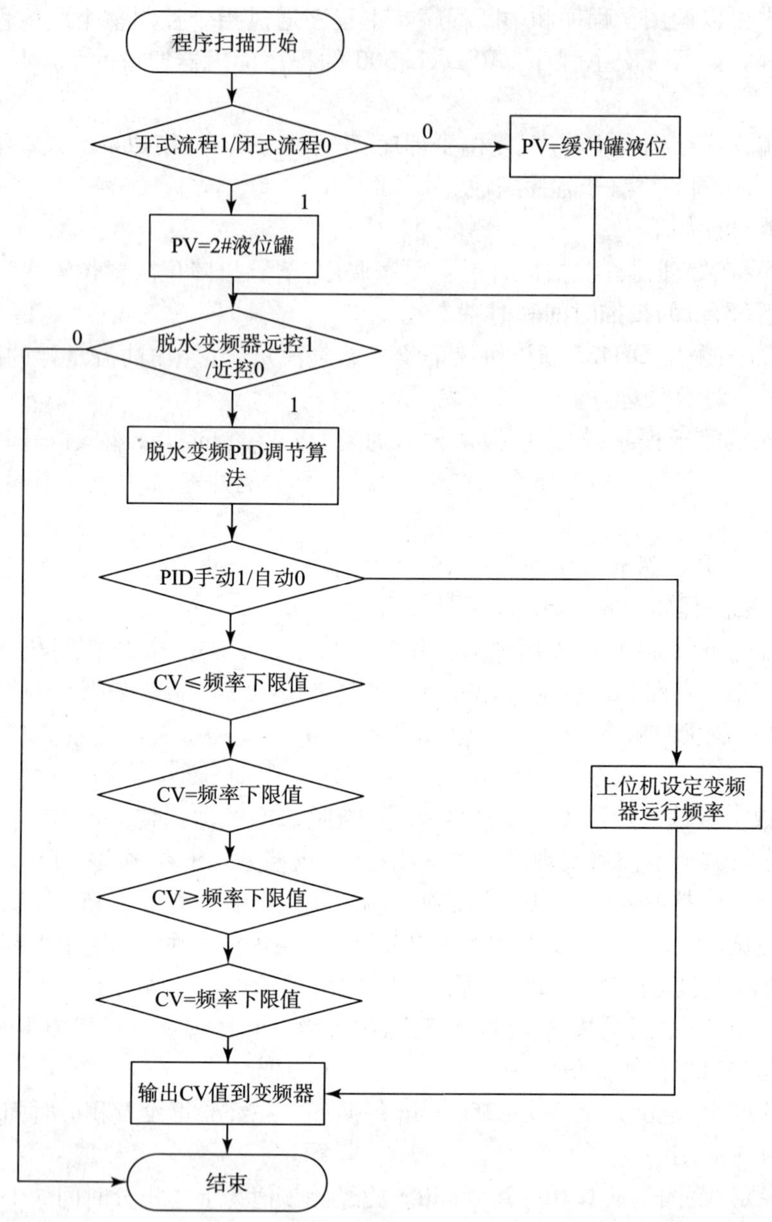

图8－8 PID调节流程图

第四，下位机监控软件的开发实现了对几乎全套工艺的实时监控功能，流程清晰，算法简洁，具有较强的稳定性和可靠性。

第五，有较高的经济效益。电机降压起动减少了对电网的冲击，可延长机泵的使用寿命，减少维修量；采用计算机控制提高了自动化程度，减轻了操作人员的劳动强度。

8.2.2 联合站PAC监控系统

1. 系统简介

胜利油田联合某站是采油厂建成投产较早的一座联合站，始建于20世纪60年代，它主要包括原油处理和污水处理两大系统，其中原油脱水能力 135×10^4t/年，原油处理能力 140×10^4t/年，污水处理能力 3000m^3/d。是一个"一级防火，甲级防爆"连续生产的要害单位。该联合站连续生产运行近四十年，虽经多次改造，但在原油处理、污水处理、大罐收气、天然气密闭等工艺的管理上存在很多问题：如原油罐区采用传统的人工检尺方式进行计量，工人劳动强度大，计量精度低；污水处理系统仍采用传统气动仪表控制，可靠性较差，冬季常结冰堵塞气管，使风源系统失灵，导致生产系统瘫痪；各工艺流程技术落后，操作自动化水平低，操作工人在岗大部分时间都用于巡回检查，工人劳动强度大，工艺设施安全可靠程度低；设备老化现象严重，维护成本高，单机能耗高；生产调度采用电话汇报的传统方式，不便于管理等。这些因素给联合站安全生产操作和管理带来很大困难，整个系统迫切需要进行自动监控与信息管理方面的技术改造。

2. 系统要求

根据联合站生产工艺流程和自动化改造的要求，整个监控系统的主要内容包括：

(1)原油处理工艺流程：监测原油处理工艺流程中各个设备的运行情况，包括：来液汇管，一、二级分离器，一、二次沉降罐，脱水泵，超导加热炉，电脱水器，净化油罐，外输泵，原油外输管线，药剂泵等设备；对现场重要测点的监测数据的实时采集，监视报警；根据二级分离器天然气出口压力，自动调节天然气外输汇管的流量；自动调节脱水泵、外输泵的频率使二次沉降罐和净化油罐液位保持在一个规定的范围之内。

(2)污水处理工艺流程：监测污水处理工艺流程中各个设备的运行情况，包括：油站来水管线，药剂泵，一、二次污水除油罐，缓冲罐，污水外输泵，污水过滤罐，污水外输管线等设备；对污水站现场重要测点的监测数据实时采集，监视报警；根据污水外输泵出口汇管压力，实现污水外输泵配套电机频率恒压自动调节；一、二次污水除油罐定期自动排泥。

(3)污水天然气密闭工艺流程：监测污水天然气密闭工艺流程中各个设备的运行情况，包括：分离器气源，调压阀前后流量计，污水罐密封气汇管等设备；对现场测点的监测数据实时采集，监视报警。

(4)大罐收气工艺流程：实时监测抽气压缩机和天然气出口汇管的运行情况；对压缩机的压力、电参数和天然气出口汇管的流量、温度等数据进行实时采集，监视报警；

(5)消防系统工艺流程：实时监测 3 座消防水罐的液位，并监视报警；对消防泵的电参数进行实时采集。

(6)阴极保护工艺流程：对油站管线、污水站阴极保护的保护电位、电流、电压等参数进行实时采集，监测报警。

(7)站内用电监测：对油站用电回路、污水站用电回路、消防岗用电回路进行实时监测。

(8)可燃气体检测报警：对油罐区、分离器区、油站泵房、天然气调压间等区域的可燃气体浓度进行实时监测，报警。

(9)人工数据输入：对一些不能自动采集的数据进行人工录入。包括：含水数据、污水水质数据、污水加药数据、密度数据、单位时间厂、局计划指标等。

(10)集中监测显示上述的主要生产工艺参数，全站的工艺流程图、局部工艺流程图、控制趋势状态图、实时曲线图、历史曲线图、报警状态画面、报表显示与打印等功能。

(11)对历史数据进行管理分析。主要包括：图表分析功能，对能耗指标、生产指标、经济指标、技术指标等进行统计分析，能按时间查询，进行对比分析，并以曲线、柱状图或饼图的形式显示出来；指标分析功能，对吨油成本、吨水成本、机泵效率、加热炉效率、自动盘库等项目能进行自动计算并实时显示。

(12)整个系统与管理局内部 Intranet 网络兼容,生产参数上网传输,实现系统的远程监控功能。

3. 系统结构

根据系统设计要求和设计原则,确定整个系统为一种多级分布式结构的监控系统。其系统总体结构如图 8-9 所示:

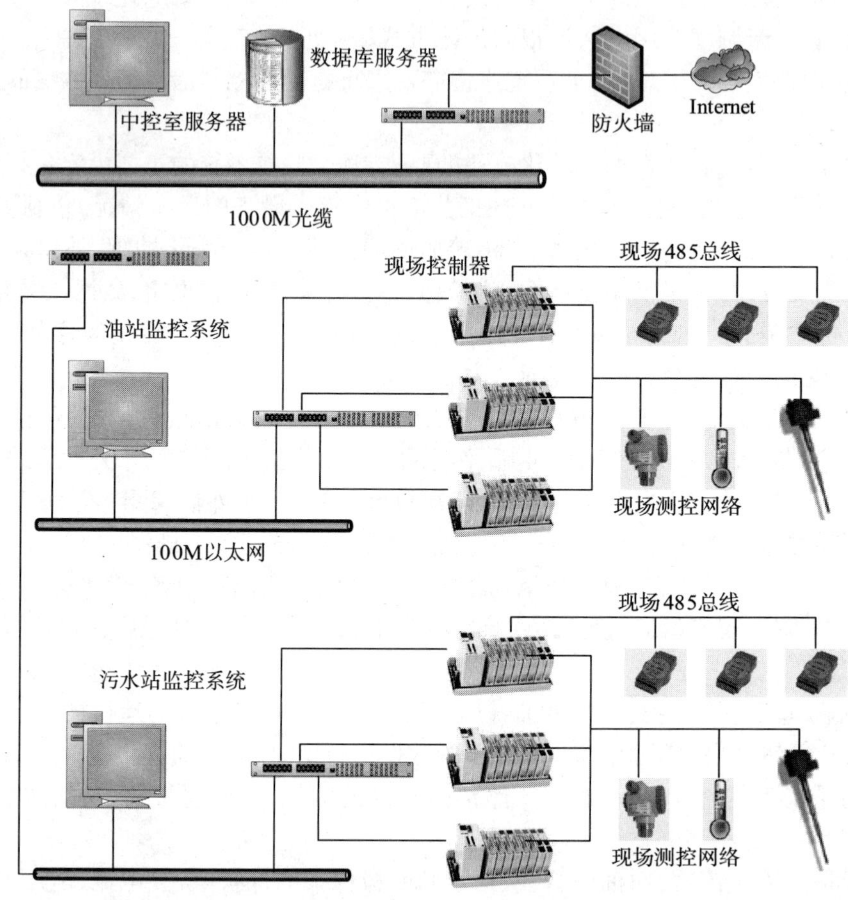

图 8-9 系统总体结构图

该系统总体上分为三大部分:油站控制系统,污水站控制系统和中心控制系统。油站控制系统和污水站控制系统内部采用 100M 以太网连接控制器和监控计算机,在现场控制级采用 RS485 现场总线与普通现场监控网络组成的混合网络完成现场的数据采集和设备控制。中心控制系统与油站、污水站控制系统之间采用 1000M 光缆连接,以较高的数据传输速率,提高网络的性能,见图 8-10~图 8-12。

系统三大部分分别说明如下:

(1)油站控制系统:负责油站工艺流程、大罐收气工艺流程、消防工艺流程及油站管线阴极保护、油站用电、消防用电各生产过程的监控处理。并将数据上传到中心控制室的数据库服务器。该子系统直接控制级由 4 个控制器及现场传感器组成,由一台工程师机和若干台操作员机组成过程控制级。

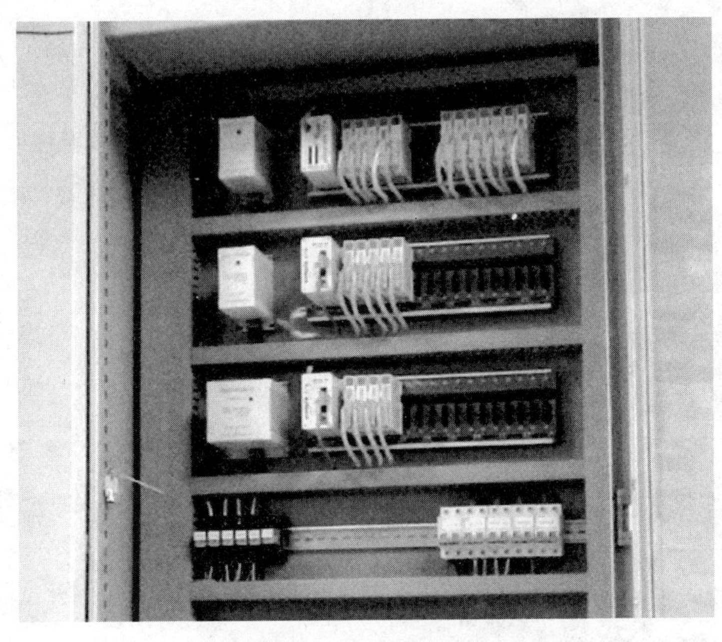

图8－10　现场控制柜

(2)污水站控制系统:负责污水工艺流程、污水天然气密闭工艺流程及污水站阴极保护、污水站用电等各生产过程的监控处理。采集到的数据上传到中心控制室的数据库服务器。该子系统直接控制级由2个控制器及现场传感器组成,由一台工程师机和若干台操作员机组成过程控制级。

(3)中心控制系统:所有的生产数据将在中心控制系统管理,中心管理系统的服务器构建成Web服务器和数据库服务器,并通过防火墙与管理局网络进行连接,实现远程监测。

4. *系统软硬件配置*

软件配置包括操作系统、组态软件,应用开发工具和数据库管理系统的选择。其中操作系统采用Windows系列平台,在服务器端使用Windows 2000 Server,在客户端使用Windows XP/Windows 2000 Pro;组态软件选用Opto22公司推出的一种全新的自动化和数据采集软件ioProject,ioProject由ioControl和ioDisplay组成,ioControl是一种基于流程图方式的控制程序开发软件包,用户可方便快捷地设计控制和数据采集程序,ioDisplay是一个HMI软件,ioDisplay提供了强大的可配置性,能对报警数据、历史数据、控制器进行方便的设置以满足现场的应用;应用开发工具我们选用Borland公司新一代面向对象、可视化应用程序开发环境的Delphi 7;数据库管理系统选用Microsoft SQL Server 2000系统。数据采集模块采用美国OPTO22公司的SNAP I/O系列。SNAP I/O系统由控制器、处理器、底板与I/O模块组成。在I/O端直接运行控制算法(如PID等),具有强大的通讯处理能力,可以和采用Modbus/TCP、SNMP、SMTP等协议的设备通讯。使用点到点(PPP)的协议,SNAP控制器也可以采用Modem来建立一个网络。在远距离的监控系统中,这些功能只需直接配置,无需编程。SNAP控制器支持OPTO22 SNAP系列的数字量I/O模块、模拟量I/O模块、串行通讯模块、PID模块等。

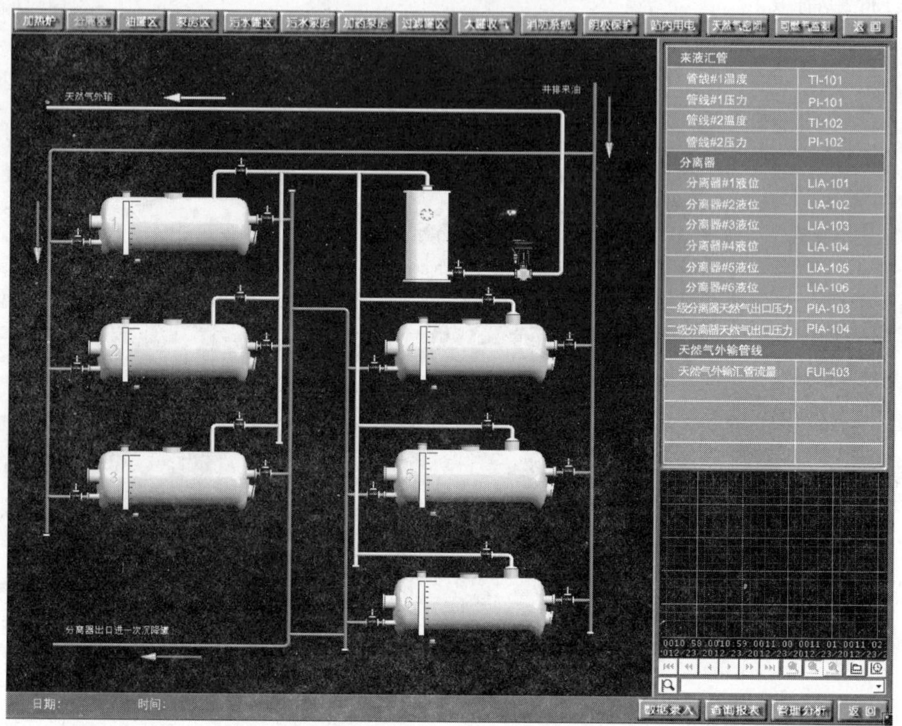

图8－11　分离器监控画面

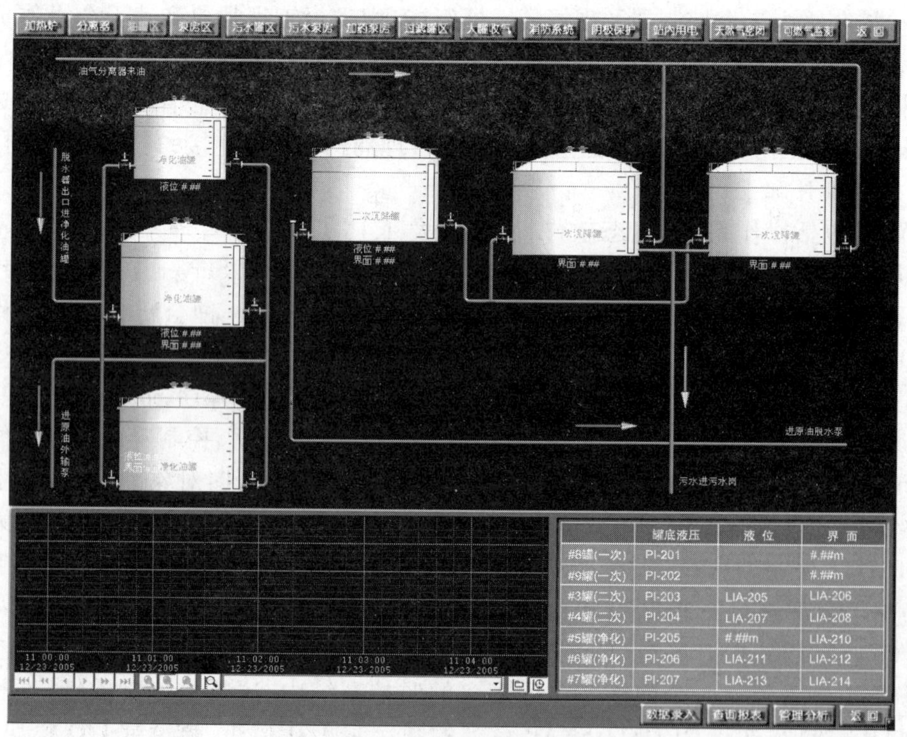

图8－12　原油罐区监控画面

8.3 注水系统节能技术应用

8.3.1 概述

1. 油田注水管网的特点

油田注水系统经过40年的开发,已形成普通水注水系统、深度水注水系统及聚驱注水系统3套管网,实现了含油污水、深度污水和低矿化度清水三种水质的分质注水,三种管网运行具有不同的特点。

聚驱注水站由于区块逐渐开发,且各区块内部注聚起止时间不一致,因此,各区块的管网没有完全联网。注水站为区块式注水站,即一座或两座注水站为一个区块内的几座注水站供水。注水量波动较大,泵管压差较大,能耗高。同时,多余的清水通过连通管线进人水驱注水管网,造成清水浪费;深度水注水站管网相对完善,但部分站受开发周期注水影响,注水量变化较大,管网压力周期性波动,泵管压差较大,存在区域不平衡现象;普通水注水管网连通性较好,各站注水量比较稳定,管网压力波动小,泵管压差较低,能耗相对较小。

2. 油田注水的耗电设备

耗电量占生产耗电的1/3以上,是节能降耗的重要环节。萨北油田目前共有注水站21座,注水机组69套,全部由多级离心泵、6kV鼠笼式异步电机及附属设施组成。电机功率为1600~2500kW,转速为2980r/min,注水泵为单级扬程150m的10级或11级离心泵。

由于电机功率、泵扬程及排量一定,因此压力、水量参数调节困难。一般采用调节泵出口节流阀、改变管路特性的方式对注水泵输出水量、压力进行控制,但缺点是:调节范围窄,泵在低效区运行,电量消耗大,泵管压差大,注水单耗高。

最初采用注水泵减级和切削叶轮技术进行节能改造。减级只适用于泵管压差较大且超过一级注水泵扬程)且压力运行稳定的注水管网;切削叶轮改变泵的运行特性,调节范围较小,过程不可逆,且在一定程度上降低了泵效。两项措施适应性较差。

3. 节能技术应用

针对三种不同管网的生产特点,在聚驱注水站应用高压变频技术、深度水注水站应用前置泵串级调速技术及普通水注水站应用斩波内馈调速技术的现场应用及试验。

8.3.2 高压变频调速技术

高压变频应用在注水站. 该设备在国产设备中容量较大(2900kV·A),是多级串联的电压型变频器. 技术水平在国内较为成熟。其工作原理为:通过检测注水泵出口及汇管压力,相应调整注水电机电源频率,闭环控制注水泵转速,从而调节水量降低泵管压差. 避免电机在工频状态下通过出口节流和回流控制注水泵造成的能耗损失。

1. 技术特点

(1)大范围、全排量,无级连续调节。变频器可以实现输出电源频率0~50Hz甚至更高的频率调节,可以实现零转速到工频转速无级平滑调节。

(2)调节速度从低到高,实现大功率电机软启动。避免了注水电机启动时5~7倍额定电流的冲击,降低绝缘老化速度;同时减小对泵及传动部件的机械冲击,延长设备的使用寿命。

另外，变频器对电机具有过负荷及短路保护功能。

(3)设备采用接入式电气连接。注水站应用高压变频器，一般采用将原电机回路断开，加装变频器的方式，即电源—变频器—注水电机的串联运行方式，只需进行电气连接即可投用。

2. 应用效果

高压变频器应用于注水站3号注水泵，电机功率2240kW，注水泵型号为D300—150 * ll。该站与聚北某注水站联网为8座聚驱注入站提供高压清水，能耗较高；同时为保证生产，多余的清水注入基础井网，既浪费清水又使其他管网压力升高。高压变频器投产后，节能效果明显(见表8-5)。

表8-5 高压变频器应用前后区块能耗状况统计

项目	站别	泵号	注水量 m^3/d	运行频率 Hz	电机电流 A	泵压 MPa	管压 MPa	耗电量 (kW·h)/d	泵水单耗 (kW·h)/m^3	区块单耗 (kW·h)/m^3
变频前	聚北十六	3号	8450	50	230	16.7	15.5	50894	6.03	7.2
	聚北十七	3号	6158	50	230	17.6	16.5	51640	8.38	
变频后	聚北十六	3号	4098	46.5	139	15.4	15.3	30142	7.35	6.49
	聚北十七	3号	7138	50	225	16.7	16.5	40169	5.63	

从表1可看出：高压变频器对区块注水管网起到了调节作用，区块单耗下降了0.71(kW·h)/m^3，减少向基础井网排放清水3000m^3/d。高压变频器投产至今，实现年节电210～10^4(kW·h)/年．折合资金约为115×10^4元，同时年节约清水约75×$10^4$$m^3$/年。按总投资430×$10^4$元计算，设备投资回收期约为3.7年。

3. 技术局限性

(1)设备功能利用率低。性价比低。受注水管网特性限制，聚北十六注水站高压变频器的变频工作范围为46.4～50Hz之间，水量为4000～8000m^3/d，频率再低，注水泵难以保证水量输出。

(2)配套设施多，投资高。应用高压变频器需要配套建设设备厂房、冷却系统(包括冷却泵、冷却塔、配套工艺)及相应的控制保护设施，聚北十六高压变频器设备投资286×10^4元，配套设施投资144×10^4元。若某些站建设格局紧凑，应用高压变频配套设施投资将会更高。

(3)接入式安装，可靠性差。高压变频器采用接入并串联的安装方式，无法实现故障高压自动切换到工频运行。只能在故障停机后，重新检测工频线路，再手动启泵，或启备用泵。在设备故障状态，存在暂时停产间隔。

(4)设备稳定性差，存在谐波干扰。高压变频器对电网的电压波动敏感，波动大易造成故障停机及元件损坏。在聚北十六注水站共发生这类故障4次。另外，设备采用高压大功率晶

体管作为主要元件，造成电网侧谐波含量增多，产生电网污染。

8.3.3 前置泵串级调速技术

前置泵串级调速技术，也称作泵控泵技术，即增压泵控制串联大功率注水泵的泵控泵技术，可实现降低泵管压差、提高泵效、降低注水单耗。

1. 技术原理

前置泵串级调速系统由一台高压注水泵和一台低压增压泵组成，其实质上是注水泵和增压泵串联特性的叠加。注水泵、增压泵串接，流过注水泵和增压泵的流量相同，管网入口处压力等于注水泵和增压泵的工作扬程之和。

2. 技术特点

（1）利用低压泵调节高压注水扬程。前置泵采用注水电机一级（两级）扬程的低压泵，与高压注水泵串联，串联机组总扬程等于两泵扬程之和，两泵流量相等。调节前置泵输出扬程及流量控制注水泵出口压力和流量。

（2）按需配备有限的调节范围。前置泵调速运行，调节范围是注水泵的一级或两级扬程及部分流量。实际应用时，根据泵管压差波动情况，将注水泵叶轮拆掉一级或两级。前置泵相应采用一到两级泵。运行时，控制系统通过低压变频自动调节泵转速，从而调节压力和流量，适应注水管网压力的变化波动，保证泵管压差在工作范围内最低。

（3）设备及关键技术成熟，可靠性高。前置泵及低压变频是国内非常成熟的技术，在新建及改造注水站应用，只需采取常规的工艺连接即可实施。同时，小容量低压变频对电网产生的干扰及谐波污染小。另外，由于具有技术成熟、容量低、电压等级低、工艺简单等特点，在新建或改造的注水站应用设备一次性投资低，操作、维护维修更安全、简便。

3. 应用效果

该技术首先在某注水站5号机组进行了现场应用．与其后陆续投产的4号机组及11号机组都取得了较好的节能效果，泵管压差明显降低，单耗降低（见表8－6）。

表8－6 前置泵串级调速应用前后运行能耗状况统计

注水站机组号	注水泵	水量 m^3/d	泵管压差 MPa	泵效	耗电量 kW/d	泵水单耗 $(kW\cdot h)/m^3$
4号	改造前	6240	2.2	0,72	45396	7.28
	改造后	6792	0.1	0.75	40632	5.98
5号	改造前	6024	1.2	0.76	36600	6.08
	改造后	6072	0.07	0.78	33360	5.49
11号	改造前	8352	0.7	0.74	48528	5.81
	改造后	8640	0.1	0.79	47760	5.53

3台机组的电机功率2240kW，减级后注水泵型号为D300—150＊10。加装前置泵串级调速机组，投资约为 150×10^4 元/套，按单耗降低0.35 $(kW\cdot h)/m^3$、单站注水量 $7000m^3/d$ 计算，前置泵串级调速装置年节约电费 41×10^4 元，投资回收期为3.6年。

4. 技术局限性

(1)调节范围小,对生产波动较大的注水站不适应。前置泵投入生产运行,只有一到两级注水泵扬程的调节能力．且需要注水泵先行减级改造及固定式工艺安装。当生产波动超过调节范围时,能耗升高,并且对安全平稳生产构成影响。因此,不适于应用在小区块且所辖井数经常变动的注水站。

(2)现场操作及设备控制保护复杂。投产时,先启动小泵(前置泵),当达到一定压力时,再启动大泵(注水泵),小泵停,大泵必须停。相对常规流程,该技术操作相对复杂,控制保护连锁节点增多。

(3)与常规注水站生产管理比较,前置泵串级调速系统运行时,需要操作人员增加监测前置泵、低压变频器、供电电源的工作状态及工艺参数等生产管理内容,设备运行管理点增加。

8.3.4 斩波内馈调速技术

斩波实际是变流主电路的数字控制,目的是克服移相控制存在的缺点。从根本上解决了有源逆变器可靠性问题。目前,斩波控制已被视为取代移相控制的发展方向。

内馈调速巧妙地在异步机的定子上加设一个内馈绕组,专门用来接受转子移出的电功率。内馈绕组此时工作在发电状态,它把接受的电功率又通过电磁感应,反方向传输给定子原绕组,使定子的输入功率减小,与机械功率平衡,实现了高效率的无级调速。

内馈调速最适合于高压大容量电机,其特点如下:

(1)回避了定子控制的高电压问题,可实现高压电机低压控制;

(2)控制装置的容量可小于电机的容量,即为小容量控制大容量;

(3)控制装置和定子电源均为电磁隔离,有效地抑制了控制装置产生的谐波电流对电源的干扰;

(4)整个系统没有外附变压器,调速损耗小,效率高。

1. 技术原理

斩波内馈调速是将内馈电机与斩波控制技术有机结合起来,通过交流控制装置将转子的部分功率转移出来,以电能的形式反馈给电机输入端。反馈功率越多,电机的输出功率越少,转速就越低,从电网输入的电能越少;反之,反馈功率越少,电机输出的机械功率越多。转速就越高,从电网输入的电能越高。

2. 技术特点

(1)可任选调速范围。斩波内馈调速装置采用专用绕线式电机,具有 40% ~100% 的调速范围,不同于普通鼠笼式电机,具有转矩大,调速范围宽的特点。调速范围由所选用的斩波内馈调速系统决定。

(2)旁路式安装,设备维修不影响主回路运行。斩波内馈调速控制部分与主接线为并联关系,当调速系统出现故障时,可在线切除调速控制部分,高压电动机可继续全速运行,对生产连续运行影响小,故障兼容性好。

(3)调节速度从高到低,实现中压控制高压电机调速。斩波内馈调速系统采取全速启动电机．再根据生产情况调节转速降低到给定的工艺参数。由于电机转子及调速系统与电源系统完全物理隔离,调速过程中对电网的谐波污染较小。另外,调速系统工作电压等级为

1000V，设备操作及维护维修相对安全、方便。

3. 应用效果

某注水站属普通水注水站，处于普通水注水管网中心，斩波内馈调速电机功率2240kW，注水泵型号为D300～150＊11。应用斩波内馈技术后.泵管压差由0.8MPa降到0.1MPa.单耗由5.85(kW·h)/m^3降低到5.24(kW·h)/m^3，泵效略有提高(见表8－7)。

表8－7　斩波内馈调速应用前后运行能耗状况统计

项目	水量，m^3/d	泵管压差，MPa	泵效	耗电量，kW/d	泵水单耗，(kW·h)/m^3
改造前	8169	0.8	0.72	47820	5.85
改造后	7100	0.1	0.75	37220	5.24

加装斩波内馈调速机组投资约276×10^4元/套，按单耗降低0.6(kW·h)/m^3、单站注水量7000m^3/d计算，年节约电费69×10^4元，投资回收期3.9年。

4. 技术局限性

(1)绕线式电机需定期维护。绕线式电机的滑环及碳刷部分为正常损耗部件，在连续工作一定时间需要停机更换。该设备管理较普通注水电机复杂。

(2)与现有注水电机通用性差。由于斩波内馈装置必须配套专用电机使用，因此，在注水站改造应用时，必须将原有电机更换成专用电机。在新建注水站应用时，不必另购置电机。

(3)内馈式电机制造工艺复杂。不同于普通鼠笼式电机，内馈式电机对转子的制造精度要求较高。特别是对三相绕组平衡度要求较高，三相绕组不平衡，电机调速范围减小或无法实现调速。

8.3.5　注水站自动化测控系统的实现

注水站、接转站自动化测控系统的软件设计主要包括RTU系统软件设计和PLC软件设计。

1. RTU系统软件设计

本系统由于是一台上位机和多台下位机，所以要给下位机设置一个通信代码，为简单起见，取0～255之间的任意四个即可。当PC机欲与某个单片机通信时，便向所有单片机发出通信代码。单片机在接到代码后与自己的代码进行核对，如果一致则向PC机发出回应，开始通信，其他的单片机继续采集和传输数据。

1)上位机程序设计

上位机程序设计是在微软公司的VB 6.0环境下编制的，VB 6.0中有一个专门用来串行通信的控件—MSComm控件。MSComm控件最常用的属性如下：

CommPort属性：设置并返回通信端口号，指定PC机上用于通信的串口，本系统MSComml. CommPort＝1，选择COMl为通信端口。

Setting属性：以字符串的形式设置并返回波特率，奇偶校验，数据位和停止位，本系统中MSComml. Setting＝“9600，n，8，l”，设置波特率为9600，无奇偶校验，8个数据位，一个停止位。

PortOpen属性：设置并返回通信端口的状态，用于打开和关闭端口。

Rthreshold 属性:MSComm 控件设置 CommEvellt 属性为 ComEvReceive 并产生 OnComm 之前设置并返回的要接收的字符数。

Input 属性:从接收缓冲区返回和删除字符,用于接收数据。

InputLen 属性:设置并返回 Input 属性从接收缓冲区读取的字符数。

Output 属性:向缓冲区写一个字符,用于发送数据。

2)下位机程序设计

本系统单片机 MCS－51 通信时用定时器 Tl 工作于定时方式 2 作为周波发生本系统单片机 MCS－51 通信时用定时器 Tl 工作于定时方式 2 作为周波发生器,选择 11.0592 的晶振。由于波特率为 9600,所以定时器 Tl 初值取 0FDH。初始化还需设置用于控制和监视串行口状态的控制状态寄存器 SCON。初始化程序如下:

```
MOV SCON,#OCOH;通信方式 3
MOV PCON,#00H;SMOD = 0
MOV TMOD,#20H;定时器 T1,工作于方式 2
MOV TLl,#OFDH:设置波特率为 9600
MOV THl,#0FDH
```

单片机始终处于被动状态,只在接收到通信的命令后才进入中断服务子程序发送数据,进入通信状态。PC 机与单片机通信时,先发出呼叫信号,单片机接到约定的呼叫信号后,向 PC 机发出应答信号,表示准备接受,PC 机在接到应答信号后则发出通信代码,单片机接到通信代码与本身代码相减,若为 0 则开始接受命令,设置新的参数;若不为 0 则继续执行采集数据和发送数据的程序。

2. PLC 软件优化设计

大量的工程实践说明,PLC 外部的输入、输出元件的故障率远远超过 PLC 本身的故障率,且这些元件出现故障时,PLC 不会自动停机。因此,要提高整个系统的可靠性,除在硬件上采取措施外,还需要在软件中增加故障检测程序的设计。采用了以下两种方法对 PLC 软件进行了优化:

(1)时间故障检测法。控制系统工作循环中各工步的运行有严格的时间规定,以这些时间为参数,在要检测的工步动作开始的同时,启动一个定时器,定时器的时间设定值比正常情况下该动作要持续的时间长 25% 左右。当某工步动作时间超过规定时间,达到对应的定时器预置时间还未转入下一个工步动作时,定时器发出故障信号,停止正常工作循环程序,启动报警及显示程序,这就是所谓的“超节拍保护”。

(2)逻辑错误检测法。在 PLC 控制系统正常的情况下,各输入、输出信号和中间记忆装置之间存在着确定的逻辑关系,一旦出现异常逻辑关系,必定是控制系统出了故障。因此,可以事先编制好一些常见故障的异常逻辑程序,加进用户程序中。当这种逻辑关系实现状态“1”时,必然是出现了相应的设备故障,即可将异常逻辑关系的状态输出作为故障信号,用来实现报警、停机等控制。

3. 服务器/客户机软件设计

使用 VB 6.0 从底层重新构架了服务器/客户机模式的监控软件。该监控软件与其他工业控制软件相比,不但实现了数据的远程实时监控,而且其数据可以在全厂范围内共享。该软件有以下功能和特点:

(1)有数据文件以库文件的形式保存,读取十分方便。

(2)软件的通讯模块采用先进的容错技术,同时软件可实时对通讯信道质量和误码率进行评估,暂时不能接通软件自动跳转,提高了系统运行效率。

(3)软件生成的报表包括瞬时、日、月、年的分项分类报表,生成的图形有趋势图、柱状图。在进行图表浏览时,可同时打开多个窗口,操作简单方便。

(4)诊断功能,软件现场数据进行分析对比,当现场参数超过额定范围时,系统将自动告示警并分析可能原因。

(5)实现了采油厂内数据共享,在局域网畅通的情况下,任何采油厂局域网用户只要登录井站自动化监控系统网络版便可调用现场的实时和历史数据。

4. 现场施工中解决的主要问题

1)采取多种措施,解决现场设备的各种防护问题

针对现场存在的电、磁、热、冷、潮、腐、盗等复杂恶劣环境,主要采取了以下措施:

(1)在封装方面选用军用或工业级芯片、模块,保证设备的防热、防冻。采用铸铝机壳加铁屏蔽盒,做到了电、磁屏蔽;机壳采用喷塑及全密封结构,天线外部采用全塑结构,接头采用防水胶带及 PVC 胶带双层包扎,做到了防腐、防水。

(2)在内部软、硬件方面,主机采用双工热备技术,当一台过热或故障时能自动切换到另一台工作。选用军用或工业级芯片、模块,保证设备能在 -30℃ ~ +85℃温度下工作。采用了屏蔽技术,数字滤波技术,软件陷阱技术,在此基础上,针对恶劣干扰环境,除了普通电路内部使用的简单“看门狗”,使用了软、硬件结合而成的三层“看门狗”电路。第一层判断程序走向,如果由于强干扰造成程序“飞”了,予以纠正:第二层判断通信状态,如果不正常,予以纠正;第三层判断硬件电路状态,如果不正常,进入保护状态,等待修复。

2)建立一套有线、无线相结合,高低速并用的层次通信网络

为使系统具有覆盖全油田的能力,同时考虑到安装场合、安装难度及性能价格比等实际问题,我们采用了有、无线结合,高、低速并用的通信方案,采用的通信信道主要包括 GPRS、微波、光缆等,在注水站、接转站与采油队之间采用 GPRS 通信,在采油队与管理区之间采用微波通信,在管理区与采油厂之间借助已有的光缆通信。

3)通过自动化系统解决了油田矿场计量问题

按照油田企业标准设计了原油、天然气、注水、电能计量报表格式,能够生成油田所需各种计量报表。

5. 系统推广应用情况

2002 年至 2004 年,泵站生产自动化监控系统在桩西采油厂的联合站、10 座接转站、11 座注水站推广应用,总投资达到 1300×10^4 元,基本建立了桩西采油厂集输、注水泵站生产自动化监控系统的骨干网络系统,为胜利油田集输、注水泵站生产自动化项目的实施起到了良好的示范作用。根据现场应用反馈情况,本系统在实际应用中具有如下优点:

(1)较好地完成了现场数据采集,数据完整可靠。

(2)实现机泵优化运行,实现机泵闭环变频控制,可提高机泵运行效率,减少无功损耗,提高各站生产的电能利用率。

(3)重要生产环节实现了自动控制,提高生产管理水平的同时又降低了工人的劳动强度。

(4)较好地实现了数据共享。所测实时数据、历史数据可以传输到采油厂局域网上,实现

多方数据远程共享。

(5)可靠性较高,能适应恶劣的现场环境。现场仪表平均无故障时间大于1年,并具备较强的防盗、防破坏能力。

(6)软件界面友好,功能较为齐全。具体包括流程显示、分组数据列表显示、历史数据列表显示、历史数据曲线列表显示、辅助分析判断现场异常情况、超限报警、可根据不同用户输出不同形式的报表、较强的系统安全性能,分一般操作员、管理员、超级系统管理员三种权限设置。

6. 社会、经济效益分析

1)社会效益分析

(1)对集输、注水系统生产过程实施连续测控,能够确保集输系统平稳运行和安全生产,大幅度提高管理水平和技术水平。

(2)生产参数自动监测的实现,可以大大降低工人的劳动强度,有利于胜利油田正在实行的减员增效。

(3)自动采集的生产参数更为准确连续,为生产调节提供可靠依据,便于站、库生产的平稳运行。

(4)利用数据的历史记录功能,可对参数变化进行分析,更容易查找运行规律,从而采取相应措施,对不合理的运行方式进行改进,在一定程度上提高了生产运行质量。

(5)便于及时发现、处理问题,降低生产运行成本,降低设备维护费用。

2)经济效益分析

经济效益分析及预测以桩西采油厂为模型,桩西采油厂集输、注水泵站基本情况:接转站10座,联合站1座,注水站11座。

(1)原油外输泵、提升泵、污水外输泵、脱水泵、注水泵实施变频闭环控制后,集输系统可提高机泵效率,机泵平均效率提高10.3%,节电率达到10%,注水系统节电率可达到16%。联合站平均日耗电24000kWh,接转站平均日耗电2300kWh,注水站平均日耗电5400 kWh,自动化系统年可节约电费支出为:

$$(2.4+0.23\times10)\times10\%+0.54\times11\times15\%\times360\times0.52=254.78\times10^4\text{ 元}$$

(2)自动调控加热炉的运行,提高了加热炉热效率,炉效由68.7%提升到76.9%,平均耗油由14.1t/d下降到12.9t/d,平均节油8.5%,每吨燃油内部结算价为2000元,年节约资金:

$$2000\text{ 元/t}\times14.1\text{t/d}\times240\text{d}\times8.5\%=57.53\times10^4\text{ 元}$$

(3)实施自动加药,减少了人工加药产生人为因素对药量的损失,加药量由平均0.52t/d下降到0.45t/d,平均节约13.46%左右,年节药量约25.55t,年节约资金:

$$25.55\text{t}\times0.85\times10^4\text{ 元/t}=21.72\times10^4\text{ 元}$$

(4)实施定量变频外输,减小外输管道的损耗,年节约外输管道维护费用39×10^4元。

(5)联合站配电室设备升级改造,电容补偿系统投入运行,实现了功率因数的自动控制,功率因数由0.85提高到0.95,大大降低了线损及设备的自身损耗,日节电2000 kWh,年节约电费:

$$2000\text{ kWh}\times365\text{d}\times0.52\text{ 元/kWh}=37.96\times10^4\text{ 元}$$

(6)利用生产参数在线监控功能,合理调整并优化联合站稳定生产运行参数,提高轻烃产量，日平均增产1.3t，年可创效益：2000元/t×1.3t×360d=93.6×10^4元泵站自动化监控系统年可创经济效益为：

$$254.78+57.53+21.72+39+37.96+93.6=504.59\times10^4\text{元}$$

8.3.6 PLC在注水站的应用

为了补偿油田采油生产过程中地层压力衰减，需要使用注水工艺维持地层压力进行采油作业。注水压力高低是决定油田合理开发和地面管线及设备状态的重要参数。由于在注水工艺和机电设备配置设计中需要适应的工艺条件复杂多样，因此注水工艺设计和机电设备配置工程裕量。这些工艺条件包括：后期开发注水井的增多；储油地层压力及油气水分布不断发生变化；开关井数的增减；洗井及供水不足的影响等。工艺条件的不确定性引起注水压力波动，注水量不均匀不稳定，注水压力控制难度大，给油田生产稳产高产和管理带来困难。由于油田注水要求难于准确预测和控制，考虑到油田开发中的需要，设备裕量通常按照油田最大可能需求设计，在注水系统设计中尤为突出。油田注水设备采用离心泵电机拖动，大功率系统经常运行在大马拉小车的轻载低效状态。注水压力靠泵出口闸门手动控制，即靠改变管网特性曲线来调节泵的排量，泵、电动机匹配难以达到在泵的最佳工况点运行，管网效率低，电能损失高达50%以上。

变频恒压技术能够十分有效的稳定注水工艺过程和大幅度降低大裕量型风机泵类工程电耗。注水站恒压变频自控系统的技术路线是充分利用现有生产设施，对注水设备的电动机转速进行调节，达到稳压、稳流供注水。同时软起软停功能代替减压启动，使电动机起停平稳，减少对电网和机械设备的冲击，不会造成管网压力、流量、流速剧烈变化，无需阀门截流，因此对防止汽蚀、水击、喘振极为有利，可延长管网、泵、阀门维修周期和使用寿命。配套完善自动控制系统，搭建需求信息平台，提高污水处理效果，加强监督管理机制，最大限度地降低岗位员工劳动强度，提高企业信息化管理水平，具有非常大的经济效益和社会效益。

1. *系统组成及功能设计*

控制系统结构如图8－13所示。系统分为2个级别，即现场级和控制级，通过人机界面（HMI）实现工艺流程显示与控制。

系统核心自动化设备选用台达机电产品。控制级是实现系统功能的关键，其主要功能是HMI（人机交互界面）与现场级之间的枢纽层。接受HMI设置的参数或命令，对注水生产过程进行控制，同时将现场状态输送到HMI。控制部分由台达PLC与触摸屏集成。包括DVP－32EH00R（CPU单元）、DVP－04AD－H（模拟量输入模块）、模拟DVP－04DA－H（量输出模块）、DOP－A80THTD（触摸屏）组成。控制级设备安装在控制室内电控柜。台达PLC的CPU模块DVP－32EH00R其带有一个RS232和一个RS485通讯接口，DOP－A80THTD触摸屏带有1个RS232接口和1个USB接口。触摸屏通过RS232串口与控制器通讯。

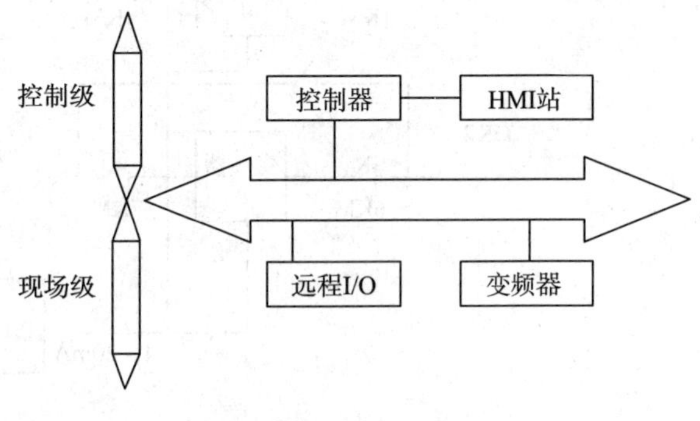

图8－13　系统结构

现场级是实现系统功能的基础。现场级由智能一体化压力变送器和变频器组成。智能一体化压力变送器选用霍尼韦尔压力变送器,变频器选用台达 VFD 系列变频器。现场注水电机 1 台 160kW、2 台 75kW(备用 1 台),因此变频器选用 160kW VFD-1600F43A 一台与 75kW VFD-750F43A 分别组成一拖一和一拖二方案,参见图 8-14。利用 1 台 PLC 控制 2 台变频器拖动 2 台注水电机变频恒压注水。现场级控制采用屏蔽电缆连接,智能一体化压力变送器将压力信号转换为 4~20mA 信号输入到模拟量输入模块 DVP-04AD-H,控制器 PLC 输出的控制量通过模拟量输出模块 DVP-04AD-H 转换为 4~20mA 信号输入 2 台变频器,实现 2 台注水电机的恒压注水变频控制。

2. 工艺流程及控制系统设计

恒压注水工艺自动化系统原理如图 8-14 所示。系统采用三种控制方式:自动运行,手动变频运行和工频运行。

1)自动运行

系统自动启动第一台变频器,利用 PID 来控制注水泵的注水压力,如果一台泵输出压力不能满足压力要求,系统会自动启动第二台变频器以满足压力要求。

2)手动变频运行

通过控制面板上的按钮在手动模式下可以单独启动变频器,此方式可以灵活控制变频输出。满足复杂情况下的控制要求。

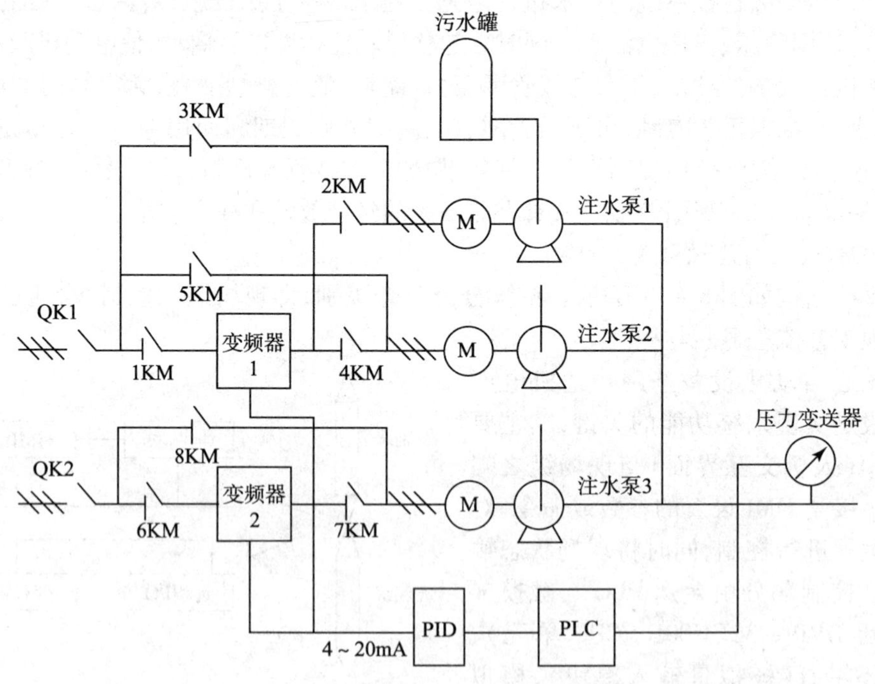

图 8-14 自控系统原理图

3)工频运行

变频器启动电机运行到工频频率后,利用接触器切换电机脱离开变频器,投入工频运行,参见图 8-15。变频器充当大功率电机的软启动器。

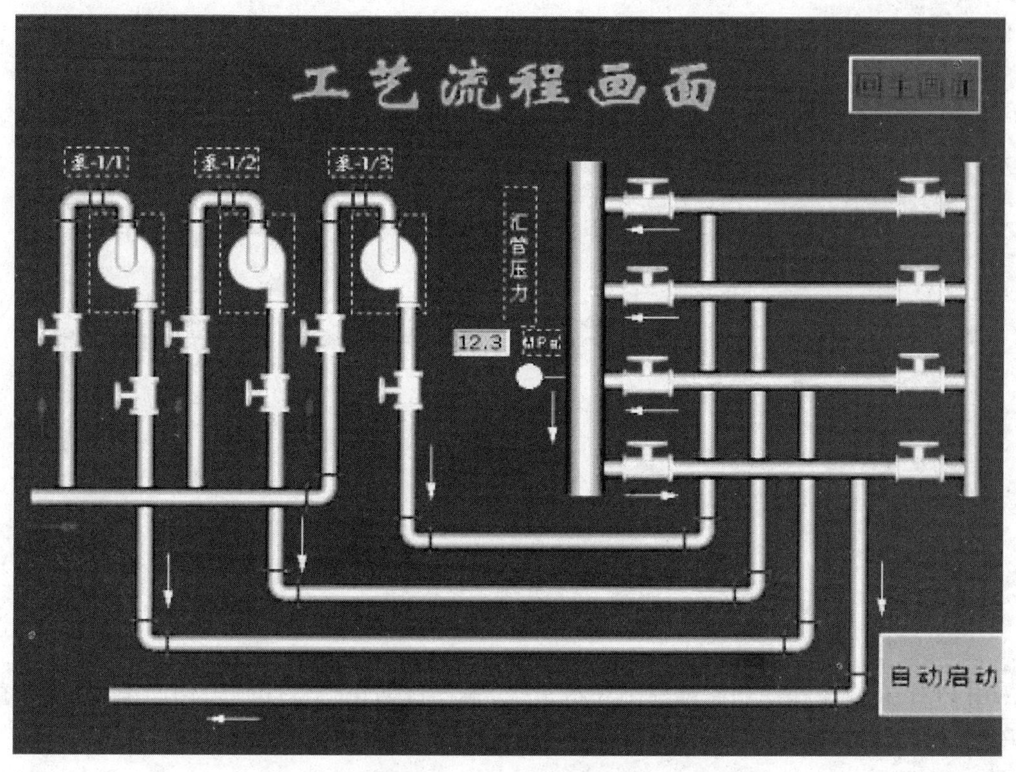

图 8－15　工艺流程图

通过以上三种控制方式，可以保证注水电机的正常运行，达到满足不间断生产的要求。

4）人机界面设计

工艺流程图如图 8－15 所示，控制参数如图 8－16 所示，控制器参数设置如图 8－17 所示。

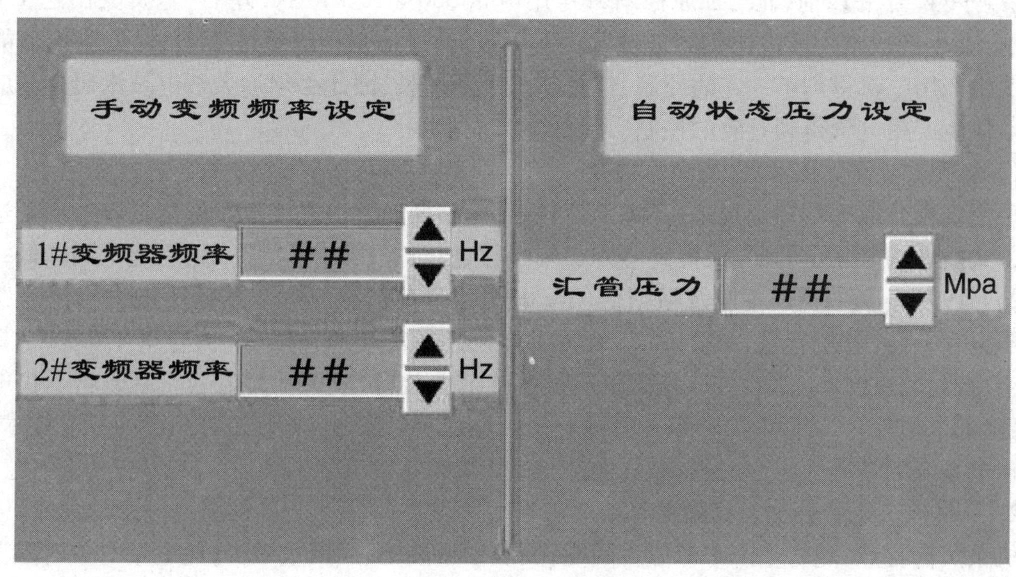

图 8－16　控制参数

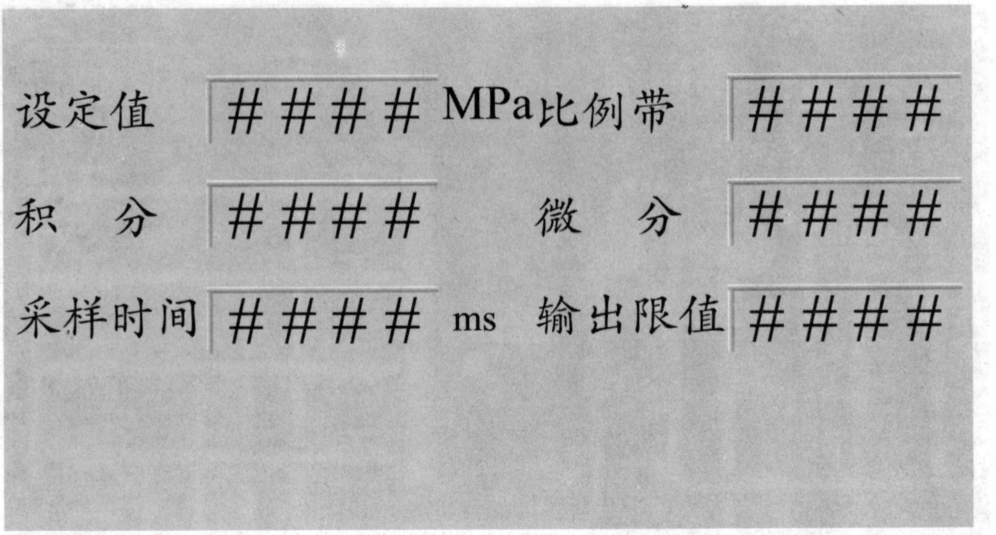

设定值 #### MPa 比例带 ####

积　分 ####　微　分 ####

采样时间 #### ms 输出限值 ####

图8－17　控制器参数设置

3. 应用效果

采用PLC、触摸屏和变频器来控制注水系统，单一自动化平台控制结构简单；节能效益显着；方便人员操作。项目受到油田企业关注得到好评。

8.4　供电系统节能技术应用

8.4.1　油田供电系统综合节能

随着油田不断开发和建设，机械设备越来越多，电力系统规模也在逐步扩大，用电量不断增长。1999年年底以前，北二二原稳站每年用电量 330×10^4kW·h左右，电费支出达 150×10^4 元。在生产成本中所占比例越来越大。近年来，通过加强用电系统管理，优化应用节能技术。使生产用电量得到了一定的控制，但每年仍不断增长，因此必须加大节电技术研究与应用力度。使生产用电量得到有效的控制。降低生产成本。

1. 采用无功补偿技术，提高功率因数

采用低压分散无功补偿技术。降低线路损率全站低压配电进线设有低压电容补偿。这种补偿方式能够满足一定的要求，提高总体功率因数，但对低压配电输出线路网起不到降低线损的目的。1999年后对低压配电及根据低压配电线路负荷情况。对2条低压配电输出线路采用低压电容补偿（补偿容量240kvar），5台原油泵采用无功就地补偿（补偿容量800kvar），2台工艺空冷器安装变频器，2台空气压缩机更换智能节电装置，效果十分显著。既改善了供电质量，又降低了损耗。每年可节电 40×10^4 kW·h。由此可见进行采用无功补偿等节电技术，可提高输电系统的功率因数，减少电能损失。

2. 采用低压无功补偿。提高电机功率因数

机泵负荷特点：随着生产季节温度的变化、供油量波动、用风量多少，耗电量时少时多不平稳。为减少机泵电耗，采用低压电容补偿、无功就地补偿、安装变频器、节能型电机配电箱是机

泵节能的重要途径。针对机泵负荷特点和不同要求,采用低压节电补偿方式。可得到较好补偿效果。

1)低压电容补偿

全站采用自愈式低电压并联电容器 BSM10.4—15—3。集中补偿方式,将并联电容器组安装在配电变压器的低压母线上,配套元件采用 JKL2 无功功率自动补偿控制器,通过控制器指令,交流接触器操作实现分布(6 布,8 布,10 布)循环投切的方式进行工作,并根据电网负荷消耗的电感性无功量的大小以 10~20s 可调的时间间隔自动的控制电容器的投切,使电网的无功损耗保持到最低状态,从而提高电压质量和减少电网损耗。每年可节电 20×10^4kW·h。

2)电动机无功就地补偿

电动机无功就地补偿装置在低压系统的应用.安装在本装置 75kW 油泵电机上,具体统计分析如下:选用 1#稳定泵、3#稳定泵、1#进料泵、2#进料泵、3#进料泵电机,其型号为 Y280S—275 kW 380 V 139.9A。加装补偿前后测试数据见表 8-8。

表 8-8 加装补偿装置前后测试数据

补偿前	电流,A	110.7(A)	112.4(B)	109.2(C)	110.2(C)	120.0(C)
	功率因数	0.55	0.52	0.54	0.53	0.55
补偿后	电流,A	65.2	65.6	64.7	65.7	64.8
	功率因数	0.94	0.97	0.96	0.95	0.94

从以上统计测量数据可以看出,运行电流平均减少约 45A 左右,功率因数平均提高约 0.4 左右。从该电机的供电电缆前端用表测试推算装补偿前 24 h 耗电量为 1933.3 kW·h,补偿后的耗电量为 1566 kW·h,节电量为 367.3 kW·h,节电率为 19%。年节电费为:

367.3 kW·h×30d×11 月×0.4 元/kW·h=48483.6 元,约 4.85×10^4 元。该项目一次投资为 1.65×10^4 元,投资回报期为 6 个月。

3. 变频器安装

在油田生产中,许多设备的能耗都与机组的转速有关,其中油、水泵最为突出,这些设备一般都是根据生产中可能出现的最大负荷条件,如最大流量和扬程进行选择的。但实际生产所需的流量往往比设计的最大流量小得多,如果所用的电机是不调速的,通常只能通过调节阀门的开度来控制流量.其结果在阀门上会造成很大的能量损失,如果不用阀门调节,而是用电动机调速运行,电动机转数降低,消耗的能量将会明显减少。

工艺空冷器控制系统改造前,按每年组织生产 330d 计算,两台 13kW 电机年耗电量为:

$$P_{改前}=2\times13\times330\times24=20.6\times10^4\text{kW}\cdot\text{h}$$

改造后,仍按每年 330d 组织生产,一年按冬、夏各一半时间计算,夏季为满负荷运行,

$$P_{夏}=P_{改前}/2=10.3\times10^4\text{kW}\cdot\text{h}$$

经统计冬季空冷器电机负荷大约只有 30%~40%。那么冬季电机耗电量为:

$$P_{冬}=2\times13\times330\times24\times0.35=7.2\times10^4\text{kW}\cdot\text{h}$$

因此年节约电量为:

$$P_{年}=P_{前}-(P_{夏}+P_{冬})=3.1\times10^4\text{kW}\cdot\text{h}$$

合人民币 1.5×10^4 元。同时通过变频调节来控制工艺空冷器出口温度能及时调节参数,

而且有效地避免了冬季空冷器冻堵情况的发生,大大地提高了轻烃产量。

稳定油泵加变频调节后,大大地降低了单台泵用电单耗,通过现场测试和比较,油泵加变频后,年可节电 5×10^4kW·h,合人民币 2.3×10^4 元。同时稳后油泵加变频后,使稳定塔内负压控制更平稳,而且稳定泵电机低电流启动,能有效保护电机及电气元件免受高启动电流冲击而损坏,有效提高装置综合效率。

2000~2002 年:全站在操作岗、电岗等先后安装了 3 套 ACS—600、FRN15P9S—4CE 等系列电动机变频调速器。这些变频器的特点是体积小、重量轻、安装调试简单、操作简便、运行周期长、故障小、故障范围易判断。

综上所述:配电网的无功补偿应坚持全面规划、合理布局、分散补偿、就地平衡的原则。集中补偿与分散补偿相结合,以分散补偿为主。

4. 根据季节变化,合理调整用电设备运行方式

某站有两台工艺空冷器,其配用电机功率为 13kW。其作用就是通过电机带动风扇的运转来调节空冷器的出口温度,使之在工艺卡范围内。然而空冷器出口温度的高低,随环境温度的变化而变化,在每年的冬季生产过程中,环境温度很低,但用电网空冷器仍是满负荷运行,不但浪费电能,还会导致空冷器温度过低,使空冷器发生冻堵,严重影响装置的正常生产。工艺空冷器出口温度是重要的工艺参数之一,空冷器出口温度控制的高低直接影响轻烃产量。在环境温度较高的夏季(5~10 月),通过空冷器风扇转动及调节空冷器百叶窗开度,使空冷器达到较理想的温度(5~40℃),这时空冷器满负荷运行是必要的。而在冬季(11~4 月)生产运行过程中,室外环境温度较低,空冷器只要有很低的转速就能达到理想温度,电机再满负荷运行不但是无谓的浪费,而且还会使空冷器内温度过低.导致空冷器冻堵,严重影响正常生产。采用变频器后,将空冷器手动起停改为 ME 自动控制,在 ME 系统设定空冷器出口温度给定值.由 ME 系统通过热电阻测定空冷器出口温度,使变频器按调节器设定的设定值和偏差值不断地调节空冷器电机的转速.从而控制空冷器出口温度达到工艺卡范围,从而有效提高轻烃产量,节约了电能。

5. 普通电机更换为节能电机,提高电机运行效率

目前该站有 19 台电机为淘汰型电机,且有的电机功率匹配偏大,淘汰型电机额定功率因数原本就小,空载损耗大,运行时大马拉小车,使配电变压器及电机负荷率偏低。无功损耗加大,以致于电网的功率因数更小,配电系统损耗增大,淘汰型电机与同容量节能电机相比,其效率平均低 10%,空载损耗平均高 6%,19 台一年多耗电 23.6kW·h,造成电能大量的浪费。2004 年更换普通电机为节能电机 2 台 15kW 电机.年节电 1.5kW·h。

8.4.2 油田配电网分散无功补偿节能

目前,油田生产因采收率下降和综合含水的上升,吨油成本越来越高,其中电能消耗占生产成本 30% 以上。因此,加强油田用电管理,搞好电网降耗工作,是油田生产节能增效的重要方面。其中,进行无功补偿,提高电网功率因数,降低线路损耗,是节约电能的主要措施。无功补偿的方法很多,其中利用电力电容器作为补偿装置,具有安装方便、建设周期短、造价低、运行维护方便、自身损耗小(每 kvar 功率损耗约为 0.3%~0.4% 以下)等优点,是当前国内外广泛采用的补偿方法。

1. 当前无功补偿存在的不足

集中补偿：把电容器组集中安装在变电所的二次侧母线上，电容器组产生释放功率可以使主变相应增加出力，并使二次侧电压有较大幅度的提高。这种方法安装方便、成本低、运行可靠、利用率高。油田注水、油气集输属集中负荷，一般紧靠变电所，均采用此种补偿方式。但集中补偿也有它的缺点：当电气设备不连续运转或母线轻负荷时，因为没有自动控制装置，所以会造成过补偿，使运行电压升高，电压质量变坏，影响设备正常运行。

个别补偿：油田线路负荷以抽油机为主，分散在野外，是造成配电网自然功率因数低的主要原因，所以低压侧电机无功个别补偿显得尤为重要。此种补偿方法是把电容器直接连到单台电机的同一个电气回路，用同一台开关控制，同时投运或断开。补偿点最靠近负荷，电容器就地平衡无功电流，可避免无负荷时的过补偿，使电压质量得到保证，理论上效果最好。

但由于现实条件的限制，使得低压侧电机无功补偿达不到令人满意的效果，其缺点主要表现在以下方面：

(1)当油井停机时，电容器会产生自励磁过电压，所以要求补偿容量必须满足下式：

$$Q_b \leqslant Q_0$$

式中 Q_0——电机空载时的无功功率；

Q_b——补偿电容器的无功功率。

而实际上电容器容量往往选择得更小一些，这样虽避免了电机因过电压而烧毁，却影响了无功补偿的效果，降低了电容器的利用率。

(2)油井井位分散，又多在野外，因此电容器必须有防护、防盗措施，以防意外损害和丢失，这也给检修和维护带来很大的不便。

(3)低压电机无功补偿不能改善电网电压质量，不能补偿线路的无功损耗。

(4)为了避免上述缺陷，我们常常在变压器一次侧加高压补偿电容器，以便减小高压线路的无功损耗。但此时高压补偿电容器只能补偿线路无功损耗，对变压器及电机没有补偿作用。

(5)高压补偿电容器不可以与变压器共用一组熔断器，因为在熔断器熔断时可能产生危及设备安全的谐振电压，烧毁变压器和电机，所以必须单独加装一组保险，另外，还必须加装一套避雷器和检修台，增加了成本。

2. 分散无功补偿的节能效果

鉴于上述两种补偿方式的不足，采用分散无功补偿方式，在单井低压无功补偿的基础上采用高压线路分段加装电容器集中优化补偿的方案，接线如图 8－18 所示。

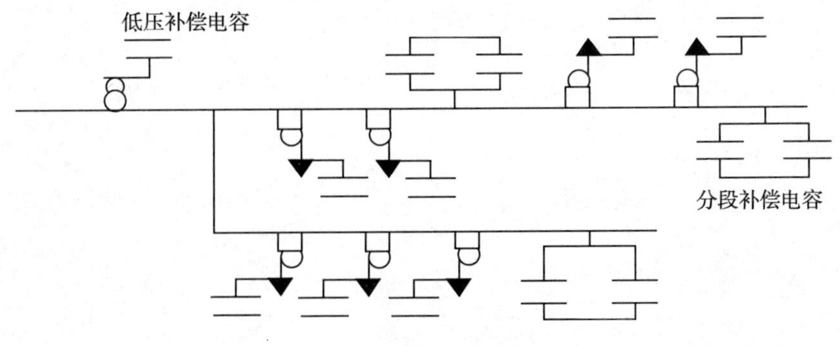

图 8－18　高压线路分散优化补偿

(1)在电压最低的线路末端,提高了电容器组的利用效率,充分发挥了电容器的补偿效益,现在一组电容器即可起到同样的作用,做到了事半功倍。

(2)这种补偿方法对单井运行无不良影响,既降低了线路损耗,又使配电网电压质量得到了保证,确保了油井的正常运行。

(3)既方便了安装,又便于检修维护,降低了成本投入,减轻了人员的劳动强度。安装补偿电容器 25 套,投资 57×10^4 元。投产后,平均功率因数由过去的 0.71 提高到现在的 0.86。根据功率损耗,可以计算出分散补偿后,线路功率损失下降 30%,月增加节电能力 52.7×10^4kWh,年节电 630×10^4kWh,折合人民币 230×10^4 元,3 个月即可收回投资。

参考文献

1. 中国石油天然气总公司科技发展局,开发生产局. 改善高含水期油田注水开发效果实例. 北京:石油工业出版社,1993
2. 长庆油田公司生产运行处. 油田设备工程论文集. 北京:石油工业出版社,2007
3. 国家发展和改革委员会节能信息传播中心. 工业企业节能技术指南汇总. 北京:中国环境科学出版社,2009
4. 付涛,杜红勇,齐光峰. 机械采油系统能耗分析. 油田节能,2007,6(2):50 – 51
5. 魏斌. 塔河油田发供电系统能耗研究及对策. 节能,2009,(5):2 – 44
6. 向瑜章. 提高油田供电系统效率的几点做法. 油田节能,2005,12(4):48 – 49
7. 孙红霞,仪垂杰,周扬民. 采油系统能耗分析研究. 青岛理工大学报,2008,29(5):90 – 93
8. 苗承武. 高效油气集输与处理技术. 北京:石油工业出版社,1997
9. 李颖川. 采油工程(第二版). 北京:石油工业出版社,2009
10. 俞伯炎,吴照云,孙德刚. 石油工业节能技术. 石油工业出版社,2000
11. 毛宝瑚,郑金吾,刘敬彪. 油气田自动化. 山东:石油大学出版社,2005
12. 宗立凯. 油田联合站控制系统的研究:[学位论文]. 黑龙江:黑龙江大学,2008
13. 王娜. 联合站的运行优化:[学位论文]. 山东:中国石油大学(华东),2008
14. 刘东升. 油田注水生产系统节能技术. 北京:石油工业出版社,2003
15. 吴九辅. 泵控泵(PCP)自动化注水泵站系统. 北京:石油工业出版社,2007
16. 何衍庆,俞金寿. 集散控制系统原理及应用. 北京:化学工业出版社,2002
17. 解怀仁,杨彬彦. 石油化工仪表控制系统选用手册. 北京:中国石化出版社,2004
18. 马国华. 监控组态软件及其应用. 北京:清华大学出版社,2001
19.《电力节能技术丛书》编委会编. 配电系统节能技术. 北京:中国电力出版社,2008
20. 孙德刚,吴照云. 石油石化企业节能节水管理. 北京:石油工业出版社,2003
21.《电力节能技术丛书》编委会编. 输变电系统节能技术. 北京:中国电力出版社,2008
22. 刘合. 油田联合站集输系统控制技术. 北京:石油工业出版社,2003
23. 杨传亮. 优化电网运行,降低系统能耗. 油气田地面工程,2005,24(9):31 – 31
24. 张小军. 浅析降低电网线损的措施. 科技信息电力与能源,2007,27:263 – 263,247
25. 朱益飞,陈永生,潘道兰. 节能降耗技术在油田配电系统中的应用. 电气时代,2006,9:82 – 83,85
26. 牛烁,胡慧强,苗辉等. 油田机采系统效率影响因素分析与防止对策. 节能,2003,4:39 – 41
27. 方西盛,吴国义. 油田配电系统节电技术措施. 油气田地面工程,2004,23(5):41 – 41
28. 张兵臣,丁连民,黄春海等. 提高机采系统效率技术研究及在河南油田的应用. 石油地质与工程,2007,21(6):93 – 96

29. 王尔钰. 提高油田机采系统效率措施浅析. 今日科苑,2008,12:62 - 62
30. 高易,王岳,耿德江. 油田地面注水系统节能降耗对策. 管道技术与设备,2008,4:54 - 55
31. 杨福忠. 注水系统节能技术应用分析. 中外能源,2008,13(4):118 - 122
32. 谢飞,吴明,王丹等. 油田集输系统的节能途径. 管道技术与设备,2010,1:57 - 59
33. 支淑民. 东辛采油厂集输系统节能降耗研究:[学位论文]. 山东:中国石油大学(华东),2008
34. 张颖,王国明. 变频泵在泵站优化运行中的应用. 工程与建设,2006,20(2):106 - 108,114
35. 张毅,张宝芬,曹丽等. 自动检测技术及仪表说明书. 北京:化学工业出版社. 2008
36. 陆德民,张振基,黄步余编著. 石油化工自动控制设计手册. 北京:化学工业出版社. 2000
37. 胜利油田分公司胜利采油厂. 嵌入式综合测量分析仪的研制与应用推广总结报告. 2006
38. 山东力创科技有限公司. EDA9033E 智能三相电参数数据综合采集模块使用说明书. 2008
39. 李世弘,关燕君. 回收水池液位检测仪表的现状分析. 中国仪器仪表,2007,2:64 - 66
40. 薛国民,许传讯. 油水界面检测仪表的应用探讨. 工业计量,2004,14(5):37 - 39
41. 王用桥,伍名山,罗海峰. 浅谈配电系统节电技术应用及效果分析. 油田节能,2007,18(1):44 - 46
42. 鲍秀华. 油田集输、注水泵站生产自动化监控系统的应用研究:[学位论文]. 浙江:浙江大学,2006
43. 孙伟,孙剑涛. 油田配电网分散无功补偿节能分析. 大众用电,2007,(4):16 - 16
44. 郑生科. 东辛采油厂联合站计算机控制系统设计与实现:[学位论文]. 湖北:华中科技大学,2003
45. 林海波. 基于以太网的油田联合站自动监控系统研究与开发:[学位论文]. 山东:山东理工大学,2005
46. 张士超. 基于 PAC 的分布式监控系统的研究与开发:[学位论文]. 山东:青岛理工大学,2007
47. 林海波,张士超,刘尊民等. 联合站集散控制系统的软件设计. 微计算机信息,2008,4(24):306 - 308
48. 林海波,张士超,刘尊民等. 联合站电量采集系统的设计与实现. 微计算机信息,2008,4(24):93 - 94,175